“十二五”职业教育国家规划教材
经全国职业教育教材审定委员会审定
（高职高专）

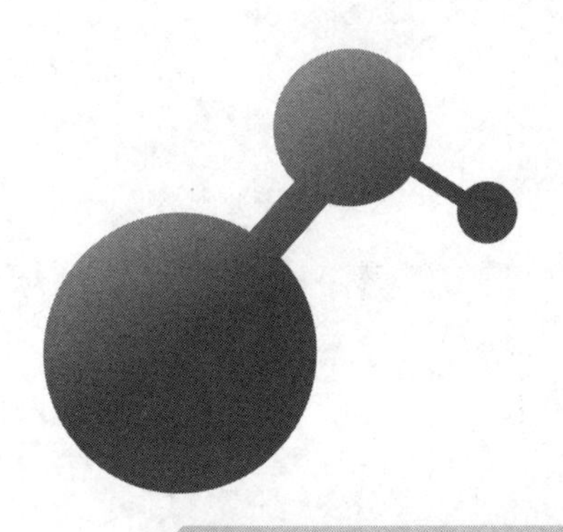

化工机械安装与修理

第三版

张麦秋 主编　　张颗 主审

化学工业出版社
·北京·

本书是根据教育部《高等职业学校专业教学标准（试行）》化工装备维修技术专业教学标准编写的，旨在使学生通过本课程的学习和技能训练，获得化工机器、设备和管路安装修理的技能与基本知识。

本书介绍了化工机器、设备和管路的拆卸、修理、装配及安装。内容包括化工机械安装修理基本技能训练、典型化工机械的维护与检修、典型化工机械的安装、化工管路的安装与修理、化工机械维修新技术等。全书紧密联系生产实际，文字通俗易懂，注重技能训练和工作过程知识的学习。

本书适用于高职高专化工设备维修技术专业、化工装备技术专业学生，还可供高等技术院校、业余职工大学、中等职业学校相关专业选用，或作为企业设备维修、管理部门工人的自学教材。

图书在版编目（CIP）数据

化工机械安装与修理/张麦秋主编．—3版．—北京：化学工业出版社，2014.6（2023.11重印）
“十二五”职业教育国家规划教材
ISBN 978-7-122-20224-6

Ⅰ.①化… Ⅱ.①张… Ⅲ.①化工机械-安装-高等职业教育-教材②化工机械-维修-高等职业教育-教材 Ⅳ.①TQ050.7

中国版本图书馆CIP数据核字（2014）第064395号

责任编辑：高　钰　　　文字编辑：张绪瑞
责任校对：蒋　宇　　　装帧设计：史利平

出版发行：化学工业出版社（北京市东城区青年湖南街13号　邮政编码100011）
印　　装：三河市延风印装有限公司
787mm×1092mm　1/16　印张14¾　字数364千字　2023年11月北京第3版第8次印刷

购书咨询：010-64518888　　　售后服务：010-64518899
网　　址：http://www.cip.com.cn
凡购买本书，如有缺损质量问题，本社销售中心负责调换。

定　　价：46.00元

第三版前言

随着教育部《高等职业学校专业教学标准（试行）》的颁布，特别是2013年6月全面启动《高等职业学校专业目录》修订工作以后，高职化工装备技术专业定位于化工机械设计与制造、化工机械运行与管理、化工机械安装与管理、化工机械腐蚀防护四个职业岗位群，本教材的教学内容是化工机械运行与管理、化工机械安装与管理两个职业岗位群的核心部分，课程内容体系需要进一步完善，同时由于新标准推广、新技术和新设备的应用，教学内容必须进行修改和动态调整。

本次修订从化工机械运行与管理中的化工装备维护检修及化工机械安装与管理中装备安装调试岗位的工作要求出发，与企业专家一道进一步细化岗位所要求的专业知识、操作技能和工作规范，根据化工装备维护检修、化工装备安装调试两大模块，结合工作情境和运行管理方式，优化项目和工作任务。主要修订内容如下：

1. 调整了教材构架，按基本技能训练、化工装备维护检修、化工装备安装调试、化工管路安装修理、化工机械维修新技术五个模块进行编写。其中化工装备维护检修、化工装备安装调试两模块，与教育部《高等职业学校专业教学标准（试行）》核心课程相对应。

2. 按新标准对起重钢丝绳部分的内容进行了重新编写，按模块要求重新编写了化工管路安装修理部分的内容。

3. 增加化工生产中应用较多的多级离心泵、离心机、反应釜的维护检修内容。

本教材编写队伍由企业专家、职教专家和专业教师组成。张麦秋任主编，中盐株化集团高级工程师张颗任主审。中国化工教育协会副会长王绍良、巴陵公司机械厂总工程师邱力佳参加了编写提纲的审定、教材的审稿。本书由何鹏飞编写模块一中的项目一～项目三，孙德松编写模块一中的项目四～项目六，傅伟编写模块二中的项目一和模块三中的项目一，李群松编写模块二中的项目二、项目三和模块三中的项目二、项目三，高永卫编写模块二中的项目四和模块三中的项目四，吴兴欢编写模块四中的项目一，其余部分由张麦秋编写，全书由张麦秋统稿。书中不足之处，恳请各位读者予以批评指正。

本教材已全部配套电子教学资源，途径一是通过电子邮箱 hgjxazxl@126. com 进行交流；途径二是通过大学城职教新干线空间 http：//www. worlduc. com/SpaceShow/Index. aspx? uid＝183643 浏览所有配套教学资源与素材。

编者

2015年2月

第一版前言

本书是根据全国化工高等职业教育教学指导委员会北京会议制定的《过程装备及控制专业教学计划》和长沙会议讨论通过的《化工机械安装修理教学大纲》编写的，建议学时为60～70学时。书中带*号的内容根据专业课程设置选取。

化工机械安装修理是一门实践性非常强的课程，教材在编写时结合教学和实训条件，力求提高讲课效率，具有较强的实训指导性。

① 各章均安排了与生产现场密切相关的教学建议，以便于组织现场教学或实训。

② 安装修理对现场安全性要求高，附录中详细介绍了化工企业的安全管理制度。

③ 教材全部采用最新国家标准，确保规范标准的权威性、强制性，使教材符合时代的需求。

④ 教材中充分体现了精原理、重方法、突出操作技能的特色，注重专业素养和职业素养的培养。

本书由张麦秋主编，傅伟主审，全国化工高等职业教育教学指导委员会主任王绍良，颜惠庚、金长义、朱方鸣、梁正、赵玉奇等同志参加了审稿。

本书第一章、第六章由谢业东编写，第三章、第八章由郝坤孝编写，第四章由杨雨松编写，其余部分由张麦秋编写，全书由张麦秋统稿。书中不足之处，恳请各位读者指正。

编者

2004.3

第二版前言

高等职业教育以“工学结合”为切入点进行人才培养模式改革的探索中，课程体系的改革、教学方法和教学手段的改革尤为重要，而教材建设更应体现其理念并与之相适应。本教材根据化工设备维修技术专业的主要就业岗位所需基本技能和相关知识，参考《国家职业资格标准》设计课程内容，并根据高职教育规律，考虑到技能训练、工作过程知识学习及职业资格鉴定的需要，采用单元、项目、任务、相关知识等形式组织编写，单元一、单元二为工作过程系统化课程体系，单元三是配合单元一、单元二进行学习和训练的专项技能训练，既保证了职业技能训练，又保证了工作过程知识的学习。建议学时为80学时左右。

教材在编写时，对教学内容进行了较大调整，主要特点如下：

① 全书在编写时，针对每一个完整的工作任务，设计成若干项目，再将每一个项目分解成小型、具体的任务，使学生每完成一个工作任务，均能获得相应的职业技能和工作过程知识，与其就业岗位相适应。

② 本课程的教学主要采用边讲边练的形式，有的内容只能到生产工厂现场讲授。有些项目的相关知识，在授课前老师要布置学生课前阅读。现场讲授困难的内容可拍摄相关录像片、照片辅助教学。教学过程应要求学生通过讨论、交流制订方案后，合作完成任务，以培养学生的工程观念、职业能力、关键能力及职业基本素养。

③ 教材全部采用最新国家标准，确保规范标准的权威性、强制性，使教材符合时代的需求。

④ 教材中充分体现了精原理、重方法、突出技能训练的特色，注重专业素养和职业素养的培养。

化工机械安装与修理是一门实践性非常强的专业核心课程，适合在理实一体化教室组织教学，教师在组织教学时，应针对学生及学校实际进行课业设计和工作页设计，帮助学生完成课程的学习。有条件的学校应将单元三的内容有机整合到单元一、单元二的相应项目中，暂不具备条件的学校，建议先完成单元三的专项训练后，再进行单元一、单元二的教学。

本教材的教学资源邮箱是hgjxazxl@126.com，欢迎广大教师共同探索本课程的教学方法，共同提高。

本书内容已制作成用于多媒体教学的PPT课件，并将免费提供给采用本书作为教材的院校使用。如有需要，请发电子邮件至cipedu@163.com获取。

本书由张麦秋、傅伟主编，中盐株化集团高级工程师张颗主审。全国化工高等职业教育教学指导委员会主任王绍良、巴陵公司机械厂总工程师邱力佳参加了编写提纲的审定、教材的审稿。本书由傅伟编写单元一项目六、单元二项目六～项目七，王松竹编写单元一项目四～项目五，孙德松编写单元三项目四、项目七，郝坤孝编写单元二项目四～项目五，韦倾编写单元一项目三、单元二项目三，何鹏飞编写单元三项目一～项目三，其余部分由张麦秋编写，全书由张麦秋统稿。书中不妥之处，恳请各位读者予以批评指正。

编者

2009年10月

目　录

模块一 化工机械安装修理基本技能训练

化工机械的安装和修理过程中，必须掌握常用机具的选用，零部件的拆卸与装配，普通机械零件的修复及典型化工机械零部件的修理等技术，只有通过专项基本技能训练才能得以掌握这些技术。

项目一 化工机械安装修理常用机具的选择与使用

在化工机械的安装和修理过程中，要用到各种各样的拆装与检测机具。正确选择和使用这些机具才能提高工作效率，保证安装修理质量。

任务一 起重工具的选择与使用

1. 钢丝绳的使用

由于钢丝绳具有强度高、自重轻、弹性好、运行平稳等优点，在起重、捆扎、牵引和张紧等方面获得广泛应用。

（1）钢丝绳的结构 起重机用的钢丝绳多为圆钢丝绳。圆钢丝绳由至少两层钢丝或多个股围绕一个中心或一个绳芯螺旋捻制而成，分为多股钢丝绳和单捻钢丝绳。绳芯有纤维芯、钢芯和固态聚合物芯三种。

钢丝表面情况有光面（无镀层）、镀锌层、锌合金镀层或其他保护镀层等，并且根据镀层最小质量和镀层与钢基附着性能确定镀层级别，如B级镀锌。

（2）钢丝绳的标记方法 按GB/T 8706—2006标准规定，钢丝绳的标记方法全由英文字母与数字相结合的方法来表示。内容包括钢丝绳的尺寸、钢丝绳的结构、芯的结构、钢丝绳级别、钢丝表面状态、捻制类型及方向。起重机钢丝绳的标记方法参阅附录一《起重机钢丝绳 保养、维护、安装、检验和报废》（GB/T 5972—2009）。

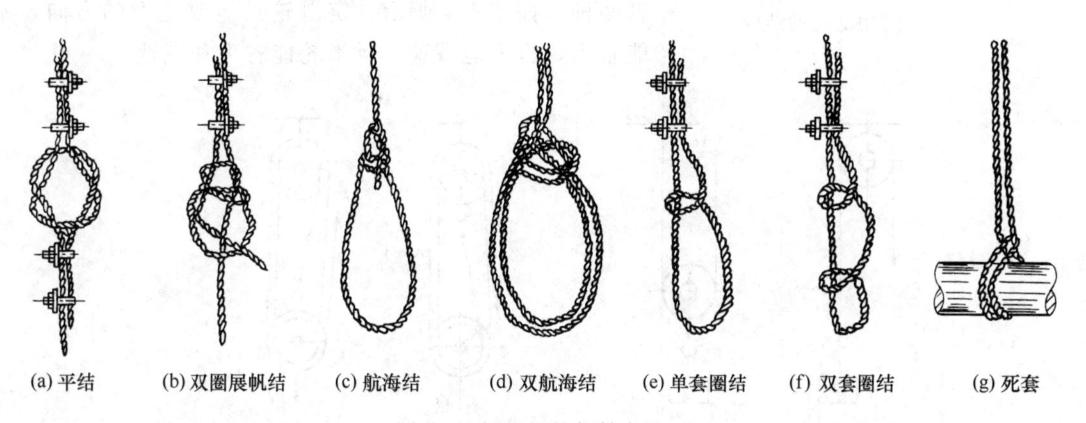

图1-1 钢丝绳的打结方法

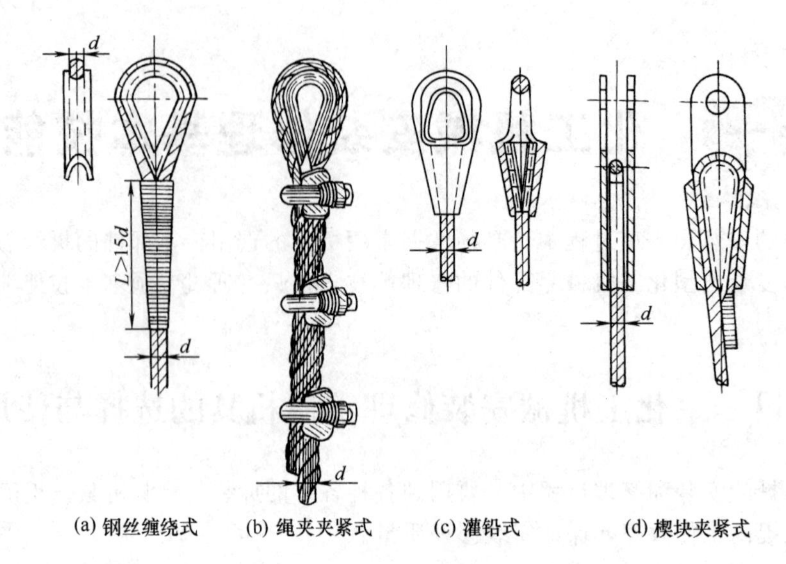

(a) 钢丝缠绕式　(b) 绳夹夹紧式　(c) 灌铅式　(d) 楔块夹紧式

图 1-2　钢丝绳末端的接头

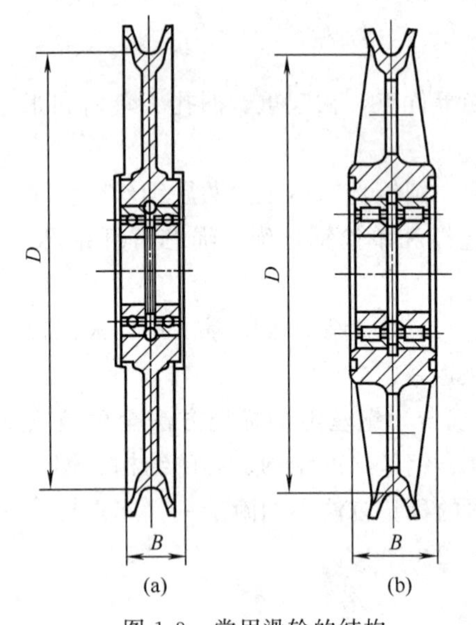

(a)　(b)

图 1-3　常用滑轮的结构

（3）钢丝绳的打结与末端接头　钢丝绳在连接或捆扎物体时，需要打各种结。钢丝绳常用的打结方法如图 1-1所示。

为了便于钢丝绳与其他部分的连接，在钢丝绳的末端常做成各种形式的接头，如图 1-2 所示。

2. 滑轮及滑轮组的选择

（1）滑轮　滑轮是用来支承挠性件并引导其运动的起重工具。受力不大的滑轮直接安装在芯轴上使用，机动起重机多用滚动轴承支承滑轮。图 1-3 所示为常用滑轮的结构，其中图 1-3（a）用于电动葫芦上，图 1-3（b）用于桥式起重机上。滑轮槽底直径与钢丝绳直径的比值不小于 8.7；钢丝绳的安全系数不小于 5。

根据滑轮工作方式的不同，它可分为定滑轮和动滑轮两种，如图 1-4 所示。定滑轮只能改变力的方向，不能省力，也不能减速。动滑轮能省力和减速。

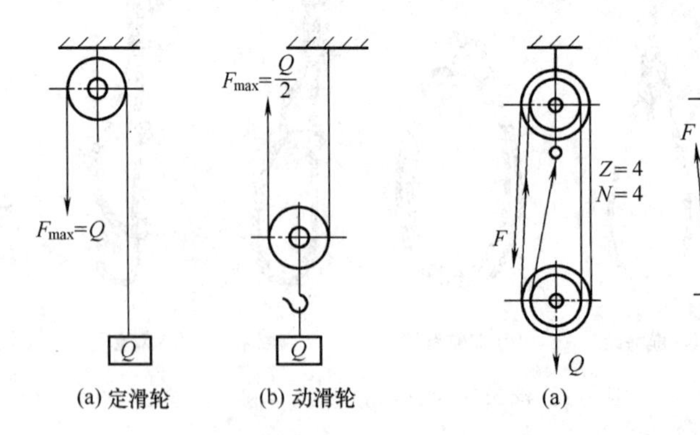

(a) 定滑轮　(b) 动滑轮　(a)　(b)

图 1-4　定滑轮和动滑轮　图 1-5　滑轮组的两种基本工作方式

(2) 滑轮组　滑轮组是由一定数量的定滑轮、动滑轮和挠性件等组合而成的一种简单起重工具。其主要功用是省力和减速。

滑轮组有两种基本工作方式，如图1-5所示，图1-5 (a) 表示绳索的活动端是从定滑轮导出的；图1-5 (b) 表示绳索的活动端是从动滑轮导出的。假设每个滑轮组中定滑轮和动滑轮的轮盘个数的总和为 N，同时悬吊物品的工作绳索根数为 Z，则在图1-5 (a) 所示的滑轮组中 $Z=N$，而在图1-5 (b) 所示的滑轮组中 $Z=N+1$。

常用的滑轮组有16种形式，如表1-1所列。

表1-1　滑轮组的形式

图　号	Ⅰ	Ⅱ	Ⅲ	Ⅳ	Ⅴ	Ⅵ	Ⅶ	Ⅷ
示意图	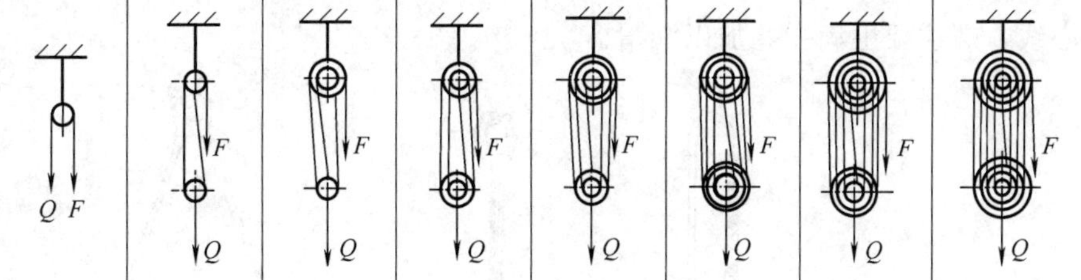							
工作绳索的根数 Z	1	2	3	4	5	6	7	8
滑轮轮盘的个数 N	1	2	3	4	5	6	7	8
示意图	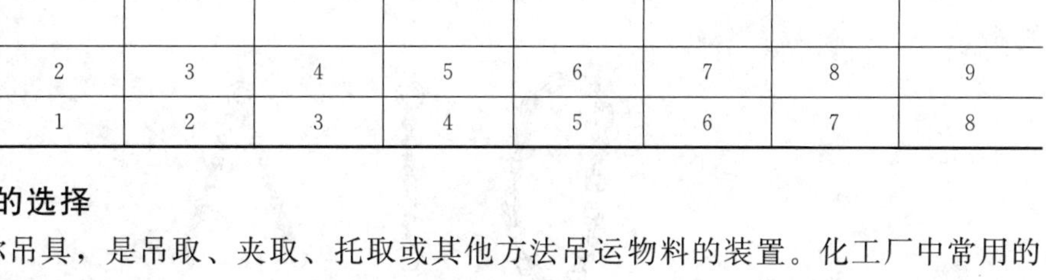							
工作绳索的根数 Z	2	3	4	5	6	7	8	9
滑轮轮盘的个数 N	1	2	3	4	5	6	7	8

3. 取物构件的选择

取物装置又称吊具，是吊取、夹取、托取或其他方法吊运物料的装置。化工厂中常用的取物装置有以下几种。

(1) 起重吊钩　起重吊钩简称吊钩，是起重机械中常用的吊具，有单钩和双钩两种，如图1-6所示。吊钩由专用材料DG20、DG20Mn、DG34CrMo等经锻造、热处理而制成。经载荷及力学性能检验合格的吊钩，要在其上做出永久性标志。标志内容有制造厂名或厂标、钩号、强度等级、开口度实际测量长度。

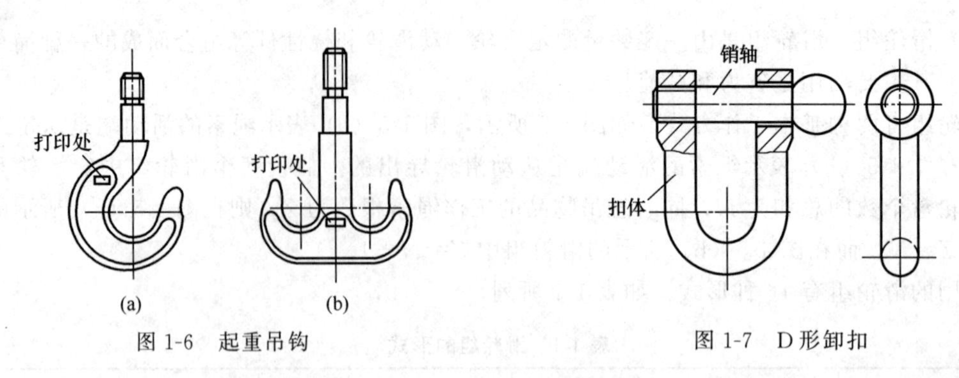

图 1-6　起重吊钩　　　　图 1-7　D 形卸扣

(2) D 形卸扣　D 形卸扣又称卡环，是一种常用的拴连工具，如图 1-7 所示。卸扣常用 20、20Cr、35CrMo 钢锻后热处理而制成。卸扣表面不得有毛刺、裂纹、夹层等缺陷，也不能用焊接补强方法修补其缺陷，有裂纹或永久变形应报废。使用时作用力方向应垂直销轴中心线，螺纹要上满扣并加以润滑。

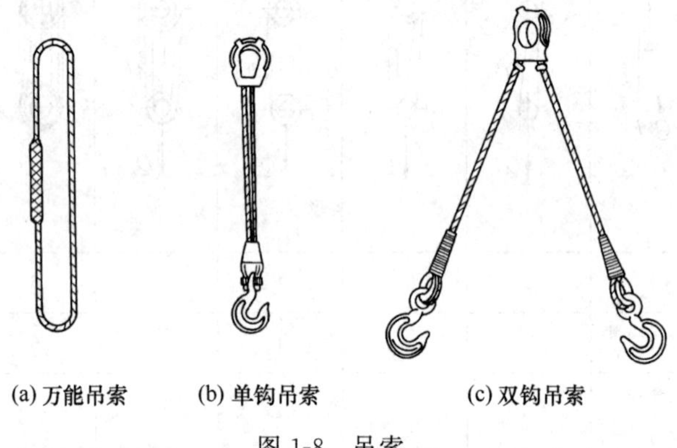

图 1-8　吊索

(3) 吊索和吊链　吊索又称吊绳，它是用来捆吊重物用的一种钢丝绳。制造吊索应使用柔软的钢丝绳，一般用标记为 6×61 的钢丝绳制成。吊索可分为万能吊索（封口的）、单钩吊索和双钩吊索三种，如图 1-8 所示。吊索的特点是自重小、刚性大，不能用于起吊高温的重物。

吊链是用起重链制成的，用于捆吊重物。吊链可分为万能吊链（封口的）、单钩吊链和双钩吊链三种，如图 1-9 所示。吊链的特点是自重大、挠性好，多用于起吊重力大或高温的物料。

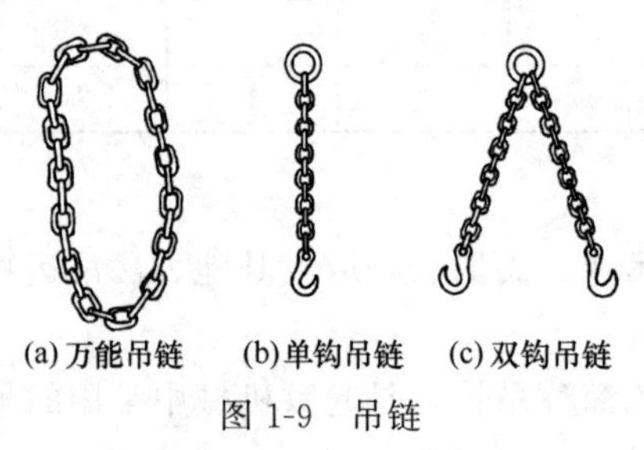

图 1-9　吊链

(4) 起重横梁　对称地装有两个或两个以上的吊钩、夹钳等吊具，用于吊运长形物料的横梁。它可以用来吊运各种尺寸的棒料、管子等，如图 1-10 所示。

(5) 偏心取物器　偏心取物器有三种不同的结构，如图 1-11 所示，它们分别可以用来抓取和提吊垂直或水平放置的钢板。

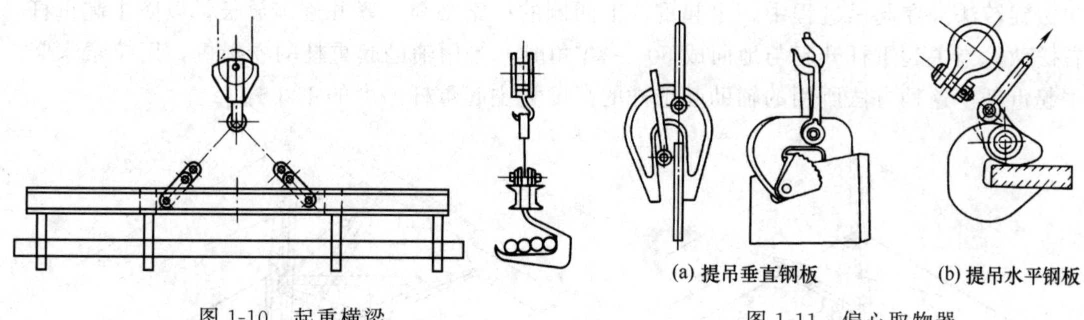

图 1-10　起重横梁

(a) 提吊垂直钢板　(b) 提吊水平钢板

图 1-11　偏心取物器

4. 起重杆安装与移动

起重杆也称桅杆或抱杆，是一种常用而又结构简单的起重装置，如图 1-12 所示。起重杆是一立柱，用拉索（桅索、拖拉绳或张紧绳）张紧而立于地面。拉索的一端连接在起重杆的顶端，而另一端连接在锚桩上。

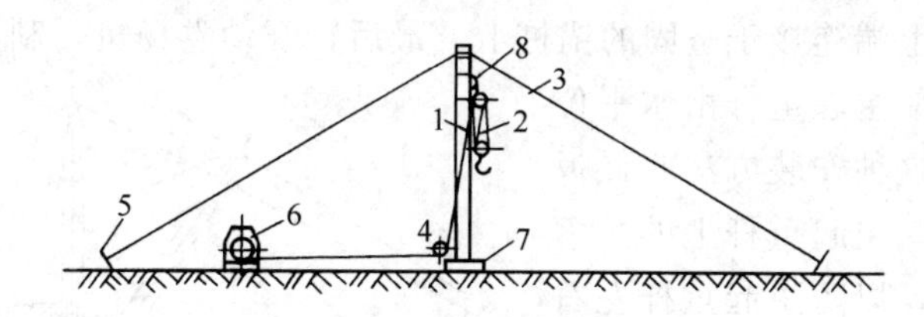

图 1-12　起重杆

1—起重杆；2—起重滑轮组；3—拉索；4—导向滑轮；5—锚桩；
6—卷扬机；7—枕木垫；8—支撑或悬梁

拉索的数目不得少于 3 根，即各拉索在水平投影面上的夹角不得大于 120°；通常用4～6 根。起重前拉索必须用滑轮组预先加以拉紧，每根拉索的初拉力为 10～20kN。拉索和地面夹角 30°为宜，不得大于 45°。拉索应与输电线保持一定的安全距离。

在起重杆的上端装有起重滑轮组，以备起重之用。滑轮组用一特殊的支撑或悬梁连接在起重杆顶端，以免在起重时滑轮组沿起重杆下滑或重物撞击起重杆。起重滑轮组的绳索从上滑轮导出，经过固定在起重杆底部的导向滑轮而引导到卷扬机上。起重杆的基础应平整坚实，不积水。

起重杆可以装成垂直的，需要时也可装成倾斜的，其倾斜角以不超过 10°为宜（超过 10°时，应作斜杆来计算）。

（1）起重杆的安装　起重杆的安装方法有以下三种。

① 滑移法　如图 1-13 所示。安装前，先将主起重杆放在枕木上，使其重心对应安装地点。然后在主起重杆重心以上约 1～1.5m 处系结一吊索，并将它挂到辅助起重杆的起重吊钩上。最后，开动卷扬机，逐步吊起主起重杆；此时，起重杆的下端沿地面滑动。这种安装方法叫做滑移法。主起重杆滑移过程中应逐渐放长其上的拉索，并用拉索控制主起重杆摇摆，待主起重杆竖直后，将拉索拴牢在锚桩上，使主起重杆稳固地竖立在安装位置上。这种方法所用的辅助起重杆的高度为主起重杆高度的一半再加 3～3.5m。

② 旋转法　如图 1-14 所示。安装前，先将主起重杆放在枕木上，使其下端置于安装地点，并用钢丝绳系结。然后在主起重杆的重心以上适当位置系结一吊索，并将它挂到辅助起重杆的吊钩上。最后，开动卷扬机，主起重杆即绕其下端支点旋转而逐渐竖立。这种安装方

法叫做旋转法。在起吊过程中，主起重杆上两侧的拉索必须拉紧并逐渐放长，以防主起重杆左右摆动。当主起重杆升起与地面成60°～70°角时，停用辅助起重杆的卷扬机，用拉索来竖立主起重杆。这种方法所用的辅助起重杆的高度为主起重杆高度的1/3～1/2。

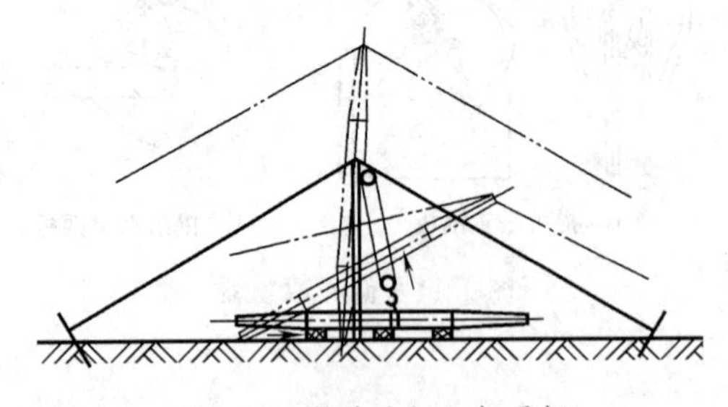

图1-13 滑移法竖立起重杆

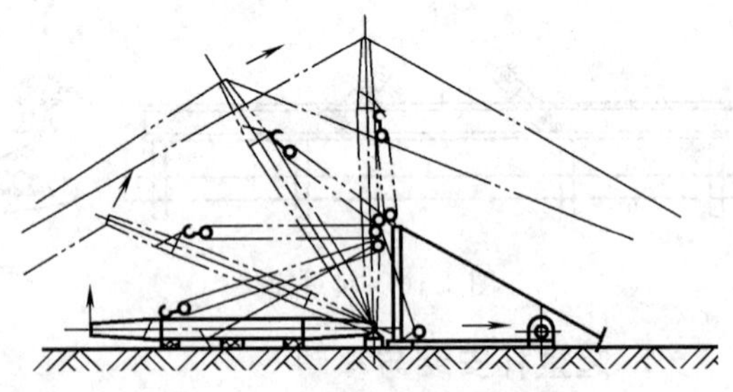

图1-14 旋转法竖立起重杆

③ 扳倒法 如图1-15所示。安装前，主起重杆的放置与旋转法相同，但辅助起重杆是立在主起重杆的基础上。然后，用钢丝绳将辅助起重杆的上端和主起重杆相连，另外再用滑轮组将辅助起重杆的上端连接于坚固的锚桩上。最后，开动卷扬机，利用滑轮组将辅助起重杆扳倒，与此同时，使主起重杆由水平位置旋转到垂直位置。这种安装方法叫做扳倒法。在起吊过程中，主起重杆上的拉索必须拉紧并逐渐放长，以防主起重杆左右摆动。当主起重杆转到60°角时，停用辅助起重杆的卷扬机，用拉索来竖立主起重杆。这种方法所用的辅助起重杆的高度为主起重杆高度的1/4～1/3。

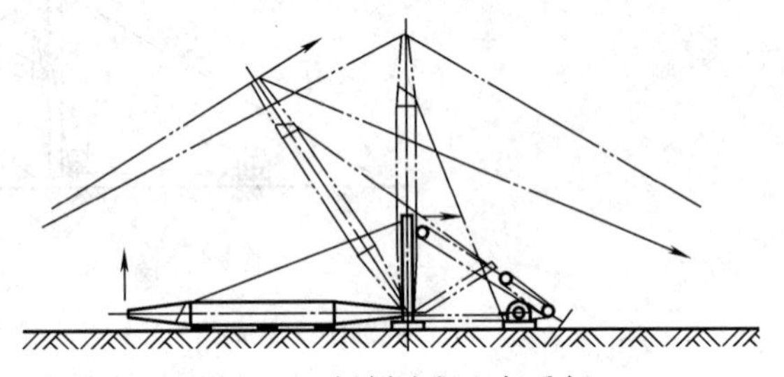

图1-15 扳倒法竖立起重杆

（2）起重杆的移动 由于起重工作的需要，有时须移动起重杆的位置。移动起重杆可用卷扬机来进行，其方法有两种。

① 利用起重杆本身的卷扬机来移动起重杆。将起重滑轮组上的起重吊钩连接在起重杆的底座上，开动起重卷扬机时，起重杆就向卷扬机方向移动。或用一根绳索绕过起重杆底座上的导向滑轮，使其一端连接于起重杆欲移动方向的一个固定点上，而其另一端则和起重滑轮组上的起重吊钩相连，在开动起重卷扬机时，起重杆便向固定点所在方向移动。

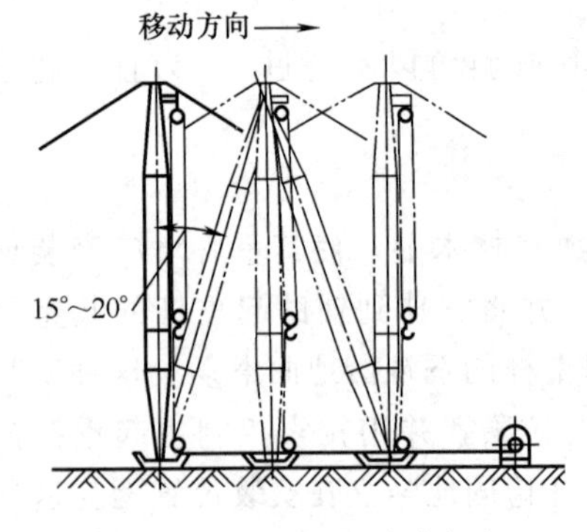

图1-16 起重杆的移动方法

② 用独立的卷扬机来移动起重杆。用这种方法移动起重杆时，只要用绳索将起重杆的底座与卷扬机连接起来，然后开动卷扬机就可移动起重杆。

不论采用哪种方法移动起重杆，均可按图1-16所示的步骤进行。

第一步：放长在移动方向相反方面的拉索，使起重杆向移动方向倾斜，其倾斜角度控制在15°～20°。

第二步：利用卷扬机移动起重杆下部的底座，使起重杆超过垂直位置后再向反方向倾斜15°～20°。

第三步：利用收短移动方向侧的拉索，使起重杆处在新的垂直位置。

若要作较长距离的移动，则可按上述步骤重复进行。

相关知识　起重工具的选择与计算

1. 钢丝绳的报废

起重用钢丝绳在使用过程中，由于受力、摩擦、腐蚀等作用，将逐渐遭到损坏。为防止其在使用过程中发生意外事故，保证安全生产，国家标准GB/T 5972—2009《起重机　钢丝绳　保养、维护、安装、检验和报废》中规定了绳的报废条件，主要考虑因素有：钢丝的性质和数量，绳端断丝，断丝的局部聚集，断丝的增加率，绳股断裂，绳径减小（包括从绳芯损坏所致的情况），弹性降低，外部和内部磨损，外部和内部锈蚀，变形，由于受热或电弧的作用引起的损坏，永久伸长率等。具体标准见附录《起重机　钢丝绳　保养、维护、安装、检验和报废》(GB/T 5972—2009)。

2. 滑轮组与钢丝绳的选择与计算

在起重工作中，经常需要进行滑轮组与钢丝绳的选择计算。在选择时，应使滑轮组上绳索的实际拉力不大于绳索的最大许用拉力并小于卷扬机的最大牵引能力。

(1) 滑轮组形式的选择与计算　用滑轮组进行起重时，被提升重物的重力与绳索活动端实际拉力的比值，称为该滑轮组的实际省力系数，即

$$K=\frac{Q}{F}$$

式中　Q——被提升重物的重力，kN；

F——绳索活动端实际拉力，kN；

K——滑轮组实际省力系数。

各种滑轮组的实际省力系数 K 的数值见表1-2。

表1-2　滑轮组实际省力系数 K

滑轮组中工作绳索的根数 Z	滑轮组中滑轮的个数 N	导向滑轮的个数 M						
		0	1	2	3	4	5	6
1	0	1.00	0.96	0.92	0.88	0.85	0.82	0.78
2	1	1.96	1.88	1.81	1.73	1.66	1.60	1.53
3	2	2.88	2.76	2.65	2.55	2.44	2.35	2.26
4	3	3.77	3.62	3.47	3.33	3.20	3.07	2.95
5	4	4.62	4.44	4.26	4.09	3.92	3.77	3.61
6	5	5.43	5.21	5.00	4.80	4.62	4.73	4.15
7	6	6.21	5.96	5.72	5.49	5.27	5.06	4.86
8	7	6.97	6.69	6.42	6.17	5.92	5.68	5.45
9	8	7.75	7.45	7.15	6.90	6.63	6.38	6.14
10	9	8.38	8.04	7.72	7.41	7.12	6.83	6.56
11	10	9.04	8.68	8.33	8.00	7.68	7.37	7.08
12	11	9.68	9.29	8.92	8.56	8.22	7.89	7.58
13	12	10.29	9.88	9.48	9.10	8.74	8.39	8.05
14	13	10.88	10.44	10.03	9.63	9.24	8.87	8.52

注：1. 一只定滑轮（或导向滑轮）的 K 值等于0.96。

2. 当滑轮组中工作绳索的根数等于滑轮轮盘的个数时，应该将导出绳索活动端的一只定滑轮当作第一只导向滑轮来计算。

要选择滑轮组，先确定其省力系数，然后从表1-1中查出相应滑轮组中滑轮的个数及工作绳索的根数。确定省力系数 K 时，应使滑轮组绳索活动端实际最大静拉力 F_{max} 小于或等于钢丝绳允许的最小破断拉力 F_0，即

$$F_{max}=\frac{Q}{K}\leqslant\frac{F_0}{n}$$

例 1　已知某设备的重力 $Q=200kN$，绳索的最小破断拉力 $F_0=178.6kN$，有 4 个导向滑轮。试选择滑轮组的形式（钢丝绳安全系数取 $n=5$）。

解　第一步：先根据公式计算出省力系数 K 的值，即

$$K=\frac{Q}{F_0/n}=\frac{200}{178.6/5}=5.599$$

第二步：从表 1-2 中导向滑轮为 4 的栏内选择比 5.599 稍大的值，即 $K=5.92$。根据 5.92 这个 K 值就可选择出所需要的滑轮组，此滑轮组有 8 根工作绳索、7 个滑轮和 4 个导向滑轮，它可配置成如图 1-17（a）、（b）所示的两种等效的滑轮组。此时，绳索活动端的实际拉力 $F_{max}=\frac{200}{5.92}\approx 33.8kN$，钢丝绳的破断拉力：

$$F_0=nF_{max}=5\times 33.8=169(kN)$$

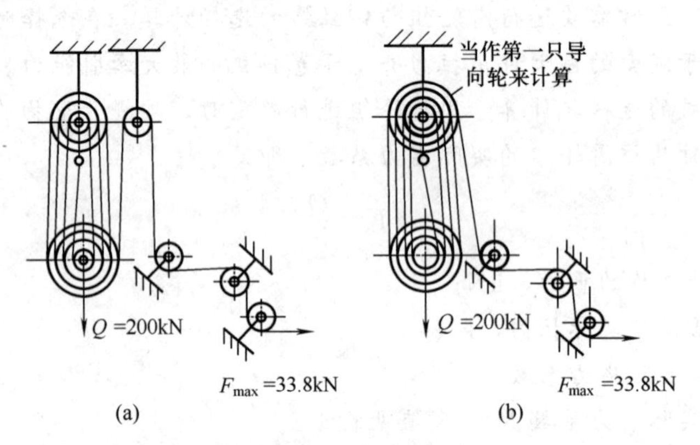

图 1-17　两种等效的滑轮组

（2）滑轮组工作绳索选择与计算　已知被提升物的重力和选定出滑轮组中滑轮个数或工作绳根数情况下，计算选择用于滑轮组的绳索。

例 2　已知某设备的重力 $Q=250kN$，拟采用电动卷扬机和滑轮组来起吊，而该滑轮组中有 6 根工作绳索，用 2 个导向滑轮。试选择该滑轮组所需钢丝绳（钢丝绳直径和结构可以根据滑轮选择）。

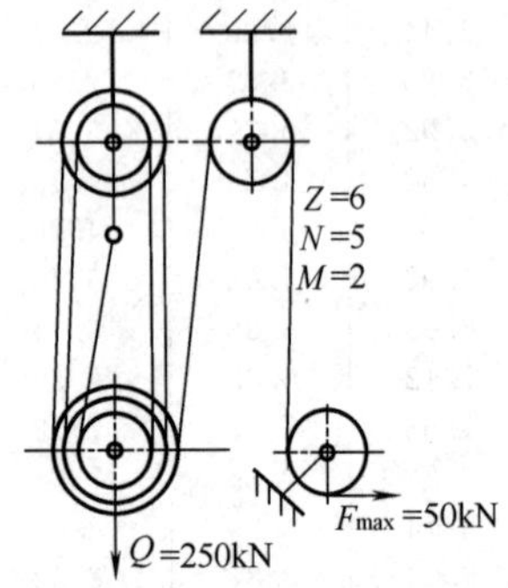

图 1-18　采用的滑轮组示意

解　第一步：先从表 1-2 查出，采用如图 1-18 所示的滑轮组，其实际省力系数的数值为 $K=5.00$，则绳索活动端的实际拉力 $F_{max}=\frac{Q}{K}=\frac{250}{5.00}=50kN$。

第二步：根据钢丝绳工作级别确定安全系数 n（如 $n=5$），计算钢丝绳的破断拉力，$F_0\geqslant nF_{max}=5\times 50=250kN$。

第三步：根据 F_0 和滑轮选择钢丝绳直径和结构。

3. 起重杆的选择

根据结构材料的不同，起重杆可分为木起重杆和金属起重杆两大类。

（1）木起重杆的选择　木起重杆是采用圆木杆制成的，其结构如图 1-19 所示。这种起重杆的起重量可达 100kN，起重高度为 10m。但现在已较少使用。

木起重杆也可组成人字起重架和三脚起重架，如图 1-20 所示，分别用于起重量在 5kN

和 10kN 以下，起重高度不大于 3m 的情况。木起重杆常用于安装和修理现场作临时性的起重作业。

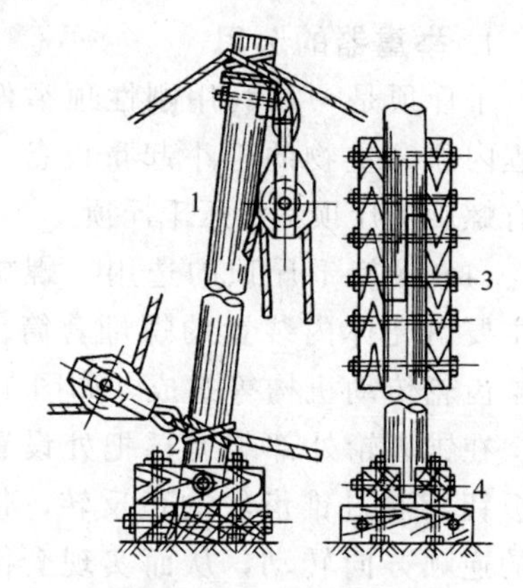

图 1-19　单木起重杆

1—起重杆的顶部与拉索和定滑轮的连接；
2—起重杆的底部与导向滑轮的连接；
3—起重杆的接合；4—底座

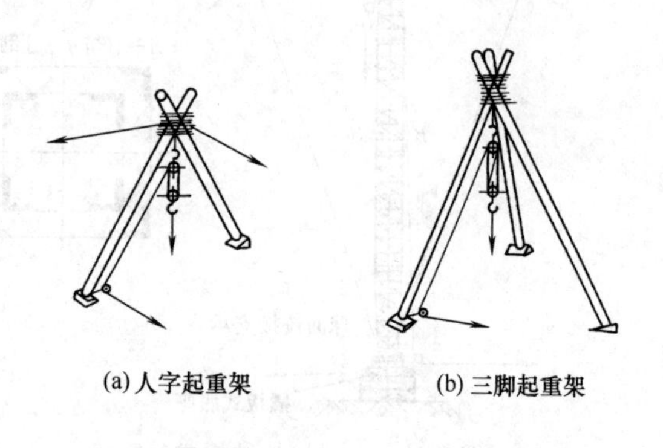

(a) 人字起重架　(b) 三脚起重架

图 1-20　人字起重架和三脚起重架

(2) 金属起重杆的选择　金属起重杆按其结构可分为金属管式起重杆和金属桁架结构式起重杆两种。前者适用于起重能力在 200kN 以下，起重高度在 30m 以内的场合，超过此限者，采用金属桁架结构式起重杆较为适宜。

① 金属管式起重杆的选择。金属管式起重杆是用无缝钢管或螺旋形有缝钢管制成的，其结构如图 1-21 所示。在起重杆的顶部拴有拉索，并焊有短管支承；在起重杆的底部焊有钢板制的底座，或者制成铰链式支承底座，以便起重杆能倾斜一定的角度。

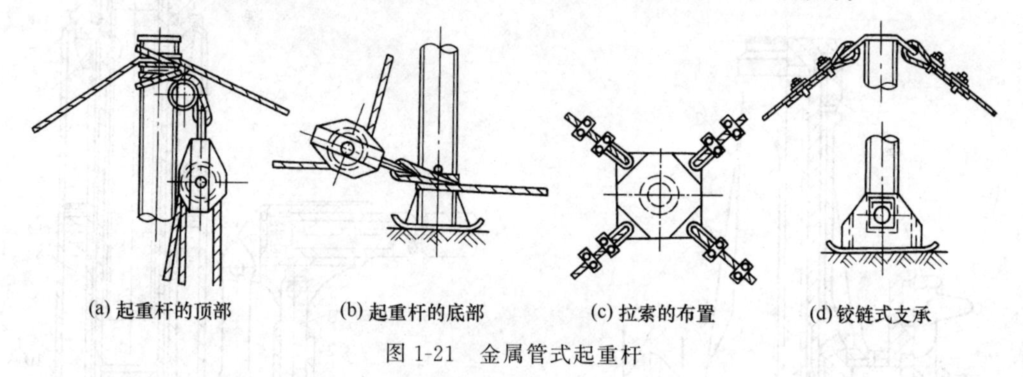

(a) 起重杆的顶部　(b) 起重杆的底部　(c) 拉索的布置　(d) 铰链式支承

图 1-21　金属管式起重杆

金属管式起重杆也可组成人字起重架和三脚起重架。

② 金属桁架结构式起重杆的选择。金属桁架结构式起重杆是用角钢制成的桁架，其截面呈方形，如图 1-22 所示。为了便于搬运，它可分成几段，各段之间用连接板和螺栓连接。为了悬挂起重滑轮组，在起重杆顶部焊一悬梁（耳环），底部也有一个同样的耳环，用于连接导向滑轮。起重杆的底部坐落在枕木垫上，顶部用拉索张紧。此外，为了使起重杆可以向任何方向转动，底部应做成球面铰接支承；为了便于移动，底部应制成撬板式。

金属桁架结构式起重杆起重能力可超过 1000kN，起重高度可达 50～60m。在化工厂的安装工地上，当起吊大型设备时常用两个金属桁架结构式起重杆进行整体吊装。

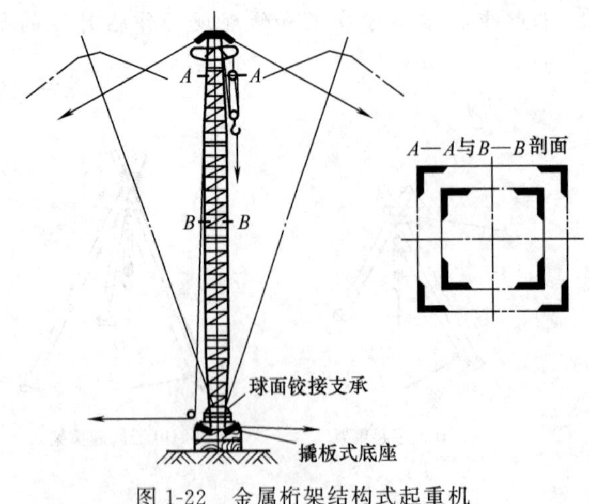

图 1-22 金属桁架结构式起重机

任务二 起重机械的选择与使用

1. 举重器的选用

千斤顶是一种利用刚性顶举件在小行程内顶升重物的轻小起重设备。常用的有螺旋千斤顶和液压千斤顶。

（1）螺旋千斤顶的选用 螺旋千斤顶主要由壳体内装置的螺母套筒、螺杆和锥齿轮传动机构等组成，如图 1-23 所示。在锥齿轮外部装有摇把处设置有换向扳钮，通过锥齿轮的正反转，带动螺杆的逆顺方向转动，从而实现套筒沿壳体上部的键条升降，顶升或降下重物。该千斤顶除可在竖直方向使用外，也能在水平方向使用。常用的螺旋千斤顶起重量为 30～500kN，顶升高度可达 250～400mm。螺旋千斤顶能够自锁。

（2）液压千斤顶的选用 图 1-24 所示为液压千斤顶。该千斤顶的刚性顶举件是工作活塞及其上的调整螺杆，工作时，重物在调整螺杆顶端托座上，反复提起压下手柄，则工作活塞受压力油作用而向上运动，带动调整螺杆上行将重物顶起。当打开回油阀时，重物的高度可下降。

常用的液压千斤顶起重量为 15～5000kN，起升高度为 90～200mm，自重 25～8000N。液压千斤顶能够自锁。

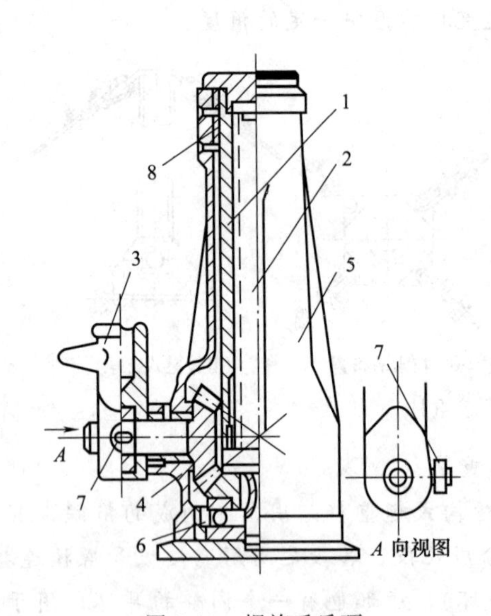

图 1-23 螺旋千斤顶

1—螺母套筒；2—螺杆；3—摇把；4—锥形齿轮；5—壳体；6—推力轴承；7—换向扳钮；8—键条

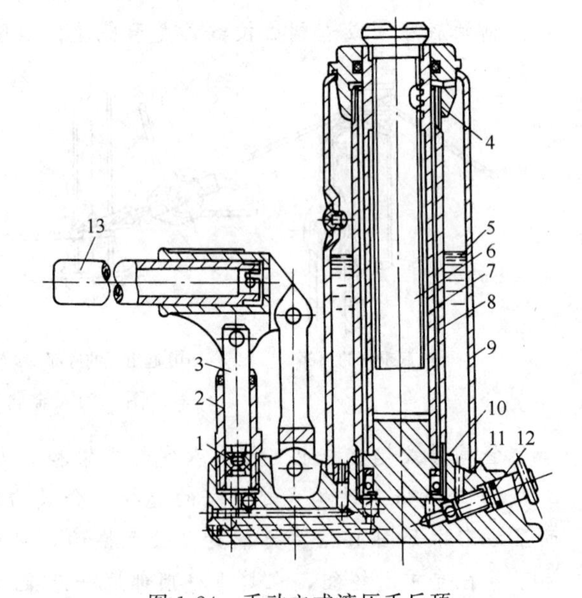
图 1-24 手动立式液压千斤顶

1—油泵胶碗；2—油泵缸；3—油泵芯；4—顶帽；5—工作油；6—调整螺杆；7—工作活塞；8—工作活塞缸；9—外套；10—活塞缸密封圈；11—底座；12—回油阀；13—手柄

使用千斤顶时应注意以下事项。

① 千斤顶的支承应稳固，基础平整坚实。

② 千斤顶使用时，不应加长手柄。

③ 千斤顶应垂直放在重物下面。

④ 千斤顶在使用时，应采用保险垫块，并随着重物的升降，应随时调整保险垫块的高度。

⑤ 多台千斤顶同时工作时，宜采用规格型号一致的千斤顶进行同步操作。

2. 电动卷扬机的选用

电动卷扬机的外形结构如图 1-25 所示，它由机架、卷筒、减速器、电动机和电磁制动器等部分组成。

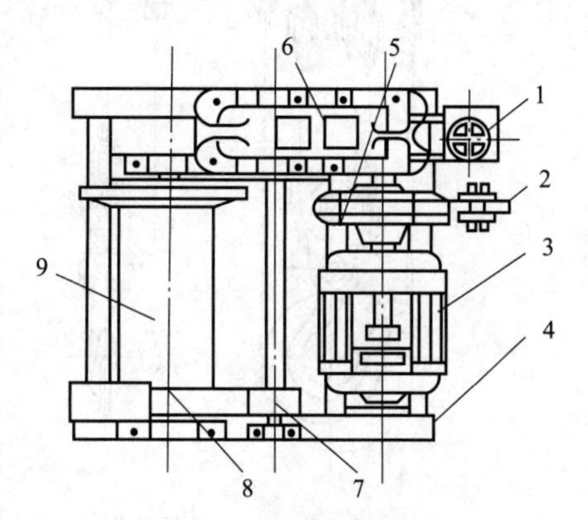

图 1-25　可逆式电动卷扬机

1—可逆控制器；2—电磁制动器；3—电动机；4—底盘；5—挠性联轴器；6—减速箱；7—小齿轮；8—大齿轮；9—卷筒

使用卷扬机时应注意以下事项。

① 卷扬机与支承面的安装定位应平整牢固，使用前应检查钢丝绳、制动器等，应可靠无异常才能工作。

② 卷筒轴心线与最近一个导向滑轮轴心线的距离，对光滑卷筒不应小于卷筒长的 20 倍，对有槽卷筒不应小于卷筒长的 15 倍，且导向滑轮的位置应在卷筒长的垂直平分线上，以保证钢丝绳顺序绕卷。

③ 钢丝绳应从卷筒下方卷入，且绳索与地面的夹角应小于 5°，以防止向上分力过大使卷扬机松动。

④ 为减少钢丝绳在卷筒上固定处的受力，余留在卷筒上的钢丝绳不得少于 3 圈。

⑤ 卷扬机所有电气部分应有接地线，电气开关应有保护罩。

3. 手拉葫芦的使用

手拉葫芦俗称斤不落或倒链，是一种以焊接环链为挠性承重件的起重工具，常用形式的外形如图 1-26 所示。

起重时，用挂钩将手拉葫芦悬挂在一定高度，捆绑重物的吊索挂在吊钩上，拉动手拉链条（使链轮顺时针方向转动），可将重物吊起。若要使重物下降，只需反向拉动手拉链条即可。

手拉葫芦起重量为 5～300kN，起升高度为 2.5～3m。如选用较长起重链条，可增大起升高度，最大可达 12m。

手拉葫芦的悬挂支承点应牢固，悬挂支承点的承载能力应与该葫芦的起重能力相适应；转动部分必须灵活，链条应完好无损；不得有卡链现象。

4. 电动葫芦的使用

图 1-27 所示为常用的钢丝绳式电动葫芦。它由带制动器的电动机、减速器、卷筒、电动小车、吊钩装置和电气设备组成，电动机通过减速器带动卷筒旋转，使吊在吊钩装置上的物品提升或下降。电动小车可沿架空工字形钢轨运行。

电动葫芦的起升机构和运行机构都是在地面用电气设备通过软电缆来操纵的。

电动葫芦结构紧凑、自重轻、效率高，操作方便，工作可靠，在化工厂中应用广泛。常用电动葫芦的起重量为 1～100kN，起升高度为 3～30m，起升速度为 4～10m/min。

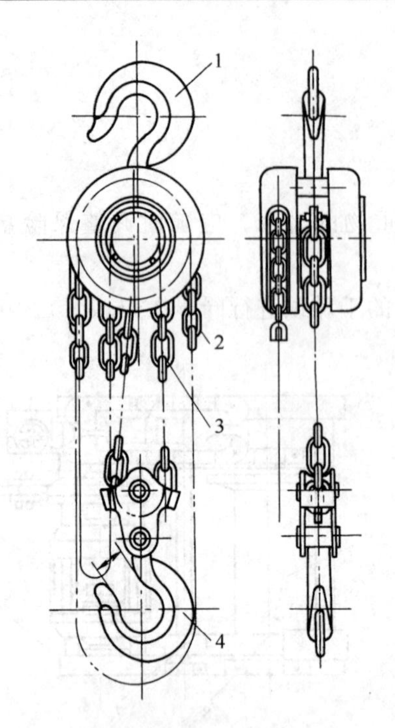

图 1-26 手拉葫芦外形

1—挂钩；2—手拉链条；
3—起重链条；4—吊钩

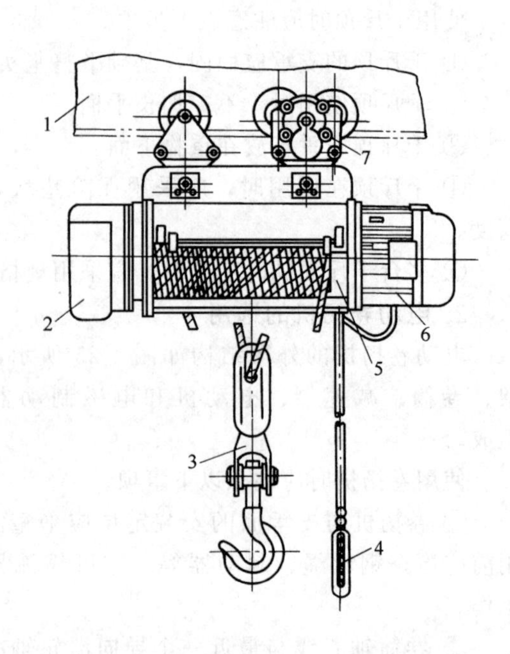

图 1-27 钢丝绳式电动葫芦

1—工字形钢轨；2—减速器；3—吊钩装置；
4—电气设备；5—卷筒；6—电动机；
7—电动运行小车

5. 桥式起重机的选择

桥式起重机也称天车，外观呈桥形，如图 1-28 所示。桥式起重机由桥架、桥架运行机构、起重小车、小车运行机构、起升机构和操作室等部分所组成。桥架横跨于厂房或露天货场上空，通过滚轮沿两侧梁上轨道作纵向运动，起重小车在桥架主梁上沿小车轨道作横向运动，起重小车上的吊钩可作上下的垂直运动，因而吊钩在一定空间范围内可到达任意位置。

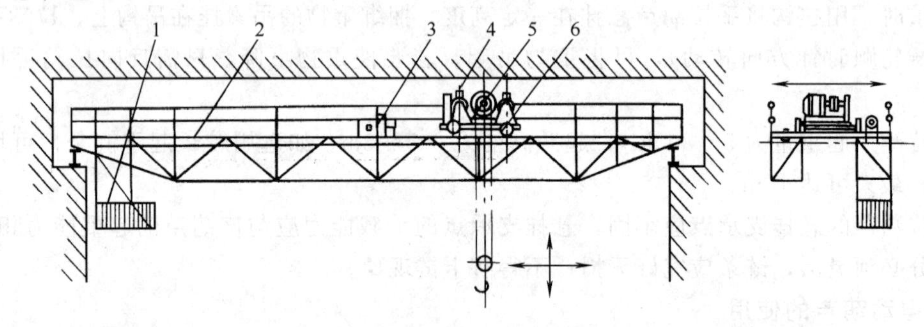

图 1-28 桥式起重机示意

1—操作室；2—桥架；3—桥架运行机构；4—小车运行机构；5—起升机构；6—起重小车

通用桥式起重机的起重量可达 5000kN，跨度达 50～60m。

化工厂可燃性气体生产车间所用的桥式起重机，必须采取严格的防爆措施，不得采用裸线滑点接触式输电，而应采用长距离可伸缩的软电缆来输电。

6. **轮胎式起重机的选择**

轮胎式起重机如图 1-29 所示，它的底盘是特制的，优点是重心低，起重平稳。这类起重机除可在固定支脚时进行作业外，还可在使用短臂杆（起重臂为分段式）过程中在额定起重量 75%的条件下带负荷行驶，扩大了起重的机动性，在一些场所使用极为便利。

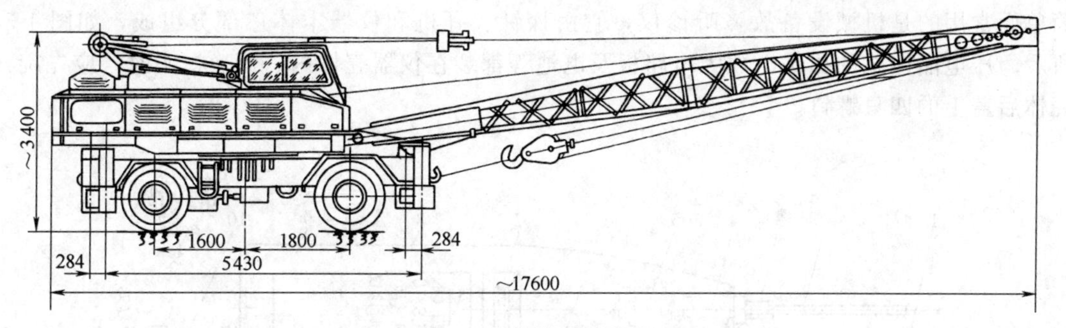

图 1-29 轮胎式起重机

任务三 检测工具的选择与使用

1. 常用测量工具的选择与使用

（1）水平仪的选择与使用 水平仪又称水平尺或水准器等，常用在安装、验收或修理工作中检查零件、机器或设备的水平或垂直状况。

常用的水平仪有长方形水平仪（图 1-30 所示）和方框形水平仪（图 1-31 所示）两种。

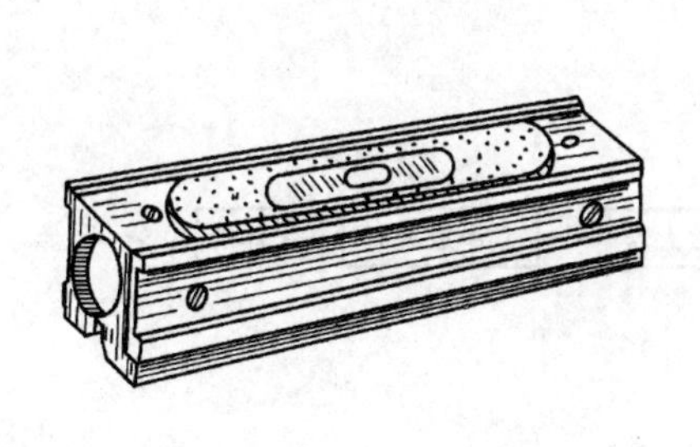

图 1-30 长方形（钳工式）水平仪

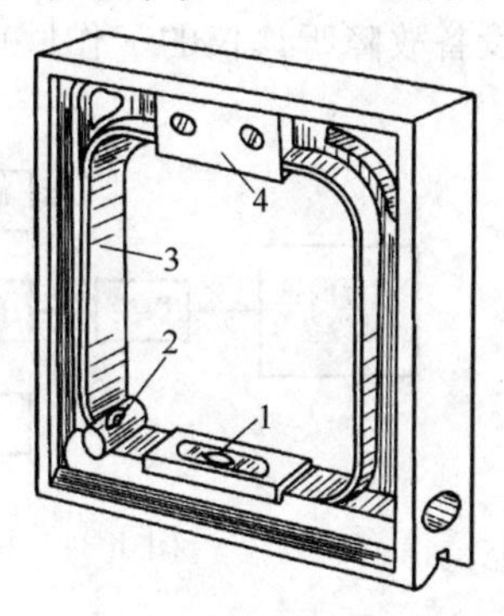

图 1-31 方框形（框式）水平仪

1—主水平管；2—辅助水平管；3—金属框架；4—手捏块

测量时，水平仪放在被测物体的表面上，若被测表面水平，则水平气泡中心在水平管零点处；若被测表面不水平，则水平管内气泡向高的一侧移动，移动的路程为从零点起沿水平管到停稳后气泡中心点的弧长，该弧长所对圆心角等于被测表面的倾斜角。气泡中心点的位置，可根据水平管上的刻度读出。

方框形水平仪（又称方框式水平仪或方水平），可以用来检查机器或设备安装后的水平状况，还可用其垂直边框检查机器或设备安装后的垂直状况。

除此之外，还有一种精度较高的光学合像水平仪，其外形如图 1-32 所示。

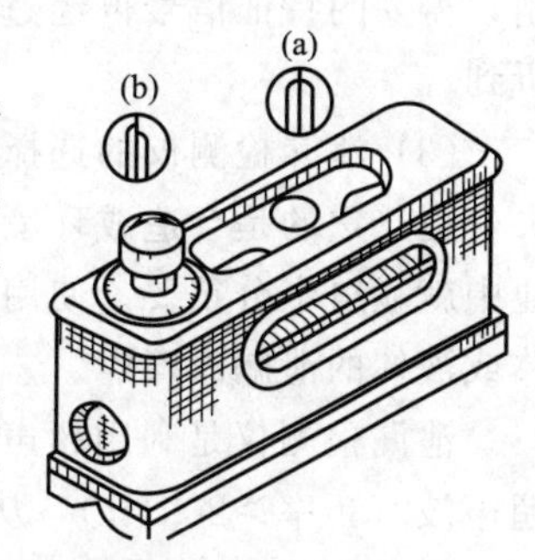

图 1-32 光学合像水平仪

测量时，把光学合像水平仪放在倾斜的表面上测量，气泡移向高侧，通过旋钮调节细牙螺杆，转动水平管，使水平气泡中心回到零点位置，然后从倾斜度标尺和旋钮下方的倾斜度刻度盘上读出被测表面的倾斜度。

(2) 机械设备故障听诊仪的选择与使用　用于机械设备故障诊断的仪器种类很多，其中简单而常用的是机械设备故障听诊仪，它由探针、耳机和仪器本体三部分组成，如图 1-33 所示。压电晶体式的探头、放大电路板及电池等都装在仪器壳体内。调换探头时，应先旋开壳体后盖上的四只螺钉。

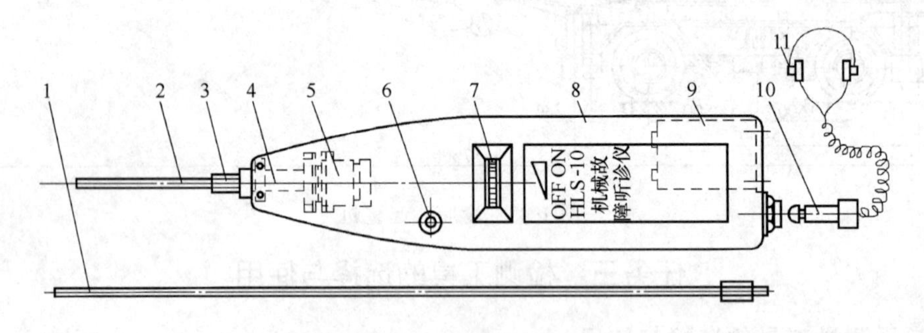

图 1-33　机械设备故障听诊仪

1—长探针 (290mm)；2—短探针 (60mm)；3—探针锁母；4—探针座；5—探头；6—指示灯；7—开关及音量调控盘；8—仪器壳体；9—电池 (9V)；10—耳机插头；11—耳机

机械设备故障听诊仪的工作原理方框图如图 1-34 所示。

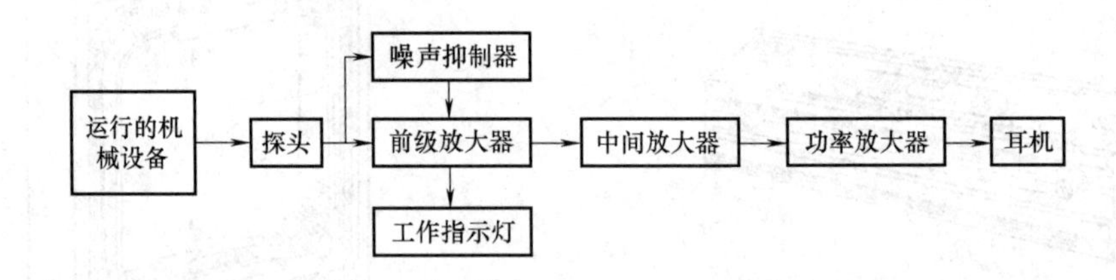

图 1-34　机械设备故障听诊仪工作原理方框图

机械设备在运行过程中发生故障时，往往会产生振动、噪声、温升等现象，利用各种探头（传感器）可把这些现象的特征信号测量出来，并转换成电信号，不需要的噪声可加以抑制，需要的特征信号再经过各种放大器放大，就可获得所需要的故障信号，并通过耳机监听到。

(3) 泄漏检测仪的选择与使用　化工企业的生产设备和管路的泄漏不但会造成物料的损失，更严重的是会造成环境污染、火灾、爆炸或人身伤亡事故，因此，泄漏的检测在化工企业中就显得十分重要。使用泄漏检测仪可以在现场迅速、准确地找出各种设备及管路中的气体或液体的泄漏故障点。

泄漏检测仪是利用超声波传感器（收集器或探头）探测气体或液体通过狭缝时所发出的超声波（频率>20kHz），从而发现泄漏点（超声波源）。

泄漏检测仪由探针、超声波收集器、超声波探头、超声发波器、伸展管、耳机和仪器本体所组成，如图 1-35 所示。

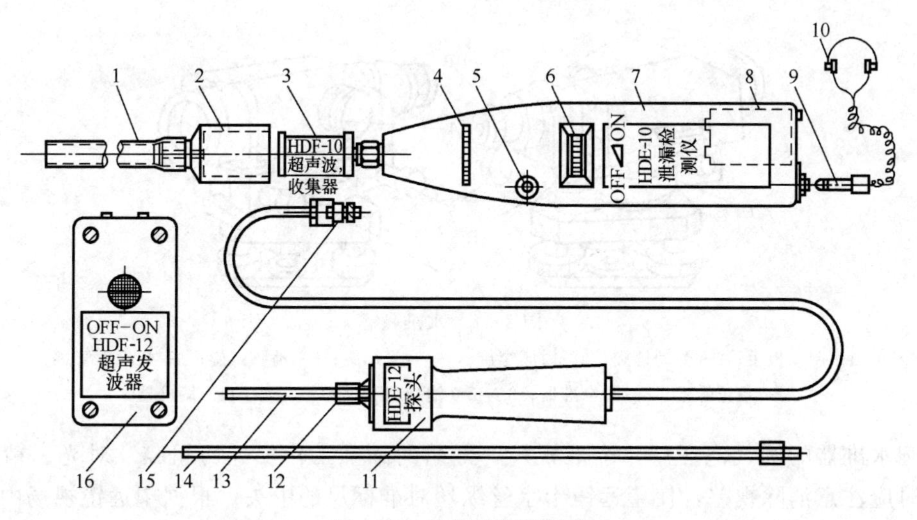

图 1-35 泄漏检测仪组件

1—橡胶伸展管；2—伸展管套筒；3—超声波收集器；4—显示灯（二级发光管）；5—音量调节器；6—开关及灵敏度调节器；7—仪器壳体；8—电池；9—耳机插头；10—耳机；11—超声波探头；12—探针锁母；13—短探针；14—长探针（290mm）；15—探头接头；16—超声发波器（9V电池）

（4）超声波测厚仪的使用　超声波测厚仪是由带插头的探头和仪器本体组成的，与之配套使用的还有标准厚度试块，如图 1-36 所示。

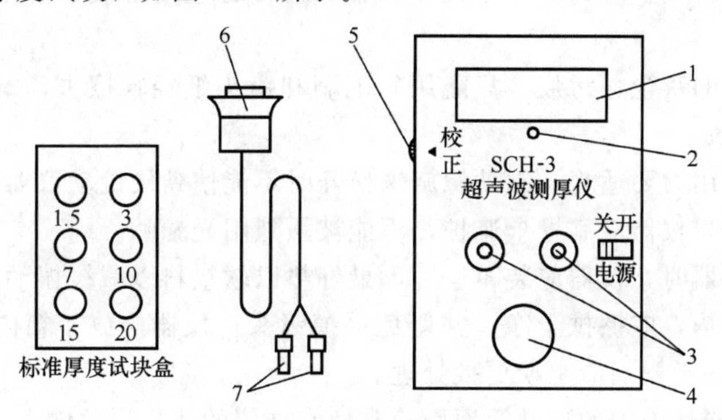

图 1-36 超声波测厚仪

1—显示屏；2—指示灯；3—探头插座；4—标准试块；5—校正旋钮；6—探头；7—插头

测厚时应使用标准厚度试块来校正仪器，以保证测量精度。标准厚度试块共七块，仪器本体上有一块，厚度为 5mm，其余六块均装在试块盒中，各自的厚度值分别标在其附近。仪器校正后，可用于检测与该校正试块厚度值相近工件的厚度。

用测厚仪检测工件厚度，先在工件表面上施加耦合剂，然后把探头压在工件施加耦合剂处，在显示屏上显示出的数值，就是被测工件的厚度值。

在无法使用长度计量器具直接测量尺寸的场合，如封闭容器壁厚的测定，用超声波测厚仪测厚是很方便的。

2. 专用检测工具的使用

（1）水准仪的使用　水准仪在检修与安装中常用来测定机器、设备的基础标高。水准仪结构如图 1-37 所示。

测定基础的标高时，先将水准仪安装在三脚架上，将三脚架的顶面初步放平，转动地脚

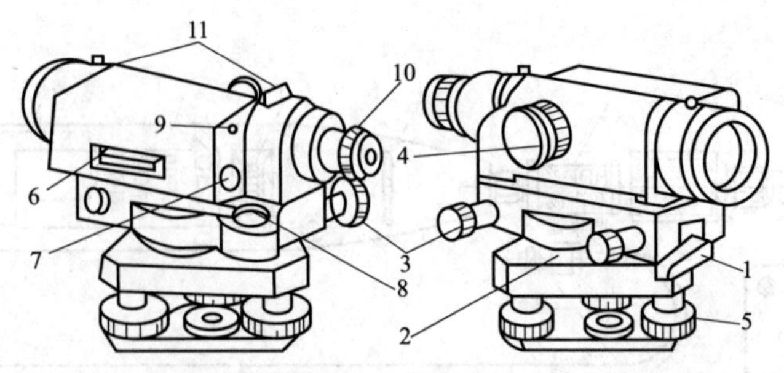

图 1-37 水准仪

1—制动扳手；2—微动螺旋；3—微倾螺旋；4—对光螺旋；5—地脚螺旋；6—长水准管；7—校正螺丝；8—圆水准器；9—长气泡观察孔；10—目镜；11—瞄准器

螺旋使圆水准器的圆气泡居中，瞄准视尺，开始的瞄准工作要经历粗瞄、对光、精瞄的过程，同时应注意消除视差，使望远镜十字丝纵丝对准标尺的中央。根据望远镜视场中十字丝横丝所截取的标尺刻划，读取该刻划的数字。读数时应从上到下地读出米、分米、厘米及估读的毫米共 4 个数。读后还应检查长水准管气泡是否居中，如不居中时，应重新精平后再读数。水准仪使用时应注意以下几点。

① 从仪器箱提取仪器时，应先松开制动螺旋，用双手握住仪器支架或基座，轻拿轻放，不准拎住望远镜取出。

② 仪器装在三脚架上时，应一手握住仪器，一手拧连接螺旋，直至拧紧，保证安装牢固稳定。

③ 仪器镜头上的灰尘、污痕，只能用软毛刷和镜头纸轻轻擦去，不能用手指或其他物品擦，以免磨坏镜面。

④ 调整仪器时用力要适当，制动螺旋未松开时不能使劲硬旋动仪器或望远镜。

⑤ 户外作业时，仪器应用撑伞遮护，不能被强烈阳光暴晒。

⑥ 远距离运仪器时，仪器应装箱运送，最好垫以软垫料以减缓振动。

⑦ 仪器使用完毕，应擦拭干净，并避免手摸镜头；仪器应放于箱内特定位置，并置于干燥通风处；箱内的干燥剂应定期更换处理。

由于长期使用或运输中的振动等原因，常使水准仪的测量误差增大，为获得准确可靠的测量数据，应对水准仪进行定期检验校正。内容有圆水准器的检验校正、横丝的检验校正、水准管的检验校正。

（2）经纬仪的使用　经纬仪主要供空间定位用，可分为大地测量用光学经纬仪和工具经纬仪两种。工具经纬仪常用来检测机器零部件的平直度、平面度、同轴度、平行度和垂直度等。

工具经纬仪结构如图 1-38 所示。仰俯和方位螺钉用于调节工具经纬仪的仰俯角度与水平方位，瞄准目标；调节支承螺钉用来支承仪器以及调整经纬仪竖轴的垂直度；上水准器平行地装在镜管上部，使经纬仪能精确地建立水平视线；侧镜配合镜筒内的棱镜，可将光线折射 90°，以建立起与镜筒视线相垂直的同平面辅助视线。

经纬仪的调平与对点（见图 1-39）要同步进行，其调平与水准仪相同，而对点则是应用光学对点器或用挂在仪器上的线坠进行。仪器经过对点和调平后还应进行目标瞄准，即松开水平制动螺旋，转动照准部，使望远镜对准目标；调好对光螺旋，使十字丝和目标都比较清晰；紧固制动螺旋，转动微动螺旋使目标移到十字丝的双竖丝中间或与单竖丝重合（见

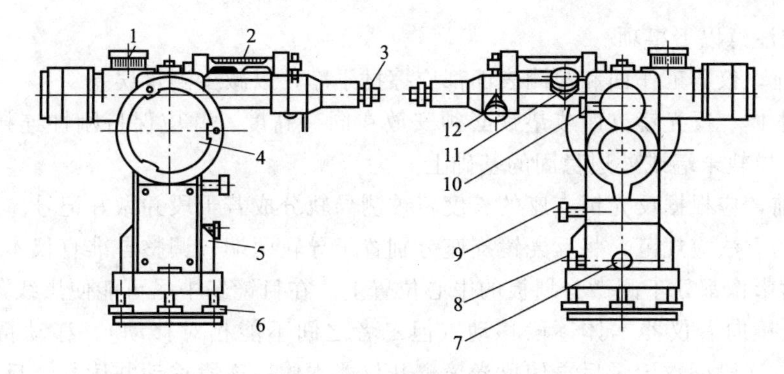

图 1-38　工具经纬仪结构

1—测微鼓轮；2—上水准器；3—视度调节环；4—侧镜；5—照准器；6—支承螺钉；7—方位紧定螺钉；8—方位正切螺钉；9—俯仰正切螺钉；10—俯仰紧定螺钉；11—调焦鼓轮；12—光源安装口

图 1-40）。若看到对准目标有偏离十字丝现象，就说明望远镜的对光螺旋（或目镜）还没调到最佳位置，需继续重新调节对光螺旋。

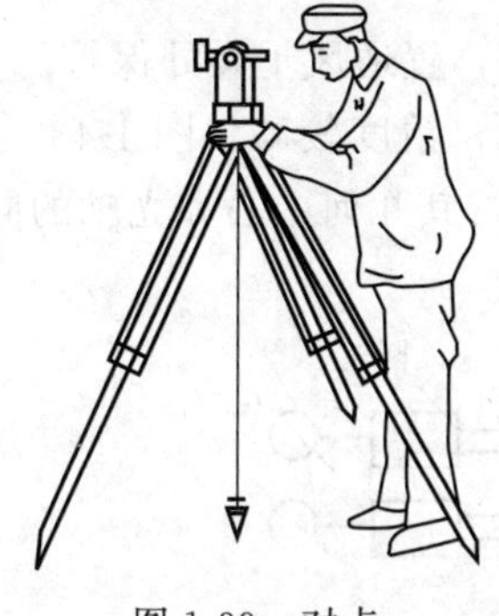

图 1-39　对点

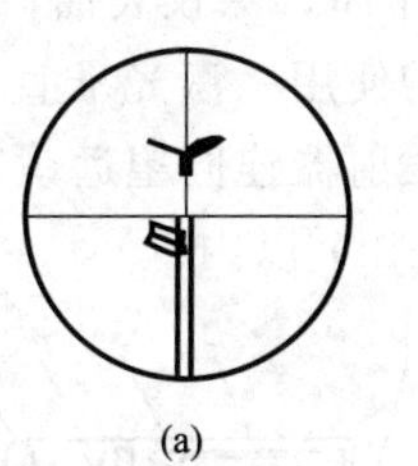

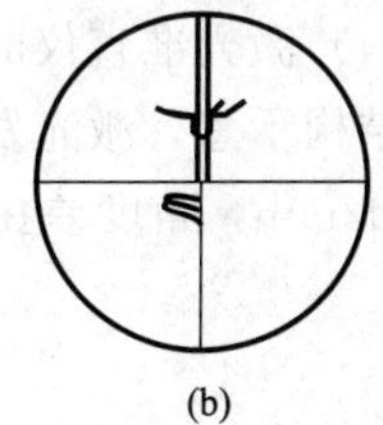

图 1-40　十字丝目标

（3）自准直仪的使用　自准直仪又称自准直平行光管，是一种高精度的光学测量仪器，广泛应用于检测机器导轨和仪器导轨在水平面内和垂直面内的直线度、工作台面的平面度及构件间的垂直度等。其外形结构如图 1-41 所示。

自准直仪的读数方法如图 1-42 所示。整数部分在目镜分划板上读取，小数部分在微分筒上读取。

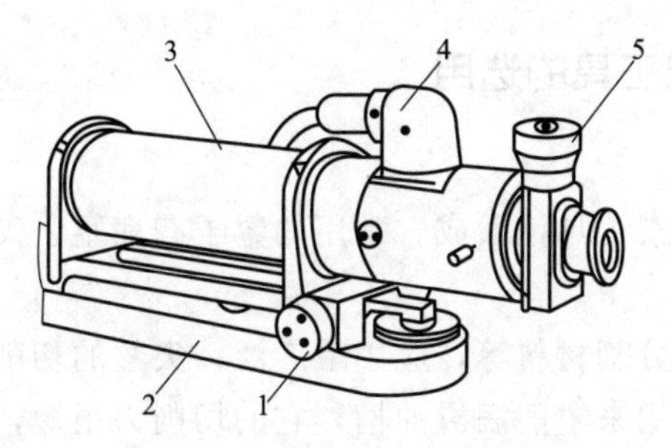

图 1-41　自准直仪外形结构

1—调节手轮；2—基座；3—准直镜管；4—照明灯；5—测微鼓轮

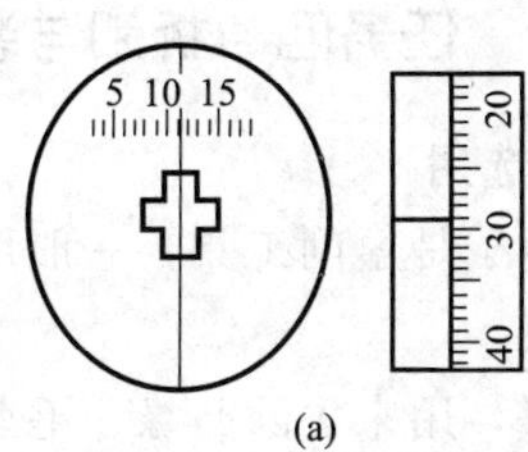

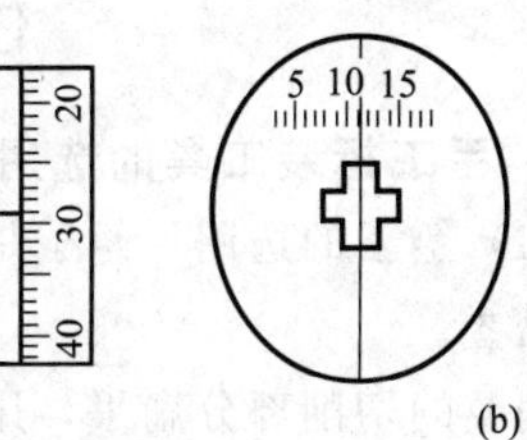
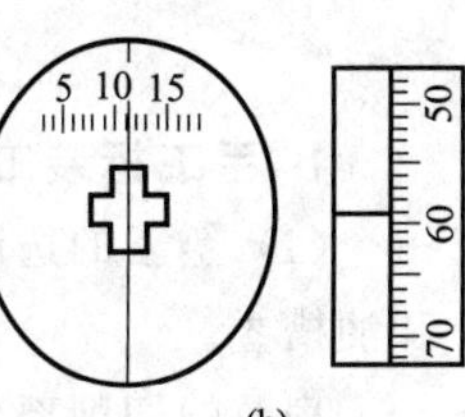

图 1-42　自准直仪的读数方法

使用时应注意以下事项。

① 测量前，仪器工作面和被测表面都应擦拭干净，以减少测量误差。

② 仪器本体、反光镜支座或垫铁必须安放在同一高度，并应保持刚性连接，一般将仪器本体固定在导轨末端或外边稳固的基础上。

③ 测量前，应根据反光镜支座的长度将被测导轨分成若干段并做好记号。

④ 测量的方法应规范，将反光镜支座分别置于导轨两端，调整自准直仪本体或反光镜，使两端的反射影像都处于测微分划板的中心位置上。在目镜场中尽可能使黑线条在十字划像中间。将反光镜向着仪器本体逐段移动（但二者之间不能相对移动），移动精度应保持在±1mm之内。逐段读数记录后再使反光镜离开仪器本体，逐段移动并读数。反复多次测量，以求较高的准确性。

⑤ 在测量导轨垂直方向的弯曲时，应使读数目镜微分螺丝平行于光轴；当测量导轨水平方向的扭曲时，应将测微目镜转动90°，使其垂直于光轴。

⑥ 测量时，应防止温度变化致使光轴弯曲或折射，应防止光学仪器的玻璃上有凝结水。同时，应避免强光的直接照射，以免成像模糊降低分辨力。

⑦ 仪器用后应擦干净，涂仪表油，装于专用包装盒内，置通风干燥处保管。

(4) 激光准直仪的使用　激光准直仪校正的距离较长，精度较高，图1-43为激光准直仪的结构示意，激光发射器连同望远镜装于可调的支架上，其几何中心和光轴的同轴度应小于0.02mm，角度差在±1″以内。

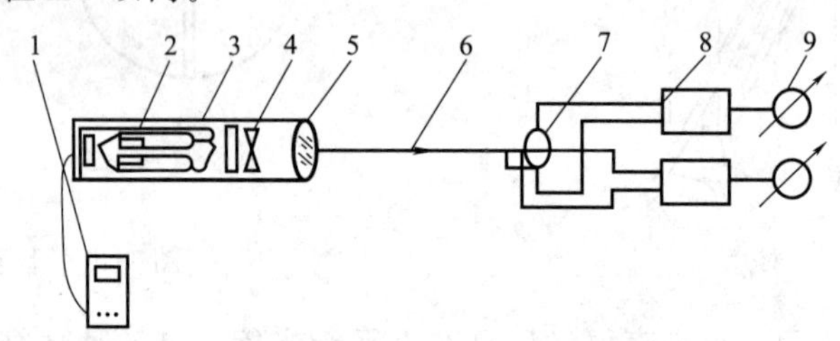

图1-43　激光准直仪的结构示意

1—电源；2—激光筒；3—激光发射器；4—目镜；5—物镜；6—激光束；7—接收靶；8—运算放大器；9—显示器

激光准直仪除应按使用说明书正确使用和精心维护外，还应注意环境温度变化、基础振动等的影响，也应避免强光的照射，以免降低测量精度。

任务四　拆卸与装配工具的选用

1. 手工拆装工具的选用

(1) 錾子的选用　錾子是錾削工具，一般用碳素工具钢锻成。常用的錾子有扁錾、尖錾和油槽錾。

扁錾的切削部分扁平，用来去除凸缘、毛刺和分割材料等，应用最广泛；尖錾的切削刃比较短，主要用来錾槽和分割曲线形板料，油槽錾用来錾削润滑油槽，它的切削刃很短，并呈圆弧形，为了能在对开式的滑动轴承孔壁錾削油槽，切削部分做成弯曲形状。各种錾子的头部都有一定的锥度；顶端略带球形，这样可使锤击时的作用力容易通过錾子的中心线，錾子容易掌握和保持平稳。

錾切时锤击应有节奏，不可过急，否则容易疲劳和打手。在錾切过程中，左手应将錾子握稳，并始终使錾子保持一定角度，錾子头部露出手外 15～20mm 为宜，右手握锤进行锤击，锤柄尾端露出手外 10～30mm 为宜。錾子要经常刃磨以保持锋利，防止过钝在錾削时打滑而伤手。

（2）扳手的选用　扳手是机械装配或拆卸过程中的常用工具，一般是用碳素结构钢或合金结构钢制成。

① 活扳手。也称活络扳手。使用活扳手应让固定钳口受主要作用力，否则容易损坏扳手。扳手手柄的长度不得任意接长，以免拧紧力矩太大而损坏扳手或螺栓。

② 专用扳手。专用扳手是只能扳拧一种规格螺栓和螺母的扳手。它分为以下几种。

a. 开口扳手。开口扳手也称呆扳手，它分为单头和双头两种，选用时它们的开口尺寸应与拧动的螺栓或螺母尺寸相适应。

b. 整体扳手。整体扳手有正方形、六角形、十二角形（梅花扳手）等几种，如图 1-44 所示。其中以梅花扳手应用最广泛，能在较狭窄的地方拧紧或松开螺栓（螺母）。

c. 套筒扳手。套筒扳手由梅花套筒和弓形手柄构成。成套的套筒扳手由一套尺寸不等的梅花套筒组成，如图 1-45 所示。套筒扳手使用时，弓形的手柄可以连续转动，工作效率较高。

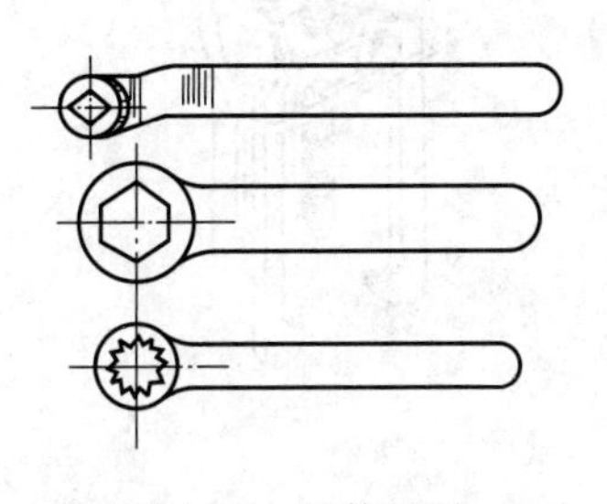

图 1-44　整体扳手

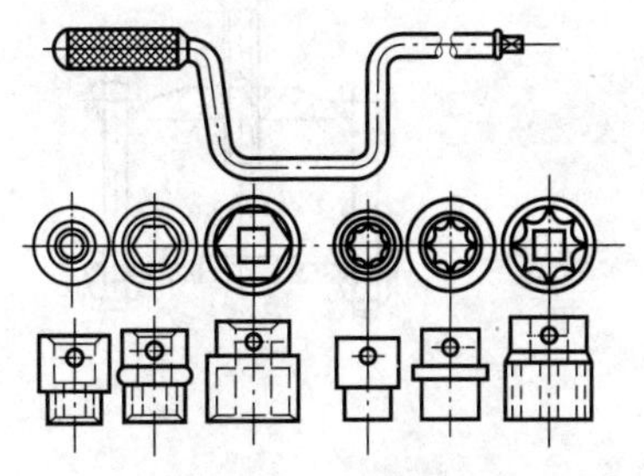

图 1-45　成套套筒扳手

d. 锁紧扳手。用来装拆圆螺母，有多种形式，如图 1-46 所示，应根据圆螺母的结构选用。

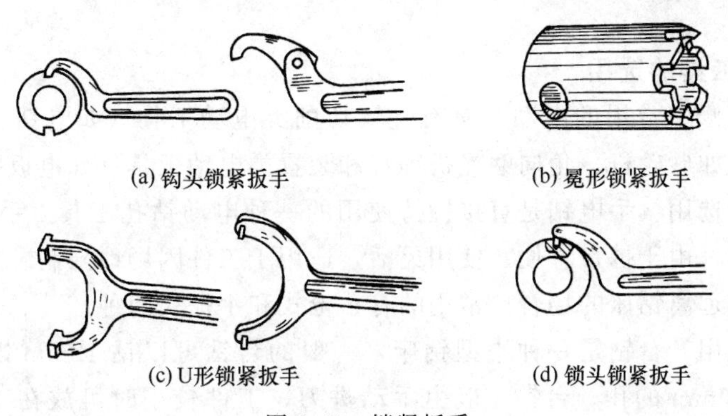

(a) 钩头锁紧扳手　(b) 冕形锁紧扳手

(c) U形锁紧扳手　(d) 锁头锁紧扳手

图 1-46　锁紧扳手

e. 内六角扳手。内六角扳手如图 1-47 所示，用于装拆内六角头螺钉。这种扳手也是成套的。

（3）管子钳的选用　管子钳如图 1-48 所示，是用来夹持或旋转管子及配件的工具；钳口上有齿，以便上紧调节螺母时咬牢管子，防止打滑。

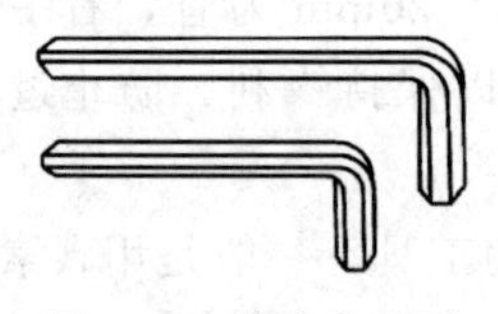
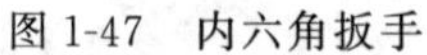

图 1-47　内六角扳手

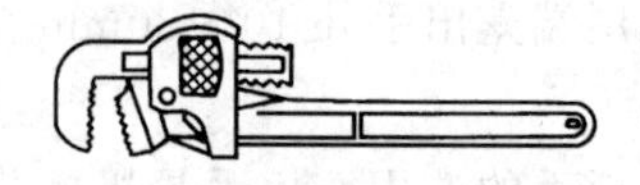

图 1-48　管子钳

(4) 通心螺丝刀的选用　通心螺丝刀是旋杆与旋柄装配时，旋杆非工作端一直装到旋柄尾部的一种螺丝刀。它的旋杆部分是用 45 钢或采用具有同等以上力学性能的钢材制成，并经淬火硬化。

通心螺丝刀主要是用于装上或拆下螺钉，有时也用它来检查机械设备是否有故障，即把它的工作端顶在机械设备要检查的部位上，然后在旋柄端进行测听；依据听到的情况判定机械设备是否有故障。

(5) 扒轮器的选用　扒轮器有多种形式，如图 1-49 所示。用于滚动轴承、带轮、齿轮、联轴器等轴上零件的拆卸。扒轮器也称拉马等。

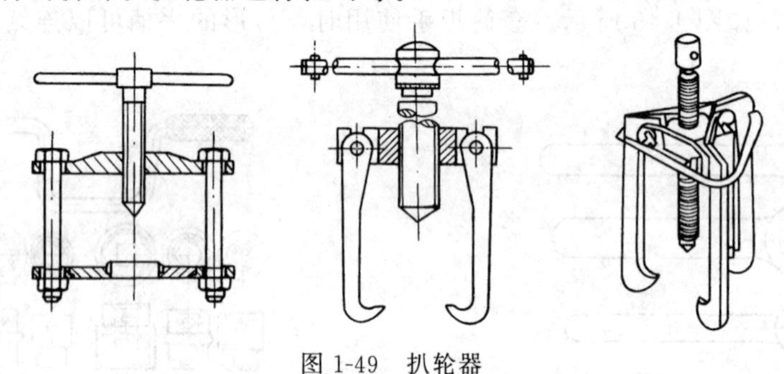

图 1-49　扒轮器

在有爆炸性气体的环境中，为防止操作中产生机械火花而引起爆炸，应采用防爆工具。防爆用錾子、圆头锤、八角锤、呆扳手、梅花扳手等是用铍青铜或铝青铜等铜合金制造的，且铜合金的防爆性能必须合格。铍青铜工具的硬度不低于 35HRC，铝青铜工具的硬度不低于 25HRC。

2. 电动拆装工具的选用

在化工机械检修中常用的电动工具有金属切削类电动工具（如电钻、电动攻丝机等）、研磨类电动工具（如砂轮机、角向磨光机等）和装置类电动工具（如电扳手、电螺丝刀等）。

(1) 手电钻的选用　手电钻是直接握持使用的一种电动钻孔工具。手电钻的种类较多，规格大小也不一样，由于携带方便、使用灵活，适用于工件因场地限制、加工部位特殊，不能使用钻床加工或远离钻床的场合。常用的有手枪式和手提式两种。

(2) 台钻的选用　台钻是一种小型钻床，一般的台钻可以钻 12mm 以内的孔，个别的台钻最大可以钻 20mm 的孔。台钻一般由手动进刀，工件较小时可放在工作台上钻孔，工件较大时将工作台移开直接放在底座面上钻孔。主要用于加工小型零件上的各种小孔，适用于单件和小批量生产。

(3) 砂轮机的选用　砂轮机是用来刃磨刃具、工具和工件打光、去薄、修磨的机具。一般分为固定式和手提式两类。

手提式砂轮机主要是在工件较大而不便移动时使用。手提式砂轮机不但能用于磨削，如以钢丝轮代替砂轮，还可用来清除金属表面的铁锈、旧漆层，如以布轮代替砂轮，还可进行抛光工作。

角向磨光机，它除可以对工件上的毛刺、焊疤等进行磨光修整，还可用于金属管和硬塑料管的坡口加工等。因此这类磨光机有磨光、切割、坡口等多种功能，在施工中应用极广泛。

（4）电动扳手的选用　电动扳手具有工作效率高、可大大减轻劳动强度、使用方便等特点，广泛用于装拆螺纹连接件。使用电动扳手时，必须配置六角套筒头，以装配或拆卸六角头螺栓、螺母。

（5）电动攻丝机的选用　电动攻丝机是以单相串励电动机为动力，专门用于在金属构件上加工内螺纹的手持式工具。其特点是使用方便，简单易操作，能快速反转退出丝锥以及过载时会自行脱扣等。

（6）电动螺丝刀的选用　电动螺丝刀广泛用于机械、工具、车辆、电器、仪表等的装配作业，适用于拧紧一字槽和十字槽的螺钉。

除此之外，目前常用的还有永磁直流电动螺丝刀、电子调速电动螺丝刀及电动自攻螺丝刀等。

电动工具使用时应注意以下事项。

① 工具使用前应仔细检查绝缘及接地是否合乎要求；检查电源线不得有裸露现象以免触电。应根据工具的额定电压值选择相匹配的电源。

② 操作时，应戴绝缘手套，穿绝缘较好的胶鞋或站在绝缘板上。

③ 使用电钻时，应按工件材质选择不同材质的钻头和刃磨角度，保证钻头锋利、排屑通畅和加工质量。装卸钻头时，应使用专用钥匙。

④ 使用砂轮机进行磨削前，应先检查砂轮片有无裂缝和破碎，防护罩是否完好。磨削过程中，应严格遵守操作规程。

⑤ 使用工具钻孔或磨削时，手压用力不可过猛。

⑥ 当工具出现异常现象时，应立刻切断电源，查明原因并消除异常后，方可继续使用。

⑦ 在移动工作位置时，应手握工具机体，严禁硬拽电线拖拉工具。

⑧ 工具使用后应及时清理干净，不用时，应放在干燥、清洁、没有腐蚀性气体的地方。

⑨ 工作场地应及时清理，保持清洁、规整、文明的环境。

⑩ 电动工具除定期进行保养及对各注油点应定期注油外。还应将其计划检修，保持工具的完好状态。

3. 气液拆装工具的选用

（1）气动工具的选用　气动工具分气动扳手和气动螺丝刀两类。

① 气动扳手。气动扳手可分为冲击式气扳机、高速气扳机、气动棘轮扳手及定扭矩气扳手等。

a. 冲击式气扳机配用套筒，用于现场检修工作中大量装拆六角头螺栓或螺母。使用转速可以通过压缩空气压力高低和气量的大小进行调节。

b. 高速气扳机采用了新的结构形式，具有扭矩大、反扭矩小、体积小、重量轻等优点，配用套筒，用于装拆六角头螺栓或螺母。

c. 气动棘轮扳手主要用于装拆六角头螺栓或螺母，特别适用于不易作业的狭窄场所。

d. 定扭矩气扳手适用于机械、航天、航空、大型桥梁等行业对拧紧扭矩有较高精度要求的六角头螺栓或螺母的装拆。

② 气动螺丝刀。气动螺丝刀配用一字或十字螺钉头，用于装拆各种带槽螺钉。

气动工具使用时应注意以下事项。

a. 新的气动工具，应按该工具的使用说明书要求交接、验收，并交专人保管。

b. 新工具或长期封存的工具，应按使用说明书要求检查并试验无误后，才能投入使用。

c. 在通入压缩空气前，须先将与气动工具相连的胶管和供气系统用压缩空气仔细吹净，以保障工具的正常工作，减少工具的不必要磨损，延长工具的使用寿命。

d. 对于高速气扳机等旋转式工具，必须装有可靠的安全罩壳。

e. 气动工具的其他机械传动件，如曲轴、齿轮等，应根据使用情况定点、定质、定量地加润滑脂或润滑油。并应建立定期的拆洗和检修制度，随时更换已损零件。

f. 在工作时，操作人员应戴有相应的防护用具，如眼镜、手套、安全帽等。未经专门学习的人，不得单独操作机器。

g. 未装妥的或接管未接好的气动工具、未装工作工具的气动工具及未经检查的气动工具均不得开动。

h. 需较长时间中断工作的气动工具，在停止工作时，应切断气源、关上气门开关并取下工作工具。

i. 气动工具的供气站和空气压缩机系统，必须指定专人管理。用气和供气人员，均必须按责任制的要求严格分工，密切协作。

j. 收工时，需先关压缩空气气源阀门或单独供气的空气压缩机，再卸供气软管和工作机器，慎防伤人。

(2) 液压工具的选用

① 液压螺栓拉伸器。液压螺栓拉伸器常用于各种螺栓的装拆作业。利用配备的手动或电动液泵产生的伸张力，加载于螺栓上，使其产生弹性变形伸长，直径变小，螺母易于松动或拧紧，从而快速完成装拆作业。

② 液压扳手。检修中常用的液压扳手有便携式液压扳手和摩擦式液压扳手两种。

便携式液压扳手在选型时，首先应根据螺栓直径、所需的螺栓拧紧力矩、使用单位所具备的动力源来进行选择。对电力供应不足、拆装速度要求不高，用户希望尺寸小、重量轻时，则宜选用气动液压泵配套。对拆装速度要求较高，又缺少气源的单位，宜选用电动液压泵配套。

液压工具使用时应注意以下事项。

a. 使用前，必须熟悉设备结构、特点、原理、性能和操作要领。使用时必须严格按照操作规程进行操作。同时应仔细检查油泵、压力表、高压油管、快装接头、液压拉伸器或液压扳手等有无损坏，若有，应予以处理。

b. 使用前，必须把高压胶管两端的高压接口和管内吹扫干净，并分别与主机和工作头接好，关闭回油阀；工作前高压回流的回油压力必须调妥；严禁超压工作。用后，机器必须注意擦净，尤其应保持油路系统的洁净。

c. 使用中应经常注意油缸内存油量，当存油量少于工作头所需油量时，应及时加油。液压油的油质必须符合使用要求，严禁注入脏油。

d. 工作中加压时，不宜太快；工作完成后要缓慢打开回油阀，使压力表和工作头缓慢复位。

e. 应随时检查液压系统有无泄漏，若发现泄漏应立即停止作业。

f. 液压拉伸器操作人员应尽量远离液压头，以防高压油喷射伤人。

4. 拆装夹具的选用

（1）螺旋夹具　螺旋夹具是通过丝杠与螺母间的相对运动传递外力来紧固零件，具有夹、压、拉、顶、撑等多种功能。

① 弓形螺旋夹。它是利用丝杠起夹紧作用工作的，选择弓形螺旋夹时，应使其工作尺寸 H、B 与被夹紧零件的尺寸相适应，如图 1-50 所示，并具有足够的强度和刚度。常用的弓形螺旋夹如图 1-51 所示。

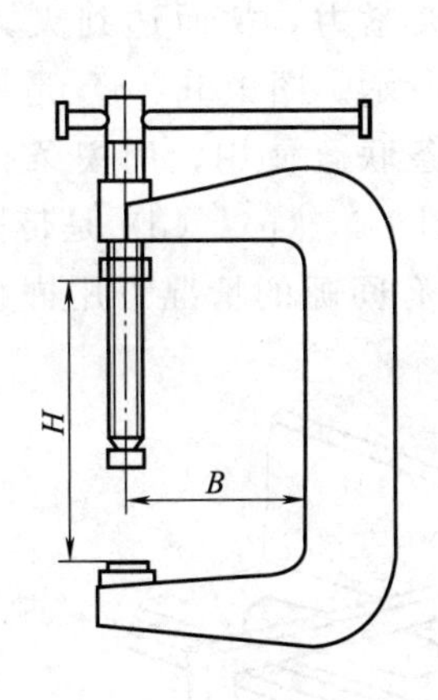

图 1-50　弓形螺旋夹设计尺寸

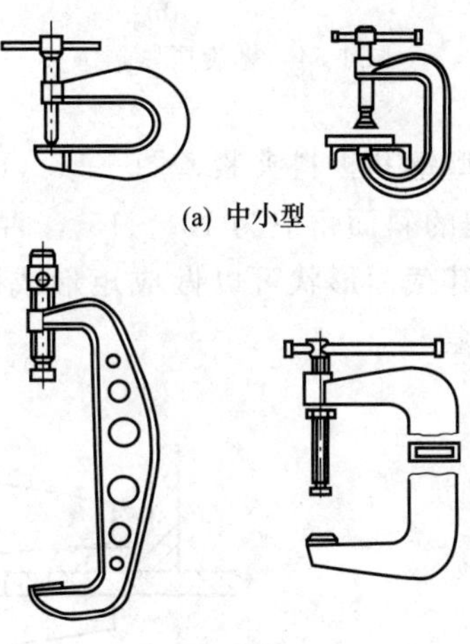

图 1-51　弓形螺旋夹结构

② 螺旋顶。它是装配和矫正中常用的简单工具，起顶紧或撑开作用，如图 1-52 所示。图 1-52（a）是最简单的螺旋顶具，因顶部尖，只适用于顶、撑表面精度要求不高的厚板或较大的型钢。图 1-52（b）所示的螺旋顶具在丝杠头部增加了垫块，顶、撑时不损伤工件，也不易打滑。图 1-52（c）所示的螺旋支撑器，丝杠两端分别具有左、右旋向的螺纹，可加快顶、撑动作。

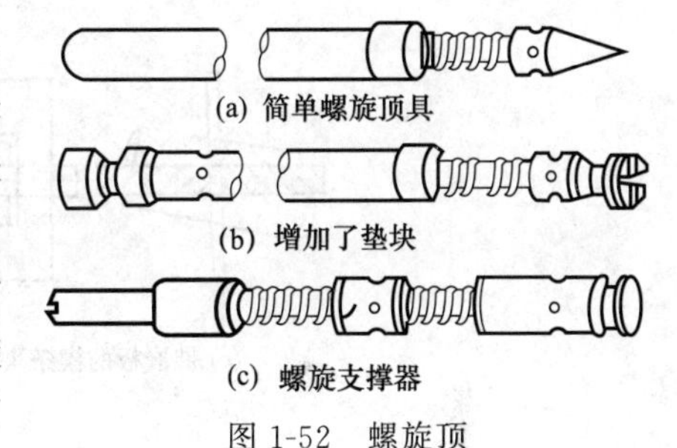

图 1-52　螺旋顶

③ 螺旋拉紧器。又叫调整器，是起拉紧作用的工具，如图 1-53 所示，图 1-53（a）为双向拉紧器，两端各为左、右旋螺纹。使用时转动螺母或丝杠，使两端螺杆相对地进或退，

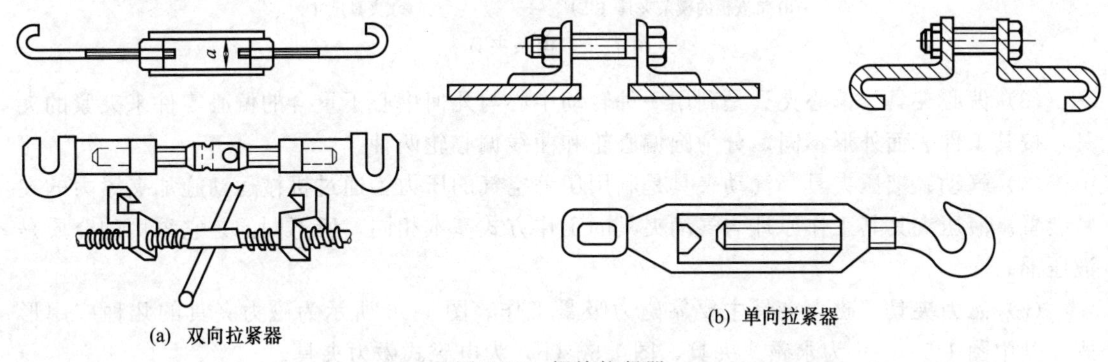

图 1-53　螺旋拉紧器

起到拉紧或松开的作用。图 1-53（b）是单向拉紧器，用调节螺栓调节。

④ 螺旋压紧器。它是将支架临时焊固在工件上，再利用丝杠起压紧作用。如图 1-54 所示，图 1-54（a）为利用 Ⅱ 形支架螺旋压紧器调平对接板件的板缝；图 1-54（b）为利用 Ⅱ 形支架螺旋压紧器压紧零件。

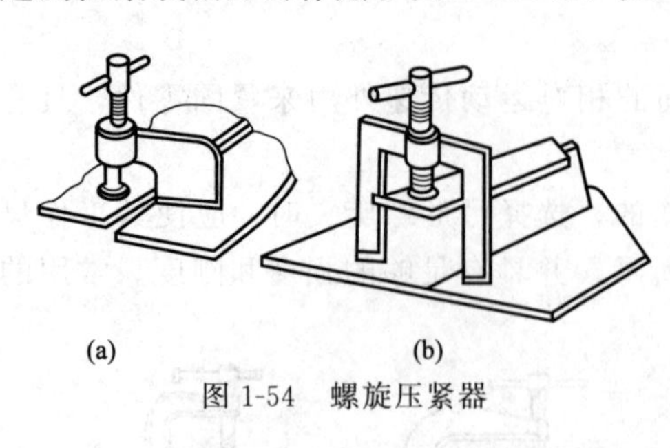
(a) (b)

图 1-54 螺旋压紧器

（2）楔条夹具 楔条夹具是利用楔条的斜面将外力转变为夹紧力，从而达到夹紧零件的目的，如图 1-55 所示。图 1-55（a）是用楔口夹板直接将型钢和板料夹紧，图 1-55（b）是 U 形夹板和楔条联合使用，用楔条打入而夹紧（一般楔的斜面角应为 10°～15°，否则就达不到自锁）。图 1-55（c）、（d）是带嵌板的楔条夹具，其截面形状可以做成矩形或圆形。在板料对接处有间隙的情况下用嵌板楔入，以消除缝隙。

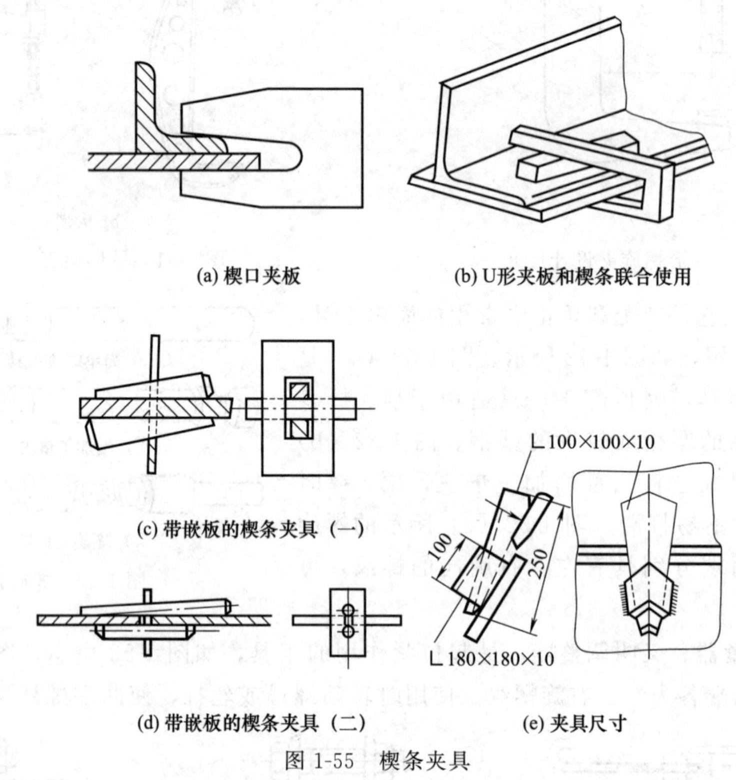

(a) 楔口夹板 (b) U形夹板和楔条联合使用

(c) 带嵌板的楔条夹具（一）

(d) 带嵌板的楔条夹具（二） (e) 夹具尺寸

图 1-55 楔条夹具

（3）偏心夹具 偏心夹具是利用一种转动中心与几何中心不重合的偏心零件来夹紧的夹具，按其工件表面外形不同，分为圆偏心轮和曲线偏心轮两种。

（4）气动、液压夹具 气动夹具是利用压缩空气的压力，通过机械运动施加夹紧力的夹紧装置。液压夹具其工作原理与气动夹具的工作方式基本相同，所不同的是它采用的介质是液压油。

（5）磁力夹具 磁力夹具主要靠磁力吸紧工作。图 1-56 所示为磁力夹具的几种应用形式，其中图 1-56（a）为永磁式夹具，图 1-56（b）为电磁式磁力夹具。

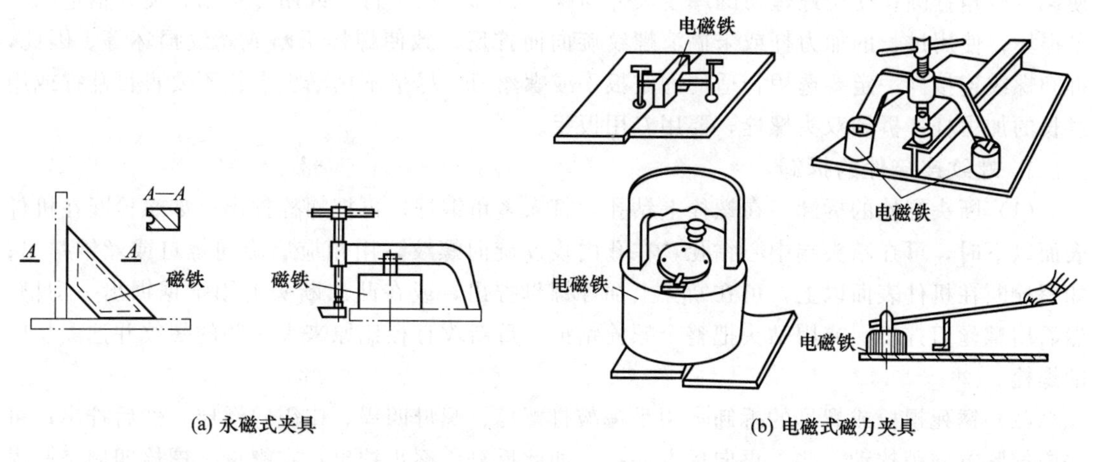

图 1-56 磁力夹具

思考与训练

1. 钢丝绳有哪些优点？常用在哪些方面的工作中？
2. 钢丝绳有哪几种捻法？起重工作中常用哪种捻法的钢丝绳？
3. 起重用钢丝绳的主要报废条件有哪些？
4. 滑轮组的功用是什么？其基本工作方式有哪几种？
5. 起重杆的拉索布置有哪些要求？常用哪种钢丝绳作拉索？
6. 起重杆有哪几种安装方法？每种安装方法的特点是什么？
7. 使用千斤顶时，应注意哪些事项？
8. 电动卷扬机是由哪些部分组成的？使用时应注意哪些事项？
9. 怎样使用水平仪测量物体的水平状况？
10. 机械设备故障听诊仪是由哪几部分组成的？如何用它检测机械设备的故障？
11. 泄漏检测仪有哪几种使用方法？
12. 如何使用超声波测厚仪测量金属设备的壁厚？
13. 专用扳手有哪几种？
14. 调查某车间常遇的机修任务，将故障类型分类，同时列出检修仪器和工具。

项目二 化工机械固定连接件的拆卸与装配

任何一台机器都是由许多各种不同的零件组合起来的。机器的零部件装配正确与否，对机器及设备的运行性能起着决定的影响。只有掌握了各种机械零部件的拆装知识和基本技能，才能更好地掌握整台机器的装配工作。

固定连接通常包括螺纹连接、键连接、销连接、过盈连接等，这几种固定连接都具有连接简单、工作可靠、调整方便、更换迅速等特点。

任务一 螺纹连接的拆装

螺纹连接件具有连接简单、便于调节和可多次拆装等优点。螺纹连接件的拆卸比较容易，但工具选用不当、拆卸方法不正确则可能造成损坏。例如，使用大于螺母宽度的扳手，使螺母棱角拧圆；使用螺丝刀的厚度尺寸与螺钉顶部开槽不符，或用力不当，使开槽边缘削平损坏；使用过长的加力杆或未搞清螺纹旋向而拧反，致使螺栓折断或丝纹损坏等。因此，拆卸螺纹连接件一定要选用合适的固定扳手或螺丝刀，尽量不用活扳手；不要盲目乱拧或用过长的加力杆；拆卸双头螺栓，要用专用扳手。

1. 螺纹连接件的拆卸

（1）断头螺栓的拆卸　在螺栓上钻孔，打入多角钢杆，再把螺栓拧出；如螺栓断在机件表面以下时，可在断头端中心钻孔，在孔内攻反旋向螺纹，用相应反旋向螺钉或丝锥拧出；如螺栓断在机件表面以上，可在断头上加焊螺母拧出，或在凸出断头上用钢锯锯出一沟槽，然后用螺丝刀拧出；或用钻头把整个螺栓钻掉，重新攻直径比原来大一些的螺纹并选配相应的螺栓。

（2）锈死螺栓或螺母的拆卸　用手锤敲打螺栓、螺母四周，以震碎锈层，然后拧出；可先向拧紧方向稍拧动一些，再向反方向拧，如此反复，逐步拧出；在螺母、螺栓四周浇些煤油，或放上蘸有煤油的棉丝，浸透 20min 左右，利用煤油很强的渗透力，渗入锈层，使锈层变松，然后拧出；当上述三种方法都不奏效时，若零件许可，则用快速加热螺母或螺栓四周，使零件或螺母膨胀，然后快速拧出。

（3）成组螺纹连接件的拆卸　成组螺纹连接件的拆卸，除按照单个螺栓的方法拆卸外，还应注意以下事项。

① 按规定顺序，先四周后中间，或按对角线拆卸。首先将各螺栓先拧松 1～2 圈，然后逐一拆卸，以免力量最后集中到一个螺栓上，造成难以拆卸或零件变形和损坏。

② 先将处于难拆部位的螺栓卸下。

③ 悬臂部件的环形螺栓组拆卸时，应特别注意安全。除仔细检查是否垫稳、起重索是否捆牢外，拆卸时，应先从下面开始按对称位置拧松螺栓。最上部的一个或两个螺栓，应在最后分解吊离时取下，以免造成事故或损伤零件。

④ 对在外部不易观察到的螺栓，往往容易疏忽，应仔细检查。在整个螺栓组确实拆完后，方可用螺丝刀、撬棍等工具将连接件分离。否则，容易造成零件的损伤。

⑤ 拆卸管道法兰的连接螺栓时，应先分别拧松各螺母，用撬棍撬开两法兰面，确认管道内没有压力介质后才可卸下螺栓，以防介质喷出伤害操作者。

（4）高压设备螺栓的拆卸　高压设备的螺栓可用拉伸器（见图 1-57）拆卸，操作步骤是：将拉伸器装上后拧紧工具螺母，再用打压泵打压，这时高压螺栓上的圆螺母不再承受载荷，用工具手柄即可迅速将螺母卸下。若螺母因锈蚀等原因而拆卸困难时，可在拉伸器中加入辅助盖（见图 1-58），将辅助盖用 6 个 M14 的顶丝（均布）顶在高压圆螺母受力孔中。当拉伸器加压后，通过倒置的受力座工作孔，用 M27 螺杆拧入辅助套中，使高压圆螺母随辅助套一起转动而拆下。

2. 螺纹连接件的装配

（1）紧固双头螺栓的装配　装配双头螺栓应用专用工具，或者用两个螺母装到螺栓上相互旋紧，然后旋动上面一个螺母，双头螺栓即旋入螺孔内。装入双头螺栓时，必须用油润滑，以免旋入时产生咬住现象，同时使今后拆卸更换时较为方便。

（2）螺母和螺钉的装配　在装配螺母和螺钉的过程中，要保证它们连接得紧固有力不会松动，拆卸时零件要完整无损。

装配螺母和螺钉的要求如下。

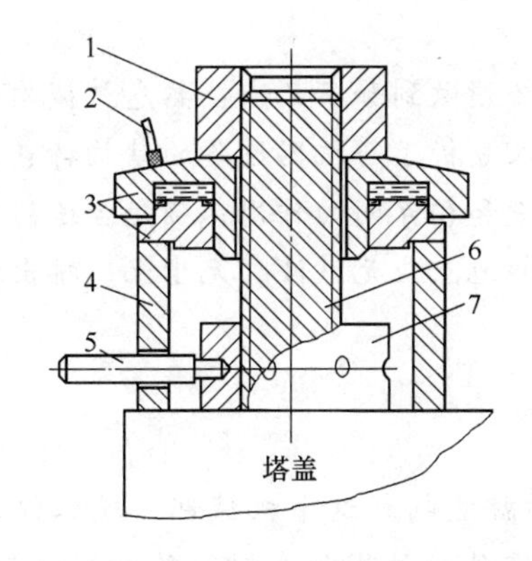

图 1-57 螺栓拉伸器

1—工具螺母；2—打压泵油管；3—拉伸器；4—受力支座；5—工具手柄；6—塔盖螺栓；7—塔盖螺母

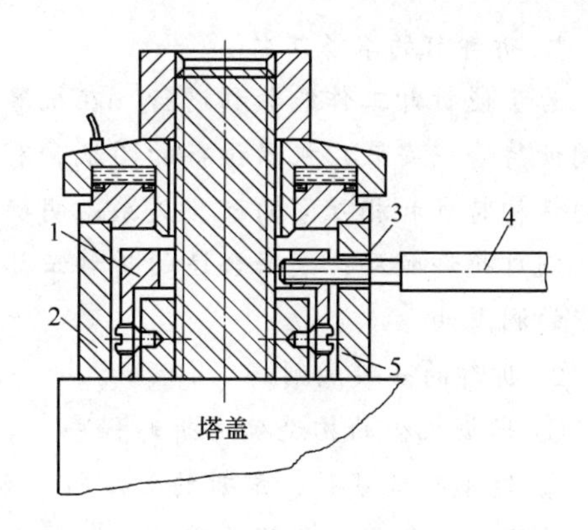

图 1-58 加入辅助盖的螺栓拉伸器

1—辅助盖；2—受力支座（倒置）；3—M27 螺栓；4—套管；5—M14 顶丝（均布）

① 螺母或螺钉与零件贴合的表面应光洁、平整，贴合处的表面应当经过加工，否则容易松动或使螺钉弯曲。

② 接触表面应当清洁，螺钉、螺母应当在机油中洗净，螺孔内的脏物应当用压缩空气吹净。

③ 在工作中有振动时，为防止螺钉和螺母回松，必须采用保险装置。

④ 成组的螺母在旋紧时，必须按照正确的顺序进行，并做到分次逐步旋紧，否则会使零件间压力不一致，而引起变形及个别螺纹过载。旋紧长方形布置的成组螺母，必须从中间开始，逐渐向两边对称扩展地进行；如果旋紧圆形或方形布置的成组螺母时，必须对称进行。

任务二 键连接的装配

1. 平键的装配

平键根据断面形状分为正方形与长方形两种，在装配平键时，键与轴上键槽的两侧带有一定的过盈。装配方法如下：清除键槽的锐边，以防装配时造成过大的过盈；修配键与槽的配合精度及键的长度；修锉圆头（一般键在轴端为平头，在轴中间的键为半圆头）；键安装于轴的键槽中必须与槽底接触，一般采用虎钳夹紧（必须在轴与键平面之间垫上铜皮）或敲击等方法；轮毂上的键槽与键配合过紧时，可修整轮毂的键槽，但不允许松动。

2. 滑键和导键的装配

滑键和导键不仅带动轮毂旋转，还须保证轮毂能沿轴线方向来回移动，故装配时键与滑动键槽宽度的配合必须是间隙配合，而键与非滑动件的键槽两侧必须配合紧密没有松动现象。有时为了防止键因振动而松动，必须用埋头螺钉把键固定。

相关知识 零部件拆卸的基本知识

机器设备安装或修理前，先将各零件拆卸，清洗后检查其尺寸精度、形位精度和其他状况。若有缺陷即可确定是修理或更换，若需修理便确定具体的修复方法。

1. 拆卸前的准备工作

为了使拆卸工作能顺利进行，在机器设备拆卸前必须做到如下几点：熟悉机械构造，仔细阅读待修（安装）机器设备的图纸和有关资料，深入分析了解机器设备的结构特点、零部件的结构特点和相互间的配合关系；明确各部件的用途和相互间的作用；确定合适的拆卸方法，制订拆卸顺序；选择合适的拆卸工具和设施；拆卸地点应无风沙、无尘土。排出机器设备中的润滑油。

2. 拆卸的一般原则

① 根据机械的构造确定拆卸程序。

② 能不拆就不拆、该拆的必须拆。如果不需拆卸就能判断这个机械部件或零件的好坏时，就不要拆卸，以免损伤零件。如果不能肯定内部零件的技术状态时，就必须拆卸检查，以保证机械修理的质量。

③ 严格遵守正确的拆卸方法。正确使用拆卸工具，避免猛敲狠打损坏机械，严禁用手锤在零件的工作面上敲击，如必须敲击时，可以用铜质或铅质锤，或在工作物与锤头之间加上软质衬垫；不许拿量具、锉刀代替锤子；不用冲头、錾子代替扳手。由表及里，由总体到部件、再到零件，逐渐拆卸，边拆卸，边检查；拆卸后的零件，应按照顺序放在木架木箱或零件盘内，防止零件的散乱、碰坏或因为潮湿而生锈。

④ 拆卸要为装配做好准备。核对记号做好标记，不可互换的零件，拆卸前应按照原来的部位或顺序标明记号，以免在装配时发生错乱。分类存放零件，按照零件的大小、精度存放，以免混杂或损伤。

任务三 过盈连接的拆装

装配与拆卸过盈零件所用的工具、设备和方法基本相同。所不同的地方是加力的方向相反而已。拆装过盈连接的方法大致有三种：手工拆装、压力拆装、塑性变形拆装。

1. 手工拆装

手工拆装是用锤击的力量，使配合零件作轴向移动而达到装拆的目的。这种方法简便，但导向性不好，易发生歪斜。打入或打出时，锤击力不要偏斜，四周用力应均匀，否则会卡住。打入时，在连接表面处应加润滑油，并在工件的锤击部位垫上软金属板。打出时，应先用润滑油或溶剂浸润，然后用阶梯式冲子插入套件内打出。

2. 压力拆装

用压力机械将过盈连接的镶入件压入和压出，比用手锤打入和打出有很多优点，它能装拆尺寸较大或过盈较大的零件，加的力比较均匀，方向可以控制，但是需要有压力机械。

3. 塑性变形拆装

塑性变形拆装即通过加热或冷却的方法使零件膨胀或缩小来进行装配。通常采用热装法，对小型零件，可以把零件放在润滑油中加热。而对尺寸较大或过盈较大的零件，通常采用火焰喷嘴、加热炉或感应加热器等加热。使孔膨胀所需的温度可按下式计算

$$t=\frac{\delta+\Delta}{\alpha d}+t_0$$

式中 δ——连接件实际过盈量，mm；

Δ——所选装配间隙，mm；装配间隙一般取（0.001～0.002）d，当包容重量小、配合长度短、配合直径大、操作比较熟练、可选小些；反之，则应选大些；

d——配合直径，mm；

t_0——装配环境温度，℃；

α——包容件的线胀系数，1/℃。

思考与训练

1. 机械零件拆卸时的一般原则和良好习惯是什么？
2. 拆卸锈蚀的螺栓应采取哪些措施？高温高压螺栓装配时应采取哪些措施？

项目三 化工机械零部件的清理与检查

化工机械零部件的清理与检查是化工机械安装修理的一个重要环节，是配合各拆卸和装备工序所进行的除油除锈、表面积垢清除，同时对零部件进行质量检查等工作。

任务一 零部件的除油除锈

1. 零部件的除油

清除零件上的各种油垢，对于无油润滑装置则应脱脂除污。采用的清洗液主要有：有机溶液、碱性溶液、化学清洗液等。其方法有：擦洗、浸洗、喷洗、气相清洗以及超声波清洗等。

（1）擦洗　操作简便，要求设备简单，但生产效率低。常用于单件、小批生产中的中小型零件以及大型零件的局部清洗。清洗液一般用汽油、煤油、轻柴油或化学清洗液。有特殊要求的，可用乙醇、丙酮等。

（2）浸洗　是将被清洗的零件浸入各种相应的清洗液中浸泡，使油污被溶解或与清洗液起化学作用而被清除。适用于批量大、形状复杂及轻度黏附油污的零件。各种清洗液均可使用。

（3）喷洗　是将具有一定压力和温度的清洗液向零件表面喷射，以清除油垢。此法清洗效果好，生产效率也高，但设备较复杂。适用于零件形状不太复杂、表面粘有较严重的油垢和半固体油垢的零件。

（4）气相清洗　即利用含有清洗剂的蒸气与油垢发生作用，以除去油垢。当前使用的只有三氯乙烯等蒸气。此法生产率也高，清洗效果好，但设备复杂，易污染，劳动保护要求高。适用于表面附有中等油污的中小型零件。

（5）超声波清洗　是在盛满清洗液的容器内，装入油垢的零件，然后将超声波引入清洗液内。由于超声波的作用，清洗液中会产生大量空化气泡，且不断胀大，然后爆裂。爆裂时产生几百乃至几千个大气压的冲击波，使零件表面的油垢剥落。同时，可加强清洗液的乳化和溶解作用，提高清洗能力，达到洁净零件的目的。此法清洗效果好，生产效率高，适用于形状复杂且清理要求高的小型零件。碱液、化学清洗液、煤油、柴油、三氯乙烯等清洗液均可用于超声波清洗。

2. 零部件的除锈

（1）机械除锈　它是利用机械的摩擦、切削等作用去清除零件表面锈层。常用的方法有刷、磨、抛光、喷砂等。

（2）化学方法除锈　金属的锈蚀产物，主要是金属的氧化物。化学除锈就是利用这类金属氧化物易在酸中溶解的性质，用一些酸性溶液清除锈层，达到除锈的目的。

除此之外，还有一种新产品“锈转化剂”可涂刷或喷涂在锈蚀表面，使锈层转化为一层致密的保护膜紧密附在金属上。此除锈方法劳动强度低，操作简便，价格低廉。

任务二　零部件的积垢清除

在机械的冷却系统中或化工设备中的内壁（零件）长期与介质接触，由于各种因素的影响常常在表面形成积垢，严重影响机器设备的正常工作，必须定期清除。

积垢最容易在设备截面急剧改变或转角处产生，因为这些地方（死角）的介质不怎么流动，所以固体颗粒很容易沉积起来，而在其他地方虽然也会沉积起积垢，但速度较慢。目前，最常用的清除积垢的方法有机械法和化学法两种。

1. 机械法除垢

机械清除积垢的方法常用的有以下四种。

（1）手工机械法除垢　此法是用刷、铲等简单工具来清除设备壳体内部的积垢。这种方法的优点是，对于清除化学非溶性积垢（如砂、焦化物及某些硅酸盐等）的效果较好；其缺点是劳动强度大，生产率低。

（2）水力机械法除垢　如图 1-59 所示。操作时，先用软管 7 把高压水送入活动的水枪 1 中，水被菌形导流帽 10 分配到两个喷嘴，喷嘴里有稳定器 9 可防止水流旋转，然后水从喷嘴中高速喷出，利用水流的冲击力可将积垢除去。水枪可以用手动卷扬机 4 带动上下移动，用旋转扳手 3 又可以使它旋转，以达到整个设备各种表面上进行除垢的目的。

此法劳动强度低，效率高，清除下来的积垢可以和水一起从底部流出。

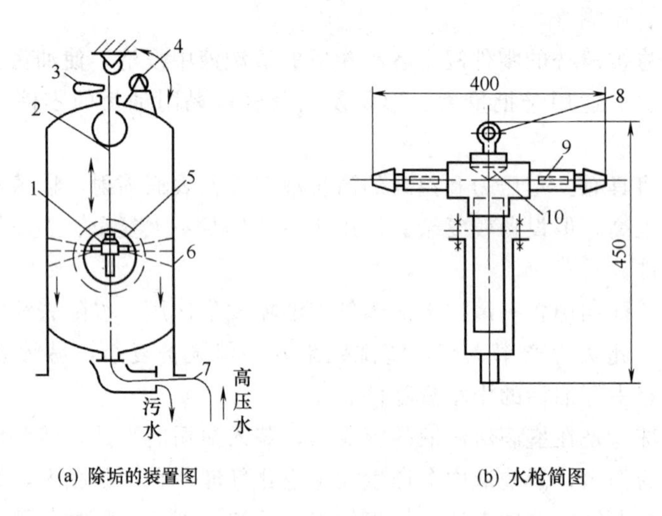

(a) 除垢的装置图　　(b) 水枪简图

图 1-59　水力机械除垢示意

1—水枪；2—链条；3—旋转扳手；4—手动卷扬机；5—人孔；6—贮槽；7—导水软管；8—吊环；9—稳定器；10—菌形导流帽

（3）风动和电动机械法除垢　清除列管式换热设备的管内积垢时，广泛采用风动和电动工具来进行。

当管径大于 60mm 时，可将风动涡轮机和清除工具一起放入管内，接上软管并不断地送入压缩空气，使风动涡轮机能带动清除工具旋转，将管壁上的积垢刮下来，而刮下来的积垢正好被风动涡轮机所排出的废空气从管内吹出来。当管径小于 60mm 时，由于受风动涡轮尺寸的限制，不能与清除工具一起放入管内去，这时可将清除工具连上软轴，并由风动涡轮机或电动机通过软轴带动旋转。工作时必须送入大量的水，以便冷却工具和把刮下来的积垢从管内带出来。

此法所用的全套清理工具有铰锥式刀头、铣轮式刀头和机械刷子等三种。铰锥式刀头一般是 3～6 个圆弧形齿或螺旋形齿，其外径做成比被清除的最小管子的内径小 5～10mm，刀头用铸钢制成，刀头底部有螺纹可与万向联轴器相连接。由于软轴高速转动的结果，刀头将作锥形运动，并且具有很大的离心力，对积垢进行刮削和冲击，而使积垢脱落下来，如图 1-60所示。由此可见，同一刀头可以清除公称直径相接近的几种管子。铣轮式刀头由许多小铣轮组成。当转动时，在离心力的作用下，三根铣轮轴能带着小铣轮自动张开，靠小铣轮上的齿把管壁上的积垢刮削下来。这种工具生产能力较高，而且它也可以清理公称直径相接近的几种管子，一般适用于公称直径大于或等于 60mm 的管子。

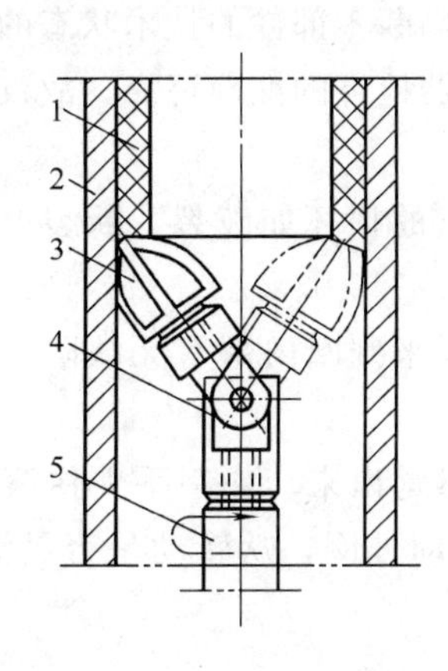

图 1-60 铰锥式刀头在管内除积垢的情形

1—积垢；2—管子；3—刀头；
4—万向联轴器；5—传动软轴

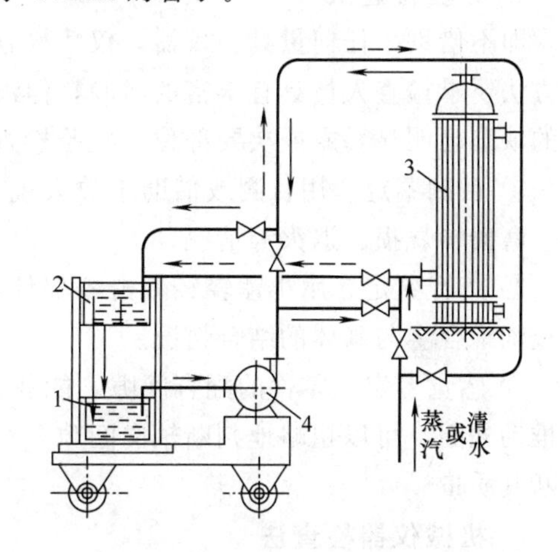

图 1-61 化学除垢法的循环装置

1—化学溶液贮槽；2—沉降槽；
3—热交换器；4—循环泵

(4) 喷砂除垢法 此法可以清除设备或瓷环内部的积垢。在清除瓷环内部的积垢时，需要把 10～20 个瓷环重叠成圆筒状，两端夹上法兰，用螺栓拉紧，然后进行喷砂、除垢。用喷砂法清净瓷环，效率低，成本也比较高，所以应用较少。

2. 化学法除垢

利用化学溶液与积垢起化学作用，使器壁上的积垢除去。化学溶液的性质可以是酸性的或碱性的，视积垢的性质而定。如清除铁锈时，用浓度为 8%～15%的硫酸比较适合，硫酸能使各种形式的铁锈都转变为硫酸铁。在清除锅炉水垢时，用浓度为 5%～10%的盐酸，也可用浓度为 2%的氢氧化钠溶液，但以盐酸为最常用，因为它比较便宜易得。

化学除垢法的循环装置如图 1-61 所示。图中标出了溶液流动的正方向（→）和逆方向（←）。化学溶液贮存在贮槽 1 内，用离心式循环泵 4 把溶液打入列管式热交换器 3 中的管外空间。由于溶液与积垢进行化学作用，使积垢逐渐除去。清洗后的溶液流入沉降槽 2 除去机械杂质。清净后的溶液通过溢流管流回贮槽 1，然后继续循环使用。溶液在使用过程中浓度不断降低，为了保持溶液适宜的浓度，必须定期地加入新鲜溶液。在化学除垢过程结束时，溶液的浓度应不低于原有的 1/3～1/2。化学除垢法清除后，须用蒸汽和水进行洗涤。用同样方法也可以清除管内空间的积垢。

化学除垢时，溶液的温度升高，固然可以使除垢速度加快，但腐蚀速度也会加速，因而产生不利的影响，故必须控制在最适宜的温度下进行，该温度要根据试验决定，一般为40～60℃。

为了防止溶液对设备的腐蚀作用，可在溶液中加入少量的缓蚀剂（小于1%）就可以显著地降低溶液的腐蚀性。缓蚀剂造成了选择性腐蚀的条件，这时水垢被破坏和溶解，但不会腐蚀金属。对于酸性溶液，经常采用有机缓蚀剂，如磺化胶、淀粉及动物胶等。

任务三　零部件的检验

零件在装配前应严格按技术要求或检修规程检查部件的磨损或损坏情况，避免不合格的零件装到机器上运行，同时也避免不需修理或不应报废的零件进行修理或报废。检查的方法如下。

1. 经验检查法

即不借助于任何量具、仪器，仅凭检查人员的感觉来判断零部件的技术状态的方法。这种方法要求检查人员具有丰富的经验，但没有用量具、仪器检查的准确可靠，故仅适用于零件的缺陷已明显暴露或次要部位。经验检查法有下列三种。

① 目测鉴定。用目测或借助于放大镜来鉴定零件外表的损坏如破裂、断裂、裂纹、剥落、磨损、烧损、退火等情况。

② 声音鉴定。用小锤轻轻敲击零部件，从发出的声音来判断内部有无缺陷、裂纹，如检查轴承合金与基体的结合情况。

③ 感觉鉴定。零件的配合间隙，能凭鉴定者的手动感觉出来。如用手夹住滚动轴承内圈推动外圈，可以粗略地判断轴向间隙和径向间隙；再拨动外圈，从转动是否灵活、均匀，判断其质量。

2. 机械仪器检查法

主要有下列两种。

① 用各种通用量具来测量零件的尺寸、形状和相互位置。

② 用各种仪器，如动平衡机、着色探伤剂、磁性探伤仪、X射线探伤机、γ射线探伤仪、超声波探伤仪等来检查零部件的内在缺陷（如裂纹、气孔等）。

思考与训练

1. 一般情况下，拆卸下来的零件有什么方法进行表面处理？
2. 按技术要求选择圆柱齿轮减速器各零件的检验方法与工具。
3. 按技术要求选择圆锥齿轮减速器各零件的检验方法与工具。
4. 按技术要求选择蜗轮蜗杆减速器各零件的检验方法与工具。
5. 调查工厂某岗位零部件拆卸后的清洗和检验方法。

项目四　机械零件的修理

机械零件磨损或损伤后的处理方法有两种：一种是通过修理来恢复磨损或损伤零件的性能；一种是更换新零件。前者主要用于大型、重要零件，或修复成本远低于更换新零件的成本并能满足设备修理要求的零件；后者用于一般性的且无修复价值的零件。

任务一 机械零件的局部修理

局部修理法是对零件的磨损和损伤部位进行局部修理或调整换位，恢复零件使用能力的一种方法。

1. 调整或更换法修理零件

调整或更换法包括垫片调整法、换位法、局部更换法、换件法等。

（1）垫片调整法修理 当配合件磨损后间隙达到最大允许间隙 $\Delta_{最大}$ 时，只调整配合件垫片使其恢复到新装配时的初始（或公称）间隙 $\Delta_{初始}$，而不进行加工，或只进行刮研，这种修理方法称调整法，如图 1-62 所示。此法对承受冲击负荷的配合件（如曲柄销与连杆大头轴瓦的配合）具有重大意义，因为间隙调整后可基本消除冲击作用。但由于零件的几何尺寸和形状未恢复，因而调整后配合件磨损速度会较原来大为增加，故只用于临时性的应急修理。

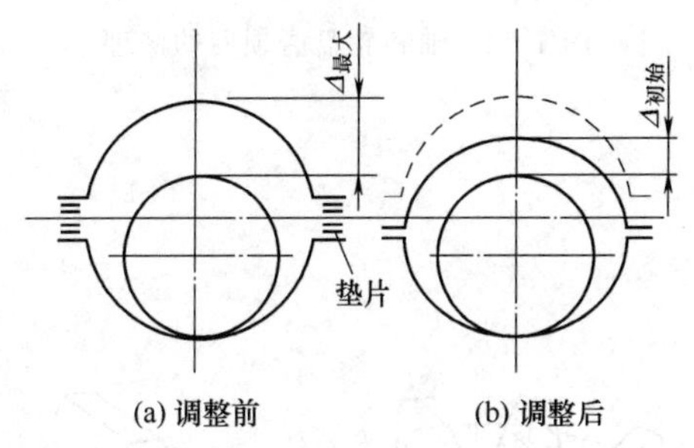

图 1-62 调整法

（2）换位法修理 对于结构对称的齿轮，若轮齿只是单面磨损，磨损未达极限值时，将齿轮翻转 180°，利用未磨损的一面继续工作而不影响其结构。这种方法又称换向法、翻转法。如果结构或尺寸不合适，可适当加工修正，如图 1-63 所示。此法不能用于有正反转的齿轮。

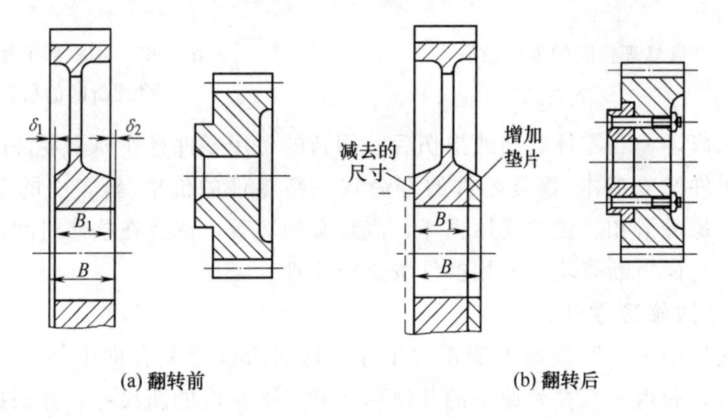

图 1-63 齿轮的翻转使用

轴类零件的键槽，若磨损超过极限，在轴强度和结构允许时可将轴转 90°或 180°重新加工键槽；法兰盘的螺栓孔磨损超过极限或加工误差较大，在强度和结构允许时也可转一角度在旧孔之间重新钻孔，如图 1-64 所示为轴和轮盘磨损后的修理。

（3）局部更换法修理 机械零件在使用过程中各部分磨损、损伤程度往往不一致，有时仅某一局部磨损或损伤严重而其余部分尚好，这时如果结构允许可将磨损或损伤严重的地方切除，再重新修补后加工到所需尺寸，这种方法称为局部更换法。如变速器齿轮，负荷大的齿轮的轮齿磨损较严重甚至断裂，而其余部分处于完好状态，则可进行部分更换。如图 1-65所示，B 部分磨损严重，A 部分完好，则先将 B 部分退火，车去损坏的齿圈，压配上新齿圈后再进行加工，为避免松动可在接缝处进行焊接或铆接。图 1-66 为用榫齿来修理折断的齿轮轮齿。图 1-67 为用根部带螺纹的销齿修理折断的齿轮轮齿。

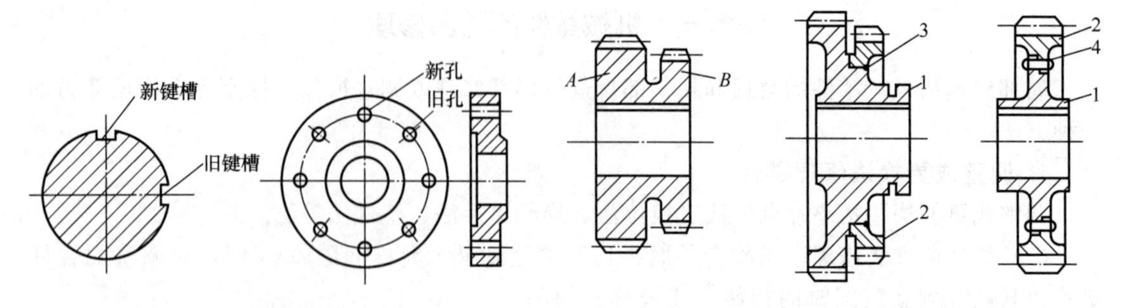

图 1-64　轴和轮盘磨损后的修理

图 1-65　更换齿圈法修复齿轮

1—齿轮；2—新齿轮；3—焊缝；4—铆钉

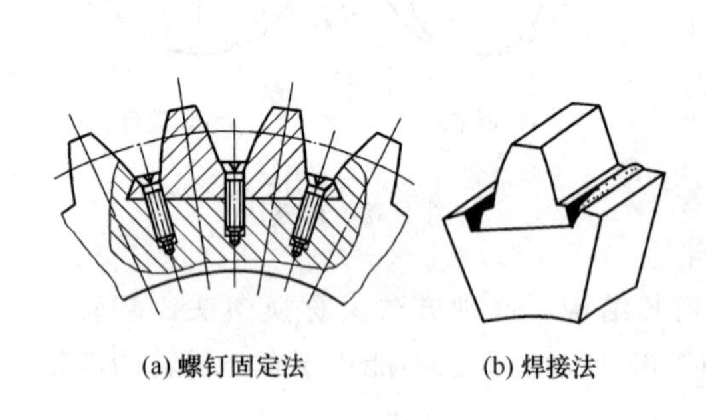

图 1-66　用榫齿修理折断的齿轮轮齿

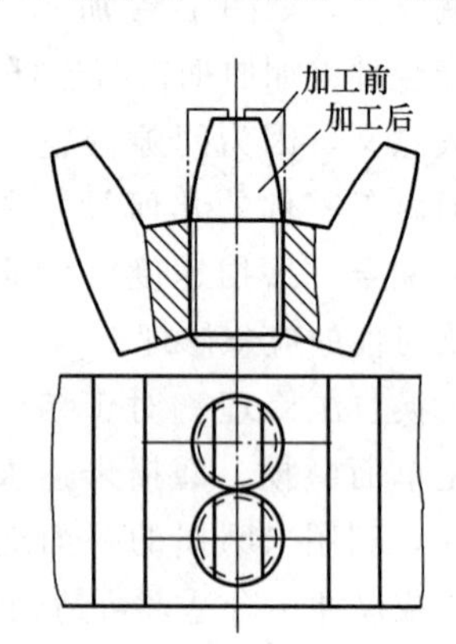

图 1-67　用根部带螺纹的销齿修理折断的齿轮轮齿

（4）换件法修理　当零件磨损或损伤后，用新的备用零件替换原来零件的修理方法称换件法。一般（零件修复成本/修复零件的寿命）>（新零件的价格/新零件的寿命）时采用此法。如通用螺栓螺母滑扣、法兰锈蚀损坏、汽缸套损坏等，或者在检修时间内无法修复的零件如轴的断裂、轮齿折断等均可采用换件法进行修理。

2. 修理尺寸法修理零件

配合件在使用中由于磨损而不能正常工作，这时可仅对配合件中某一零件进行修理加工，去除磨损层，获得一恢复到原来的几何形状和表面精度的新尺寸，并根据该尺寸选配另一零件与之配合，恢复到原配合性质。这种修理方法称修理尺寸法，修理后配合件的这一新尺寸称为修理尺寸。一般对复杂、贵重的零件进行修理，简单便宜的零件予以更换。如轴与轴承配合则修轴颈配轴承，汽缸和活塞配合则修汽缸配活塞和活塞环。

修理尺寸的个数（即修理次数）和大小可根据不更换的零件的最大允许磨损量确定。例如，在轴颈和轴承的配合件里，设轴颈（不更换的零件）的公称直径 $d_{公称}$，最小允许直径 $d_{最小}$，则其最大允许磨损量为（$d_{公称}-d_{最小}$）。设轴颈在修理间隔期内的单面磨损为 x，而每次修理时为了恢复轴颈的几何形状和表面粗糙度必须去除的单面加工余量为 y，如图 1-68 所示，则经修理后轴颈在直径上的减少量为 $2(x+y)$。若允许 n 次修理，则轴颈在直径上的减少量为 $2n(x+y)$，每次修理后的尺寸（修理尺寸）为

第一次的修理尺寸：$d_1=d_{公称}-2(x+y)$

第二次的修理尺寸：$d_2=d_{公称}-2\times2(x+y)$

第三次的修理尺寸：$d_3 = d_{公称} - 2\times3(x+y)$

……

第 n 次的修理尺寸（即最小允许直径 $d_{最小}$）为：$d_n = d_{最小} = d_{公称} - 2n(x+y)$

由上式可得修理次数

$$n=\frac{(d_{公称}-d_{最小})}{2(x+y)}$$

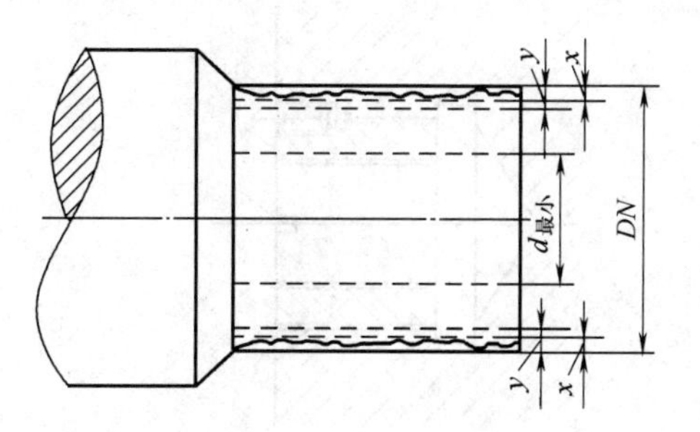

图 1-68　用修理尺寸法修理磨损后的轴颈

在修理中，对不重要的轴颈，可取 $d_{最小}=(0.93\sim0.95)d_{公称}$，即 $d_{公称}-d_{最小}=(0.05\sim0.07)d_{公称}$，另外经 n 次修理后的尺寸为 $d_{最小}$，已不能再用，因此实际修理次数可表示为 $n-1$，即

$$n-1=\frac{(0.05\sim0.07)d_{公称}}{2(x+y)}-1$$

实际上单面磨损量 x 可由测量得到，单面加工余量 y 取决于加工者的技术水平，可由经验而定。

修理尺寸法既能恢复配合件的配合间隙，又能恢复零件的几何形状，但不能恢复零件的几何尺寸。该法几乎能全部恢复配合件的工作能力，并能大大延长复杂而贵重零件的使用寿命，既简单又可靠，故在化工机械修理工作中得到广泛的应用。此法的缺点是限制了零件的互换性，备品备件需求量大。对同类设备多而又需要经常更换的备品备件，可将修理尺寸标准化，以便于备品备件的准备。

3. 镶加零件法修理零件

零件磨损或断裂均可采用镶加零件的方法修复。零件工作部位磨损或断裂后，当其强度和结构允许时，可将磨损或断裂部分进行加工，再加工一特制配合件以过盈配合压入或其他方法镶加以补偿磨损或修复，这种方法即为镶加零件法，如图 1-69 所示。为防止套筒工作时松动可用止动螺钉或点焊固定。当零件上螺纹磨损时，只要结构允许，可将螺孔扩大，加工出螺纹，然后单独制造一个切有内外螺纹的衬套将其旋入扩大的螺孔中，如图 1-70 所示。

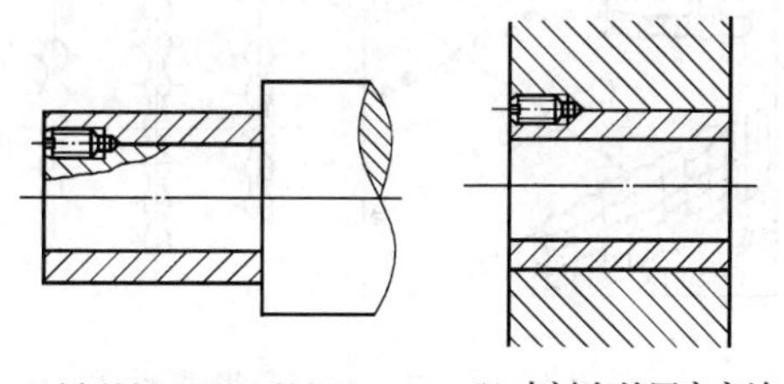

(a) 外衬套的固定方法　(b) 内衬套的固定方法

图 1-69　镶加零件法

当零件上产生裂纹或断裂时，可在垂直于裂纹或折断面方向加工出具有一定形状尺寸的槽（孔），然后补充一个预先加工好的与其形状、尺寸相配的零件（缝钉、补绽、扣合件等）将裂纹或折断口拉紧或封堵。如图 1-71 为用缀缝钉的方法修补裂纹，图 1-72 为用补补锭的方法修补裂纹，图 1-73 为用螺栓和夹板修复齿轮轮缘折断，图 1-74 为用扣合件修复断裂件。采用扣合件的方法又称金属扣合法，槽和扣合件的形状可做成简单形状，如工字形。当扣合件的尺寸加工得略小于槽的尺寸，扣合时将扣合件加热后再镶入槽中，利用扣合件的冷却收缩力使裂纹或断口拉紧，该法又称热扣合法，如图 1-75 所示，多用于箱体类零件的修理。

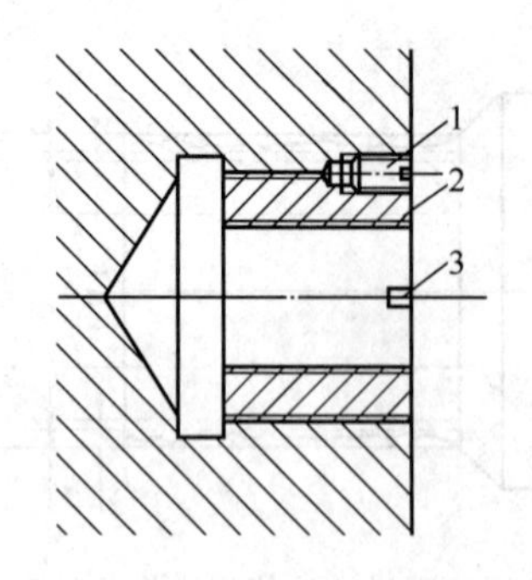

图 1-70 螺孔的修理方法

1—紧固螺钉；2—补充零件；3—刀槽

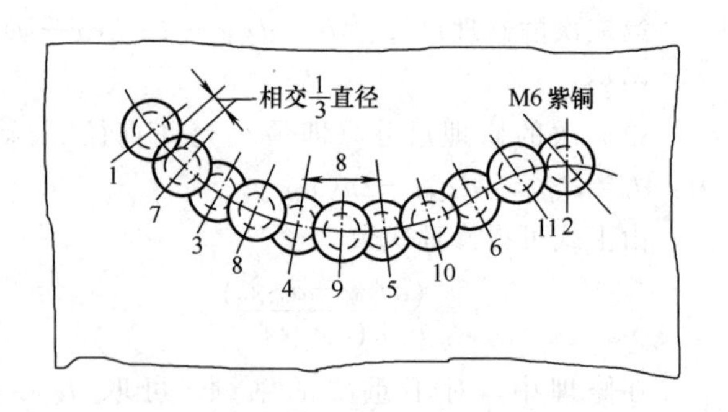

图 1-71 用缀缝钉的方法修补裂纹

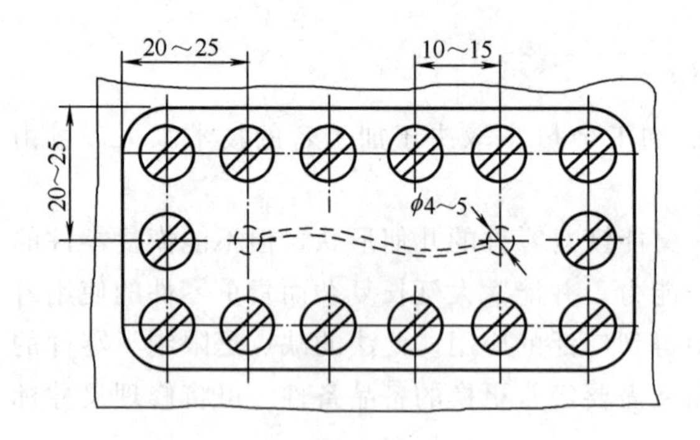

图 1-72 用补补绽的方法修补裂纹

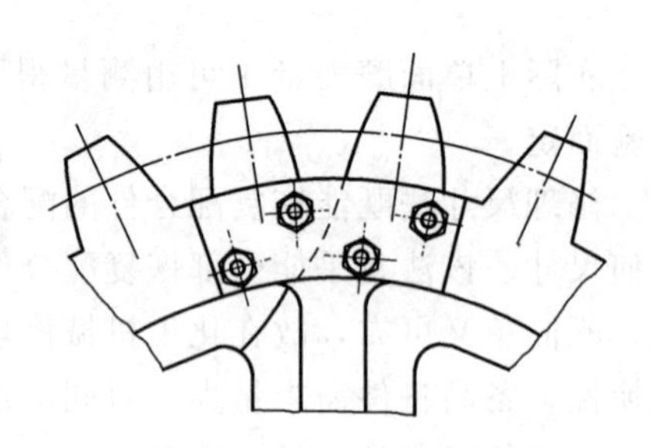

图 1-73 用螺栓和夹板修复齿轮轮缘折断

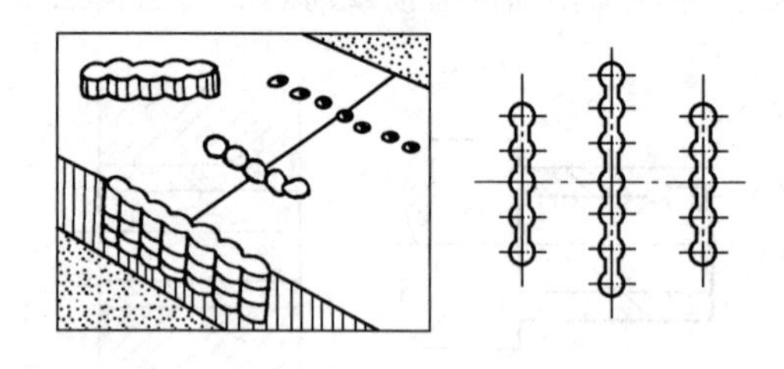

图 1-74 用扣合法修复断裂件

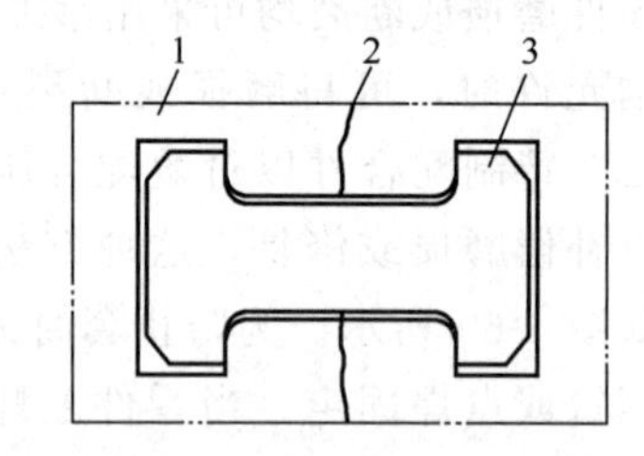

图 1-75 工字形热扣合件

1—机件；2—裂缝；3—扣合件

相关知识 机械零件的磨损和润滑

磨损是机械零件在工作过程中，由摩擦引起的零件表面层材料的破坏。以减速器齿轮装置的磨损为例，磨损的种类按磨损产生的原因和磨损过程的本质，可分为磨料磨损、粘着磨损、疲劳磨损和腐蚀磨损。而根据磨损延续时间的长短，可分为自然磨损和事故磨损两类。

为了保证机械零件能正常运转，防止事故磨损的发生，就必须了解和掌握磨损的变化规律。

1. 磨损的规律

机械设备在工作过程中，由于各零件的材质不同，工作条件不同，其磨损量和磨损程度也各不相同，但磨损的发展过程却有着相同的变化规律。

零部件的磨损变化规律如图 1-76 磨损曲线所示，分为三个阶段。

(1) 初磨阶段(跑合阶段) 新装配或修理后的零件摩擦表面具有一定的粗糙度，由于接触面积较小，接触点上的接触应力较高，因而刚开始工作的较短时间内，磨损速度和磨损量较大。对配合件而言，配合间隙由刚装配好的初始间隙$\Delta_{初始}$迅速增长到$\Delta_{初磨}$。这一阶段使粗糙表面的凸峰快速磨平，接触面达到良好的磨合，故又称为跑合阶段或磨合阶段。

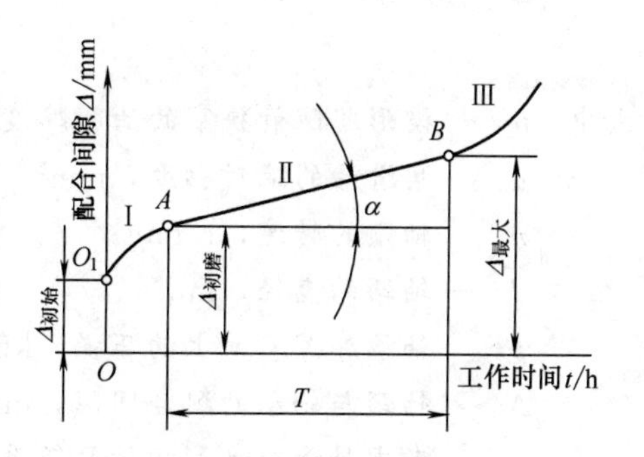

图 1-76 磨损曲线
Ⅰ—初磨阶段；Ⅱ—稳定磨损阶段；Ⅲ—剧烈磨损阶段

(2) 稳定磨损阶段(自然磨损阶段) 零件经跑合后表面粗糙度减小，实际接触面积增大，单位面积上压力减小，因而磨损速度逐渐下降并趋于稳定，配合件的间隙则由初磨间隙$\Delta_{初磨}$逐渐增大到最大的允许间隙$\Delta_{最大}$。这一阶段磨损量与时间基本成直线变化关系，虽然磨损速度降低了，但磨损却是不可避免的，因而又称为自然磨损阶段。

自然磨损是由于下列因素造成的：零件配合表面摩擦力的作用，冲击负荷的作用，高温氧化的作用，介质的化学和电化学腐蚀的作用等。

(3) 剧烈磨损阶段(事故磨损阶段) 经过较长时间的稳定磨损后，由于摩擦面之间的间隙达到最大允许间隙后会使冲击增大而破坏润滑油膜，同时由于表面形状的改变以及表面疲劳等影响使磨损速度剧烈增大而进入剧烈磨损阶段。此时机械效率下降，精度降低，摩擦面温度急剧上升，出现异常的噪声和振动，若不及时停车修理则会导致事故发生。因此，剧烈磨损阶段又称为事故磨损阶段。

事故磨损是由于下列因素造成的：机器构造有缺陷，零件材料的质量低劣，零件的制造和加工不良，部件或机器的装配安装不正确，违反机器的安全技术操作规程和润滑规程，修理不及时或质量不高，以及其他意外原因等。

配合件从正常运转开始到事故磨损以前为止，这一持续较长的时间为配合件的正常工作时间，也就是其修理间隔期(图 1-76 所示)，可由下式计算

$$T=\frac{\Delta_{最大}-\Delta_{初磨}}{\tan\alpha}$$

式中 T——配合件正常工作时间或修理间隔期，h；

$\tan\alpha$——配合件正常磨损速度(即单位时间内配合间隙的增加量)，mm/h。

正常磨损速度与机器构造的特点，机器工作时的工艺条件，零件的材质和加工质量，摩擦表面的润滑情况，润滑剂的性质和品种，轴承压强的大小，机器的修理和装配质量以及机器的操作、维护、保养等因素有关，其数值可由试验或现场经验决定。

2. 影响磨损的因素

(1) 润滑对磨损的影响 配合件的磨损是由于接触面的相对摩擦引起的，所以可在摩擦面之间加入润滑剂使原来直接接触的表面相互隔开，从而减小接触面的摩擦力，降低磨损。

常用的润滑剂有润滑油、润滑脂、固体润滑剂等。当两摩擦面之间充满了液体润滑剂——润滑油，使两表面完全隔开时称之为液体摩擦，此时配合件的磨损最小。可见，在摩擦表面之间建立液体摩擦对减少磨损具有特别重要的意义。图 1-77 为轴颈和轴承配合件液体摩擦建立过程的示意。其中

$$h=\frac{\mu n d^2}{k p \Delta c}$$

式中 h——楔形间隙最狭窄的油膜厚度，mm；

μ——润滑油的绝对黏度，mm^2/s；

n——轴颈的转速，r/min；

d——轴颈的直径，mm；

p——轴承摩擦表面上的压强，kgf/m^2；

Δ——轴颈与轴承的配合间隙，mm；

c——考虑轴承长度影响的修正系数，$c=(d+l)/l$；

l——轴承的长度，mm；

k——系数。

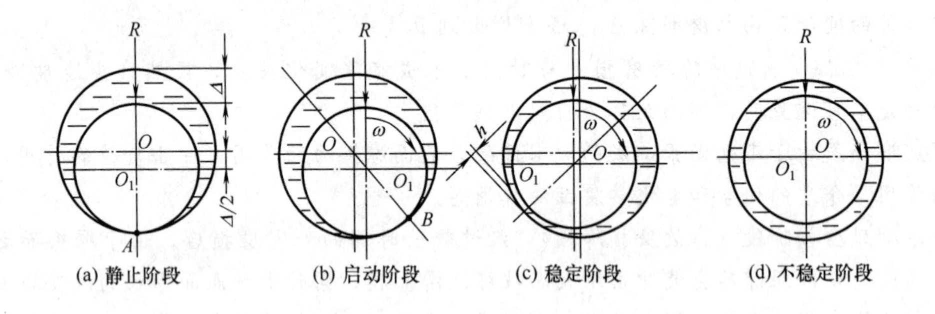

图 1-77 轴颈和轴承配合件液体摩擦建立过程的示意图

图 1-78 为轴颈和轴承配合建立起液体摩擦后压力的分布情况。此时摩擦件相互隔开，摩擦发生在润滑油内部，摩擦因数很小。

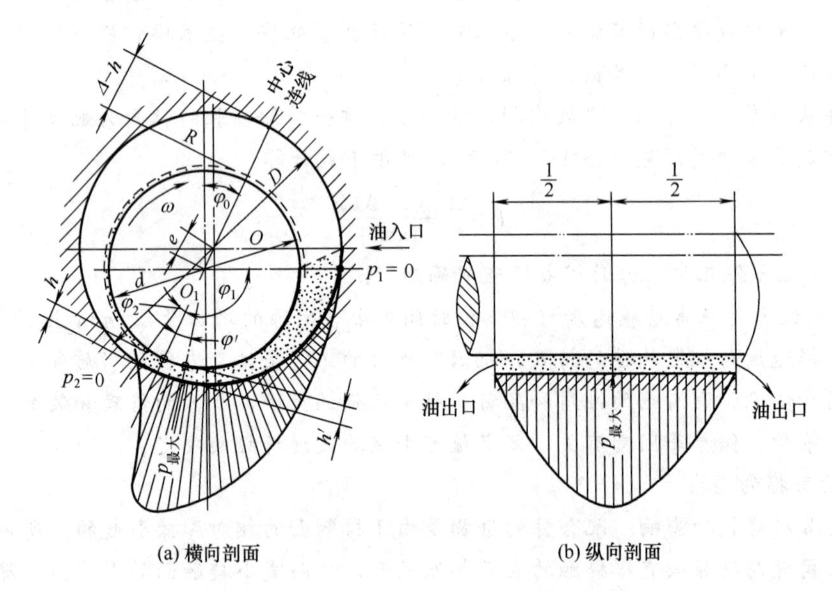

图 1-78 楔形间隙中润滑油的压力分布情况

实际工作中，为了保证形成液体摩擦，对一般滑动轴承取最适宜的间隙 $\Delta_{最适宜}=(0.001\sim0.002)d$，重要的滑动轴承取 $\Delta_{最适宜}=0.0005d$，d 为轴颈的公称直径（100～500mm 范围内）。

（2）零件表面层材料对磨损的影响 零件表面层材料的硬度和韧性是影响耐磨性的主要

因素。材料的硬度高，对表面变形的抵抗能力强，但过高的硬度会使材料脆性增加，表面易产生磨粒状剥落；材料的韧性好可防止磨粒的产生，提高耐磨性。此外，增加材料的孔隙度可蓄积润滑剂，减小摩擦，提高耐磨性；提高材料的化学稳定性可减少腐蚀磨损。

在制造和修理工作中，有以下方法可减少磨损和提高耐磨性。

① 增加零件表面层材料的硬度。提高零件材料的含碳量或加入一定量合金元素铬、锰、钼、钒等；采用电镀、喷涂或堆焊的方法在零件表面覆盖一层耐磨材料；采用表面淬火和化学热处理的方法提高表面硬度，如高频表面淬火、渗碳、渗氮、多元共渗、氰化处理等；采用机械强化的方法增加表面硬度，如滚压、挤压、喷丸等。在提高表面硬度的同时还应使材料保持足够的韧性。

② 应用减摩合金（如巴氏合金、青铜等）。

③ 应用非金属抗磨材料（如层压酚醛塑料、尼龙、聚酰亚胺、充填聚四氟乙烯等）制造零件。

④ 增加材料的孔隙度。如用金属粉末压制、烧结成的粉末冶金制造零件。

（3）零件表面加工质量对磨损的影响　表面加工质量对磨损的影响主要指加工表面的粗糙度。表面粗糙度大，相对运动时接触面产生的摩擦磨损就大，降低粗糙度则可提高耐磨性。但是试验指出，最小磨损量并不是在粗糙度最低的光滑表面上获得，而是在某最适宜的粗糙度下得到的。表面过于光滑不易吸附润滑油形成油膜，同时两组相互接触的表面分子间吸附作用也大，使磨损量加大。如重型机械齿轮装置的齿面表面粗糙度比轻型精密齿轮装置的齿面粗糙度要大得多。

（4）零件工作条件对磨损的影响　零件的工作条件指单位面积的负荷、相对运动的方式与速度、工作温度的高低和摩擦面运动的性质等。冲击载荷、零件相对运动速度对磨损的影响较为突出。机器启动和制动时，液体摩擦不能建立，相对运动速度对磨损影响最大，频繁的启动和停车会加剧磨损。相配合的零件其载荷作用方式、运动速度以及相对运动性质的不同，磨损也不同。图1-79为齿轮单向转动和双向转动的磨损情况。

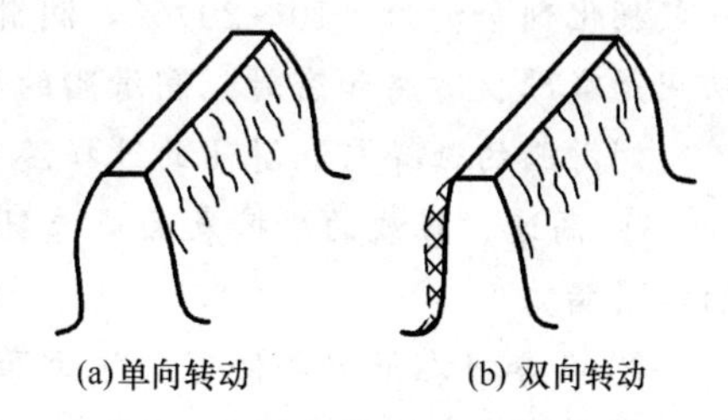

图1-79　齿轮单向转动和双向转动的磨损情况

（5）装配修理质量对磨损的影响　零件装配不良，如不正确拧紧轴承盖与轴承座的连接螺栓、齿轮和轴承等相互配合的零件不同轴或装配得不好、配合件修理或调整后间隙过大或过小、相互配合的表面不平整或粗糙度不合要求等，都会引起单位面积的载荷分布不均匀或增加了附加载荷，造成机器运转不灵活，产生噪声、振动等，使磨损迅速增大，严重的会导致事故和损害机器。因此，必须充分保证零件的装配和修理质量。

（6）维护、保养的影响　及时维护、保养对摩擦组合件的作用有两个方面的影响：一是能防止和减少摩擦副的磨损；二是可以消除磨损引起的故障和事故隐患。

3. 润滑剂

润滑剂在减少机器零件的摩擦、磨损及冷却冲洗摩擦表面方面有着重要作用。常用润滑剂有液体、半固体、固体三种。

（1）润滑油的选择　液体润滑剂称为润滑油或稀油。润滑油的主要功用是减摩、冷却冲洗和防腐。工业用润滑油多数是从原油中提炼，精制的石油产物、合成润滑油也得到广泛的应用。润滑油的主要物理化学性能有黏度、闪点、燃点、凝固点、倾点及油性、水分、机械杂质以及抗氧化稳定性、抗乳化性、灰分、酸值、极压性及含水溶性酸和水溶性碱量等。

润滑油的选用应根据机器的工作条件（负荷、温度和转速）来确定，一般选择原则如下。

① 在充分保证摩擦零件安全运转的条件下，为减小能量损耗尽量选用低黏度润滑油。

② 在高速轻负荷下工作的摩擦零件应选用低黏度的润滑油，在低速重负荷下工作的摩擦零件应选用高黏度的润滑油。

③ 在低温环境下工作（如冬季）的摩擦零件应选用低黏度和低凝固点（倾点）的润滑油，如冷冻机应选用冷冻机油，一般润滑油的凝固点应比机器的最低工作温度低10～20℃；在高温环境下工作（夏季）的摩擦零件应选用高黏度和闪点、燃点高的润滑油，如蒸汽机汽缸可选用过热汽缸油、饱和汽缸油和压缩机油，一般润滑油的闪点至少应高于机器的最高工作温度20～30℃。

④ 受冲击负荷（或交变负荷）和往复运动的摩擦零件及工作温度高、磨损严重和加工较粗糙的摩擦表面均应选黏度大的润滑油。

⑤ 变压器和油开关应选绝缘性好的变压器油或开关油；氧气压缩机应选用特殊润滑剂，如蒸馏水和甘油的混合物。

⑥ 当无合适的专用润滑油时，可选用质量指标相近的油代用或配制代用的混合油，代用油黏度应与原用油相等或稍高，高温代用油要有足够高的闪点、良好的抗氧化稳定性和油性；低温代用油要有足够低的凝固点（倾点）。用不同黏度的油混合掺配代用油的方法参见有关资料。

(2) 润滑脂的选择　半固体润滑剂称润滑脂或干油、黄油，是由矿物油与稠化剂、添加剂在高温下混合而成。稠化剂常采用油脂肪酸与碱金属反应生成的金属皂（钙皂、钠皂等），一般稠化剂含量为（10～20）%，润滑油含量为（75～90）%，其余为添加剂。润滑脂的主要功用是减摩、防腐和密封。润滑脂的主要物理化学性能有针入度、滴点、机械杂质等。

润滑脂的选择与润滑油的选择没有严格的差别。一般选择原则如下。

① 高速、轻载的摩擦表面应选针入度大的润滑脂，低速、重载的摩擦表面选针入度小的润滑脂。

② 冬季或在低温条件下工作的摩擦零件应选滴点低的润滑脂，夏季或在高温条件下工作的摩擦零件应选滴点高的润滑脂，一般润滑脂的使用温度比其滴点低20～30℃。

③ 无合适牌号的润滑脂时可用滴点、针入度相近的润滑脂代用，同时皂分含量也应符合要求。当工作温度在60℃以下且在干燥的环境中，所有润滑脂可相互代用，当工作温度在60℃以上和其他条件相同时，应根据滴点选择代用润滑脂。

④ 在潮湿或与水直接接触的条件下工作的摩擦零件应选用钙基润滑脂，而在高温条件下工作的摩擦零件应选用钠基润滑脂。

(3) 固体润滑剂的选择　用固体润滑剂能免除油的污染滴漏，提高产品的质量，不需设置供油系统和节省投资。常用的固体润滑剂种类有：软金属（Pb、Sn、Cu、Zn、Ag等），金属化合物（MoS_2、WS_2、AlO、PbO、$FeCl_3$、CdI、PbI_2等），无机物（石墨、滑石等）和有机物（蜡、固体脂肪酸、聚四氟乙烯、聚乙烯、尼龙6等）。机器润滑最常用的固体润滑材料为二硫化钼、石墨、聚四氟乙烯等几种，其用量超过全部固体润滑材料总用量的90%。随着润滑材料的发展，目前自润滑复合材料正得到愈来愈广泛的应用。

① 二硫化钼润滑剂。二硫化钼润滑剂具有良好的润滑性、附着性、耐温性、抗压减摩性及抗化学腐蚀性等优点，对在高速、高负荷、高温、低温及有化学腐蚀性等各种条件下的机器零件均有优异的润滑效果。二硫化钼润滑剂具有较低的摩擦因数，一般为0.05～0.09，在良好的条件下可达0.017。

目前生产的二硫化钼润滑剂有粉剂、水剂、油剂、膏剂、润滑脂、蜡笔、固体成膜剂等。粉剂、水剂、油剂、润滑脂可直接送入摩擦表面，使之形成固体润滑膜达到良好的润滑。二硫化钼蜡笔由石蜡、硬脂酸和二硫化钼粉末配制而成，可用其涂于摩擦表面以减小摩擦，常用于切削加工时涂于刀具切削刃或被加工表面减小摩擦、降低工件表面粗糙度，延长刀具寿命或提高工作效率。二硫化钼固体成膜剂可喷涂在摩擦表面形成固体润滑膜。

② 石墨润滑剂。石墨润滑剂有粉剂、油剂、水剂和制作自润滑复合材料等。

③ 聚四氟乙烯（PTEF）。聚四氟乙烯（简称氟-4）又称塑料王，其耐温性能和自润滑性能是一般塑料中最好的一种，其摩擦因数低于已经应用的任何固体润滑剂。聚四氟乙烯对钢的摩擦因数为0.04，其抗热性、抗化学介质的腐蚀性极强，与浓酸、稀酸、浓碱和强氧化剂（即使在高温下）不发生作用，与大多数有机溶剂如醇、醚、酮等不发生作用，使用温度可以从−250℃到260℃。聚四氟乙烯的润滑机理目前尚未完全清楚，有人认为在摩擦过程中其表面分子会越过界面附着在摩擦副的另一表面形成一层聚四氟乙烯薄膜覆盖层，从而将两摩擦副的摩擦面隔开。

聚四氟乙烯可制作薄片和卷带，充填或缠绕于摩擦部位，也可将其烧结在金属表面形成聚四氟乙烯涂层；聚四氟乙烯粉末可作填充剂加入润滑脂中改善润滑性能；也可将其直接制成制品，如无油润滑压缩机的活塞环，填料密封圈等。

④ 自润滑复合材料。自润滑复合材料是由两种或多种材料经过一定的工艺合成的整体材料，它具有一定的机械强度，又具有减摩、耐磨和自润滑作用，常用其加工制成机械零件代替原需要加入润滑剂的金属机械零件。这样，在运行中不需要加入任何润滑剂就可实现自润滑和无油润滑。

常见的自润滑复合材料有金属基、石墨基和塑料基三大类。

金属基自润滑复合材料是以金属或合金为基体加入一定量（10%～20%）的固体润滑剂复合而成，常见的有银基（Ag-MoS_2，Ag-WSe_2）、铜基（Cu-WSe_2，Cu-MoS_2、Cu-石墨）、镍基（Ni-MoS_2、Ni-石墨）等。随着固体润滑剂加入量的增加，自润滑复合材料的硬度随机械强度的下降而下降，静动摩擦因数和磨损率也随之降低。从高机械强度、低摩擦、耐磨损三者考虑，这些材料的金属与固体润滑剂之间有一最佳配比，按此最佳配比制成的自润滑复合材料能达到既提高性能又经济的目的。

石墨基自润滑复合材料由于强度低、脆性大，导热性差，干燥气氛及高真空中不能使用等缺点，目前应用较少。

塑料基自润滑复合材料是以塑料为基体加入一定量的固体润滑剂和改善力学性能的有关填料（如金属氧化物、石棉、玻璃纤维等）复合而成。例如高密度聚乙烯和酚醛树脂中加入石棉和铜；聚酰胺（尼龙6，66）中加入碳纤维、聚四氟乙烯和石墨；聚四氟乙烯和聚酯中加入棉纤维和氟化钙等。

除以上三类外，还有新型自润滑复合材料——DU（金属塑料）和铁基含油轴承材料，这两种材料实质上是金属粉末冶金。DU材料是在金属基体表面烧结或喷涂一层多孔青铜（一般是Cu89Sn11）作中间层，厚度约为0.04～0.25mm，然后在表面黏结一层聚合物并使之浸渍到中间层。

固体润滑剂的使用方法通常有：直接使用粉末涂敷在摩擦面；将固体润滑剂的细微颗粒添加在润滑脂中，制成润滑油膏；用黏结剂将固体润滑剂粘接在摩擦表面形成润滑膜；也可用等离子喷涂等方法将固体润滑剂喷涂在摩擦表面形成固体润滑膜。

固体润滑剂应根据不同的工作条件来选用，如表 1-3 所示。

表 1-3 固体润滑剂的选用

工作条件	选用说明
高接触应力	接触表面接触应力高时，因润滑油脂的极压性能有限，油膜易破裂，而层状结构的固体润滑材料，抗压强度高，尤其是二硫化钼更为突出，能保持接触表面的正常润滑。如使用在某些重型机械、钢管冷挤压和拉丝机械等
高温	温度升高，润滑油的黏度会降低或润滑脂针入度值增高，润滑膜变薄，承载能力降低。当温度升高到一定程度，润滑油、脂会发生热分解和氧化，促使油脂变质，或产生杂质沉淀，或导致酸值增大、引起腐蚀。若过度蒸发，易引起胶合发生。固体润滑材料的高温性能好，从低温到高温没有黏度变化，具有从 240～1100℃广泛的高温使用范围。如二硫化钼在 400℃以下，石墨在 540℃以下氧化温度以前，它们的摩擦因数随温度升高而降低。能应用于高温下的炼钢厂某些轴承、喷气发动机燃烧室和反应堆支架等
低温	温度过低，润滑油黏度增大，一旦固化，造成干摩擦，加快磨损，导致胶合。固体润滑材料没有黏度的变化，二硫化钼能在低温（－180℃）下润滑。在低温条件下，应用于液氮、液氢输送泵等的润滑
低速	滑动速度低时，润滑油膜不易形成；载荷较大时，油膜易破裂，产生胶合。固体润滑材料能在低速条件下，与金属表面形成牢固的润滑膜，避免胶合的产生。如应用于低速导轨面上、光栅刻度丝杆上等
高速重载	高速重载条件下，润滑油、脂膜易破坏，使润滑失效。而固体润滑材料，如二硫化钼有随着速度和载荷的增加，而摩擦因数会降低的特点。同样在高速轻载状况下，润滑效果也很好，如应用于纺织机上的纱锭等处
有液体、气体的冲刷	润滑油、脂在有液体或气体冲刷的部位上，很容易被冲洗流失或脱落，造成干摩擦，导致磨损。固体润滑材料，尤其是复合固体润滑材料，具有不被冲刷、流失或脱落的特点。可用在汽轮机叶片，喷嘴和潜水电泵上等
有粉尘、泥砂沾染	在有粉尘、泥砂沾染的场合，摩擦表面又不能完全密封时，使用的润滑油、脂会被污染，这些杂物作为研磨剂，会促使机件的磨损。如使用不会吸附粉尘、泥砂等杂物的固体润滑材料，则润滑会改善
要求无油污、洁净	固体润滑材料本身不带油，更具有不吸附有研磨或腐蚀作用的尘埃。因此，在要求没有油污、清洁卫生的场合，如食品加工机械、医疗、制药和印染纺织机械，可用固体自润件
有腐蚀	润滑油、脂使用在有腐蚀介质的环境下，能和这些介质起反应，如强酸、碱、燃料、溶剂、液态氧等，使润滑油、脂失去润滑作用。而某些固体润滑材料对上述介质是不活泼的，如石墨有很强的化学抵抗能力，二硫化钼除王水、热浓硫酸、盐酸、硝酸外，能抗大多数酸、碱腐蚀，可用在化工设备上
特殊工况	固体润滑材料可用于开动机器后不可能再加油的部位；用于非金属表面的润滑，如木制品、玻璃、塑料等的润滑；在超高真空工作下的机械，如宇宙间的工作机械、月球车等；在强辐射照和放射线条件下工作机械的润滑；在人不便于接近的部位，如原子反应堆，均可用固体润滑材料

任务二 机械零件的塑性变形修理

利用金属的塑性变形恢复零件磨损和损伤部位的尺寸和形状的方法称塑性变形修理法。

1. 机械零件的缩胀修理

此法多用于内外圈磨损的套筒形零件，如活塞销、滑动轴承轴套等。活塞销磨损量不大时，为了继续使用原有的渗碳层，多半采用冷胀法，如图 1-80 所示。其工艺为：650～700℃高温回火→冷胀→热处理→磨削。如磨损很小的活塞销也可以直接在淬硬的状态下冷胀（胀大量应控制在 0.1～0.2mm 以内）再磨削至要求尺寸。当胀大量超过 0.8～1.0mm 时，则采用热胀，热胀温度为 900～1000℃。

滑动轴承轴套内孔磨损后可用缩小法修复，如图 1-81 所示。工艺同胀大法基本相同，注意缩小后外径可用金属喷涂法或其他方法恢复尺寸。

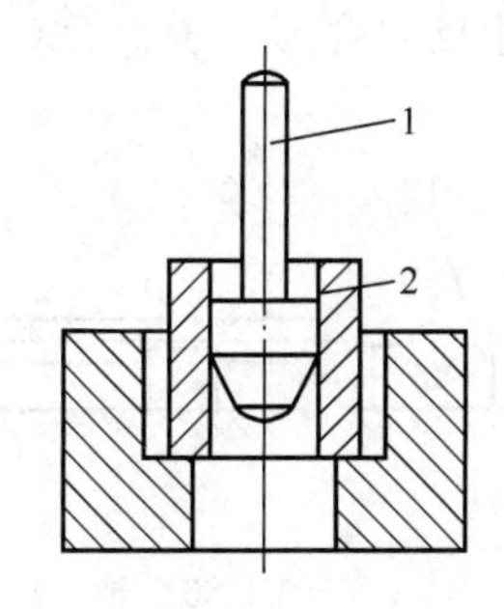

图 1-80　活塞销胀大法

1—冲头；2—活塞销

2. 镦粗法修理零件

此法主要用来修复有色金属套筒和滚柱形零件。此法可修复内径和外径磨损量小于 0.6mm 的零件。注意当长径比大于 2 或压缩后长度减少超过 15%时，不能使用此法。图1-82为镦粗法修理轴套。

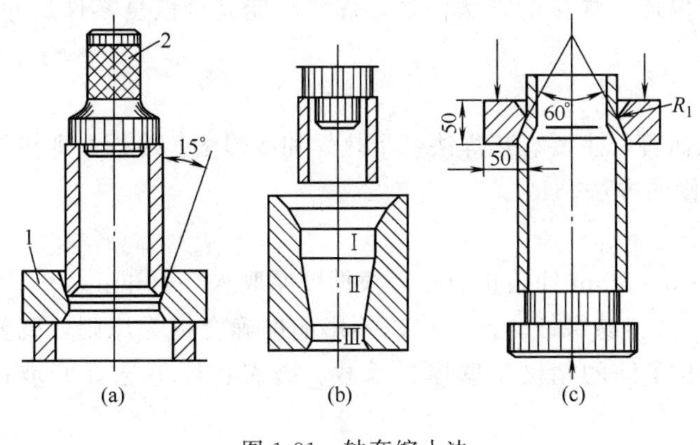

图 1-81　轴套缩小法

1—模子；2—冲头

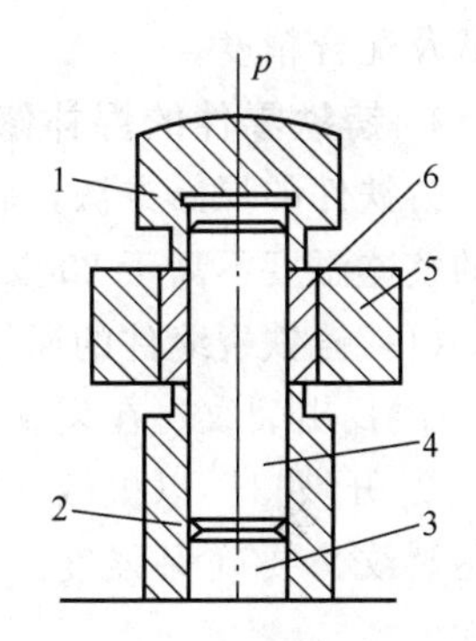

图 1-82　镦粗法修理轴套

1—上模；2—下模；3—垫块；4—芯棒；5—外模；6—轴套

3. 塑性变形零件的矫直

(1) 压力矫直　适用于硬度低于 35HRC 和直径长度比值较小的轴。用螺旋压力机、油压机或螺旋千斤顶等进行施压矫直。工艺为：测量弯曲最高点、做出标记→轴两端用 V 形铁支起（轴下垫铜、铝等软料）→变形最大处凸面加压，保压 1.5～2min→变形最大处凹面垫铜板后用手锤敲击铜板三下→卸压并测量→循环施压至要求。图 1-83 为轴的压力矫直法。

(2) 火焰矫直　火焰矫直是用氧-乙炔火焰对变形凸出部位的一点或几点快速加热，并急剧冷却时，加热区金属收缩产生收缩矫直。一次加热不能恢复时可重复进行几次，直到变形消除。加热温度以不超过材料相变温度为宜，一般为 200～700℃。工艺为：找出弯曲最大处凸点，确定加热区→按零件直径确定火焰喷嘴→均匀变形和扭曲采用条状加热，变形严重加热区多用蛇状加热，加工精度高的细长轴用点状加热→快速冷却→检测→重复加热校直至要求。火焰矫直的关键是弯曲的位置及方向必须找正确，加热火焰也要和弯曲的方向一致，否则会出现扭曲或更多的弯曲。

图 1-84 为轴的热矫直。在轴弯曲部位用湿石棉布包扎，凸出部位开一个长方孔，用 0.5～1mm 气焊枪，调节氧压 0.05MPa。乙炔压力 0.02～0.03MPa，火焰白心离表面 2～3mm，对准开孔处加热。当温度达 500～600℃时放到空气中冷却或浇水冷却，使弯曲部位

产生反向变形。矫直后对加热区低温退火，以消除应力。

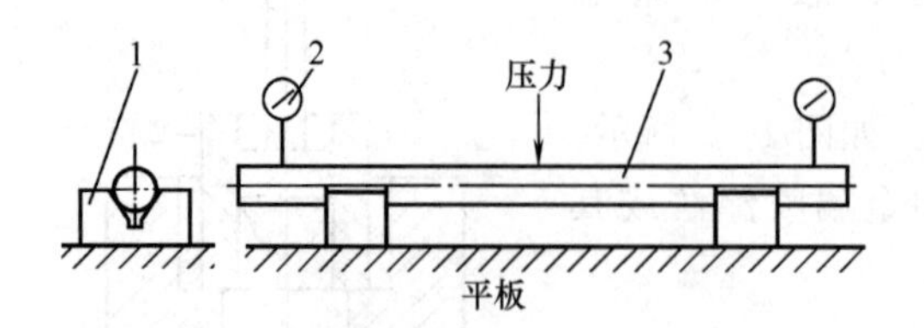

图 1-83 轴的压力矫直法

1—V形铁；2—千分表；3—轴

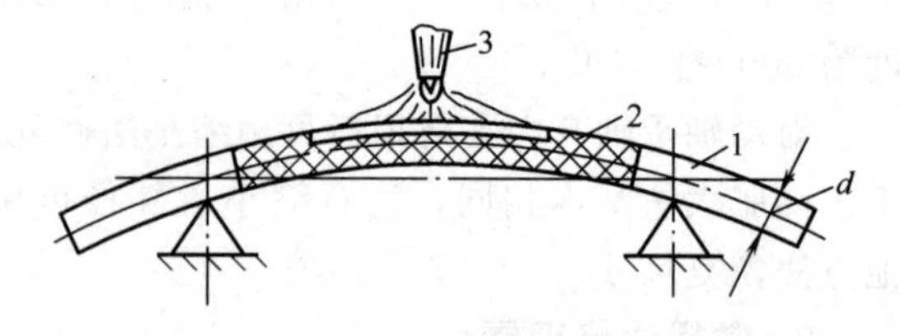

图 1-84 轴的热矫直

1—轴；2—石棉芯；3—加热用氧-乙炔焰喷嘴

任务三 机械零件的焊修

大部分磨损、裂纹和破裂零件可以通过焊接的方法修复，焊修法能完全恢复零件尺寸、形状及配合精度。

1. 铸铁零件的焊补修理

铸铁件的焊修方法，就手工电弧而言，主要有热焊法、半热焊和冷焊法。冷焊法即铸铁件的整体温度不高于 200℃时进行焊修的方法。

（1）铸铁裂缝件的通用焊修工艺

① 找出裂纹。在裂纹末端的前方 3～5mm 处钻止裂孔，根据壁厚取 ϕ3～10mm。

② 开坡口。以机械方法开坡口质量容易保证。开坡口以不影响准确合拢为原则，既要除尽裂纹又要确保强度。一般应考虑零件的精度、壁厚、承载、破裂程度等选择开坡口方式。

③ 施焊。一般选用镍基铸铁焊条，焊条直径越细越好，宜采用直流反接冷焊。焊缝较长时，宜用退步分散成短段施焊。

④ 焊后处理。焊后注意保温缓冷，以免冷却速度过快形成白口现象。措施是：小工件可用热砂或保温灰覆盖掩埋，大工件则可用石棉布覆盖，若及时放入回火炉更好。

（2）各种铸铁焊补方法的施焊工艺要点

① 手工电弧冷焊。

a. 较小的焊接电流和较快的焊接速度，不作横向摆动（窄焊道）。

b. 短焊道（10～50mm）断续焊，层间冷却后再继续焊。

c. 焊后及时充分捶击焊缝金属。

d. 一般不预热（或 200℃以下）。

② 手工电弧焊热焊。

a. 预热 500～550℃并保持工件温度在焊接过程中不低于 400℃。

b. 焊后 600～650℃保温退火。

c. 较大的焊接电流连续焊，溶池温度过高时稍停顿。

另外铸铁冷焊防裂除了上述的措施外，还有采用加热减应区方法。所谓加热减应区，即在焊件上选择适当的区域进行加热，使焊接区域有自由热胀冷缩的可能，以减小焊接应力，然后及时施焊。图 1-85 为加热减应区示意。加热减应区的选择原则：应在阻碍焊缝膨胀收缩的部位；应与其他部位联系不多，且强度较大；该区的变形对其他部位应不产生很大的影响。减应区加热一般不超过 750℃。

2. 钢制件的电弧焊修理

目前应用较多的有手工电弧堆焊、氧-乙炔焰堆焊、埋弧自动堆焊、振动电堆焊、气体保护堆焊及等离子堆焊等。

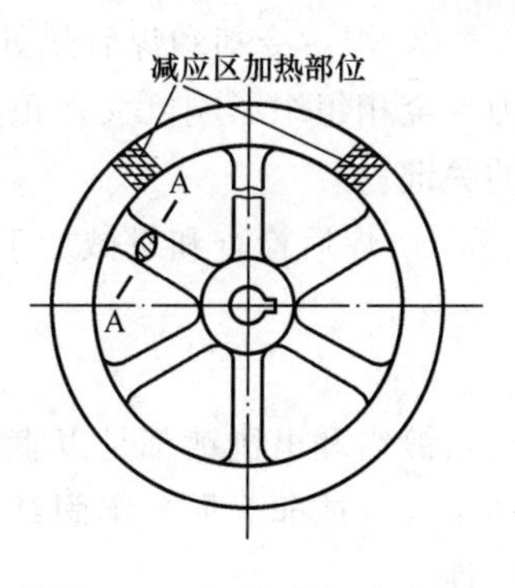

图 1-85　加热减应区示意

(1) 45 钢（调质）轴类零件的手工电弧焊修理工艺

① 焊前检查处理。磨损量大于 2mm 以上采用堆焊修复，首先用汽油、丙酮等溶剂清除表面的油污、锈迹后，检查处理裂纹变形等缺陷。用炭棒、假键填塞油孔、键槽；用布或石棉绳将堆焊邻近部位表面包好防飞溅；将工件用 V 形铁支承放到盛有冷水的大盆中，施焊部位露出水面，水平放置。

② 焊条选用。选用焊芯材料为 08 钢丝，直径 $\phi1.6$mm 及 $\phi2$mm 中碳堆焊焊条（药皮自配制）。焊条要充分烘干。$\phi50$mm 以上轴用 $\phi2$mm 焊丝，$\phi50$mm 以下轴用 $\phi1.6$mm 焊丝。

③ 采用直流反接电源，小电流、快速焊。施焊方式可参照图 1-86 的形式进行。环形焊每次只能焊 25～30mm 长，直线焊不超过 40mm，不允许在轴面上引弧，每次熄弧后，必须彻底清除焊渣，并使工件冷却到 30℃以下再施焊；要留 2～3mm 加工余量。

④ 工件冷却后，仔细检查有无焊接缺陷，然后清除炭棒、假键，机械加工至要求。

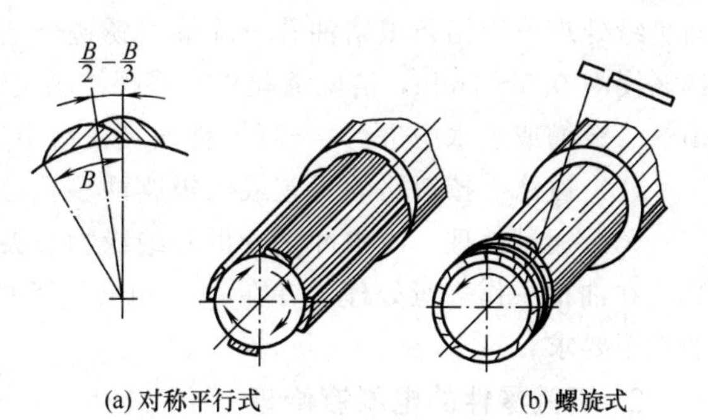

(a) 对称平行式　(b) 螺旋式

图 1-86　轴类零件的堆焊方法

(2) 钢制件焊接修复的措施

① 焊前检查和焊前准备。如脱脂去锈；对非焊修区屏蔽保护；清除裂纹源；开设坡口；预热、散热措施；油孔、键槽等用炭棒或其他东西填塞等措施。

② 选择最佳焊修方案，严守工艺操作规程。根据不同情况，选择相应的焊接材料和焊接方法；磨损件的堆焊，要尽量防止金属元素渗透稀释，这是堆焊工艺的重要工艺守则，可采用过渡隔离层；多层焊不同焊层，采用不同焊接线能量；平行堆焊前后焊道应重叠 1/3～1/2 为宜；严格控制焊缝冷却速度；选择合适的施焊方法，施焊顺序等。图 1-86为轴类零件的堆焊方法，图 1-87为齿轮的两种堆焊方法，图 1-88 为用堆焊法修理磨损的齿形。

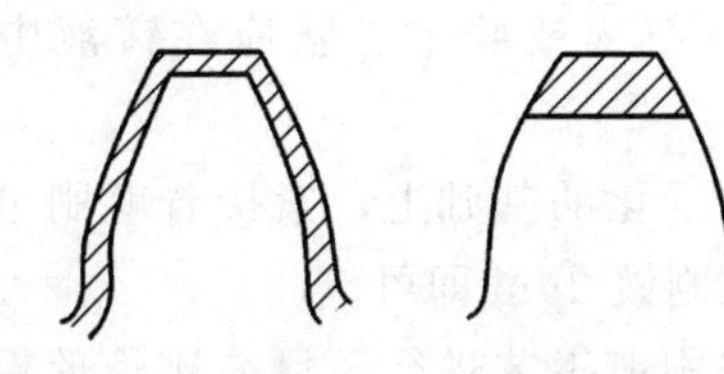

(a) 不经热锻的齿轮堆焊　(b) 经热锻的齿轮堆焊

图 1-87　齿轮的两种堆焊方法

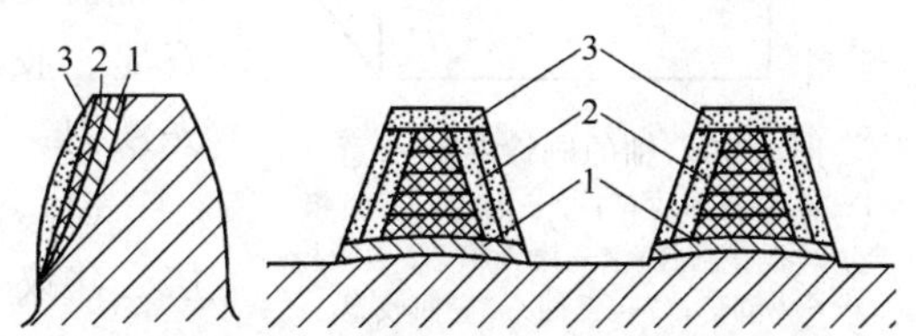

(a) 堆焊齿轮轮齿　(b) 堆焊颚式破碎机颚板上的牙齿

图 1-88　用堆焊法修理磨损的齿形

1—结构钢堆焊层；2—钢和硬质合金组合堆焊层；3—硬质合金堆焊层

③ 焊后冷却和焊后热处理。焊后冷却速度及焊后热处理对零件的硬度、韧性、残余应力、金相组织影响巨大，正确控制焊后的冷却速度及适时进行焊后热处理，是提高焊修质量的关键。

④ 焊后检查和机械加工。

任务四 机械零件的电镀修理

镀铬和电刷镀都是以直流电解原理为基础，通过电解液使金属沉积在零件表面得到与基体金属（或非金属）牢固结合的镀层。电镀一般用于修复磨损零件表面，增大尺寸、提高耐磨性。

1. 机械零件的镀铬修理

45 钢轴颈磨损后的镀铬修复工艺如下。

（1）镀前准备 清理油垢→校对图纸，确定镀层厚度及镀层类型→修磨轴颈→不需镀表面绝缘处理→用铅条填堵油孔→除油、锈迹→酸洗浸蚀工件（稀盐酸 5%＋硫酸 10%或硫酸 15%浸泡 0.5～1min，清除氧化皮，呈现结晶组织，提高结合性）→中和（碳酸钠 3～5g/L）→预热（镀槽或热水中进行）→阳极腐蚀（在槽中进行 0.5～3min）。

（2）镀铬 按镀铬的工艺或阳极腐蚀多孔处理工艺进行。

（3）镀后处理 冷水冲洗→拆卸绝缘物及夹具→烘干或吹干→在 200～230℃下持续 2～3h，在油槽中作去氢处理，并在 140～160℃下持续 2～3h，进行低温除氢→测量尺寸→机械加工至要求。

2. 机械零件的电刷镀修理

电刷镀可用于修复不易放在槽中的大型零件如大型轴、曲轴、机床导轨的磨损、划伤、凹坑等缺陷。

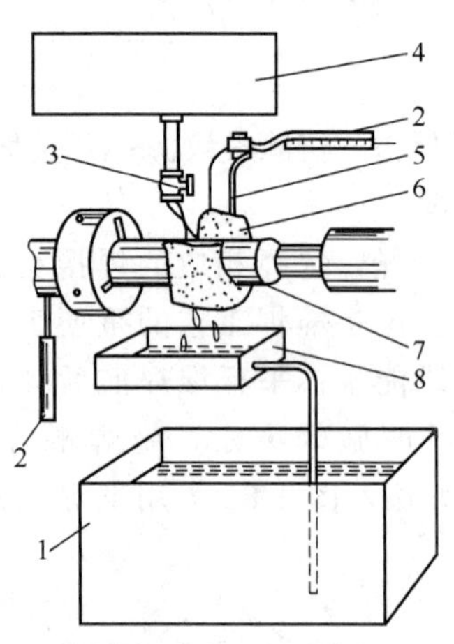

图 1-89 轴的刷镀装置示意
1—电解液回收箱；2—电源正、负极；3—镀液节流阀；4—镀液槽；5—阳极；6—包套；7—工件；8—回收盘

（1）机械准备 清整工件表面至光洁工整，如需加工则越光越好→除油去锈→剔除疲劳层，拓宽尖细狭缝，去掉飞边毛刺→预制键槽、油孔的塞堵→刷镀区两侧用涤纶胶纸等作屏蔽保护等。

（2）电净 在上述基础上，还必须进一步用电净液继续通电处理工件表面达到除油目的。

（3）活化 实质是除去工件表面的氧化膜，提高结合力。应根据材料的不同而选用不同的活化液。电净、活化工艺要求很严，否则影响质量。活化后可用石墨、胶木镶键堵孔，石墨或胶木键塞应在镀液中事先浸泡。

（4）刷过渡层 在活化的基础上，紧接着就刷过渡层。建议一般用特殊镍刷镀 2μm 即可。

（5）刷工作层 按刷镀工艺进行，目前比较理想的厚度为 0.5mm 以下。图 1-89 为轴的刷镀装置示意。

（6）刷镀后处理 除去保护阴极的屏蔽物，清洗工件上残留镀液，防锈处理。必要时要送机械加工（0.05mm 以上采用磨削）。注意把工件边缘和孔槽边缘倒角。

相关知识　电镀和电刷镀

1. 镀铬的特点与镀层的选择

镀铬是电解法修复零件的最有效方法之一。镀铬层按性质大体可分为平滑铬镀层和多孔铬镀层两类。镀层允许厚度一般为0.2～0.3mm。

平滑铬镀层具有很高的致密性，但其表面不易贮存润滑油。多孔性铬镀层的外表面形成无数网状沟纹和点状孔隙，能保存足够润滑油以改善摩擦条件。多孔镀层有点状铬层和沟状铬层两种，它是将已镀平滑铬层的零件作阳极，放入和平滑镀铬电解液相同的镀槽中，进行短时间的阳极处理而得。图1-90为点状和沟状多孔性铬镀层示意图。表1-4为平滑铬镀层和多孔性铬镀层的选择。

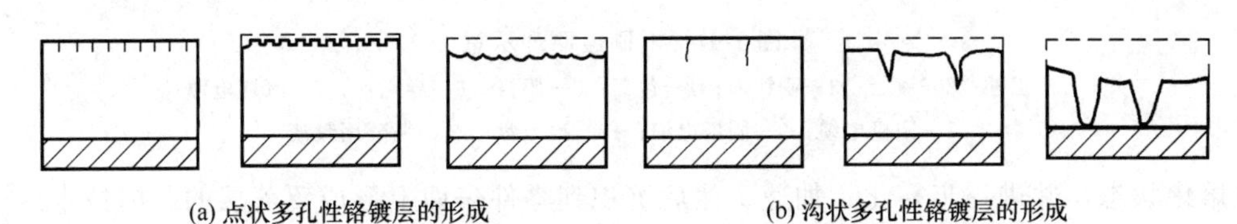

(a) 点状多孔性铬镀层的形成　　(b) 沟状多孔性铬镀层的形成

图1-90　点状和沟状多孔性铬镀层示意

表1-4　平滑铬镀层和多孔性铬镀层的选择

铬镀层名称	平滑铬镀层	多孔性铬镀层
使用范围	① 修复静配合的零件尺寸 ② 用于提高模子工作面的光滑度，并且降低工作时的摩擦力 ③用于延长在较低压力磨损条件下工作的零件的使用期限	① 修复在相当大的比压力、温度高、滑动速度大和润滑供油不能充分的条件下工作的零件 ② 修复切削机床的主轴、压缩机曲轴、泵轴及其他机器零件
实例	锻模、冲压模 测量工具 活塞杆等	曲轴、主轴、汽缸套筒、活塞销及其他零件 车床主轴、镗床镗杆

2. 电刷镀的原理与特点

电刷镀又称快速电镀、快速笔涂镀、金属涂镀、接触电镀等。电刷镀是一项在工件表面快速电沉积金属的技术。刷镀时，专用电源的负极接到工件上，正极和刷镀笔连接，蘸上沉积金属溶液，与工件接触并相对运动，溶液中的金属离子在电场作用下向工件表面迁移，放电后结晶沉积在工件表面上形成镀层，随着时间的延长，沉积层逐渐增厚，直到要求厚度。图1-91为电刷镀原理示意。

电刷镀技术是四种基本的金属维修技术（焊接、喷涂、槽镀、电刷镀）之一。它与普通电镀相比具有：设备简单，工艺灵便，结合强度高，生产效率高，镀层厚度基本可以精确控制，适应材料广等优点。

任务五　机械零件的热喷涂修理

热喷涂是近代各种喷涂、喷熔技术的总称。热喷涂技术是把丝状或粉末状材料加热到软

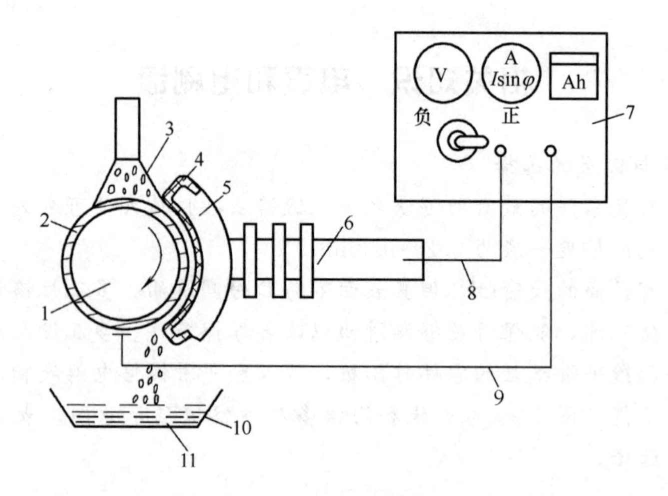

图 1-91　电刷镀原理示意

1—工件；2—镀层；3—刷镀液；4—包套；5—阳极；6—导电柄；7—刷镀电源；8—阳极电缆；9—阴极电缆；10—拾液盘；11—循环用镀液

化或熔化状态，并进一步雾化、加速，然后沉积到零件表面上形成覆盖层的一门技术。

1. 机械零件的金属喷涂法修理

（1）轴喷涂前处理

① 凹切。凹切是指为提供容纳喷涂层的空间在基体材料或零件上车掉或磨掉尺寸。当磨损不均时，可凹切成阶梯形。凹切深度为涂层精加工后的厚度。

② 清理。即清除油污、铁锈、漆层，使工件表面洁净。

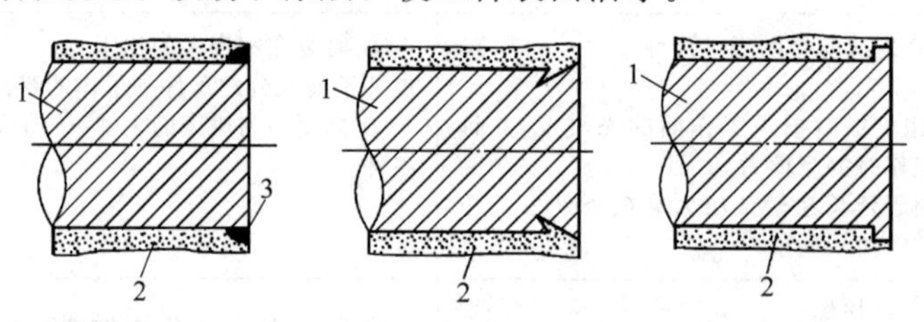

图 1-92　轴头的处理

1—工件；2—喷涂层；3—电焊圈

③ 表面处理。工件所采用的表面处理方法和表面的粗糙度程度对涂层和基体的结合强度有密切关系。处理方法有喷砂、开槽、车螺纹、滚花、电火花拉毛等。这些方法单用或并用均可。为防止涂层从轴头脱出，措施如图 1-92 所示。表面处理完毕后必须在 3～6h 内喷涂。

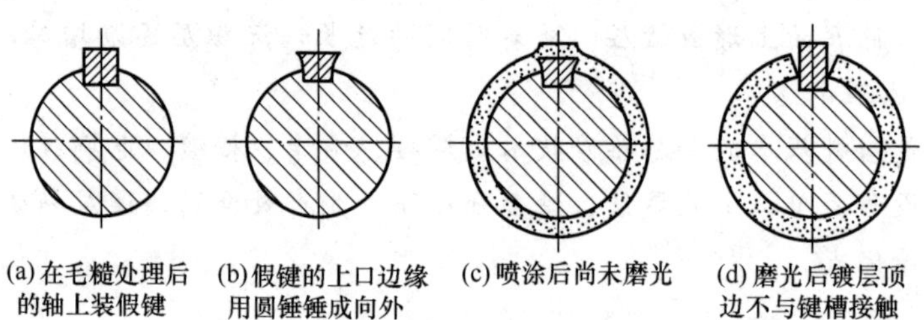

图 1-93　键槽的处理

④ 非喷涂部位的屏蔽保护。键槽、油孔一般用石墨块镶键堵孔。图 1-93 为键槽的处理，图 1-94 为油孔的处理。其他部位可用玻璃布、石棉布、水玻璃等材料将非喷涂区屏蔽保护起来。

⑤ 预热。氧-乙炔中性焰加热，温度控制在 70～150℃，最高不超过 270℃。

(2) 喷涂 喷涂时热源和喷涂材料选择应满足工艺要求。喷涂距离：火焰喷涂时为100～200mm，电弧喷涂为 180～200mm，等离子喷涂取 50～100mm；喷枪移动速度一般取 30～100m/min。冷却方式可采用控制喷枪移动速度、增加空气流动、间歇喷涂（间歇时间不得太长）等。曲轴曲柄销的喷涂过程如图 1-95 所示。一般工件的喷涂，应从轴颈两端边缘处开始，然后由一端向另一端往复喷镀。当喷涂轴颈两端圆角时，按图 1-96 所示进行。涂层厚度为凹切深度加上精加工余量。

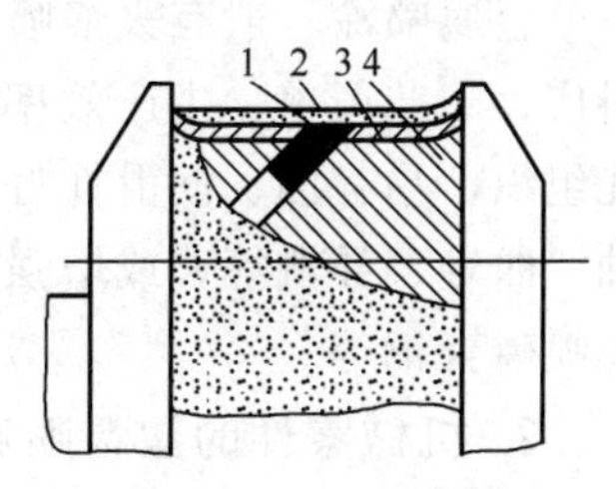

图 1-94 油孔的处理

1—堵塞块；2—喷涂层；3—加工后的镀层；4—基体金属

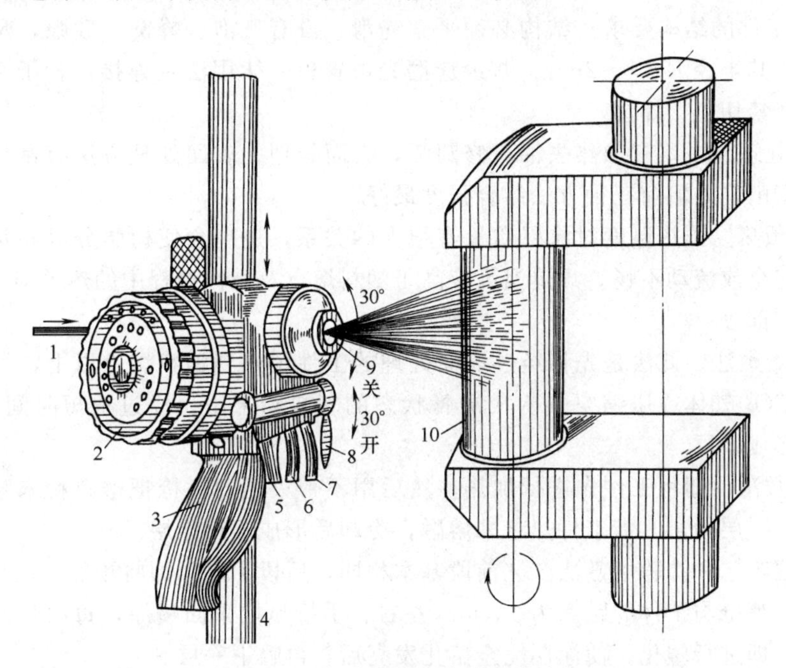

图 1-95 用气喷涂修复曲轴的曲轴销

1—金属丝；2—送丝速度调节器；3—喷枪手柄；4—导柱；5—压缩空气管；6—乙炔气管；7—氧气管；8—总阀手柄；9—喷头；10—曲柄销

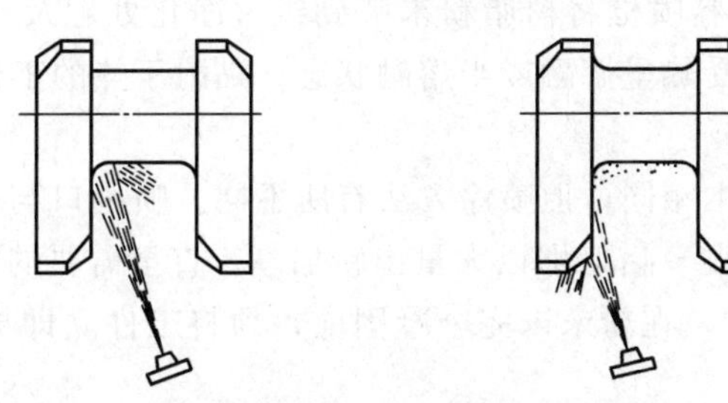

(a) 正确方法，火花束正对圆角　　(b) 错误方法，火花束从曲柄表面滑下

图 1-96 喷涂轴颈两端的方法

（3）喷涂后处理　喷涂后，清除虚浮涂层，用榔头轻敲涂层，声音清脆表示结合良好，否则去掉重喷。然后放入 80～100℃润滑油中浸泡吸油，最后机械加工至要求，并彻底清洗干净。

金属喷涂一般有火焰喷涂、电弧喷涂、等离子喷涂等。金属喷涂法适应材料广、喷涂材料广、工艺简单、生产效率高、工件变形小，喷涂厚度从 0.05mm 到数毫米。喷涂层系多孔组织，易存油、润滑性好、耐磨。主要问题是结合层强度不够。一般用来修复磨损件如轴、曲轴、导轨等，或增强构件耐腐蚀、高温性能如硫酸生产中转化器喷铝，或提高耐磨性如喷磷青铜等。

2. 机械零件的塑料喷涂修理

塑料喷涂法一般修复在 60～80℃以下工作的轴瓦、轴套、轴、齿轮、活塞、叶轮等，也可作法兰、阀门密封面、泵体、叶轮和管道的耐蚀层。

塑料喷涂的方法不同，其工艺有所区别。

（1）相同部分　对工件的结构要求、表面处理、预热等基本相同。

① 喷涂工件的结构要求。结构必须平整光滑，没有气泡、蜂窝、砂眼，凡棱角部分应以圆弧过渡，其半径 $R=1\sim2$mm。焊缝应磨光，管口一律用法兰连接，管子必须用无缝钢管。喷涂后严禁切割、焊接。

② 表面处理。主要有加热去油，修圆弧，表面处理。表面处理方法有刮研、酸洗、刨削、喷砂、磨削等，但前三种方法结合强度最好。

③ 工件预热。预热温度对涂层质量有很大的关系，过高会使树脂分解和焦化。过低则树脂熔化不完全或流动不畅。预热温度应高于塑料熔点及操作过程中的热量损失等。

（2）不同部分

① 沸腾熔敷法。此法是先将经过表面处理的工件预热到塑料熔点以上，然后将热工件迅速浸入被 CO_2 气体或压缩空气吹成沸腾状态的塑料粉末中，经过很短时间即取出冷却，使工件表面形成涂层。

② 热熔敷法。即将工件先进行加热，然后用不带火焰的喷枪把塑料粉末喷上，或将加热的工件蘸上一层粉末，借工件热量来熔融，冷却后形成塑料涂层。

热熔敷法工艺和沸腾熔敷法工艺前段基本相同，后段不同，即将预热后的工件取出，立即进行喷涂，喷枪与工件的距离为 150mm 左右。手持喷枪来回喷涂，每次喷涂后的工件需进行热处理，即进行塑化。使涂层完全熔化发亮后，再喷下一层。

待涂层达到要求的厚度时，取出浸入水中淬火，其目的是使喷层急冷，减少结晶度，提高涂层的韧性和附着力。

③ 火焰喷涂法。即用塑料喷枪将树脂粉末喷到经过净化处理及预热后的工件上，当塑料粉末经过高温火焰区时，受热呈熔融或半熔融状态，黏附于热的工件表面上，直至达到所需要的厚度为止。

工艺过程与热熔敷法基本相同，但喷涂方法有所不同。喷枪口与被喷工件距离为 100～200mm。在第一层粉末“润湿”后，即以大量出粉加厚，直至需要的尺寸。

注意喷尼龙 1010 粉末时，在粉末未完全凝固前，须将工件立即放入冷水中淬火，冷却至水温后取出。

（3）常用材料及涂层要求　常用的材料有尼龙、低压聚乙烯、聚氯醚、氯化聚醚等。塑料喷涂法涂层厚度一般不超过 1mm。另外塑料热胀冷缩性较大，所以装配时的配合间隙应比一般金属零件直接装配的间隙要大 0.02mm，并要保持充分的润滑，否则会产生咬脱涂层的现象。

任务六　机械零件的黏结修理

黏结法是用黏结剂借助于机械联结力、物理吸附、分子扩散和化学键连接作用把两个构件或破损零件牢固粘合在一起的修理方法。黏结法不受材质限制，可以以粘代焊、以粘代铆。同时黏结法具有工艺简单、操作容易、成本低等特点，主要不足是不能耐高温、抗冲击能力差。

1. 黏结方法选择

主要有热熔黏结法、溶剂粘接法、胶黏剂粘接法等方法。

（1）热熔黏结法　该法主要用于热塑性塑料之间的粘接。该法利用电热、热气或摩擦热将粘合面加热熔融，然后叠合，加上足够的压力，直到凝固为止。大多数热塑性塑料表面加热到 150～230℃就可进行粘接。

（2）溶剂粘接法　在热塑性塑料的粘接中，溶剂法最普遍简单。对于同类塑料即用相应的溶剂涂于胶接处，待塑料变软后，再合拢加压直到固化牢固。

（3）胶黏剂粘接法　该法应用最广，可以粘接各种材料，如金属与金属、金属与非金属、非金属与非金属等。

2. 胶黏剂的选择

胶黏剂种类繁多，一般分为有机胶黏剂和无机胶黏剂。胶黏剂的选用得当与否是粘接修复成败的关键。

选择时应考虑被粘接物质的种类与性质，如钢、铁、铜、铝、塑料、橡胶等；胶黏剂的性能及与被粘物质的匹配性；粘接的目的、用途和粘接件的使用环境；粘接件的受力情况及工艺可能性等。不同材料间粘接时胶黏剂选用见表 1-5。

表 1-5　胶黏剂的选用

材料	软质材料	木材	热固性塑料	热塑性塑料	橡胶制品	玻璃陶瓷	金属
金属	3、6、8、10	1、2、5	2、4、5、7	5、6、7、8	3、6、8、10	2、6、7、8	2、4、6、7
玻璃陶瓷	2、3、6、8	1、2、5	2、4、5、7	2、5、7、8	3、6、8	2、4、5、7	
橡胶制品	3、8、10	2、5、8	2、4、6、8	5、7、8	3、8、10		
热塑性塑料	3、8、9	1、5	5、7	5、7、9			
热固性塑料	2、3、6、8	1、2、5	2、4、5、7				
木材	1、2、5	1、2、5					
软质材料	3、8、9、10						

注：表中数字表示不同的胶黏剂，其含义如下：

1—酚醛树脂胶，2—酚醛-缩醛胶，3—酚醛-氯丁胶，4—酚醛-丁腈胶，5—环氧树脂胶，6—环氧-丁腈胶，7—聚丙烯酸酯胶，8—聚氨酯胶，9—热塑性树脂溶液胶，10—橡皮胶浆。

3. 粘接接头设计

粘接接头的几种设计形式如图 1-97 所示。

4. 粘接工艺

表面处理→配胶→涂胶→晾置→合拢→清理→初固化→固化→后固化→检查→加工。

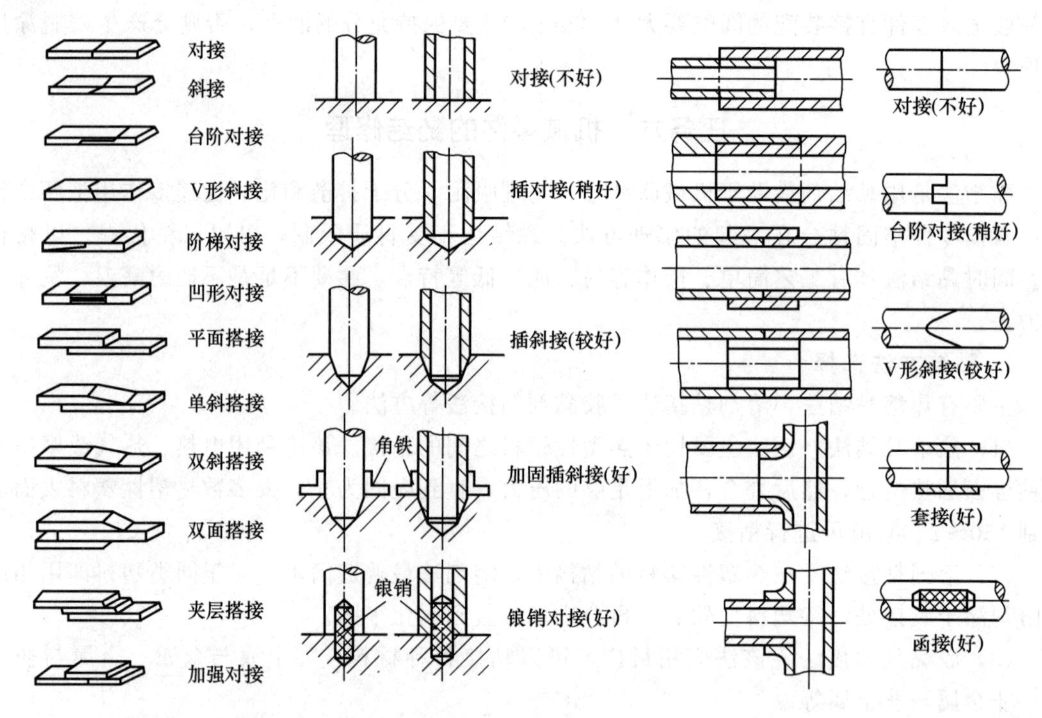

图 1-97 常用的板、管、棒接头形式

施工中应注意的问题如下。

① 表面处理。目的是获得清洁、干燥、粗糙、新鲜、活性的表面，以获得牢固的粘接接头。其中除锈粗化用锉削、打磨、粗车、喷砂均可，其中以喷砂效果最好。除油效果则用洒水法检查，水膜均匀即表明工件表面油污清理干净。

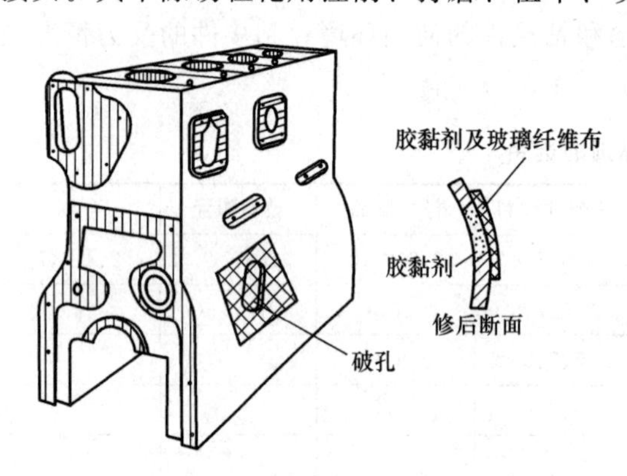

图 1-98 破孔部位的粘接法修补

② 涂胶。涂胶方法很多，其中刷胶用得最多。使用时应顺着一个方向刷，不要往复，速度要慢以防产生气泡，尽量均匀一致，中间多，边缘少，涂胶次数 2～3 遍，平均厚度控制在 0.05～0.25mm 为宜。

③ 检查与加工。固化后，应检查有无裂纹、裂缝、缺胶等。在进行机械加工前应进行必要的倒角、打磨。

总之，要获得牢固的粘接，胶黏剂是基本因素，接头是重要因素，工艺是关键因素。三者密切相关，必须兼顾。图 1-98 是机身破孔的粘接法修补。

思考与训练

1. 什么是尺寸修理法？如何确定修理尺寸？
2. 试叙火焰矫直的原理和步骤。
3. 焊修法可以修复哪些零件？焊修时应如何减少焊接应力？
4. 什么叫电刷镀？与普通电镀相比有何特点？

5. 热喷涂的原理是什么？喷涂层与电镀层性能上有什么不同？
6. 粘结法有什么特点？可用于哪些零件的修复？
7. 配合件的磨损有什么规律？试说明每个阶段磨损的特点和原因。
8. 磨损分哪几种？各种磨损产生的原因是什么？
9. 轴颈与轴承间是如何建立液体摩擦的？建立液体摩擦的条件有哪些？
10. 减少磨损提高耐磨性的措施有哪些？
11. 润滑剂分几类？润滑剂的功用有哪些？
12. 润滑油、润滑脂的一般选择原则是什么？
13. 使用固体润滑剂有哪些优点？
14. 常用的固体润滑剂有哪些？怎样使用？
15. 调查某岗位主要运动组合件的维修记录，分类计算各种摩擦副的磨损速度 $\tan\alpha$。
16. 调查某岗位主要运动组合件的表面材料，并分析其耐磨情况。
17. 调查某岗位所用润滑油的情况，并采集样本。
18. 调查某岗位所用润滑脂的情况，并采集样本。
19. 调查某岗位所用固体润滑剂的情况，并采集样本。
20. 了解某岗位零部件的主要磨损和损伤情况，了解磨损和损伤零部件的主要修理方法，举例说明。
21. 试写出校轴、焊修裂纹、榫齿修齿轮、轴颈磨伤的修理工艺。

项目五 轴承的装配

轴承分滑动轴承、滚动轴承，是机器中应用最广泛的零部件之一，装配质量的高低对整机运行性能影响非常大。

任务一 径向滑动轴承的装配

1. 整体式径向滑动轴承的装配

（1）装配前的准备

① 准备所需的量具和工具。

② 按照图纸要求检查轴套和轴承座的表面情况及配合过盈是否符合要求，然后按轴颈将轴套进行加工，并留出一定的径向配合间隙，其值约为（0.001～0.002）d，d 为轴颈的直径（mm）。

③ 按照图纸要求检查轴套油孔、油槽及油路。在确认油路畅通后方可进行装配。

（2）装配

① 装配时可用压力机将轴套压入轴承体内或用大锤将轴套打入轴承体内。但在敲打时，必须用软金属垫和导向轴或导向环。为了装配方便，轴套表面应涂上一层薄机油。

② 用冷却法装配时，将轴套放入盛有液氮的容器中冷却，数分钟后将轴套取出，立即放入轴承座中，待轴套恢复常温后，就紧紧地装在轴承座内。必须注意在装配过程中，不能用手直接拿轴套，以防冻伤。

③ 为了防止轴套转动或轴向移动，可用紧固螺钉固定。

④ 由于轴套与轴承座系过盈配合，所以轴套压入后其内径可能会减小。因此，在未装轴颈之前应将轴套内径和轴颈外径加以测量。通常在离轴套端部 10～20mm 和中间三处，按互相垂直的方向用千分尺测量，检查其圆度、圆柱度和间隙。如果轴套内径减小，则可以

用刮研的方法修正，使其达到规定的配合间隙。

2. 对开式径向厚壁滑动轴承的装配

大部分化工机器，如压缩机、真空过滤机、球磨机和干燥机等都采用对开式径向滑动轴承。这种轴承具有对冲击负荷的承载能力大、安装方便及间隙调整容易等特点。一般把其耐磨合金厚度/底瓦厚度大于0.05，且耐磨合金厚度为$0.01d+(1\sim2)$mm的轴瓦称为厚壁轴瓦，耐磨合金厚度/底瓦厚度小于或等于0.05，且耐磨合金厚度为0.5～1.5mm的轴瓦称为薄壁轴瓦。

对开式径向厚壁滑动轴承的装配过程主要包括清洗、检查、刮研、装配、间隙调整和压紧力的调整等步骤。

(1) 轴瓦的清洗和检查

① 先用煤油、汽油或其他洗净剂将轴瓦清洗干净。

② 检查轴瓦衬有无裂纹、脱壳、砂眼及孔洞。检查方法是用小铜锤沿巴氏合金衬里的表面顺次轻轻敲打，若发出清脆的叮当声音，则表示轴瓦衬里与底瓦粘合较好，轴瓦质量好；若发出浊音或哑音，则表示轴瓦质量不好。发现缺陷后，应根据缺陷的部位和严重程度，更换新轴瓦或采取补焊的方法消除。

③ 检查、测量轴瓦的磨损情况，若表面有影响轴瓦使用寿命的磨痕或轴瓦内孔的圆柱度、圆度超过规定数值，应采取机械加工方法消除。

④ 检查上、下两瓦瓦口的平面接触情况，不允许有缝隙。若有缝隙，将造成润滑油的泄漏。

⑤ 检查轴瓦与轴承体的接触情况，轴瓦与轴承座及瓦盖一定要接触均匀，不得有影响轴瓦装配质量的翘角或间隙。轴瓦与轴承体的接触点应达到质量要求，轴瓦与轴承体要求配合紧密，不得有较大的过盈或较大的间隙。

(2) 轴瓦的刮研　轴瓦刮研的目的是为了实现轴瓦与轴承体或轴颈之间均匀接触的要求。

① 刮削接触面。轴瓦与轴承体、轴瓦与轴颈之间接触质量要求分别见表1-6、表1-7。在装配或修理工作过程中可用涂色法检查。如果达不到要求，则应用刮削轴承座与轴承盖的内表面或用细锉刀加工轴瓦瓦背的方法来修正。对于轴瓦内表面只能用刮刀将轴颈与轴瓦磨出的色斑刮去，逐渐增加接触点，反复数次直到合格为止。

表1-6　轴瓦与轴承体的接触质量要求

项目		质量要求
接触面积	上瓦与瓦盖	>40%
	下瓦与瓦座	>50%
接触斑点		1～2点/cm^2

表1-7　轴瓦与轴颈的接触质量要求

项目	质量要求	
接触角	60°～90°，最大≤120°	
接触点	重负荷及高速运转的机器	3～4点/cm^2
	中等负荷及连续运转的机器	2～3点/cm^2
	低速及间歇工作的机器	1～1.5点/cm^2

② 刮削接触角。轴瓦与轴接触面所对的圆心角称为接触角，接触角不应过大或过小。若过小，则轴瓦上所受到的单位压力增加，使轴瓦过快磨损；若过大，就破坏了轴承的楔形间隙，当接触角大于120°时，液体摩擦将无法实现，导致轴瓦迅速磨损。故一般应在60°～90°之间。当载荷大、转速低时，取较大的角；当载荷小、转速高时，取较小的角。根据经验，当转速在3000r/min以上时，接触角可为35°～60°；当低速重载时，接触角为90°～120°。因此在刮研轴瓦后应将大于接触角的轴瓦部分刮去，使其不与轴接触。

③ 开（刮出）油沟和坡口。保证润滑油引入畅通，并且不受阻碍地达到轴瓦的各工作部位。

(3) 轴承装配 轴瓦刮研好并符合规定的质量要求后，即可进行装配。

① 轴瓦与轴承座和轴承盖的装配。为了保证轴瓦在轴承体内不致发生转动和轴向移动，轴瓦与轴承座和轴承盖的配合常采用不大的过盈配合，为 H8/k6 配合，其过盈量为 0.02～0.06mm。

② 装配轴瓦时，可在轴瓦的接合面上垫以软垫（木板或铅板），用手锤将它轻轻地打入轴承座或轴承盖内，然后用螺钉或销钉固定。

③ 轴承盖与轴承座之间用销钉、凹槽或榫槽定位。

(4) 轴承间隙调整 轴瓦与轴颈之间的配合一般采用 H8/f9，而配合间隙有顶间隙和侧间隙两种。顶间隙的功用是为了保持液体摩擦，所以其值与轴颈的转速、直径和压强以及润滑油的黏度等因素有关，但在一般情况下可取顶间隙$\Delta=(0.001\sim0.002)d$，d 为轴颈的直径（mm）。侧间隙的功用是为了积聚和冷却润滑油，以利于形成油楔，其值在水平面上为顶间隙的一半，愈向下愈小。

在调整间隙之前，必须先要检查和测量间隙。一般常采用压铅法来测量顶间隙，其测量方法如图 1-99 所示。测量时，先打开轴承盖，用直径为（1.5～2）倍顶间隙而长度为 10～40mm 的软铅丝或软铅条，分别放在轴颈上和轴瓦接合面上，因为轴颈表面光滑，软铅丝容易从上滑落，故需涂点润滑脂来粘住它；然后放上轴承盖，均匀地拧紧螺母，再用塞尺检查轴瓦接合面间的间隙应均匀相等；最后打开轴承盖，用千分尺测出已被压扁的软铅丝的厚度，就可用下式计算出轴承顶间隙的平均值，即

$$\Delta=\frac{b_1+b_2+b_3}{3}-\frac{a_1+a_2+a_3+c_1+c_2+c_3}{6}$$

式中 Δ——轴承的平均顶间隙，mm；

b_1，b_2，b_3——轴颈上各段软铅丝压扁后的厚度，mm；

a_1，a_2，a_3，c_1，c_2，c_3——轴瓦接合面上各段软铅丝压扁后的厚度，mm。

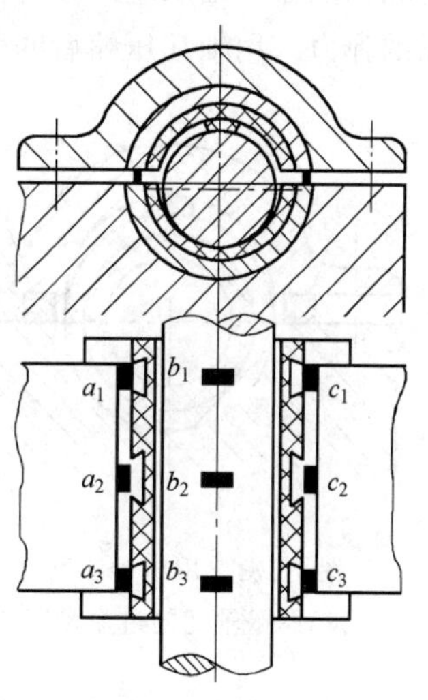

图 1-99 用压铅法测量轴承的顶间隙

若实际测得的顶间隙值小于标准值，则应该在上下瓦的接合面间加入垫片；若实际顶间隙大于标准值，则应该减去垫片或刮削接合面来进行调整。

轴瓦和轴颈之间的侧间隙不能用压铅法来进行测量，通常是采用塞尺来测量（当然塞尺也可以用来直接测量顶间隙），塞尺塞进间隙中的长度不应小于轴颈直径的 1/4。若侧间隙太小，可以刮削瓦口来增大间隙。

(5) 轴向间隙的检查调整 滑动轴承装配时，除了径向配合间隙需要检查和调整以外，对于受轴向负荷的轴承还应检查和调整轴向间隙，如图 1-100 所示。将轴推移到一端极端位置，用塞尺或千分表来测量，使 c 值达 0.1～0.8mm。当轴向间隙不符合要求时，可以通过刮削轴瓦端面或调整止推螺钉来调整。

(6) 轴瓦弹力的调整 为了防止轴瓦在工作过程中发生转动或轴向移动，除了使瓦背和

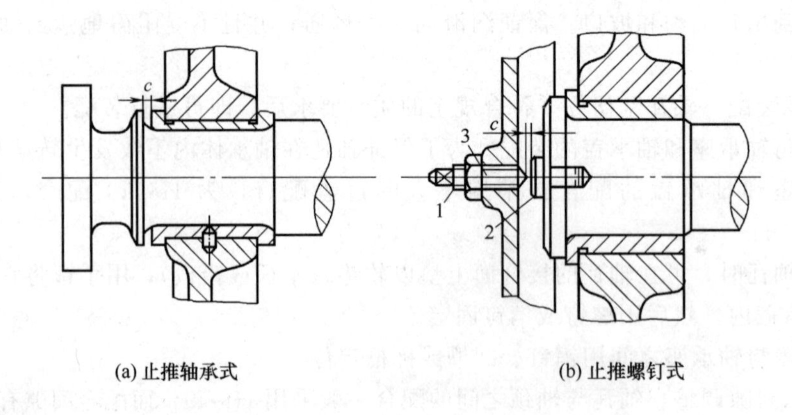

图 1-100 滑动轴承轴向间隙的调整

1—止推螺钉；2—固定销子；3—锁帽

轴承壳的过盈配合以及设置定位销等止动零件外，轴瓦还必须借用螺栓力压紧轴承盖使之产生弹性变形来固定。

测量轴瓦弹力的方法与测量顶间隙的方法一样，但这时应把软铅丝分别放在轴瓦的瓦背上和轴承盖与轴承座的接合面上，如图 1-101 所示。测出软铅丝的厚度后，按下式计算出轴瓦的弹力（用轴瓦压缩后的弹性变形量来表示），即

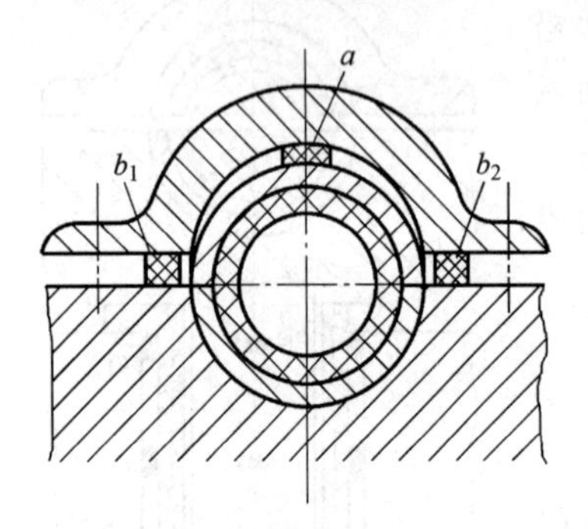

图 1-101 用压铅法测量厚壁轴瓦的过盈量

$$i=\frac{b_1+b_2}{2}-a$$

式中 i——轴瓦压紧后的弹性变形量，mm；

b_1，b_2——轴承盖与轴承座之间的软铅丝压扁后的厚度，mm；

a——上轴瓦瓦背上的软铅丝压扁后的厚度，mm。

一般轴瓦压紧后的弹性变形量控制在 0.04～0.08mm 左右为宜。如果压紧变形量不符合要求，则可以增减轴承盖与轴承座接合面处的垫片厚度来调整。

3. 对开式径向薄壁滑动轴承的装配

（1）轴瓦的清洗检查　方法基本上与厚壁轴瓦相同，由于薄壁瓦结构上的特点，故必须注意以下几点。

① 由于薄壁瓦轴瓦合金层比较薄，一般为 0.30～0.80mm 左右，故当轴瓦表面磨损较严重、发生咬伤而无法调整，以及轴承脱落或不能保证检修间隔等情况时，应更换轴瓦。

② 大修时，如果其中有一片轴瓦因磨损过薄或损坏而不能继续使用时，应成套更新，中、小修时则允许更换个别瓦块。

（2）轴瓦的刮研　一般情况下，薄壁轴瓦不允许刮研。确需刮研时其刮研的基本方法与前述轴瓦相同，但应注意以下几点。

① 应先将下轴瓦刮好后再刮上轴瓦。

② 装在轴瓦和轴承座两边分开面间的调整垫片或补偿磨损垫片的厚度应相等。

③ 每片轴瓦左右两边刮研的轻重应一样。

④ 薄壁瓦要求接触角为 135°，接触点数为 3～4 点/cm^2，并均匀分布。

（3）轴瓦的调整与装配

① 测量轴瓦间隙。可采用压软铅丝法测量，其基本操作方法同对开式径向厚壁滑动轴承的测量。

② 垫片调整。根据轴颈修理后的直径和轴瓦的内径大小，计算出应减少调整垫片的厚度。轴瓦两边的调整垫片厚度应相等，最好每边只用一块调整垫片。

③ 轴瓦弹力的调整。为了使轴瓦在轴承座内不转动，装配轴瓦时必须给予轴瓦一定的压紧力，使轴瓦压缩后产生一定的弹性变形，轴瓦弹力的大小一般用轴瓦压缩后的弹性变形量来表示。

测量薄壁轴瓦过盈量的方法与上述厚壁轴瓦不同。薄壁轴瓦在装配前如图 1-102（a）所示，将轴瓦装入轴承底座或轴承盖后如图 1-102（b）所示。这时轴瓦的两个边缘在轴承底座与轴承盖的接合平面上各伸出一个 h 值，当拧紧轴承盖和轴承底座的连接螺栓后，轴瓦被轴承底座和轴承盖压缩后的弹性变形量（过盈量）i 应等于

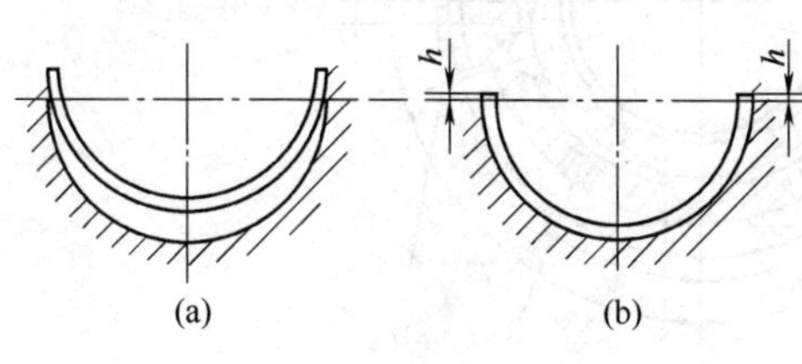

图 1-102　薄壁轴瓦的装配

$$i=\frac{4h}{\pi}\ (\text{mm})$$

式中的 h 通常取 0.05～0.1mm，其值可用各种方法来检查。

必须指出，过大的弹性变形量（过盈量）能使轴瓦变形而失去正确的圆形，因而使轴瓦工作表面局部受到剧烈的磨损。弹性变形量（过盈量）过大时，可通过钳工修锉轴瓦两个边缘来调整；弹性变形量（过盈量）过小时，应予以更换轴瓦。

4. 可倾瓦式径向滑动轴承的装配

可倾瓦式径向滑动轴承主要由上下轴瓦壳体、两侧油封和可以自由摆动的瓦块所组成。这种轴承由三个或更多瓦块所组成，一般是五块瓦组成。图 1-103 是五块瓦的可倾式径向轴承。五块瓦沿轴颈圆周均匀分布，其中一块在轴颈的正下方，以便停车时支承轴颈及安装找正。瓦块与轴颈有正常的轴承间隙量，而每个瓦块的外径都小于壳体孔的内径，因此瓦背圆弧与壳体孔是线接触，它相当于一个支点。当外载荷、转速等运行条件变化时，瓦块能在壳体的支承面上自由地摆动，自动调节瓦块的位置，以达到形成最佳承载油楔的位置。

为了防止瓦块随轴颈沿圆周方向一起转动，每个瓦块上都用一个装在壳体上并与瓦块松配合的销钉或螺钉来定位。为了防止瓦块沿轴向和径向窜动，把瓦块装在壳体内的一个 T 形槽中。在一般情况下，轴瓦壳体外径与轴承座采用紧配合，也可以把轴瓦壳体的外表面制成凸球面，装在轴承座的凹球面的支

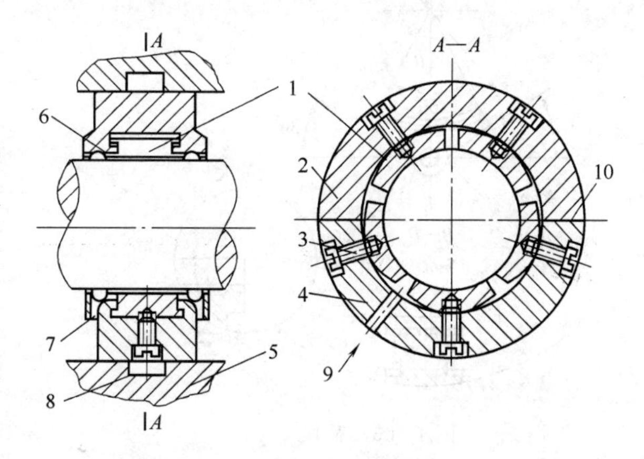

图 1-103　可倾瓦式径向滑动轴承（一）

1—活动瓦块；2—上轴瓦壳体；3—定位螺钉；4—下轴瓦壳体；5—轴承座；6—油封；7—排油孔；8—进油道；9—进油孔；10—对开缝

承上与之相吻合，从而轴瓦壳体可以自动调位，以适应轴的弯曲和轴颈不对中时所产生的偏斜。

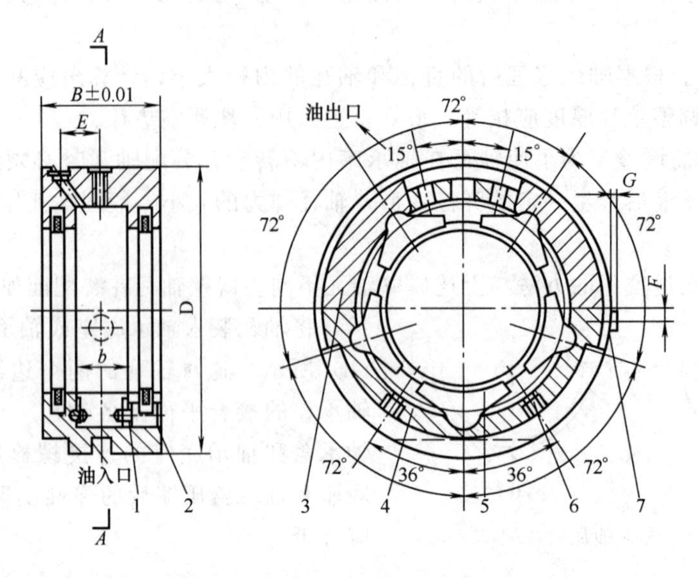

图 1-104 可倾瓦式径向滑动轴承

1—定位销；2—密封圈；3—上轴瓦壳体；4—下轴瓦壳体；5—瓦块；6—油塞；7—止动销

图 1-104 是另一种可倾瓦式径向滑动轴承，它的可倾瓦是带轴向定位销的，瓦背是一个橄榄球面，即这个球面瓦背的横剖面和纵剖面都是不同的曲面，如图 1-105 所示。这种可倾瓦不但可以沿圆周方向摆动，又可以沿轴向方向摆动，所以在理论上讲，瓦背与壳体内孔之间是点接触。瓦块内表面浇注巴氏合金，厚度为 0.8～2.5mm。为了保证巴氏合金与瓦块贴合紧密，在瓦块内表面上预制出沟槽。轴承的润滑油从下轴瓦壳体上的两个节流油塞孔进入瓦块，润滑后从上轴瓦壳体上的三个油出口处排出。

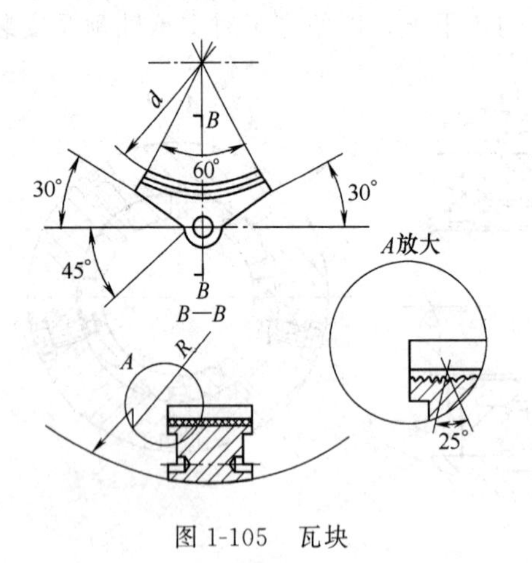

图 1-105 瓦块

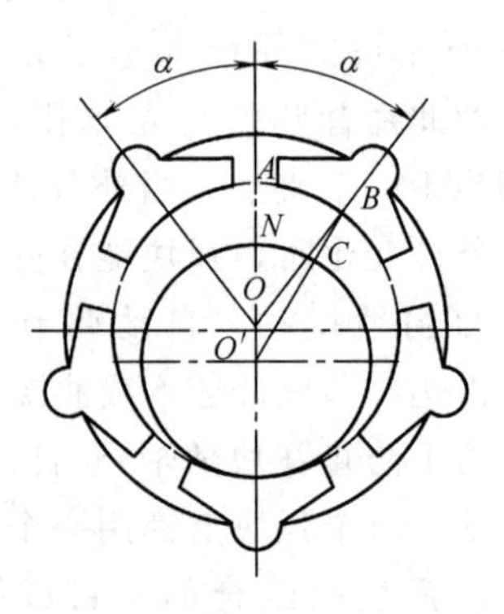

图 1-106 轴承间隙测量

可倾瓦式径向滑动轴承在装配过程中，需要测量轴承的间隙。测量轴承间隙一般有两种方法：抬轴法和压铅法。

抬轴法是把轴颈放在下轴瓦壳体的下瓦块上，再装上轴瓦壳体和轴承盖，在轴颈的外露段上放一只千分表，然后把轴抬到与上部两瓦块的内表面接触为止，这时千分表测得的数值就是轴承的直径间隙Δ。

压铅法是现场安装时常用的一种测量方法。测量时把轴颈放在下瓦块上，如图1-106所示，在上面两瓦块与轴颈之间放入铅丝，用螺栓拧紧上、下轴瓦壳体，到剖分面接触为止。然后拆开上、下轴瓦与壳体，取出铅丝测量其压铅厚度$BC=\Delta'$，再由Δ'换算成轴承的直径间隙Δ。当$\alpha=36°$时，$K=1.11$，故轴承直径间隙$\Delta=K\Delta'=1.11\Delta'$。可倾瓦式径向滑动轴承的结构特点是多块瓦组成，瓦块可以摆动，瓦块具有一定的柔性。这些特点使之能在任何情况下都有利于形成最佳油膜，抗振性好，不容易产生油膜振荡，但是这种轴承加工工艺较复杂。这种轴承的瓦块只要有一块损坏，就应将一套瓦块全部更换。

相关知识　零部件装配的基本知识

1. 装配前的准备工作

① 应当熟悉机械各零件的相互连接关系及装配技术要求。

② 确定适当的装配工作地点，准备好必要的设备、仪表、工具和装配时所需的辅助材料，如纸垫、毛毡、铁丝、垫圈、开口销等。

③ 零件装配前必须进行清洗。对于经过钻孔、铰削、镗削等机加工的零件，一定要把金属屑末清除干净。润滑油路用高压空气或高压油吹（冲）洗干净。对相对运动的配合表面，更应注意洁净，因为任何脏物或尘粒的存在，都将加速配合件表面的磨损。

④ 零部件装配前应进行检查、鉴定。凡不符合技术要求的零部件不能装配。

2. 装配的一般工艺要求

① 装配时应注意装配方法与顺序，注意采用合适的工具及设备，遇有装配困难的情况，应分析原因，排除故障，禁止乱敲猛打。

② 过盈配合件装配时，应先涂润滑油脂，以利装配和减少配合表面的初磨损。

③ 装配时，应核对零件的各种安装记号，防止装错。

④ 对某些装配技术要求，如装配间隙、过盈量（紧度）、灵活度、啮合印痕等，应边安装边检查，并随时进行调整，避免安装后返工。

⑤ 旋转的零件，修理后由于金属组织密度不匀、加工误差、本身形状不对称等原因，可能使零件部位的重心与旋转中心发生偏移。在高速旋转时，会因重心偏移而产生很大的离心力，引起机械震动，加速零件磨损，严重时可损坏机械。所以在装配前，应对旋转零件按要求进行静平衡或动平衡试验，合格后方能允许装配。

⑥ 运动零件的摩擦面，均应涂以润滑油脂，一般采用与运转时所用的润滑油脂相同。油脂的盛具须清洁加盖，不使尘沙进入。盛具应定期清洗。

⑦ 所有附设之锁紧自动装置，如开口销、弹簧垫圈、止动垫片、制动铁丝等，必须按原要求配齐，不得遗漏。垫圈安放数量，不得超过规定。开口销、止动垫片及制动铁丝，一般不准重复使用。

⑧ 为了保证密封性，安装各种衬垫时允许涂抹机油。

⑨ 所有皮质的油封，在装配前应浸入60℃的机油与煤油各半的混合液中5～8min，安装时可在铁壳外围或座圈内涂以锌白漆。

⑩ 装定位销时，不准用铁器强迫打入，应在其完全适当的配合下，轻轻打入。

每一部件装配完毕，必须仔细检查和清理，防止有遗漏和未装的零件。防止将工具、多余的零件密封在箱壳之中造成事故。

任务二 止推滑动轴承的装配

在化工企业广泛使用的离心式压缩机中普遍采用止推滑动轴承和径向止推滑动轴承。止推滑动轴承可分整体式和多块式两类。整体式止推滑动轴承是在基环（止推环）的工作面上加工出若干斜槽，当轴回转时，推力盘带动润滑油由大口流向小口而形成动压油楔，以承受轴向推力。这种轴承的结构比较简单，不用详细介绍。现在主要介绍多块式止推滑动轴承。

1. 多块固定式止推滑动轴承

这种轴承的结构如图 1-107 所示。它由两半个基环组成，用螺钉固定在轴承壳上，整个基环上有 8 块扇形止推块，止推块下部与基环连接部分有 2/3 是悬空的，使止推块具有一定的弹性。当推力盘转动时，止推块悬空部分可以略微倾斜一个角度，从而保证形成油楔，产生动压油膜。推力盘和止推块之间留有轴向间隙，以便形成油膜，这个间隙量通常称为转子轴向窜动量。

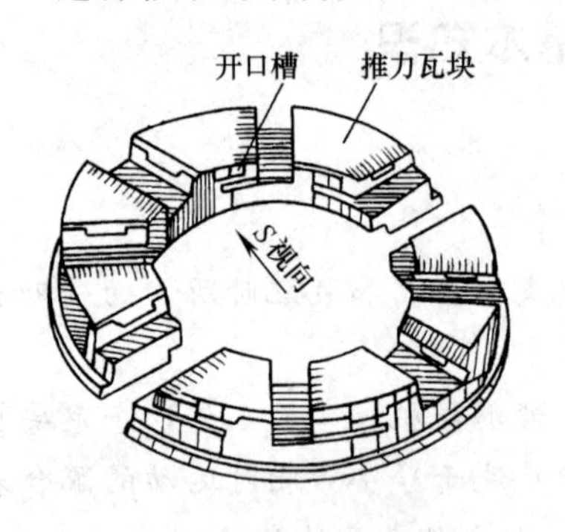

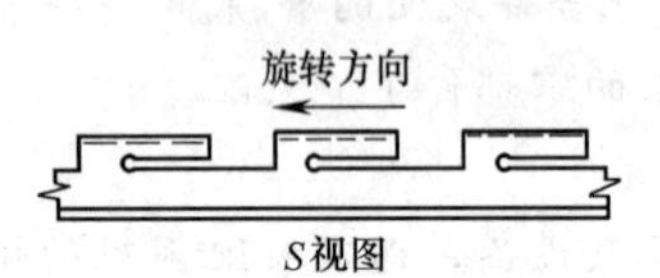

图 1-107 多块固定式止推滑动轴承

止推块和基环是一个整体，用碳钢制成，也有用青铜制作的。止推块上面制有燕尾槽，以便浇注巴氏合金。巴氏合金的厚度应小于转动部件和静止部件之间的最小轴向间隙。这是因为一旦巴氏合金熔化，推力盘还可以靠在止推块的钢体上，短时间不至于使转动部件与静止部件直接碰撞。

2. 多块活动式止推滑动轴承

这种轴承的止推块可以自动倾斜，以形成油楔。它的止推块的倾斜不是像固定多块式那样靠弹性变形，而是靠止推块有一个支点。这个支点一般偏离止推块的中心，止推块可以绕支点摆动。

(1) 米契尔轴承 图 1-108 是四种米契尔轴承形式，它们都是由止推块和基环组成的，止推块与基环之间有一个支点，其中图 1-108（a）的支点为销钉，图 1-108（b）的支点为钢球，图 1-108（c）、（d）的支点为止推块本身的凸起部分（又称为刃口）与基环接触。

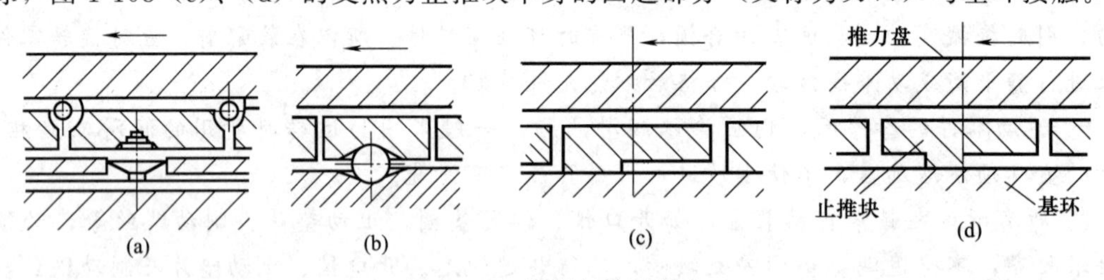

图 1-108 米契尔轴承形式

图 1-109 是年产 30 万吨合成氨厂合成气离心式压缩机的米契尔止推滑动轴承的组合结构。米契尔止推滑动轴承有主、副两组，分设在推力盘的两侧，左侧为主止推轴承，右侧为副止推轴承。

米契尔轴承由基环和止推块组成。止推块一般为 8 块，支点不在中间，顺转向偏一边，支点是球面。止推块的表面浇注巴氏合金，厚度约为 1mm，总厚度误差不超过±0.1mm。

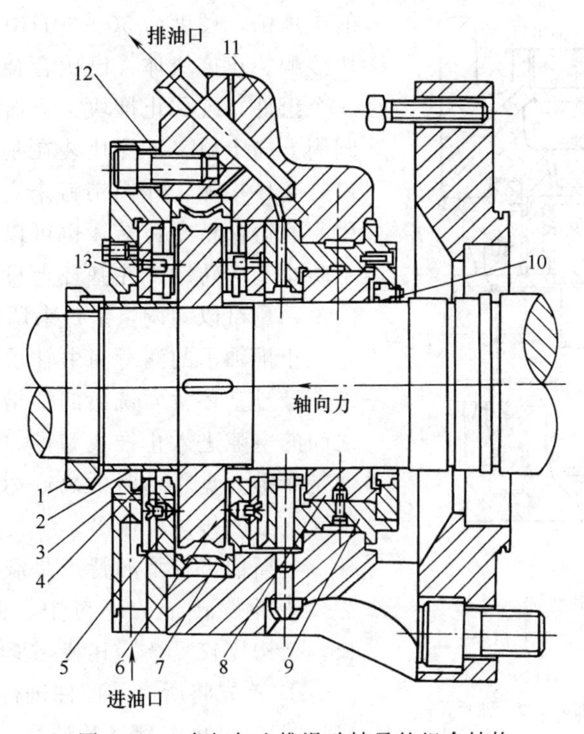

图 1-109　米契尔止推滑动轴承的组合结构

1—锁紧螺母；2—密封环；3—轴向位移计；4—止推轴承基环；5—止推块；6—推力盘；7—蜗壳；8—可倾瓦；9—轴瓦壳体；10—测振计；11—轴承座；12—盖板；13—调整垫片

基环与止推块之间有定位销，当止推块受推力时，可以自动调整止推块位置，以形成油楔，并可起固定止推块周向位置的作用。盖板内侧有调整垫片，可以调整止推块轴承的轴向间隙。锁紧螺母通过套筒形的密封环来锁紧推力盘。

五块可倾瓦式径向滑动轴承的结构已在前面作了介绍，在此不再重复。

在可倾瓦轴承的右侧端盖上还装有电磁式轴测振计的传感器，其测量头与轴颈的表面之间留有一定的间隙，一般为 0.65～1.4mm。每根轴有两个测振计，分别安装在前后两个可倾瓦轴承的一侧。止推轴承的推力盘处有一个轴位移计，也是电磁式的，安装时轴位移的触头离推力盘表面有一定的间隙，一般为 0.75～1mm。当推力盘轴向位移过大时，就会发出信号。密封环用来防止油泄漏。润滑油从轴承盖板下部进油口进来，经过基环背面铣出的沟槽，通过基环与轴颈之间的空隙，进入止推块与推力盘之间的间隙，形成油膜。由于推力盘转动时所产生的离心力的作用，润滑油被推力盘甩出来，由油控制环（又称蜗壳）收集起来，从轴承盖上部的排油口排出。

(2) 金斯伯雷轴承　图 1-110 是年产 30 万吨合成氨厂汽轮机止推滑动轴承的结构。转子推力盘左右有主、副止推轴承。推力盘左边是金斯伯雷轴承，作主止推轴承用；右边是固定式止推轴承，作副止推轴承用。主止推轴承应迎着转子轴向力的方向，故汽轮机的主止推轴承放在顺着蒸汽流动的方向；而压缩机的主止推轴承应放在逆气流的方向。

金斯伯雷轴承由若干个止推块组成。止推块下垫有上摇块、下摇块和基环（止推盘或止推环），相当于三层零件叠起来放置在基环上，如图 1-111 所示。它们之间用球面支点接触，保证止推轴承可以自由摆动，使载荷分布均匀。

止推块体是用碳钢制成的，上面浇注高级的锡基巴氏合金，止推块体中镶一个工具钢制

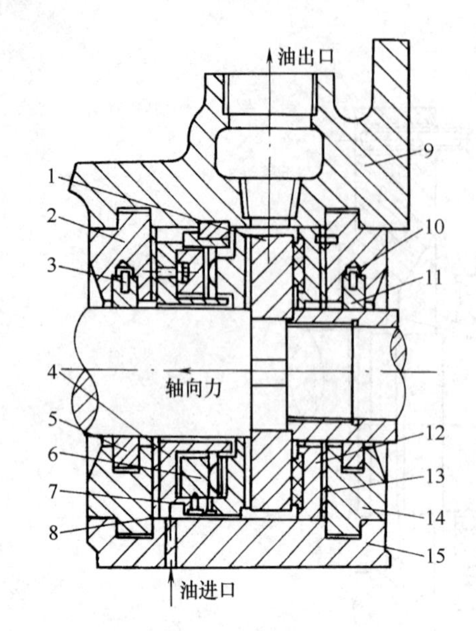

图 1-110 止推滑动轴承结构

1—推力盘；2—盖板；3,10—销钉；4—主止推盘（基环）；5,11—挡油圈；6—上摇块；7—定位垫片；8—止推块；9—轴承盖；12—副止推环；13—间隙垫片；14—盖板；15—轴承底座

的支承销，硬度为50～60HRC，这个支承销与上摇块接触。止推块体、巴氏合金体、支承销三者组成一个组件，统称止推块。上摇块用一个固定螺钉在圆周方向定位。下摇块装在基环的凹槽中，用其刃口与基环接触，并用销钉来定位。上、下摇块可以用耐磨铸铁精密铸造，也可以用碳钢模锻制造。为了防止基环转动，在基环上设有防转键。转子的轴向窜动量可以用调整垫片来调整。

止推轴承的润滑油由轴承底座下方的进油口进来，经过基环背面铣出的油槽，并通过基环与轴颈之间的空隙进入止推块和推力盘之间进行润滑。排油是靠推力盘转动时的离心力，把油甩出去，由轴承盖上方的排油口排出。

金斯伯雷轴承的特点是载荷分布均匀，调节灵活，能补偿转子的不对中、偏斜。但是轴向尺寸长，结构比较复杂。其装配步骤如下。

① 首先将所有零部件进行清洗和检查。

② 把主止推盘（基环）、上下摇块和止推块组装成两个半圆环形的主止推轴承组件，要保证总厚度 B 基本相等，误差不超过±0.01mm。副止推轴承组件是固定多块式止推滑动轴承，它也是由两个半圆环形零件组成。同时将前后两个半圆环形的挡油圈分别装入前后两个盖板的槽内。

③ 把两半个主、副止推轴承组件和左右两侧的盖板及垫片分别装入轴承底座和轴承盖中。

④ 将汽轮机转子吊起，使推力盘对准主、副止推轴承之间的空隙慢慢放下，使转子的主轴颈在前后两个径向滑动轴承的下瓦块上，此时可以用塞尺检查转子的轴向窜动量，可以靠增减垫片来调整，使之符合要求。

⑤ 然后将预先装有上半个主、副止推轴承组件和左右两侧盖板与垫片的轴承盖吊装到轴承底座上，用螺栓固定。

⑥ 最后安装进出油管、轴测振计和轴向位移计。

止推轴承的止推块在工作过程中如有损坏，一般都全部更换，巴氏合金工作表面不需要研磨。

止推轴承的事故往往比径向轴承多，这是因为止推轴承的工作条件比径向轴承恶劣。止推轴承工作中的线速度比径向轴承大一倍左右，比压比径向轴承大两倍左右，所以在安装和修理时应对止推轴承引起足够的重视。

任务三 滚动轴承的装配

1. 装配前的准备工作

（1）量具和工具的准备 为了便于把装配不当的轴承及时拆下来重新安装，还应准备好拆卸工具。

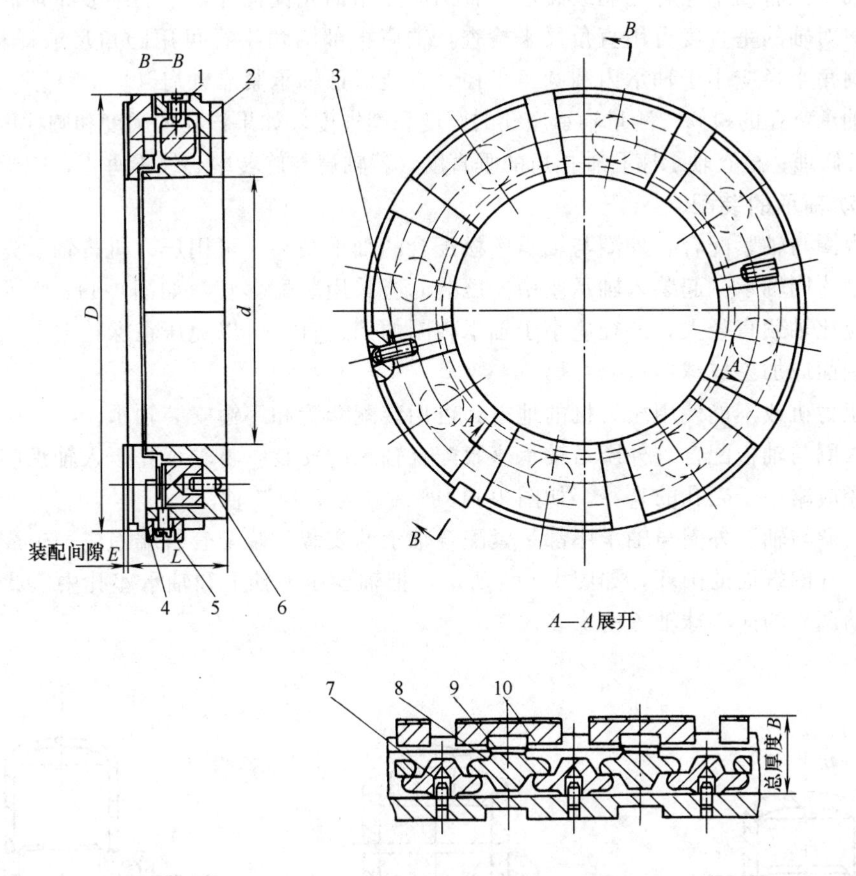

图 1-111　金斯伯雷轴承

1—固定螺钉；2—基环；3—半圆头螺钉；4—键；5—螺钉；6—水平销钉；
7—下摇块；8—上摇块；9—支承销；10—止推块

(2) 零件的检查　如轴、外壳、端盖、衬套、密封圈等零件的加工质量检查。与轴承相配合的表面不应有凹陷、毛刺、锈蚀和固体微粒等。

(3) 零件的清洗　安装轴承前应用柴油或煤油清洗轴、壳体等零件，并用干净布（不能用棉纱）将配合表面擦干净，然后涂上一层薄油，以利安装。所有润滑油路都应清洗、检查，保证通畅。

(4) 轴承的清洗　用防锈油封存的轴承可用柴油或煤油清洗；用高黏度油和防锈油脂防锈的轴承，先把轴承浸入轻质矿物清洗油内，待防锈油脂溶化后取出，冷却后再用柴油或煤油清洗；两面带防尘盖或密封圈的轴承，在出厂前已加入了润滑剂，只要轴承内的润滑剂没有损坏或变质，安装此类轴承时可不进行清洗；涂有带防锈润滑两用脂的轴承，在安装时也可不清洗。

轴承清洗后应立即添加润滑剂，涂油时应使轴承缓慢转动，使油脂进入滚动体和滚道之间。轴承用润滑油（脂）必须清洁，不得混有污物。

2. 轴及轴承座的检修

(1) 轴的检修　首先将轴顶在车床两顶尖上（或将轴放置于平板上用 V 形铁支承），用千分表检查是否弯曲变形，若有变形应进行车、磨加工或校直。

轴与轴承配合面不应有毛刺或碰痕，否则应先用油光锉锉掉，再用细砂布加润滑油打磨光滑。轴肩对轴的垂直度可用直角尺来检查，轴肩根部圆角半径可用圆角尺或样板来检查，轴肩根部圆角半径应小于轴承内圆圆角半径，方能保证轴承紧靠轴肩。

（2）轴承座孔的检修　测量轴承座孔的圆度和圆柱度，如果该孔的圆度和圆柱度超过允许值则应进行修理；检查轴承座孔轴挡肩的垂直度，若轴肩与旋转中心线不垂直，应予修整。

3. 滚动轴承的装配

（1）内圈与轴紧配合、外圈与轴承座松配合的轴承安装　可用压力机将轴承先压装在轴上，再将轴连同轴承一起装入轴承座中。压装时应采用装配套管，如图 1-112 所示。装配套管的内径应比轴颈直径大，外径应小于轴承内圈的挡边直径，以免压在保持架上。装配套管受锤击的端面应加工成球形。

在无压力机或不能使用压力机的地方，可用装配套管和小锤安装轴承。

（2）内圈与轴松配合、外圈与轴承座紧配合轴承的安装　将轴承先压入轴承座中，装配套管的外径应略小于壳孔的直径，如图 1-113 所示，然后再装轴。

（3）内圈与轴、外圈与轴承座都是紧配合轴承的安装　装配套管端面应加工成能同时压紧轴承内、外圈端面的圆环，如图 1-114 所示，把轴承压入轴上和轴承座孔中。此种方法适用于能自动调心的向心球轴承的安装。

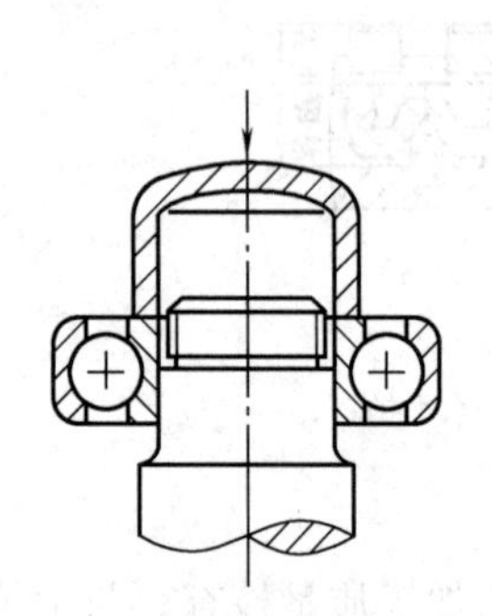

图 1-112　用装配套管安装轴承（内圈与轴紧配合）

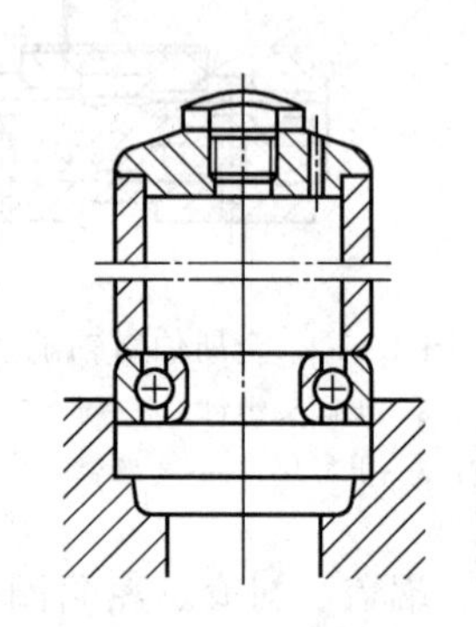

图 1-113　用装配套管安装轴承（外圈与机壳紧配合）

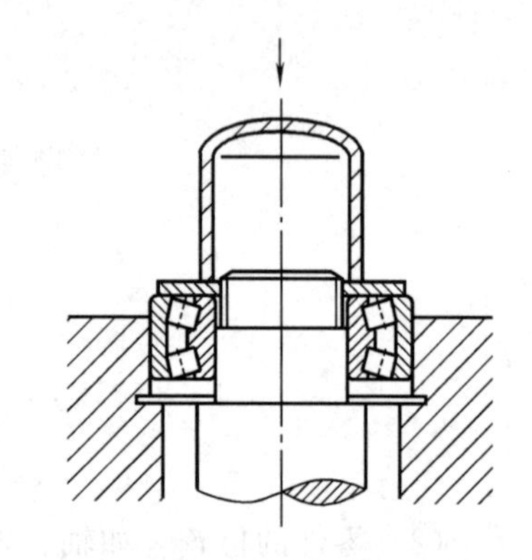

图 1-114　内外皆紧配合的轴承安装（用圆盘和装配套管）

（4）轴承的热（冷）装方法　热装前把轴承或可分离型的轴承套圈放入油中均匀加热到 80～100℃（不应超过 100℃），然后取出迅速装到轴上。

热装轴承需有熟练的操作技巧。当轴承加热后取出时，应立即用干净的布（不能用棉纱）擦去附在轴承表面的油渍和附着物，一次将轴承推到顶住轴肩的位置。在冷却过程中应始终顶紧，或用小锤通过装配套管轻敲轴承，使其靠紧。为了防止安装倾斜或卡死，安装时应略微转动轴承。

滚动轴承采用冷装法装配时，先将轴颈放在冷却装置中，用干冰（沸点－78.5℃）或液氮（沸点－195.8℃）冷却到一定温度，一般不低于－80℃，以免材料冷脆。冷却后迅速取出，插装在轴承内座圈中。

（5）向心推力球轴承和圆锥滚子轴承的安装　向心推力球轴承和圆锥滚子轴承，常常是成对安装，在安装时应调整轴向游隙。轴承游隙或预紧量的大小与轴承的布置、轴承间的距离、轴和轴承座材料有关，应根据工作要求决定。同时，还应考虑轴承运转中温升对游隙的影响。轴承游隙的调整方法见图 1-115。

（6）推力轴承的安装　推力轴承的紧圈与轴一般为过渡配合，活圈与轴承座轴承孔规定留有间隙，因此这类轴承较容易装配。双向推力轴承的紧圈应在轴向固定，以防相对移动。

① 检查与轴一起转动的紧圈和轴中心线的垂直度。

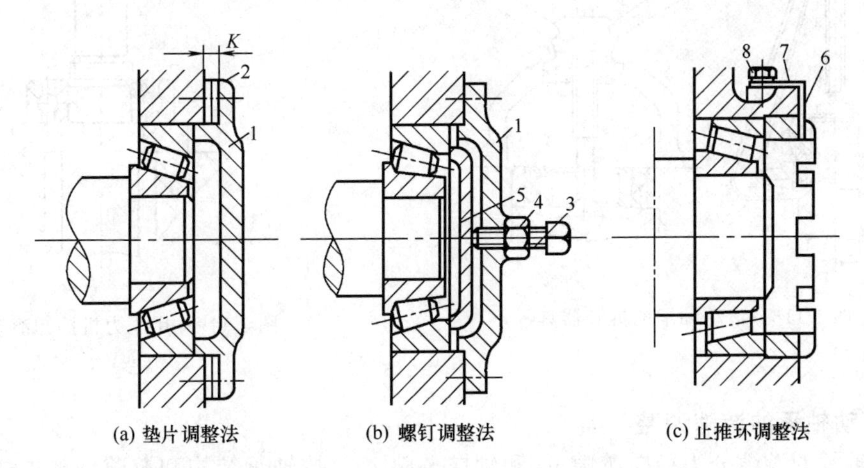

图 1-115　向心推力圆锥滚子轴承间隙的调整方法

1—侧盖；2—调整垫片；3—调整螺钉；4—锁母；5—止推盘；6—止推环；7—止动片；8—螺钉

② 双向推力球轴承或两只单向推力球轴承对置装配在水平轴上时，要求精确调整轴向间隙。轴向间隙的调整，通常采用改变侧盖调整垫片厚度的方法来进行，如图 1-116 所示。高速运转的轴承应适应预紧，以防止由滚动体惯性力矩引起的有害滑动。

③ 检查轴承中不旋转的推力座圈（活圈）和轴承座孔的间隙 a，如图 1-117 所示。此间隙 a 对于 ϕ90mm 的轴承为 0.5mm，对于 ϕ100mm 以上的轴承为 1.0mm。

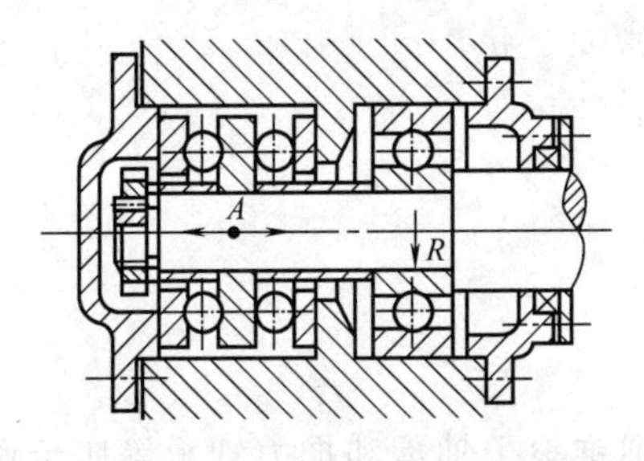

图 1-116　双向推力球轴承用侧盖的调整垫片调整轴向间隙

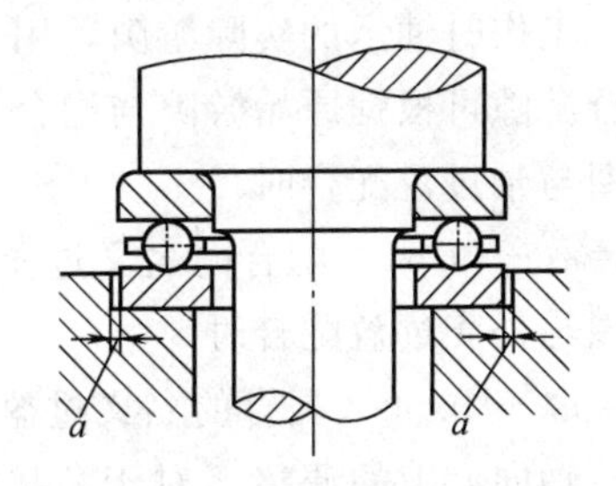

图 1-117　推力球轴承的装配

（7）滚动轴承的拆卸　滚动轴承在装配过程中有时需要拆卸，此时可以采用各种不同的拆卸机械来进行拆卸，如图 1-118 所示。

滚动轴承与轴配合较紧也可以采用压力机来拆卸，如图 1-119 所示。此外，滚动轴承也可采用热卸法来拆卸，拆卸时，先将轴承两旁的轴颈用石棉布包好，装好拆卸器，将热机油浇在轴承的内座圈上，待内座圈加热膨胀后，便可借助拆卸器把轴承从轴上拆卸下来。

滚动轴承采用热装法、冷装法和热卸法的好处是不会破坏配合过盈，而且装拆时既省力又迅速。

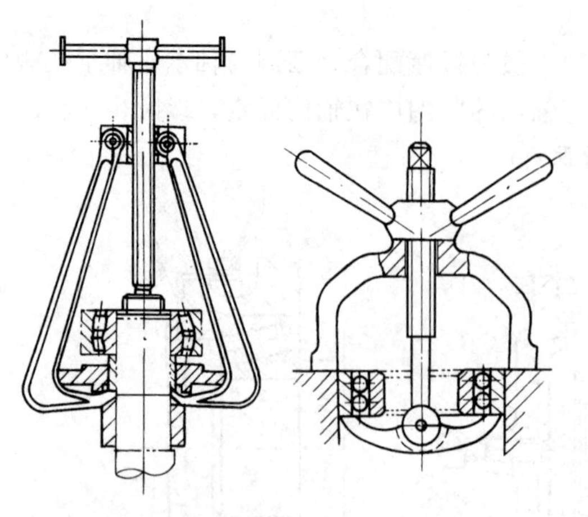

图 1-118 滚动轴承的拆卸器具

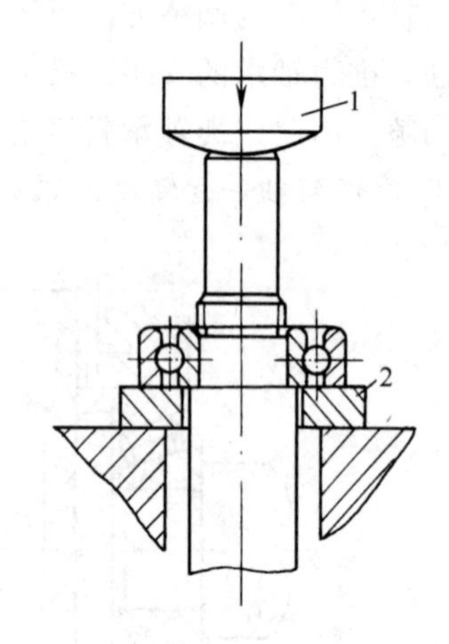

图 1-119 用压力机拆卸滚动轴承

1—压头；2—垫圈

4. 滚动轴承的游隙调整

滚动轴承的游隙分为径向游隙 u_r 和轴向游隙 u_a。按轴承结构和游隙调整方式的不同，轴承大体可分为非调整式和调整式两大类。向心轴承（深沟球轴承、圆柱滚子轴承、调心球轴承、调心滚子轴承等）属于非调整式轴承，此类轴承在制造时已按不同组级留有规定范围的径向游隙，可根据使用条件选用，安装时一般不再调整；角接触球轴承、圆锥滚子轴承、推力轴承等属于调整式轴承，此类轴承需在安装中根据使用情况对轴向游隙进行调整。

（1）径向游隙的调整　轴承在安装前自由状态下的游隙，称为原始游隙，用 u_o 表示。轴承在安装后，由于内外组圈的配合过盈，将使原始游隙减小，这时的游隙称为配合游隙，用 u_p 表示。轴承在工作时，由于负荷的作用以及内外组圈温差的影响，将使游隙进一步发生变化，工作时轴承的实际游隙，用 u_g 表示。通常 $u_o > u_g > u_p$。

配合游隙可根据原始游隙与配合尺寸近似算出。

内圈与轴过盈配合时

$u_p = u_o - 0.65 \times$配合的名义过盈量

外圈与外壳过盈配合时

$u_p = u_o - 0.55 \times$配合的名义过盈量

（2）轴向游隙的调整　对于角接触球轴承、圆锥滚子轴承和推力轴承等属于调整式轴承，游隙可在安装和工作中进行调整。方法如前所叙。

5. 轴承的预紧

轴承的预紧是指安装时使轴承内部滚动体与内外组圈之间产生一定的预压力和弹性变形——预紧状态。目的是提高轴承支承的刚度、提高轴的旋转精度，降低轴的振动和噪声。预紧分为轴向预紧和径向预紧，轴向预紧又分定位预紧和定压预紧。

（1）定位预紧　将一对轴承内圈或外圈磨去一定厚度或在其间加装垫片，如图 1-120 所示。预紧前，两轴承的内圈或外圈间存在间隙 $2\delta_0$，施加轴向预紧力 F_{ao}后，轴向间隙 $2\delta_0$ 消除，轴承Ⅰ与Ⅱ内部均产生轴向变形 δ_0。

预紧负荷的大小，应根据工作负荷情况和使用要求而定，一般来说，高速轻负荷条件下，或为提高旋转精度及减少支承系统的振动，选用较轻的预紧负荷；在中速中负荷或低速

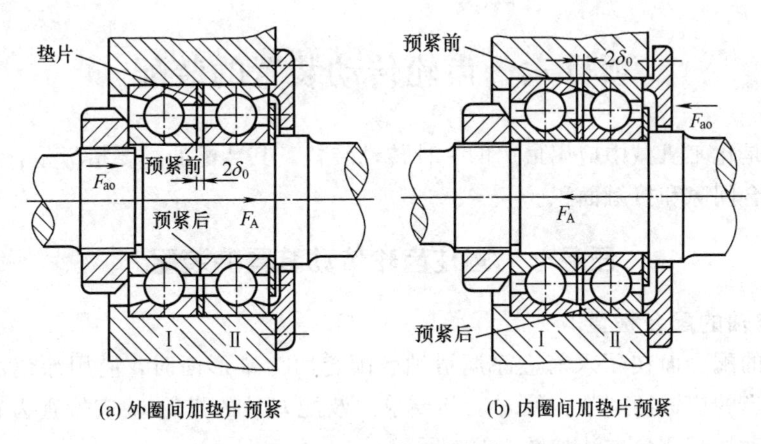

(a) 外圈间加垫片预紧　　(b) 内圈间加垫片预紧

图 1-120　定位预紧结构

重负荷条件下，以及为增加支承系统的刚度，则选用中预紧负荷或重预紧负荷。预紧负荷过大，支承刚度不能得到显著提高，反而会使轴承摩擦阻力增大，温度升高，轴承寿命降低。一般应通过计算并结合使用经验决定预紧负荷大小。

定位预紧可在一对轴承内外圈间分别装入长度不等的套筒实现预紧，如图 1-121 所示。预紧力大小通过套筒长度差控制，这种方法刚性大。

（2）定压预紧　如图 1-122 所示，利用弹簧力使轴承受一轴向负荷并产生预紧变形的方法，称为定压预紧。但这种方法对轴承刚度提高不大。

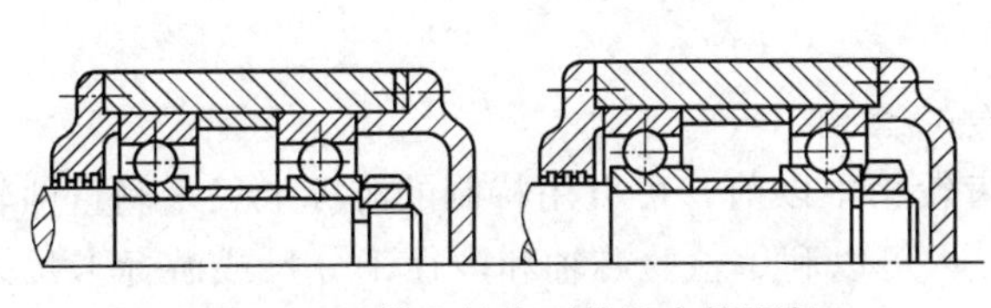
图 1-121　装入长度不等的套筒预紧

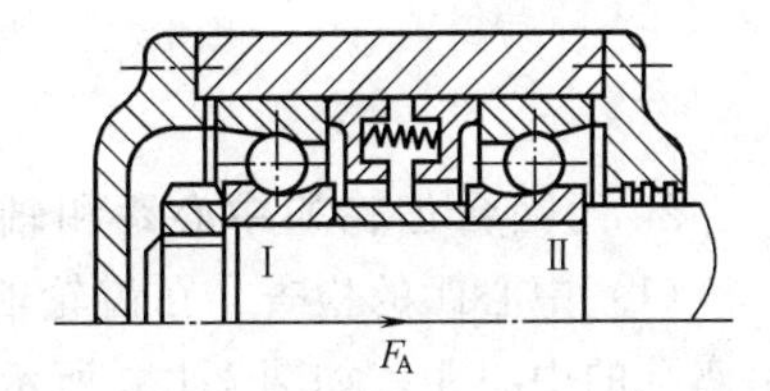

图 1-122　用弹簧定压预紧

（3）径向预紧　径向预紧是指利用过盈配合使轴承内圈膨胀，消除径向游隙，使轴承达到预紧状态的一种方法。具体操作如前叙轴承的装配。

径向预紧可增加负荷区滚动体数目，提高支承刚度，减少高速轴承中离心力作用及滚动体与滚道间打滑现象。

思考与训练

1. 轴套、厚壁轴瓦装配时为什么要刮研？如何刮研？其质量指标是什么？
2. 厚壁轴瓦和薄壁轴瓦的过盈量是如何调整的？
3. 可倾瓦式径向滑动轴承有哪些特点？它与轴颈之间的间隙是如何测量的？
4. 试比较米契尔轴承和金斯伯雷轴承的结构异同点与优缺点？
5. 对开式轴承座内安装滚动轴承时为什么要修刮“瓦口”？
6. 确定滚动轴承的内外座圈与轴及轴承座之间的配合应考虑哪些因素？
7. 怎样调整滚动轴承的轴向和径向间隙？
8. 写出厚壁滑动轴承的装配工艺，列出工艺参数及工具并独立装配之。
9. 写出用热装法装配滚动轴承的装配工艺，列出工艺参数及工具。独立装配后再拆卸之。

项目六　齿轮传动装置的装配

齿轮传动是化工机械中应用最广的一种传动装置，其装配的主要指标是：两啮合齿轮的相对位置、啮合间隙和接触面积。

任务一　圆柱齿轮传动装置的装配

1. 齿轮与轴的配合检查

齿轮与轴的配合面在压入前应涂润滑油。配合面为锥形面时，应用涂色法检查接触状况，对接触不良的应进行刮削，使之达到要求。装配好后的齿轮-轴应检查齿轮齿圈的径向跳动和端面跳动，其测量方法如图 1-123 所示。

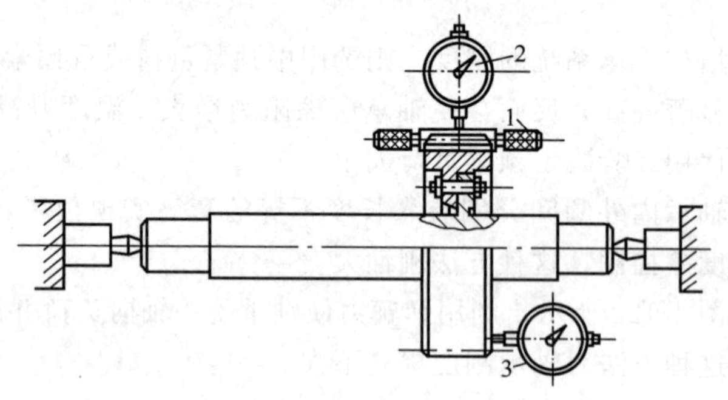

图 1-123　齿轮齿圈径向跳动和端面跳动的测量方法

1—量规；2,3—千分表

2. 两啮合齿轮的中心距和轴线平行度的检查

(1) 中心距的检查　在齿轮轴未装入齿轮箱中以前，可以用特制的游标卡尺来测量两轴承座孔的中心距，如图 1-124 所示。此外，也可以利用检验芯轴和内径千分尺或游标卡尺来进行测量，如图 1-125 所示。

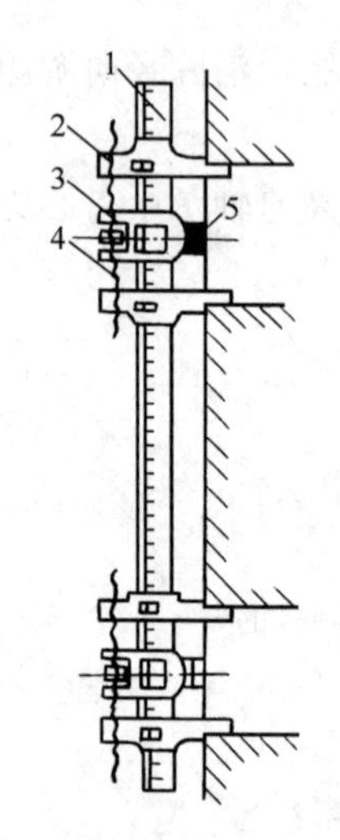

图 1-124　用特制的游标卡尺测量两轴承座孔之间的中心距

1—主尺；2—卡脚；3—副尺；4—螺杆；5—定位螺钉

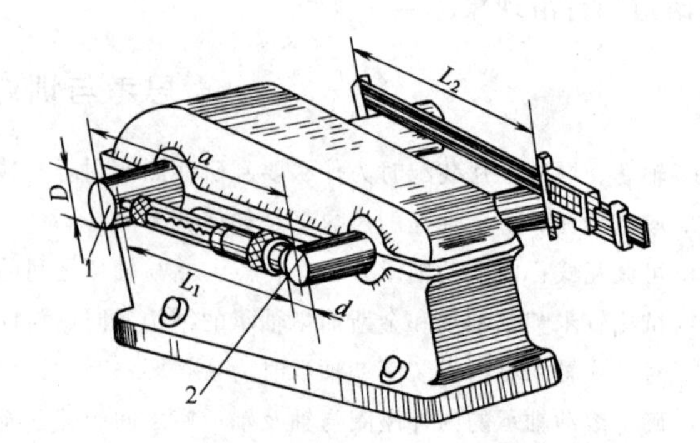

图 1-125　用检验芯轴和内径千分尺或游标卡尺测量齿轮箱轴承座孔的中心距

1,2—检验芯轴

（2）轴线平行度的检查　轴线平行度的几何意义如图 1-126 所示。设两轴线的长度等于全齿宽的宽度 b（mm），在 x 方向上轴线平行度的偏差量为 Δf_x（mm），在 y 方向上轴线平行度的偏差量为 Δf_y（mm），则 1m 长度上轴线平行度的偏差量为 δf_x 和 δf_y（即为轴线平行度），可分别用下面的两式来表示

$$\delta f_x = 1000\frac{\Delta f_x}{b} \ (\text{mm/m})$$

$$\delta f_y = 1000\frac{\Delta f_y}{b} \ (\text{mm/m})$$

平行度的检查方法如图 1-127 所示。检查前，先将齿轮轴或检验芯轴放置在齿轮箱的轴承座孔内，然后用内径千分尺来测量 x 方向上轴线的平行度（即两根轴线在 1m 长度上的中心距的差值），再用水平仪来测量 y 方向上的轴线的平行度（即两根轴线水平度的差值）。

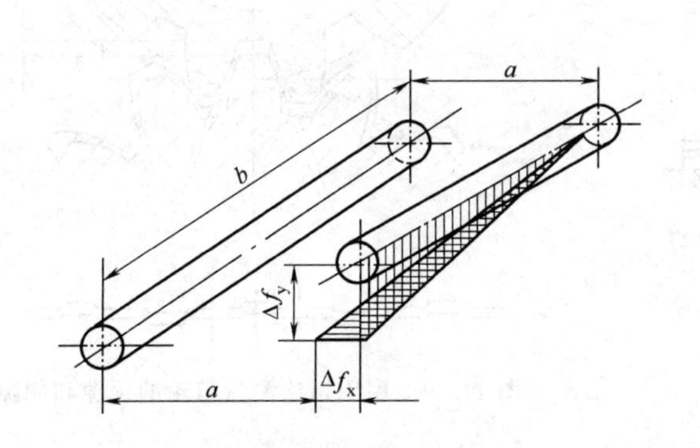

图 1-126　两轴线平行度的示意

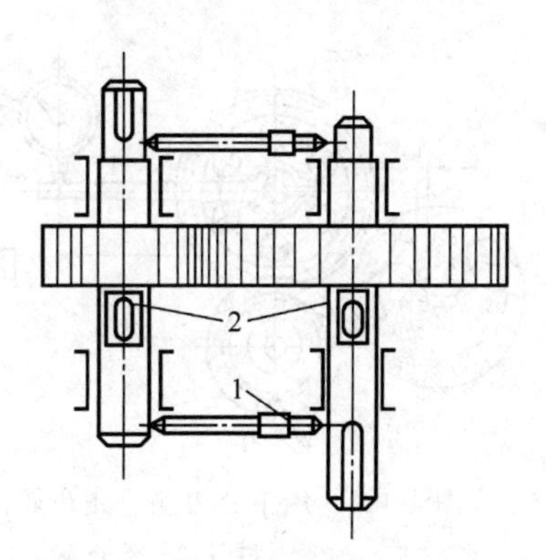

图 1-127　用内径千分尺和水平仪检查轴线的平行度

1—内径千分尺；2—水平仪

3. 啮合间隙的检查

齿轮啮合间隙的功用是贮存润滑油、补偿齿轮尺寸的加工误差和中心距的装配误差，以及补偿齿轮和齿轮箱在工作时的热变形和弹性变形。一般正常啮合的圆柱齿轮的顶隙 $c=0.25m_n$，此处的 m_n 为齿轮的法向模数，而齿轮副的最小法向侧隙 j_{nmin} 的值见表 1-8 。

表 1-8　圆柱齿轮副的最小法向侧隙 j_{nmin} 的值　　μm

间隙类别	中心距 a/mm							
	～80	＞80～125	＞125～180	＞180～250	＞250～315	＞315～400	＞400～500	＞500～630
较小间隙	74	87	100	115	130	140	155	175
中等间隙	120	140	160	185	210	230	250	280
较大间隙	190	220	250	290	320	360	400	440

齿轮啮合间隙的检查方法有以下三种。

（1）塞尺法　用塞尺可以直接测量出齿轮的顶隙和侧隙。

（2）千分表法　用千分表可以间接测量出正齿轮的侧隙，如图 1-128 所示。测量时，设法使下齿轮固定，而正反两个方向微微转动固定在上齿轮轴上的拨杆，于是千分表上的指针便向正反方向摆动，可以得到读数 a，然后算出齿轮的周向侧隙

$$j_t = Ra/L \ (\text{mm})$$

式中，R 为正齿轮的分度圆半径，mm；L 为拨杆的长度，mm。

而实际（即与齿面垂直）的侧隙 $j_n=j_t\cos\alpha$。式中 α 为正齿轮的压力角（20°）。

若被测的是斜齿轮，则法面上的实际侧隙 $j_n=\cos\alpha_n\cos\beta$。式中 α_n 为斜齿轮的法向压力角（20°），β 为斜齿轮的螺旋角（8°～ 20°）。

当被测齿轮副的中心距为可调时，则中心距的变化量 Δf_a 与实际侧隙的变化量 Δj_n 之间的关系为：$\Delta j_n=2\Delta f_a\sin\alpha$（正齿轮）或 $\Delta j_n=2\Delta f_a\sin\alpha_n$（斜齿轮）。

（3）压铅法　压铅法是测量顶隙和侧隙最常用的方法，其测量方法如图 1-129 所示。测量时，先将铅丝放置在齿轮上，然后使齿轮啮合滚压，压扁后的铅丝厚度，就相当于顶隙和侧隙的数值，其值可以用游标卡尺或千分尺测量，铅丝最厚部分的厚度为顶隙 c，相邻两较薄部分的厚度之和为侧隙 $j_n=j_n'+j_n''$。

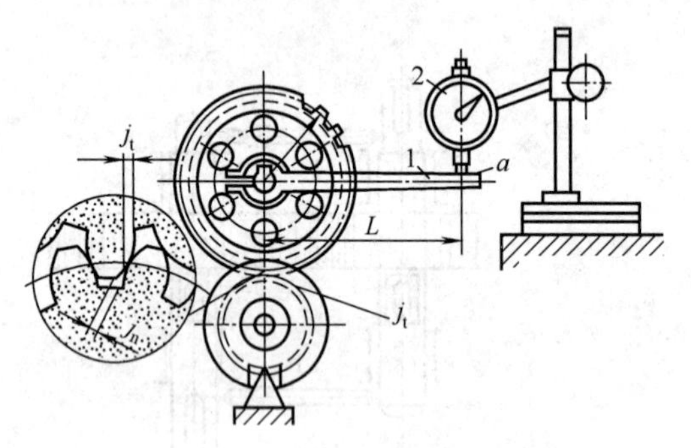

图 1-128　用千分表测量正齿轮的侧隙

1—拨杆；2—千分表

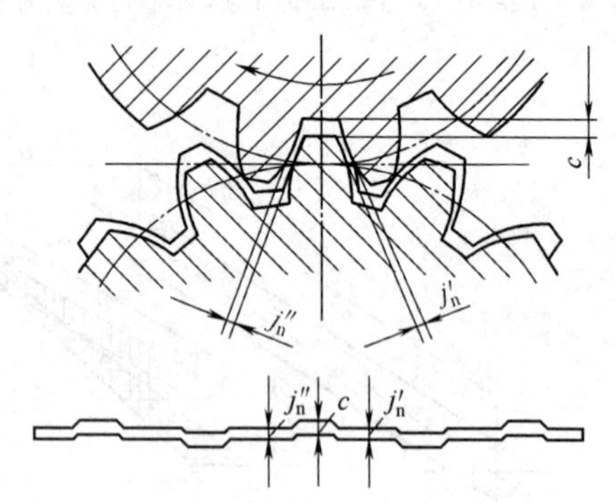

图 1-129　用压铅法测量齿轮的顶隙和侧隙

对于大型的宽齿轮，必须放置两条以上的铅丝，才能正确地测量出啮合间隙。此时不仅可以根据它来检查间隙，而且还能检查出齿轮轴线的平行度。

4. 齿轮啮合接触面的检查与调整

其检查方法一般采用涂色法，即将红铅油均匀地涂在主动齿轮的轮齿面上，用其来驱动从动齿轮数圈后，则色迹印显出来，根据色迹可以判定齿轮啮合接触面是否正确。装配正确的齿轮啮合接触面必须均匀地分布在节线上下，接触面积应符合表 1-9 的要求。装配后齿轮啮合接触面常有图 1-130 所示的几种情况。

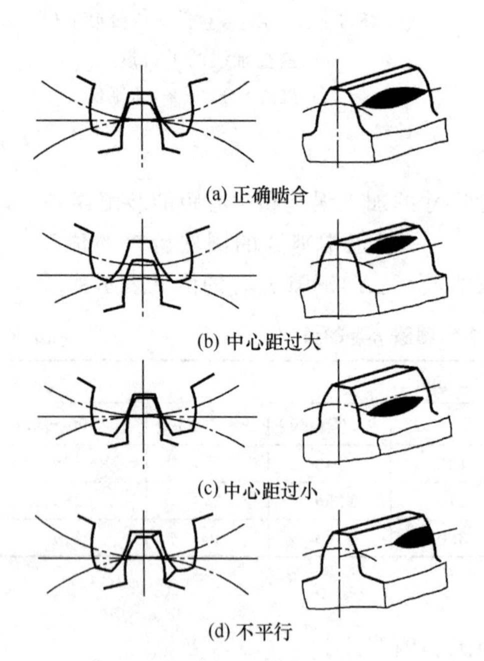

图 1-130　圆柱齿轮副轮齿表面啮合接触斑点位置分布

为了纠正不正确的啮合接触，可采用改变齿轮中心线的位置、研刮轴瓦或加工齿形等方法来修正。当齿轮啮合位置正确，而接触面

表 1-9　圆柱齿轮齿面接触斑点规范　%

精度等级	7	8	9
接触斑点沿齿高不少于	45	40	30
接触斑点沿齿长不少于	60	50	40

积太小时，可在齿面上加研磨剂，并使两齿轮转动进行研磨，使其达到足够的接触面积。

相关知识　齿轮传动装置装配的基本要求与步骤

齿轮传动装置正确装配的基本要求是：将齿轮正确地装配和固定在轴上，精确地保持两啮合齿轮的相对位置，使齿间具有一定的啮合间隙，以及保证齿的工作表面能良好地接触。装配正确的齿轮传动装置在运转时，应该是速度均匀、没有振动和噪声。

圆柱齿轮、圆锥齿轮和蜗杆齿轮三种传动装置的装配方法和步骤基本上相同，但装配的质量要求各不相同。其装配步骤如下。

① 对零件进行清洗、去除毛刺，并按图纸要求检查零件的尺寸、几何形状、位置精度及表面粗糙度等。

② 对装配式齿轮（蜗轮），先进行齿轮（蜗轮）的自身装配，并固定之。

③ 将齿轮（蜗轮）装于轴上，并装配好滚动轴承。

④ 齿轮-轴（蜗杆、蜗轮-轴）安装就位。

⑤ 安装后的齿轮接触质量（啮合间隙、接触面积）检查。

任务二　圆锥齿轮传动装置的装配

装配正确的两圆锥齿轮，其分度圆锥的母线Ⅰ-Ⅰ和Ⅱ-Ⅱ应该吻合，而分度圆锥顶点 O_1 和 O_2 必须重合，如图 1-131 所示。即要求两圆锥齿轮轴线必须垂直相交，而不发生歪斜和偏移，以保证齿轮工作表面正确的啮合。其装配要点与装配质量要求如下。

1. 轴承座孔轴线的交角检查

检查方法如图 1-132 所示。检查时，如果交角正确，即轴线没有歪斜，则检验芯轴上的叉子 1 和检验芯轴 2 之间的接触点 A 和 B 处不应有间隙，或间隙的数值在允许的范围内。此间隙可用塞尺来测量，然后换算成分度圆锥母线长度上的偏差，其值不得超过极限值。

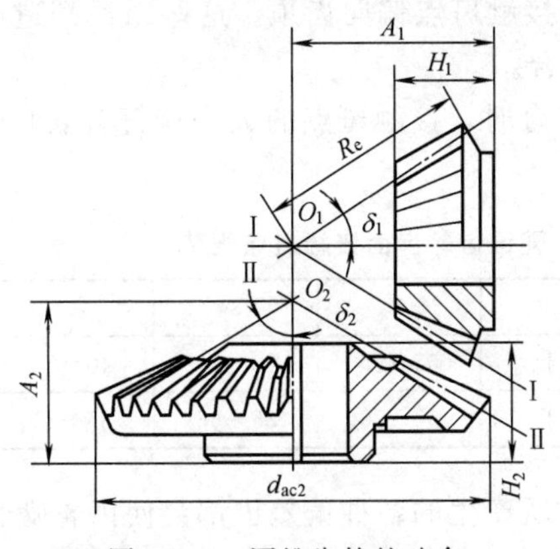

图 1-131　圆锥齿轮的啮合

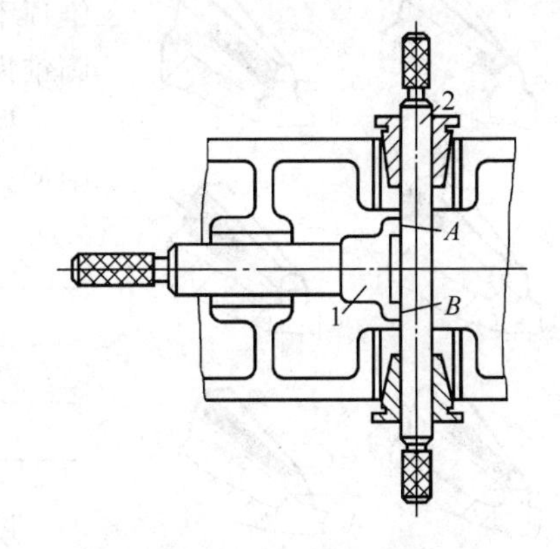

图 1-132　圆锥齿轮轴承座孔轴线交角的检查方法

1—检验叉子；2—检验芯轴

2. 轴承座孔轴线的轴间距的检查

检查方法如图 1-133 所示。检查时，如果轴线相交，则两根检验芯轴的槽口平面之间应没有间隙；如果不相交，则可以用塞尺测量槽口平面之间的间隙 Δf_a，此间隙即为轴线的轴间距偏差，其值不应超过允许值。

3. 啮合间隙的检查

圆锥齿轮的啮合间隙可用塞尺、千分表和压铅等方法来进行检查。顶隙 $c=0.2m$，此处 m 为大端的模数，圆锥齿轮副的最小法向侧隙 $j_{n\min}$ 应在允许范围内。

当齿轮在其轴线上有轴向移动时，则节圆锥顶 O_1 和 O_2 不能重合，因而侧隙可能增大或减小，这时可以用垫片来进行轴向调整，如图 1-134 所示。

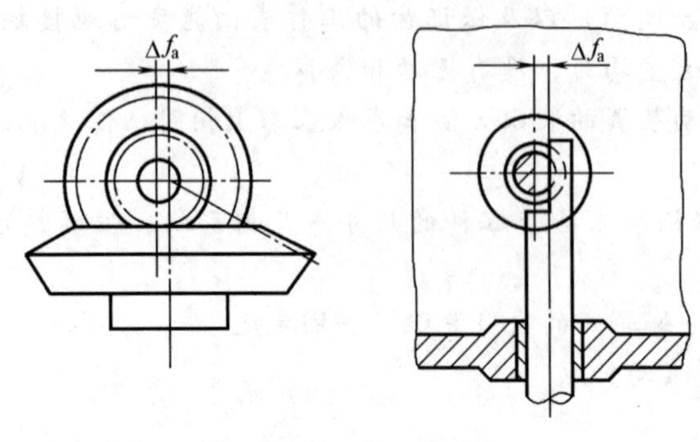

图 1-133　圆锥齿轮轴间距偏差的检查方法

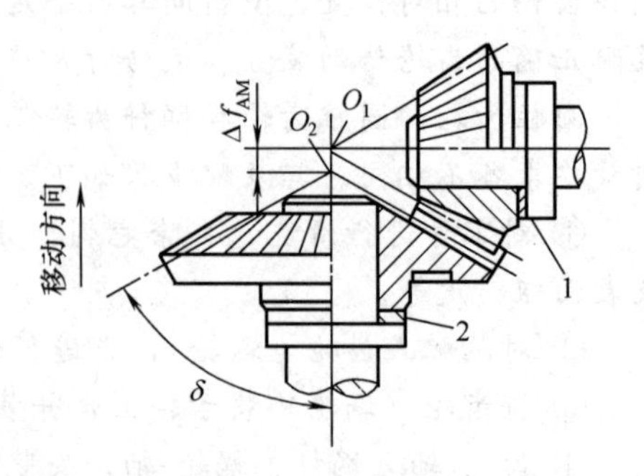

图 1-134　圆锥齿轮啮合间隙的调整方法

1,2—调整垫片

4. 啮合接触面积的检查

圆锥齿轮接触斑点的检查方法和圆柱齿轮相同。圆锥齿轮啮合接触斑点的大小和位置如图 1-135所示，按照斑点分布的情况可以分析产生装配缺陷的原因，以便进行调整。圆锥齿轮啮合正确时，在无负荷的情况下斑点靠近轮齿的小端是恰当的，因为在齿轮承受载荷时，小端可能变形，因而使轮齿可能在全长上接触。若两齿轮中心线交角大于原设计角度，则啮合接触斑点偏向小端；若两齿轮中心线交角小于原设计角度，则啮合接触斑点偏向大端；若中心线偏移或锥顶不重合，则啮合接触斑点偏向齿顶。这些因素都造成圆锥齿轮不能正确啮合。

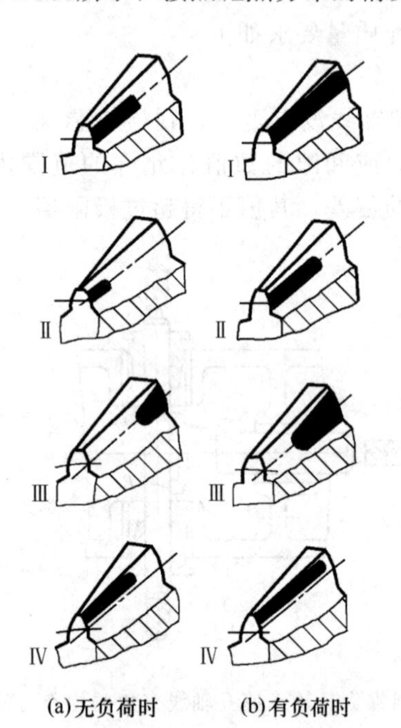

图 1-135　圆锥齿轮各种齿表面的啮合接触斑点位置分布

Ⅰ—正确啮合；Ⅱ—中心线交角过大；Ⅲ—中心线交角过小；Ⅳ—中心线偏移或锥顶不重合

圆锥齿轮正确啮合时，接触斑点的大小应符合表1-10中所列的数值。

表 1-10　圆锥齿轮齿面接触斑点规范　　%

精度等级	7	8	9
接触斑点沿齿高不少于	55～75	40～70	40～70
接触斑点沿齿长不少于	50～70	35～65	35～65

圆锥齿轮装配时所产生的各种偏差也都会使齿轮啮合不正确。为了校正这些偏差，一般可以设法移动轴向的位置、轴向移动齿轮或由钳工修正齿形来实现。

任务三　蜗杆蜗轮传动装置的装配

为了保证蜗轮和蜗杆之间的正确啮合，在装配时，必须严格保证蜗轮和蜗杆的轴线的交角和中心距、蜗轮中间平面与蜗杆轴线之间的偏移量以及啮合间隙与啮合接触斑点。

1. 蜗轮与蜗杆轴线交角和中心距的检查

轴线交角的检查方法如图 1-136 所示。检查时，先在蜗杆和蜗轮轴的位置上各装上检验芯轴 1 和 2，再将摇杆 3 的一端套在芯轴 2 上，而其另一端固定一个千分表 4，然后摆动摇杆使千分表 4 和芯轴 1 上的 m 和 n 点相接触。如果两轴线互相垂直（$\Sigma=90°$），则千分表在 m 和 n 两点间的距离为 L（mm），而千分表在两点的读数差值为 Δf_2（mm）时，则在 1m 长度上交角的偏差值（即垂直度或歪斜度）为

$$\delta f_{\Sigma}=1000\frac{\Delta f_{\Sigma}}{L}\ (\text{mm/m})$$

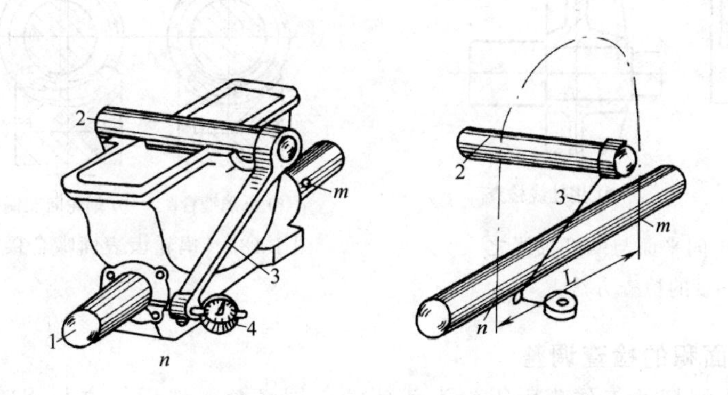

图 1-136　蜗轮与蜗杆轴线交角和中心距的检查方法

1,2—检验芯轴；3—摇杆；4—千分表

蜗杆蜗轮轴线在齿宽上的交角偏差值应符合要求，然后即可计算出中心距。

中心距也可以用另一种方法检查，如图 1-137 所示。

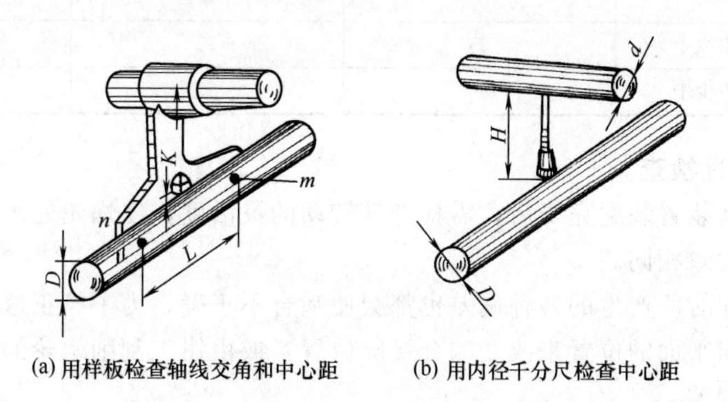

图 1-137　蜗轮与蜗杆中心距的检查方法

2. 蜗轮中间平面偏移量的检查

检查蜗轮中间平面偏移量的方法如图 1-138 所示。

（1）样板检查法　即将样板的一边分别紧靠在蜗轮两侧的端面上，然后用塞尺测量样板和蜗杆之间的间隙 Δ，两侧的间隙差值即为蜗轮中间平面的偏移量。

（2）拉线检查法　即将线挂在蜗轮轴上，然后分别测量拉线与蜗轮两端面的间隙 Δ，两侧的间隙差值即为蜗轮中间平面的偏移量。所测得的偏移量应符合规定的范围，若大于规定

范围应予调整，一般采用调整蜗轮的轴向位置。

3. 啮合侧间隙的检查

由于蜗杆传动的结构特点，测量啮合侧间隙无论是采用塞尺法测量还是压铅法测量都有困难，一般采用千分表测量（参照圆柱齿轮啮合间隙的测量方法）。

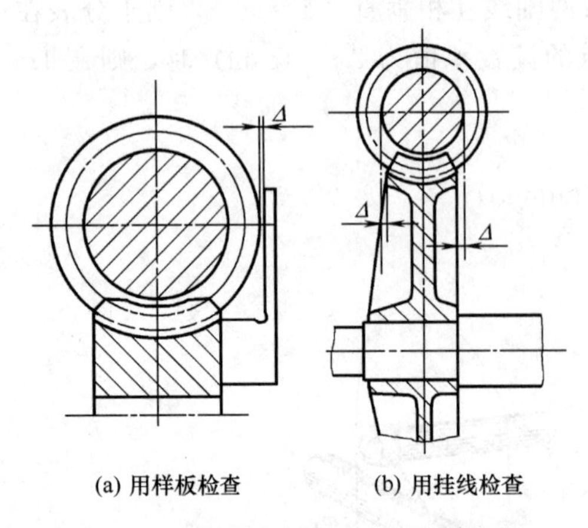

(a) 用样板检查　(b) 用挂线检查

图 1-138　蜗轮中间平面与蜗杆轴线之间的偏移量的检查方法

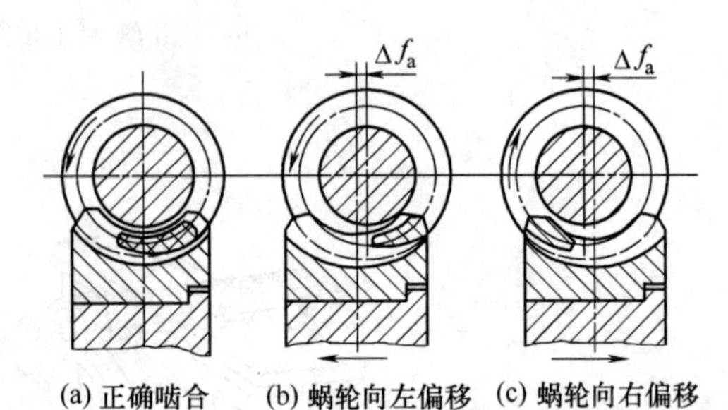

(a) 正确啮合　(b) 蜗轮向左偏移　(c) 蜗轮向右偏移

图 1-139　蜗轮齿表面啮合接触斑点位置分布图

4. 啮合接触面积的检查调整

检查时，先在蜗杆的工作表面上涂上薄薄的一层颜色，然后使之与蜗轮啮合，并慢慢地正反转动蜗杆数次。这时在蜗轮的齿面上就有斑点，如图 1-139 所示。根据接触斑点分布的位置和面积的大小，就可判断啮合的质量。其接触斑点的大小应符合表 1-11 中所列的数值。

表 1-11　蜗轮齿面接触斑点规范　%

精度等级	7	8	9
接触斑点沿齿高不少于	55	55	45
接触斑点沿齿长不少于	50	50	30

5. 转动灵活性检查

蜗杆蜗轮传动装置装配完毕后，需检查其转动的灵活度，使蜗轮处于任何位置时，旋转蜗杆所需的力矩大致相同。

蜗杆蜗轮装配时所产生的各种偏差也都会使啮合不正确。为了校正这些偏差，通常可以采取移动蜗轮中间平面的位置来改变啮合接触位置，或由钳工刮削蜗轮的轴瓦来校正轴线的交角和中心距的偏差。

思考与训练

1. 保证齿轮传动装置正常工作的条件是什么？影响齿轮传动装置工作质量的因素是什么？
2. 圆柱齿轮副的中心距和轴线的平行度如何检查测量与调整？
3. 圆柱齿轮副的啮合间隙和啮合接触斑点如何检查测量？如何校正？
4. 圆锥齿轮副的轴线交角、啮合间隙和啮合接触斑点如何检查测量？如何校正？
5. 蜗轮蜗杆副的轴线交角、中心距、中间平面偏移量、啮合间隙和啮合接触斑点如何检查测量？如何校正？

6. 按技术要求装配一台圆柱齿轮减速器。

7. 按技术要求装配一台圆锥齿轮减速器。

8. 按技术要求装配一台蜗轮蜗杆减速器。

项目七　联轴器的装配

联轴器俗称靠背轮或对轮，它是用来连接主动轴和从动轴的一种特殊装置。联轴器的找正是安装和修理过程中的一项很重要的装配工作。

任务一　联轴器位移测量

联轴器在找正时主要测量其径向位移（或径向间隙）和角位移（或轴向间隙）。

1. 简单测量

利用直尺及塞尺测量联轴器的径向位移，利用平面规及楔形间隙规测量联轴器的角位移。这种测量方法简单但精度不高，一般只能应用于不需要精确找正的粗糙低速机器。

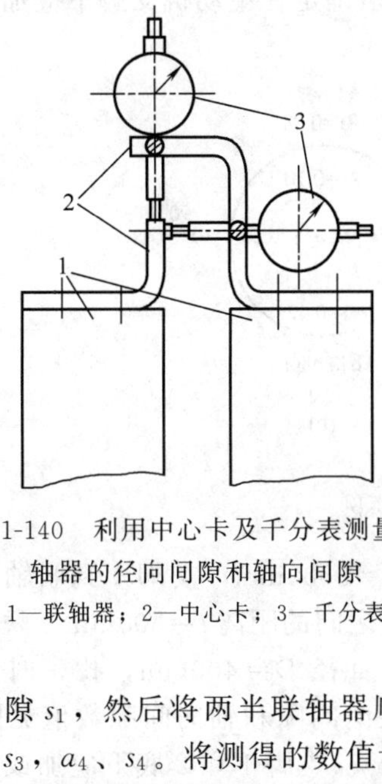

图 1-140　利用中心卡及千分表测量联轴器的径向间隙和轴向间隙

1—联轴器；2—中心卡；3—千分表

2. 精确测量

利用中心卡及千分表测量联轴器的径向间隙和轴向间隙，测量方法如图 1-140 所示。因为用了精度较高的千分表来测量径向间隙和轴向间隙，故此法的精度较高，它适用于需要精确找正中心的精密机器和高速机器。这种找正测量方法操作方便，精度高，应用极广。

利用中心卡及千分表来测量联轴器的径向间隙和轴向间隙时，常用一点法来进行测量。

所谓一点法是指在测量一个位置上的径向间隙时，同时又测量同一个位置上的轴向间隙。

（1）测量间隙　测量时，先装好中心卡，并使两半联轴器向着相同的方向一起旋转，使中心卡首先位于上方垂直的位置（0°），用千分表测量出径向间隙 a_1 和轴向间隙 s_1，然后将两半联轴器顺次转到 90°、180°、270°三个位置上，分别测量出 a_2、s_2，a_3、s_3，a_4、s_4。将测得的数值记在记录图中，如图 1-141 所示。

（2）数据校正　当两半联轴器重新转到 0°位置时，再一次测得径向间隙和轴向间隙的数值为 a'_1、s'_1。此处数值应与 a_1、s_1 相等。若 $a'_1 \neq a_1$、$s'_1 \neq s_1$，则必须检查其产生原因（轴向窜动），并予以消除，然后再继续进行测量，直到所测得的数值正确为止。在偏移不大的情况下，最后所测得的数据应该符合下列条件

$$a_1 + a_3 = a_2 + a_4，s_1 + s_3 = s_2 + s_4$$

（3）数据处理与分析　在测量过程中，如果由于基础的构造影响，使联轴器最低位置上的径向间隙 a_3 和轴向间隙 s_3 不能测到，则可根据其他三个已测得的间隙数值推算出来

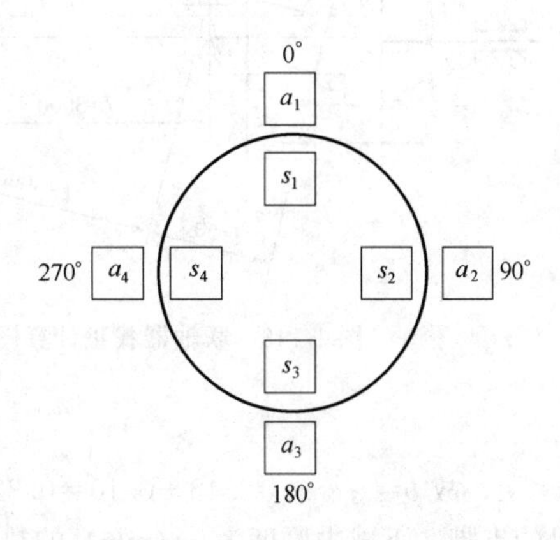

图 1-141　一点法记录图

$$a_3=a_2+a_4-a_1,\ s_3=s_2+s_4-s_1$$

最后，比较对称点上的两个径向间隙和轴向间隙的数值（如 a_1 和 a_3，s_1 和 s_3），若对称点的数值相差不超过规定的数值时，则认为符合要求，否则要进行调整。

调整时通常采用在垂直方向加减主动机支脚下面的垫片或在水平方向移动主动机位置的方法来实现。

任务二 联轴器的调整

联轴器的径向间隙和轴向间隙测量完毕后，就可根据偏移情况来进行调整。在调整时，一般先调整轴向间隙，使两半联轴器平行，然后调整径向间隙，使两半联轴器同轴。对于粗糙和小型的机器，在调整时，根据偏移情况采取逐渐近似的经验方法来进行调整（即逐次试加或试减垫片，以及左右敲打移动主动机）。对于精密的和大型的机器，在调整时，则应该通过计算来确定应加或应减垫片的厚度和左右的移动量。

1. 计算垫片厚度

为了准确快速地进行调整，应先经过如下的近似计算，以确定在主动机支脚下应加上或应减去的垫片厚度。

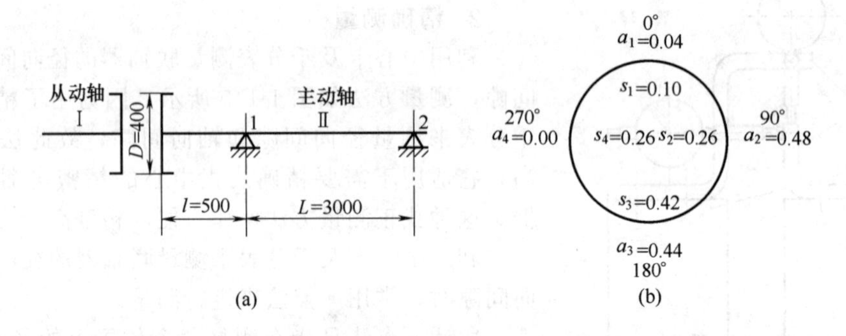

图 1-142 联轴器找正计算加减垫片实例

如图 1-142（a）所示，主动机纵向两支脚之间的距离 $L=3000$mm，支脚 1 到联轴器测量平面之间的距离 $l=500$mm，联轴器的计算直径 $D=400$mm，找正时所测得的径向间隙和轴向间隙数值见图 1-142（b）。支脚 1 和 2 底下应加或应减的垫片厚度计算如下。

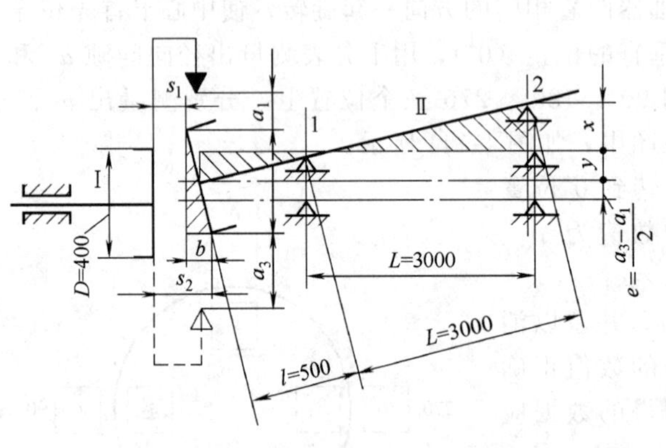

图 1-143 联轴器找正计算图

由图 1-142 可知，联轴器在 0°与 180°两个位置上的轴向间隙 $s_1<s_3$，径向间隙 $a_1<a_3$，这表示两半联轴器既有径向位移又有角位移。根据这些条件可作出联轴器偏移情况的示意图，如图 1-143 所示。

2. 联轴器调整

（1）调整两半联轴器至平行 由于 $s_1<s_3$，故 $b=s_3-s_1=0.42-0.10=0.32$（mm）。所以，为了要使两半联轴器平行必须从主动机的支脚 2 下减去厚度为 x（mm）的垫片，x 值可由下式计算

$$x=\frac{b}{D}L=\frac{0.32}{400}\times3000=2.4\ (\mathrm{mm})$$

但是，这时主动机轴上的半联轴器中心却被抬高了 y（mm），y 值可由下式计算

$$y=\frac{l}{L}x=\frac{500}{3000}\times2.4=0.4\ (\mathrm{mm})$$

（2）调整两半联轴器至同轴　由于 $a_1<a_3$，故原有的径向位移量（偏心距）为

$$e=\frac{a_3-a_1}{2}=\frac{0.44-0.04}{2}=0.2\ (\mathrm{mm})$$

所以，为了要使两半联轴器同轴，必须从支脚 1 和 2 同时减去厚度为 $(y+e)=0.4+0.2=0.6$（mm）的垫片。

由此可见，为了要使两半联轴器轴线完全同轴，则必须在主动机的支脚 1 下减去厚度为 $(y+e)=0.6$（mm）的垫片，在支脚 2 下减去厚度为 $(x+y+e)=2.4+0.4+0.2=3.0$（mm）的垫片。

主动机一般有四个支脚，故在加垫片时，主动机两个前支脚下应加同样厚度的垫片，而两个后支脚下也要加同样厚度的垫片。

假如联轴器在 90°、270°两个位置上所测得的径向间隙和轴向间隙的数值也相差很大时，则可以将主动机的位置在水平方向作适当的移动来调整。通常是采用锤击或千斤顶来调整主动机的水平位置。

全部径向间隙和轴向间隙调整好后，必须满足下列条件

$$a_1=a_2=a_3=a_4,\ s_1=s_2=s_3=s_4$$

这表明主动机轴和从动机轴的中心线位于一条直线上。

在调整联轴器之前先要调整好两联轴器端面之间的间隙，此间隙应大于轴的轴向窜动量（一般图上均有规定）。

相关知识　联轴器的装配及常见问题

联轴器可以分为固定式（刚性）和可移性（弹性）两大类。固定式联轴器所连接的两根轴的旋转中心线应该保持严格的同轴，所以联轴器在安装时必须很精确地找正对中，否则将会在轴和联轴器中引起很大的应力，并将严重地影响轴、轴承和轴上其他零件地正常工作，甚至会引起整台机器和基础的振动，严重时甚至会使机器和基础发生损坏事故。可移式联轴器则允许两轴的旋转中心线有一定程度的偏移，这样，机器的安装就要容易得多。

一般在安装机器时，首先把从动机安装好，使其轴处于水平，然后安装主动机。所以，找正时只需调整主动机，即在主动机的支脚下面用加减垫片的方法来进行调整。

各种联轴器的角位移和径向位移的允许偏差值见表 1-12。

表 1-12　各种联轴器的角位移和径向位移的允许偏差值

联轴器名称	直径/mm	角位移/(mm/m)	径向位移/mm
齿形联轴器	150～300 300～500	0.5 1.0	0.3 0.8
十字沟槽联轴器	100～300 300～600	0.8 1.2	0.1 0.2
弹性塞销联轴器	100～300 300～500	0.2 0.2	0.05 0.1
弹性牙接联轴器	130～200 200～400 400～700	1.0 1.0 1.0	0.1 0.2 0.3

在安装新机器时，由于联轴器与轴之间的垂直度不会有多大的问题，所以可以不必检查。但在安装旧机器时，联轴器与轴之间的垂直度一定要仔细检查，发现不垂直时要调整垂直后再找正。

联轴器找正时，垂直面内一般可能遇到图 1-144 所示的四种情况。

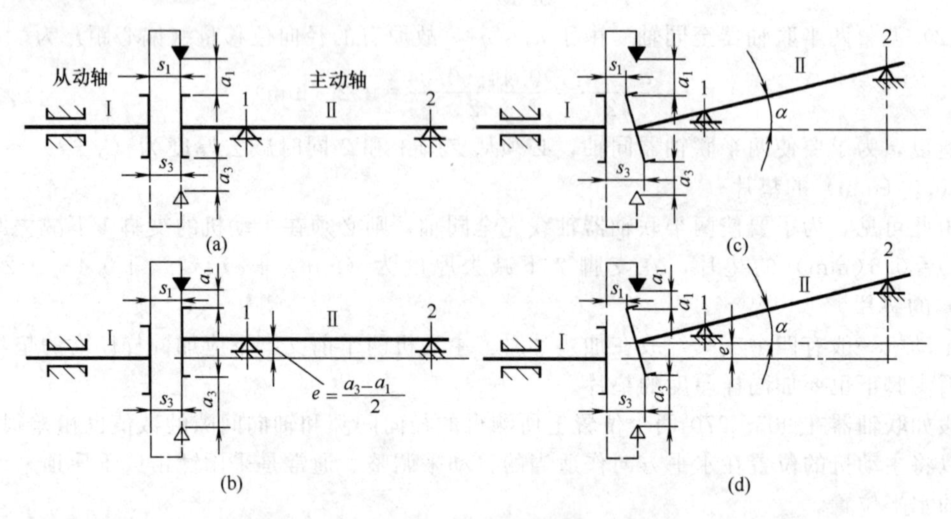

图 1-144 联轴器找正时可能遇到的四种情况

① $s_1=s_3$，$a_1=a_3$，如图 1-144（a）所示。这表示两半联轴器的端面互相平行，主动轴和从动轴的中心线又同在一条水平直线上。这时两半联轴器处于正确的位置。此处 s_1、s_3 和 a_1、a_3 表示在联轴器上方（0°）和下方（180°）两个位置上的轴向间隙和径向间隙。

② $s_1=s_3$，$a_1\neq a_3$，如图 1-144（b）所示。这表示两半联轴器的端面互相平行，两轴的中心线不同轴。这时两轴的中心线之间有径向位移（偏心距）$e=(a_3-a_1)/2$。

③ $s_1\neq s_3$，$a_1=a_3$，如图 1-144（c）所示。这表示两半联轴器的端面互相不平行，两轴的中心线相交，其交点正好落在主动轴的半联轴器的中心点上。这时两轴的中心线之间有倾斜的角位移（倾斜角）a。

④ $s_1\neq s_3$，$a_1\neq a_3$，如图 1-144（d）所示。这表示两半联轴器的端面互相不平行，两轴的中心线的交点又不落在主动轴半联轴器的中心点上。这时两轴的中心线之间既有径向位移又有角位移。

联轴器处于后三种情况时都不正确，均需要进行找正，直到获得第一种正确的情况为止。

思考与训练

1. 联轴器找正时为什么一定要先找平行后找同心？

2. 如图 1-143 所示，若电动机纵向两支脚之间的距离 $L=2000$mm，支脚 1 到联轴器测量平面之间的距离 $l=500$mm，联轴器的计算直径 $D=350$mm，找正时所测得的参数 $a_1=0.05$、$s_1=0.46$、$a_3=0.35$、$s_3=0.12$。试画出两半联轴器的偏移示意图，并求出电动机支脚 1 和支脚 2 底下应加或应减垫片的厚度。

3. 用自制小千斤顶校正离心泵与电动机的联轴器。

模块二　典型化工机械的维护与检修

化工生产是化工机器和化工设备通过管路连接后组成的连续化生产过程。根据化工生产工艺条件的需要，化工机械必须满足高压或高真空、介质机械分离或混合以及流体输送等要求。正确进行化工机械的维护与检修，才能减少机器设备及其管道的故障，延长其使用寿命，保证生产安全，提高生产效率。

项目一　化工用泵的维护与检修

要做好化工用泵的维护检修工作，必须抓住四大重要环节：正确地拆装，零件的清洗、检查、修理或更换，精心组装，组装后各零件之间的相对位置及各部件间隙的调整。

任务一　离心泵常见故障分析

1. 离心泵的结构分析

图 2-1 为典型的单级单吸离心泵结构，图 2-2 为分段式三级离心式水泵结构。

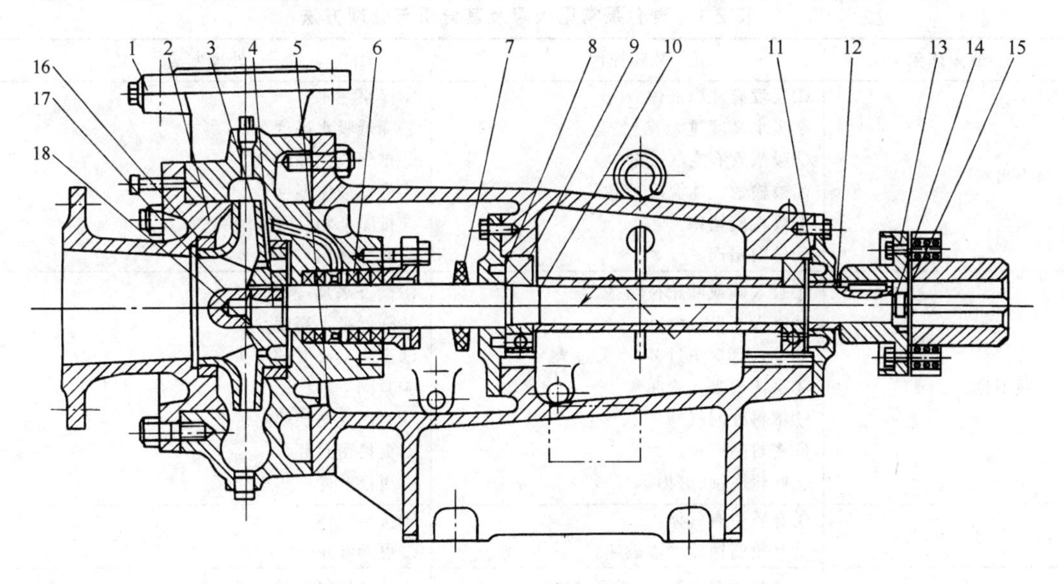

图 2-1　单级离心泵结构

1—泵体；2—泵盖；3—叶轮；4—泵轴；5—托架；6—轴封；7—挡水环；8,11—挡油圈；9—轴承；10—定位套；12—挡套；13—联轴器；14—止退垫圈；15—小圆螺母；16—密封环；17—叶轮螺母；18—垫圈

2. 离心泵常见故障及分析处理

离心泵常见故障及其分析与处理方法见表 2-1。

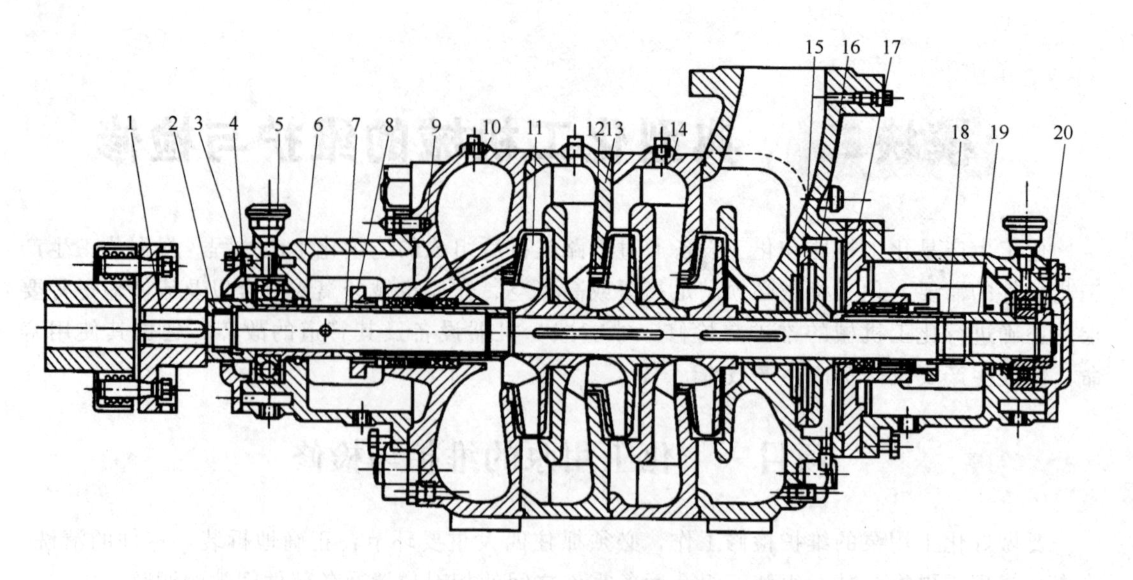

图 2-2 分段式三级离心式水泵

1—泵轴；2—轴套螺母；3—轴承盖；4—轴承衬套甲；5—单列向心球轴承；6—轴承体；7—轴套甲；8—填料压盖；9—填料环；10—进水段；11—叶轮；12—密封环；13—中段；14—出水段；15—平衡环；16—平衡盘；17—尾盖；18—轴套乙；19—轴承衬套乙；20—圆螺母

表 2-1 离心泵常见故障及其分析与处理方法

故障现象	故障原因	处理方法
泵不出水	①泵没有注满液体 ②吸水高度过大 ③吸水管有空气或漏气 ④被输送液体温度过高 ⑤吸入阀堵塞 ⑥转向错误	①停泵注水 ②降低吸水高度 ③排气或消除漏气 ④降低液体温度 ⑤排除杂物 ⑥改变转向
流量不足	①吸入阀或叶轮被堵塞 ②吸入高度过大 ③进入管弯头过多,阻力过大 ④泵体或吸入管漏气 ⑤填料处漏气 ⑥密封圈磨损过大 ⑦叶轮腐蚀、磨损	①检查水泵,清除杂物 ②降低吸入高度 ③拆除不必要的弯头 ④紧固 ⑤紧固或更换填料 ⑥更换密封环 ⑦更换叶轮
输出压力不足	①介质中有气体 ②叶轮腐蚀或严重破坏	①排出气体 ②更换叶轮
消耗功率过大	①填料压盖太紧、填料函发热 ②联轴器皮圈过紧 ③转动部分轴窜过大 ④中心线偏移 ⑤零件卡住	①调节填料压盖的松紧度 ②更换胶皮圈 ③调整轴窜动量 ④找正轴心线 ⑤检查、处理
轴承过热	①中心线偏移 ②缺油或油不净 ③油环转动不灵活 ④轴承损坏	①校正轴心线 ②清洗轴承、加油或换油 ③检查处理 ④更换轴承

续表

故障现象	故障原因	处理方法
密封处漏损过大	①填料或密封元件材质选用不对 ②轴或轴套磨损 ③轴弯曲 ④中心线偏移 ⑤转子不平衡、振动过大 ⑥动、静环腐蚀变形 ⑦密封面被划伤 ⑧弹簧压力不足 ⑨冷却水不足或堵塞	①验证填料腐蚀性能，更换填料材质 ②检查、修理或更换 ③校正或更换 ④找正 ⑤测定转子、平衡 ⑥更换密封环 ⑦研磨密封面 ⑧调整或更换 ⑨清洗冷却水管路，加大冷却水量
泵体过热	①泵内无介质 ②出口阀未打开 ③泵容量大，实用量小	①检查处理 ②打开出口阀门 ③更换泵
振动或发出杂音	①中心线偏移 ②吸水部分有空气渗入 ③管路固定不对 ④轴承间隙过大 ⑤轴弯曲 ⑥叶轮内有异物 ⑦叶轮腐蚀、磨损后转子不平衡 ⑧液体温度过高 ⑨叶轮歪斜 ⑩叶轮与泵体摩擦 ⑪地脚螺栓松动	①找正轴心线 ②堵塞漏气孔 ③检查调整 ④调整或更换轴承 ⑤校直 ⑥清除异物 ⑦更换叶轮 ⑧降低液体温度 ⑨找正 ⑩调整 ⑪紧固螺栓

3. 离心泵的检修周期

离心泵的检修周期见表 2-2。

表 2-2 离心泵的检修周期

类别	小修		中修	
	清水泵	耐腐蚀泵	清水泵	耐腐蚀泵
检修周期/月	3～4	1～2	6～12	4～6

注：检修周期按连续运转的累计时间计算。

任务二 离心泵的拆卸

离心泵种类繁多，不同类型的离心泵结构相差甚大，要做好离心泵的修理工作，首先必须认真了解泵的结构，找出拆卸难点，制订合理方案，才能保证拆卸顺利进行。

1. 单级离心泵的拆卸

首先切断电源，确保拆卸时的安全。关闭出、入阀门，隔绝液体来源。开启放液阀，消除泵壳内的残余压力，放净泵壳内残余介质。拆除两半联轴器的连接装置。拆除进、出口法兰的螺栓，使泵壳与进、出口管路脱开。

(1) 机座螺栓的拆卸　机座螺栓位于离心泵的最下方，最易受酸、碱的腐蚀或氧化锈蚀。长期使用会使得机座螺栓难以拆卸。因而，在拆卸时，除选用合适的扳手外，应该先用手锤对螺栓进行敲击振动，使锈蚀层松脱开裂，以便于机座螺栓的拆卸。

机座螺栓拆卸完之后，应将整台离心泵移到平整宽敞的地方，以便于进行解体。

（2）泵壳的拆卸　拆卸泵壳时，首先将泵盖与泵壳的连接螺栓松开拆除，将泵盖拆下。在拆卸时，泵盖与泵壳之间的密封垫，有时会出现黏结现象，这时可用手锤敲击通芯螺丝刀，使螺丝刀的刀口部分进入密封垫，将泵盖与泵壳分离开来。

然后，用专用扳手卡住前端的轴头螺母（也叫叶轮背帽），沿离心泵叶轮的旋转方向拆除螺母，并用双手将叶轮从轴上拉出。

最后，拆除泵壳与泵体的连接螺栓，将泵壳沿轴向与泵体分离。泵壳在拆除进程中，应将其后端的填料压盖松开，拆出填料，以免拆下泵壳时，增加滑动阻力。

（3）泵轴的拆卸　要把泵轴拆卸下来，必须先将轴组（包括泵轴、滚动轴承及其防松装置）从泵体中拆卸下来。为此，须按下面的程序来进行。

① 拆下泵轴后端的大螺母，用拉力器将离心泵的半联轴器拉下来，并且用通芯螺丝刀或錾子将平键冲下来。

② 拆卸轴承压盖螺栓，并把轴承压盖拆除。

③ 用手将叶轮端的轴头螺母拧紧在轴上，并用手锤敲击螺母，使轴向后端退出泵体。

④ 拆除防松垫片的锁紧装置，用锁紧扳手拆卸滚动轴承的圆形螺母，并取下防松垫片。

⑤ 用拉力器或压力机将滚动轴承从泵轴上拆卸下来。

有时滚动轴承的内环与泵轴配合时，由于过盈量太大，出现难以拆卸的情况。这时，可以采用热拆法进行拆卸。

2．多级离心泵的拆卸

拆卸前应准备相关资料，如准备有关技术资料及上一次的大修或中修记录，查询运转记录，备齐必要的图纸和资料；备齐检修工具、量具、起重机具、配件及材料；切断电源及设备与系统的联系，放净泵内介质，达到设备安全检修的条件。

（1）分段式多级离心泵的拆卸　分段式多级离心泵的拆卸，在做好准备工作的基础上，应按以下步骤及要求进行。

① 将泵与系统分离。卸下介质管路上泵的出口阀以前、进口阀以后法兰的连接螺栓，将泵从介质管路中分离。卸下冷却水管。断开泵与电动机之间的联轴器，并将其从泵轴上取下。

② 拆卸机座螺栓。拧开泵的机座螺栓，同时，将各机座螺栓处的垫片按顺序编号，回装时仍放在原处，以减少找正工作量。

③ 拆卸轴承。先拧下前后侧轴承座与泵体的连接螺栓，拆掉轴承座，然后将轴承沿轴向抽出。

④ 拆卸轴封。拧下压盖与泵体的连接螺母，并沿轴向抽出压盖，取出填料或抽出机械密封。

⑤ 拆卸平衡盘。拧下尾盖与尾段之间的连接螺母，取下尾盖，然后将平衡盘沿轴向取出。松开平衡环与泵体的连接螺钉，即可卸下平衡环。

⑥ 长杆螺栓的拆卸。如说明书有长杆螺栓预紧力值，则修理后按规定值上紧螺栓；若没有长杆螺栓的预紧力值，则需要现场检修时，测量拆卸前螺栓拧紧长度的值，便于装配后进行对比，保证拧紧力适中。

拆卸前将各个长杆螺栓及其相配螺母按顺序编号，并将螺栓相对应的螺栓孔也作相应的编号，以保证螺栓及螺母仍回装到原来的地方。用砂布打磨干净螺栓端面和螺母端面，对同一根螺栓，测量其两端露出螺母的长度 x_i 和 y_i，并计算出 $z_i = x_i + y_i$，见图 2-3。

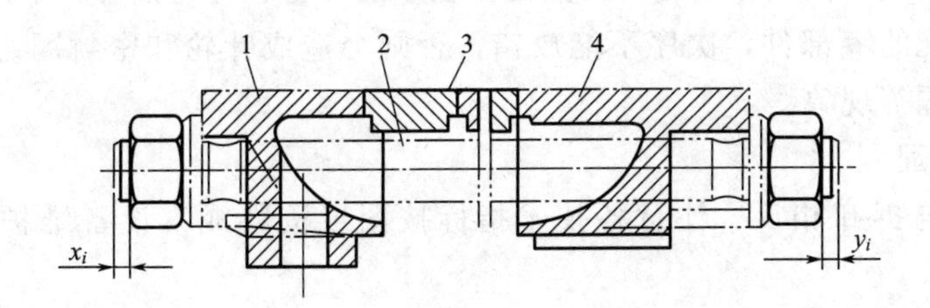

图 2-3　分段式多级离心泵长杆螺栓

1—前段；2—长杆螺栓；3—中段；4—尾段；

组装时，用同样方法测量出 x_i 和 y_i 并计算出 z_i 值，使 z_i 值等于拆卸前 z_i 的值即可，表 2-3为分段式多级离心泵长杆螺栓伸出量记录实例。

表 2-3　分段式多级离心泵长杆螺栓伸出量记录　mm

编号	1	2	3	…	i
x_i	3.08	3.13	2.58	…	
y_i	3.25	4.01	3.40	…	
$z_i = x_i + y_i$	6.33	7.14	5.98	…	

测量、记录完毕，开始拆长杆螺栓。抽去长杆螺栓时，务必要在相隔 180°的位置上保留两根，以免前段、中段、尾段突然散架，碰坏转子或其他零件。

为避免中段下坠压弯泵轴，在抽去长杆螺栓时，应在中段下侧加上临时支承。

⑦ 拆卸尾段蜗壳。用手锤轻轻敲击尾段的凸缘，使其松动，即可拆下。

⑧ 拆卸尾段叶轮。叶轮与泵轴的配合为间隙配合，但由于介质作用，可能锈蚀在一起。拆卸时，用木锤沿叶轮四周轻轻敲击，使其松动后，沿轴向抽出。

⑨ 拆卸中段。用撬棒沿中段四周撬动，即可拆下中段。再拆下叶轮之间泵轴上的挡套。然后，可由中段导轮上拆下入口密封环。

⑩ 拆卸中段和首段。用同样的方法，拆去余下的叶轮、中段，直至吸入盖。

拆卸完毕，应把轴承、轴、机械密封等用煤油清洗，检查有无损伤、磨损过量或变形，决定是否修理或更换。去掉各段之间垫片，除去锈迹。

(2) 多级离心式水泵拆卸的注意事项

① 在开始拆卸以前，应将泵内介质排放彻底。若是腐蚀性介质，排放后应再用清水清洗。

② 在拆卸时，应将拆下的各段外壳、叶轮、键等零件按顺序排好、编号，不能弄乱，在回装时一般按原顺序回装。有些组合件可不拆的尽量不拆。

③ 零件应轻拿轻放，不能磕碰，不能摔伤，不能落地。

④ 在检修期间，为避免有人擅自合上电源开关或打开物料阀门而造成事故，可将电源开关上锁，并将物料管加上盲板。

⑤ 不得松动电动机地脚螺栓，以免影响安装时泵的找正。

3. 单级离心泵零部件的清洗

清洗的质量直接影响零部件的检查与测量精度，参看模块一中项目三的内容。

4. 零部件的堆放

拆下来的零件应当按次序放好，尤其是多级泵的叶轮、叶轮挡套、中段等。凡要求严格按照原来次序装配的零部件，次序不能放错，否则会造成叶轮和密封圈之间间隙过大或过小，甚至泵体泄漏等现象。

5. 整机的装配

顺序基本上与拆卸相反。注意各技术指标按图纸资料或《设备维护检修规程》进行调整。

任务三　离心泵主要零部件的检修

1. 离心泵主要零部件的检查与测量

（1）转子的检查与测量　离心泵的转子包括叶轮、轴套、泵轴及平键等几个部分。

① 叶轮腐蚀与磨损情况的检查。对于叶轮的检查，主要是检查叶轮被介质腐蚀以及运转过程中的磨损情况。另外，铸铁材质的叶轮，可能存在气孔或夹渣等缺陷。上述的缺陷和局部磨损是不均匀的，极容易破坏转子的平衡，使离心泵产生振动，导致离心泵的使用寿命缩短。

② 叶轮径向跳动的测量。叶轮径向跳动量的大小标志着叶轮的旋转精度，如果叶轮的径向跳动量超过了规定范围，在旋转时就会产生振动，严重的还会影响离心泵的使用寿命。

③ 轴套磨损情况的检查。轴套的外圆与填料函中的填料之间的摩擦，使得轴套外圆上出现深浅不同的若干条圆环磨痕。这些磨痕将影响轴向密封的严密性，导致离心泵在运转时出口压力的降低。轴套磨损情况可用千分尺或游标卡尺测量其外径尺寸，将测得的尺寸与标准外径相比较来检查。一般情况下，轴套外圆周上圆环形磨痕的深度不得超过0.5mm。

④ 泵轴的检查与测量。离心泵在运转中，如果出现振动、撞击或扭矩突然加大，将会使泵轴造成弯曲或断裂现象。应用千分尺对泵轴上的某些尺寸（如与叶轮、滚动轴承、联轴器配合处的轴颈尺寸）进行测量。

离心泵的泵轴还应进行直线度偏差的测量。泵轴直线度的测量方法如图2-4所示。首先，将泵轴放置在车床的两顶尖之间，在泵轴上的适当地方设置两块千分表，将轴颈的外圆周分成四等份，并分别作上标记，即1、2、3、4四个分点。用手缓慢盘转泵轴，将千分表在四个分点处的读数分别记录在表格中，然后计算出泵轴的直线度偏差。离心泵泵轴直线度偏差测量记录如表2-4所示。

表2-4　泵轴直线度偏差测量记录　　mm

测点	转动位置				弯曲量和弯曲方向
	1(0°)	2(90°)	3(180°)	4(270°)	
Ⅰ	0.36	0.27	0.20	0.28	0.08(0°);0.005(270°)
Ⅱ	0.30	0.23	0.18	0.25	0.06(0°);0.01(270°)

直线度偏差值的计算方法是：直径方向上两个相对测点千分表读数差的一半，如Ⅰ测点的0°和180°方向上的直线度偏差为（0.36－0.20）/2＝0.08mm，90°和270°方向上的直线偏差度为（0.28－0.27）/2＝0.005mm。用这些数值在图上选取一定的比例，可用图解法近似地计算出泵轴上最大弯曲点的弯曲量和弯曲方向，如图2-4所示。

⑤ 键连接的检查。泵轴的两端分别与叶轮和联轴器相配合，平键的两个侧面应该与泵轴上键槽的侧面实现少量的过盈配合，而与叶轮孔键槽以及联轴器孔键槽两侧为过渡配合。

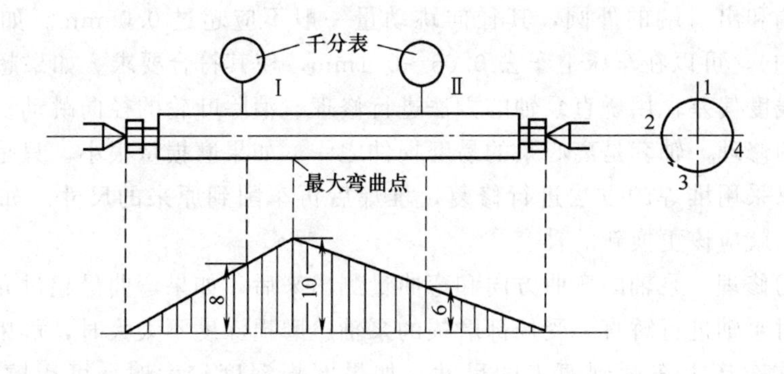

图 2-4　泵轴直线度的测量

检查时，可使用游标卡尺或千分尺进行尺寸测量，如果平键的宽度与轴上键槽的宽度之间存在间隙，无论其间隙值大小，都应根据键槽的实际宽度，按照配合公差重新锉配平键。

（2）滚动轴承的检查

① 滚动轴承构件的检查。滚动轴承清洗后，应对各构件进行仔细的检查，如裂纹、缺损、变形以及转动是否轻快自如等。在检查中，如果发现有缺陷应更换新的滚动轴承。

② 轴向间隙的检查。滚动轴承的轴向间隙是在制造的过程中形成的，这就是滚动轴承的原始间隙。但是经过一段时间的使用之后，这一间隙会有所增大，会破坏轴承的旋转精度。所以，对滚动轴承轴向进行检查时，可采取“手感法”检查，或用一只手握持滚动轴承的外环，并沿轴向做猛烈的摇动，如果听到较大的响声，同样可以判断该滚动轴承的轴向间隙大小。

③ 径向间隙的检查。滚动轴承径向间隙的检查与轴向间隙的检查方法相似。同时，滚动轴承径向间隙的大小，基本上可以从它的轴向间隙大小来判断。

（3）泵体的检查与测量

① 轴承孔的检查与测量。泵体的轴承孔与滚动轴承的外环形成过渡配合，它们之间的配合公差为 0～0.02mm。可采用游标卡尺或内径千分尺对轴承孔的内径进行测量，然后与原始尺寸相比较，以便确定磨损量的大小。除此之外，还要检查轴承孔内表面有没有出现沟纹等缺陷。

② 泵体损伤的检查。由于振动或碰撞等原因，可能造成泵体上产生裂纹。可采用手锤敲击的方法进行检查，即用手锤轻轻敲击泵体的各个部位，如果发出的响声比较清脆，则说明泵体上没有裂缝；如果发出的响声比较混浊，则说明泵体上可能存在裂缝，也可用煤油浸润法来检查泵体上的穿透裂纹。即将泵体灌满煤油，停留 30min 进行观察，如果泵体的外表有煤油浸出的痕迹，则说明泵体上有穿透的裂纹。

2. 离心泵主要零部件的修理

（1）叶轮的修理　叶轮与其他零件相摩擦，所产生的偏磨损，可采用堆焊的方法来修理。不同材质的叶轮，其堆焊方法是不同的。堆焊后，应在车床上将堆焊层车到原来的尺寸。

由于叶轮受介质的腐蚀或冲刷造成的层厚减薄，铸铁叶轮的气孔或夹渣，以及由于振动或碰撞所出现的裂纹，一般是用新的备品配件进行更换。如果必须进行修理时，可用“补焊法”来进行修复。补焊时，根据叶轮的材质不同，采用不同的补焊方法。

叶轮进口端和出口端的外圆，其径向跳动量一般不应超过0.05mm。如果超过得不多(在0.1mm以内)，可以在车床上车去0.06～0.1mm，使其符合要求。如果超过很多，应该检查泵轴的直线度偏差，用矫直泵轴的方法进行修理，消除叶轮的径向跳动。

(2) 轴套的修理 轴套是离心泵的易磨损件之一。如果磨损量很小，只是出现一些很浅的磨痕时，可以采用堆焊的方法进行修复，堆焊后再车削到原来的尺寸。如果磨损比较严重，磨痕较深，就应该更换新的轴套。

(3) 泵轴的修理 泵轴的弯曲方向和弯曲量测出来后，如果弯曲量超过允许范围，可利用矫直的方法对泵轴进行矫直。受局部磨损的泵轴，磨损深度不太大时，可用堆焊法进行修理。堆焊后应在车床上车削到原来的尺寸。如果磨损深度较大时，可用镶加零件法进行修理。

磨损很严重或出现裂纹的泵轴，一般不修理，用备品配件进行更换。

泵轴上键槽的侧面，如果损坏较轻微，可使用锉刀进行修理。如果歪斜较严重，应该用堆焊的方法来进行修理。修理时，先用电弧堆焊出键槽的雏形，然后用铣削、刨削或手工锉削的方法，恢复键槽原来的尺寸和形状。

除此之外，还可用改换键槽位置的方法进行修理。

(4) 泵体的修理 泵体滚动轴承的外环在泵体轴承孔中产生相对转动时，便会将轴承孔的内圆尺寸磨大或出现台阶、沟纹等缺陷。对于这些缺陷进行修理时，应首先将泵体固定在镗床上，把轴承孔尺寸镗大，然后按镗后轴承孔的尺寸镶套。

铸铁泵体出现夹渣或气孔，泵体因振动、碰撞或敲击出现裂纹时，采用补焊或黏结的方法进行修理。

任务四 离心泵密封件的修理

1. 离心泵密封环的修理

(1) 密封环的检查与测量

① 密封环磨损情况的检查。离心泵在运转过程中，密封环与叶轮发生摩擦，引起密封环内圆或端面的磨损，破坏了密封环与叶轮进口端之间的配合间隙。特别是径向间隙数值的增大，将引起大量高压液体由叶轮的出口回流到叶轮的进口，在泵壳内循环，大大减少了泵出口的排液量，降低了离心泵的出口压力。泵壳内部水流的循环路线如图2-5所示。

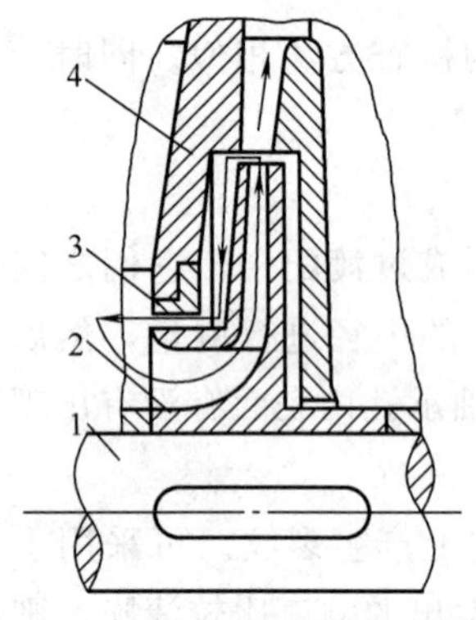

图2-5 离心泵内部水流的循环路线

1—泵轴；2—叶轮；3—密封圈；4—泵壳

密封环的磨损通常有圆周方向的均匀磨损和局部的偏磨损两种。而任何一种径向间隙的磨损，都会造成密封环的报废。

② 密封环与叶轮进口端之间径向间隙的测量。可用游标卡尺来测量密封环与叶轮进口端之间的径向间隙。首先测密封环内径的尺寸，再测叶轮进口端外径的尺寸，然后用下式计算出它们之间的径向间隙

$$a=\frac{D_1-D_2}{2}$$

式中 a——密封环与叶轮进口端之间的径向间隙，mm；

D_1——密封环内径尺寸，mm；

D_2——叶轮进口端外径尺寸，mm。

计算出径向间隙 a 的数值后，应与表 2-5 中径向间隙数值对照。如达到表中所列的极限间隙数值时，则应更换新的密封环。

表 2-5　密封环与叶轮进口端之间的径向间隙　mm

密封圈内径	径向间隙	磨损后的极限间隙
8～120	0.090～0.220	0.48
＞120～150	0.105～0.255	0.60
＞150～180	0.120～0.280	
＞180～220	0.135～0.315	
＞220～260	0.160～0.340	0.70
＞260～290	0.160～0.350	
＞290～320	0.175～0.375	0.80
＞320～360	0.200～0.400	

对于密封环与叶轮之间的轴向间隙，一般要求不高，以两者之间有间隙，而又不发生摩擦为宜。

(2) 密封环的修配

① 密封环的外圆与泵盖的内孔之间为基孔制的过盈配合，两者配合后不应产生任何松动。密封环外径的尺寸为修理尺寸，可以利用锉配的方法，使密封环的外径与泵盖的内孔直径达到过盈配合的要求，其过盈值为 0～0.02mm。最后，用手锤将密封环打入泵盖中心的孔内。

② 密封环内圆与叶轮进口端之间形成间隙配合。其间隙的大小严格按照表 2-4 所列的径向间隙数值进行控制。如果间隙太小，密封环与叶轮进口端之间容易产生摩擦，这时可以在车床上将密封环的内径尺寸车大一些，也可以用刮削的方法将密封环的内径尺寸刮大一些，以便使两者之间保持一定的径向间隙。如果间隙太大，则应该更换新的密封环。

③ 密封环的厚度较小，强度较低，如果发生较大的磨损或断裂现象，通常不予以修理，而应该更换新的备品配件。

2. 填料密封的修理

(1) 填料密封的检查与测量　填料密封的主要零部件有填料函外壳、填料、液封环、填料压盖、底衬套等，如图 2-6 所示。检查和测量填料密封时，应着重于以下几个方面工作。

① 泵壳与轴套之间的径向间隙。首先用游标卡尺量取中心孔的内径，再量取轴套的外径，然后用下式计算出来

$$a=\frac{D_1-D_2}{2}$$

式中　a——泵壳与轴套之间的径向间隙，mm；

D_1——泵壳中心孔的内径，mm；

D_2——轴套外径，mm。

径向间隙 a 的数值越小越好，但两零件之间不能出现摩擦现象。径向间隙过大时，填料将会由这里被挤入泵壳内，出现所谓“吃填料”的现象。这样，将会直接影响离心泵的密封效果。一般情况下，泵壳与轴套之间的径向间隙为 0.3～0.5mm。

② 填料压盖外圆与填料函内圆的径向间隙。离心泵的填料函对于填料压盖的推进起着

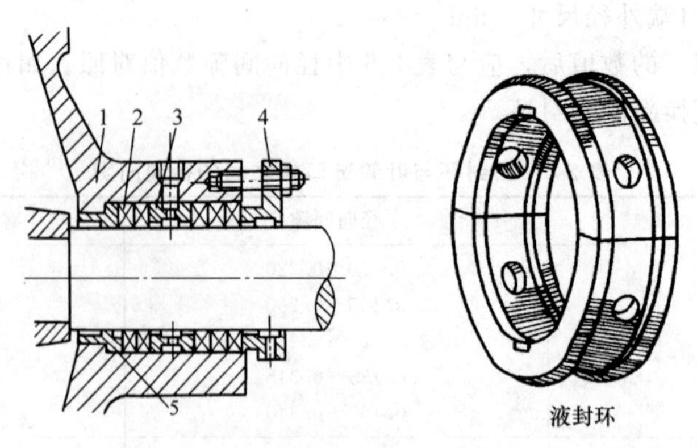

图 2-6 离心泵填料密封装置

1—填料函外壳；2—填料；3—液封环；4—填料压盖；5—底衬套

导向的作用。所以，这个地方的径向间隙不能太大。如果径向间隙太大，填料压盖容易被压扁，将导致压盖内孔与轴套外圆的摩擦和磨损。此处的径向间隙数值可以用游标卡尺来量取，然后再计算出来（计算方法与泵轴和轴套之间的径向间隙计算方法相同）。

③ 填料压盖内圆与轴套外圆之间的径向间隙。离心泵填料压盖内圆与轴套外圆之间的径向间隙不宜太小。如果径向间隙数值太小，填料压盖内圆与轴套外圆将会发生摩擦，同时产生摩擦热，使填料焦化而失效，使填料压盖与轴套受到磨损。一般情况下，填料压盖内圆与轴套外圆之间的径向间隙为 0.4～0.5mm。

（2）填料密封装置的修理　填料压盖外圆与填料函内圆之间的径向间隙为 0.1～0.2mm，这是在修理工作中应该严格保证的。如果两者之间的径向间隙过小，可将压盖卡在车床上进行车削，或者用锉刀对压盖的外圆进行曲面锉削，直至加工到需要的尺寸为止。如果两者之间的径向间隙太大，则应更换新的填料压盖。

填料压盖内圆与轴套外圆之间的径向间隙为 0.4～0.5mm。为了防止压盖与轴套之间发生摩擦，这一径向值是应该保证的。如果间隙值过小，可以用车削的方法，在车床上将填料压盖的内孔车大一些，以保证两零件之间应有的间隙。

3. 机械密封的修理

离心泵的机械密封是依靠一个装在泵轴上的动环和一个固定在填料函内圆上的静环实现的。两个环的端面借助于弹簧的弹力和介质的压力互相紧密贴合而起到密封作用。内装式单端面非平衡型机械密封的结构如图 2-7 所示。

（1）机械密封的检查和测量

① 动环和静环贴合面的检查。机械密封中动环和静环的贴合面，是轴向密封的密封面。离心泵在运转一段时间后，应检查贴合面的磨损情况，检查时可用 90°角尺测量贴合面对中心线的垂直度偏差。另外，对于每个贴合面，应检查有没有不平滑的划痕，有没有裂纹、凹陷等现象。

② 轴套的检查。离心泵运转一段时间后，轴套的表面会因腐蚀或磨损而产生深浅不同的沟痕，加大了轴套原有的表面粗糙度偏差，因而，应对轴套进行检查，以便及时消除这些缺陷。

③ 弹簧的检查。机械密封中，借助于弹簧的弹性使动环和静环产生贴紧力而实现密封。弹簧的弹性会因介质的腐蚀而减小，也会因弹簧的断裂而丧失弹性，这些都直接影响机械密

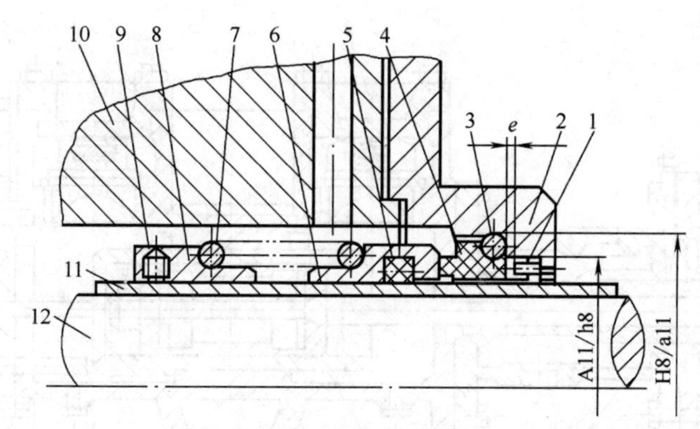

图 2-7 内装式单端面非平衡型机械密封装置

1—防转销；2—泵盖；3,5—O形密封圈；4—静环；6—动环；7—弹簧；8—弹簧座；9—固定螺钉；10—泵体；11—轴套；12—泵轴

封的密封性能。因此，主要检查弹簧是否断裂、腐蚀或弹力减小。

（2）机械密封的修理

① 动环和静环的修理。动环和静环是机械密封的关键零件。如果两者的摩擦面磨损严重或出现裂纹等缺陷时，应更换新的零件。如果摩擦面上出现较浅的划痕，而呈现不平滑的表面时，应将零件放在磨床上进行磨削，然后在平板上进行研磨和抛光。研磨时，应先进行粗磨，而后再细磨。经过修复后的动环和静环，接触面表面粗糙度 Ra 为 0.4～0.2μm，接触面的平面度偏差不大于 1μm，接触面对中心线的垂直偏差不大于 0.4mm。

动环和静环的接触面，经过研磨后，其研磨质量可用下面简单的方法来检验：使动环和静环的接触面贴合在一起，两者之间只能产生相对滑动，而不能用手掰开，这就表明研磨是合格的。否则，应该继续进行研磨。

② 轴套的修理。机械密封的轴套经过磨损后，外圆表面上呈现的沟痕，应该在磨床上进行磨光，应使其表面粗糙度 $Ra \leqslant 1.6\mu m$。如果磨光后，轴套的外径太小，造成轴套与弹簧座、动环和静环之间的配合间隙太大时，应该更换新的轴套。

③ 弹簧的更换。弹簧的损坏多半是因为腐蚀或磨损而失去了原有的弹性。对于失去弹性的弹簧，应更换新的备品配件。

机械密封的弹簧，在没有备件的情况下，也可以自制。即用一定直径的弹簧钢丝，在车床上进行绕制，绕制好的弹簧的两端面应予以磨平，以便受力均匀，弹簧绕制时的旋转方向，也应与原来弹簧的旋转方向相同。

任务五 其他化工用泵的修理

1. 往复泵

往复泵主要由泵缸、活塞、活塞环、活塞杆、吸入阀和排出阀等零部件组成，如图 2-8 所示。

① 泵缸内镶嵌有缸套以便于磨损后进行更换。缸套内表面应光滑、无裂纹及沟槽，其内径圆柱度允许偏差不应超过规定。

② 活塞在泵缸中的径向间隙与泵缸直径和介质的温度有关，其值大小应符合规定。

③ 活塞环在工作状态下的开口间隙和在活塞槽中的侧间隙与介质温度有关。当输送介质温度＞200～400℃时，开口间隙和侧间隙要大得多。

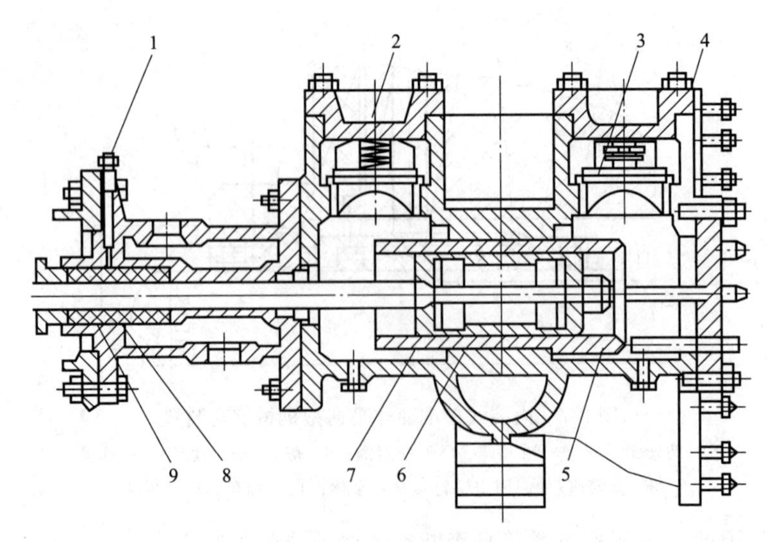

图 2-8　往复泵结构

1—润滑油孔；2—弹簧；3—泵阀；4—阀盖；5—缸套；
6—活塞环；7—活塞；8—密封环；9—填料

④ 泵的吸入阀和排出阀的阀片和阀座接触应均匀严密，用着色法检查接触面应成一圈，没有间断。阀的严密性试验可用煤油检验，不得有连续滴状渗漏现象。弹簧的圈数和高度应符合技术文件的规定，弹簧弹力应均匀。阀片起落应灵活。

2. 柱塞泵

柱塞泵主要由泵缸、柱塞、吸入阀、排出阀、填料函、曲轴、连杆、十字头、机座等部分组成，如图 2-9 所示。

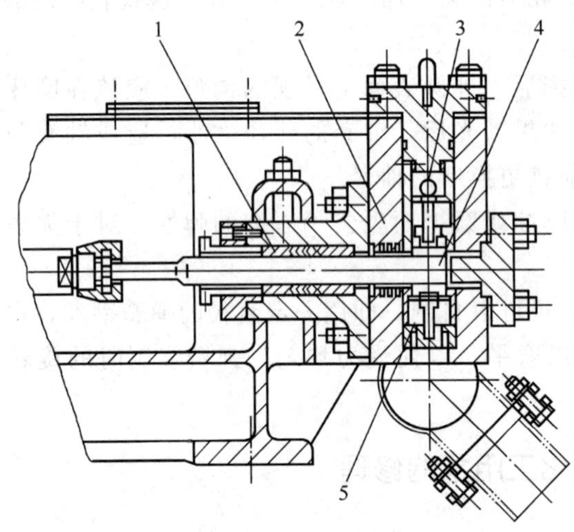

图 2-9　柱塞泵结构

1—填料箱；2—泵缸；3—排出阀；4—柱塞；5—吸入阀

柱塞泵拆卸后要进行清洗，并做如下检查和测量。

① 轴瓦清洗后，内、外圆表面及对口平面应光滑平整，不得有裂纹、气孔、划痕等缺陷。着色检查应符合要求。油路必须畅通。

② 曲轴轴颈应光滑，曲轴在 0°、120°、240°、360°四个位置时，应测量柱塞行程的距离。

③ 滑动轴承间隙应符合要求，并测量轴向窜量，做好记录。

④ 金属填料应装在柱塞上进行着色检查，各填料环应刮配研磨，使端面及径向密封均匀接触，接触面积应不小于 70%。

⑤ 测量填料函压盖与柱塞之间的间隙，径向间隙应均匀，其允许偏差为 0.1mm。

⑥ 当操作条件要求柱塞和填料函必须润滑、冷却时，应按技术文件的规定安装液封环，并对冲洗接管进行清洗和液压试验。

⑦ 带有润滑油油池的柱塞泵，安装前应对机座油池进行煤油渗漏试验，试验时间不少

于 8h。润滑油路应畅通，无泄漏现象。

⑧ 对于采用水冷却的泵缸，其水套应进行强度和严密性试验。

⑨ 吸入阀和排出阀应进行严密性试验。

⑩ 所有在制造厂已经调整完毕的安全装置，并附有出厂铅封者，不得随意调整。若试运转不灵或不正确，可进行调整。

⑪ 机身的找平、找正应以十字头滑道、轴的外露部分或其他加工面进行测量。

3. 螺杆泵

螺杆泵主要由主动螺杆、填料函、从动螺杆、泵壳、齿轮等部件组成，结构如图 2-10 所示。螺杆泵有单螺杆泵、双螺杆泵、三螺杆泵和五螺杆泵等。

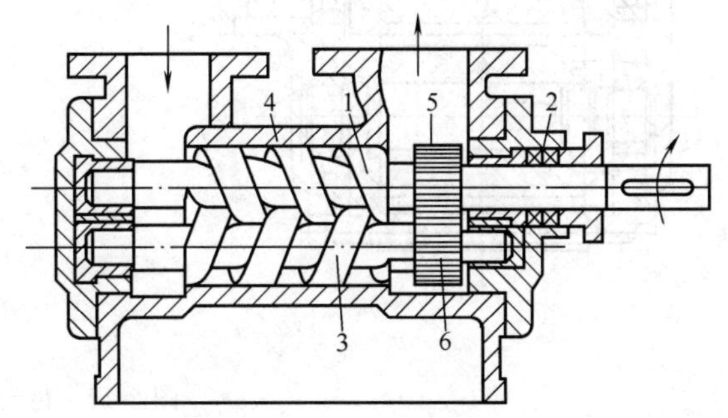

图 2-10　螺杆泵结构

1—主动螺杆；2—填料函；3—从动螺杆；4—泵壳；5,6—齿轮

螺杆泵由制造厂整体供货，一般不进行拆检，可直接安装使用。若运转不灵时，可拆检和清洗后，重新组装。拆检、清洗和组装应注意以下问题。

① 泵拆卸后应用清洗剂清洗干净。

② 测量滑动轴承的间隙，其值应符合要求。

③ 用着色法检查螺杆齿形部位的接触面、同步齿轮（限位齿轮）的接触面、螺杆端面与止推垫的接触面等部位接触面的接触情况，并做记录，以便分析故障情况。

④ 测量螺杆啮合时齿顶与齿根间隙，法向截面的侧间隙，并记录和比较。

⑤ 测量泵轴的轴向窜量。

⑥ 测量螺杆齿形部分外圆及其对应的缸体缸套内圆之间的间隙，其径向间隙应大于螺杆轴承处轴瓦与轴颈之间的间隙，才能保证螺杆齿形啮合及齿形与缸套不发生卡死和碰撞现象。

各部分接触面接触均匀，间隙调整合适，螺杆泵才能正常运转。

4. 齿轮泵

齿轮泵由一对齿轮、主动轴、从动轴、滚动轴承、密封装置、安全阀门等组成，结构如图 2-11 所示。

① 用着色法检查齿轮泵齿轮啮合面的接触情况，其接触面积沿齿长不少于 70%，沿齿高不少于 50%。齿轮的啮合间隙应符合规定。

② 检查齿顶与泵壳内壁的径向间隙，其值一般为 0.10～0.25mm，但必须大于轴颈与轴瓦的径向间隙或滚动轴承的径向游隙，才能保证齿顶与泵壳内壁不发生摩擦和卡死现象。

③ 检查、调整泵盖与齿轮两端面的轴向间隙，一般每侧为 0.04～0.10mm。用垫片厚度进行调整。

④ 采用滑动轴承时，轴瓦与轴颈的径向间隙应符合技术文件的规定。采用滚动轴承的齿轮泵，应检查滚动轴承的轴向游隙、径向游隙和轴向膨胀间隙。

⑤ 采用卸荷槽的齿轮泵，应保证卸荷槽畅通。

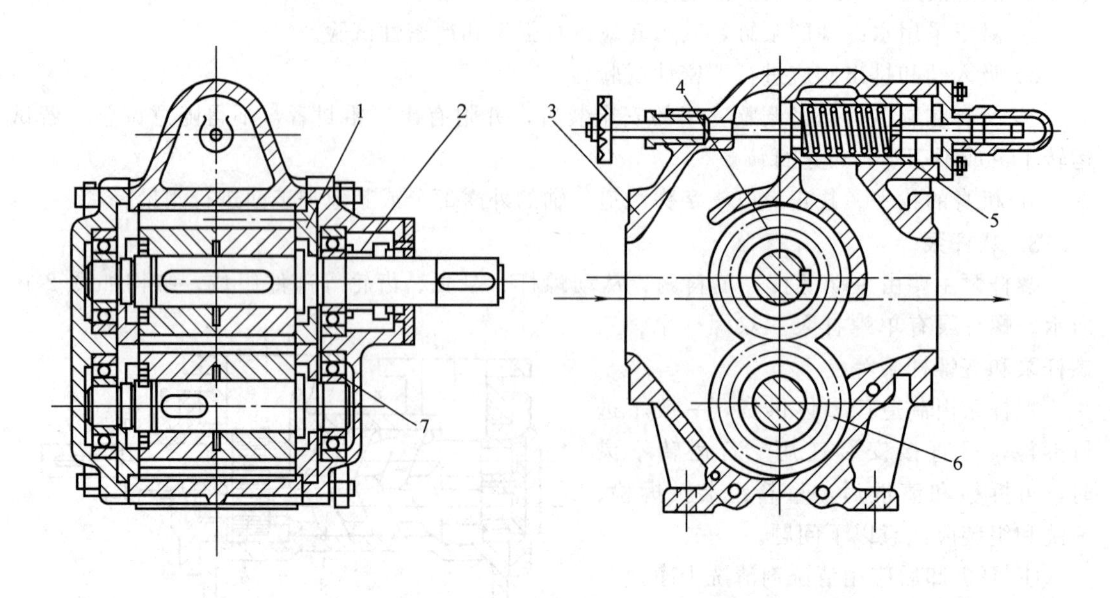

图 2-11 齿轮泵结构

1—侧板；2—机械密封；3—泵壳；4—主动齿轮；5—安全阀；6—从动齿轮；7—轴承

思考与训练

1. 离心泵转子检查时主要检查哪些指标？怎样测量？
2. 制订离心泵的拆卸方案，列出所需检测项目和检拆工具。
3. 离心泵的密封装置有几种？容易损坏的零件是什么？怎样检查？
4. 装配机械密封时应注意哪些问题？动环和静环的研磨质量怎样判定？
5. 检拆一台离心泵，对照预定方案分析检拆结果。

项目二 活塞式压缩机的维护与检修

活塞式压缩机是一种结构复杂，在制造、安装和修理等方面要求很严格的机器。化工生产中，活塞式压缩机的使用很广泛，并且使用的种类也很多，但是它们的维护和修理方法基本相同。

任务一 活塞式压缩机常见故障分析

1. 活塞式压缩机结构分析

图 2-12 为 H12（Ⅰ）—53/320 氮氢气压缩机的示意。

2. 活塞式压缩机常见故障及其分析处理

活塞式压缩机常见故障及其分析与处理方法见表 2-6。

表 2-6　活塞式压缩机常见故障及其分析与处理方法

故障	产生原因	解决的办法
排气量达不到设计要求	①气阀泄漏，特别是低压级气阀的泄漏 ②填料函漏气 ③第Ⅰ级汽缸余隙容积过大 ④第Ⅰ级汽缸的设计余隙容积小于实际结构的最小余隙容积	①检查低压级汽缸气阀，并采取相应措施 ②检查填料函的密封情况，并采取相应措施 ③调整汽缸余隙 ④若设计错误，应修改设计或采取措施调整余隙
功率消耗超过设计规定	①气阀阻力过大 ②进气压力过低 ③压缩级间的泄漏	①检查气阀弹簧力是否恰当，气阀通道面积是否足够大 ②检查管道和冷却器，如阻力太大，应采取措施 ③检查进、排气压力是否正常，各级气体排出温度是否增高，并采取相应措施
级间压力超过正常压力	①后一级的进、排气阀不好 ②第Ⅰ级的进气阀压力过高 ③前一级冷却器冷却能力不足 ④活塞环泄漏引起排气量不足 ⑤到后一级间管路阻力太大 ⑥本级进、排气阀不好或装反	①检查气阀更换损坏零件 ②检查并消除之 ③检查冷却器 ④更换活塞环 ⑤检查管路使之畅通 ⑥检查气阀
级间压力低于正常压力	①第Ⅰ级进、排气阀不良引起排气量不足或第Ⅰ级活塞环泄漏过大 ②前一级排气后或后一级进入前的机外泄漏 ③进气管道阻力太大	①检查气阀更换损坏件，检查活塞环 ②检查泄漏处，并消除之 ③检查管道使之畅通
排气温度超过正常温度	①排气阀泄漏 ②进气温度超过正常值 ③汽缸或冷却器冷却效果不良	①检查排气阀并消除之 ②检查工艺流程，移开进气口附近的高温机械 ③增加冷却器水量，使冷却器畅通
运动部件发生异常声音	①连杆螺栓、轴承螺栓、十字头螺母松动或断裂 ②主轴承、连杆大头瓦、连杆小头瓦、十字头滑道等间隙过大 ③各轴瓦与轴承座接触不良，有间隙 ④曲轴与联轴器配合松动	①紧固或更换损坏件 ②检查并调整间隙 ③刮研轴瓦瓦背 ④检查并采取相应措施
汽缸内发生异常声音	①气阀有故障 ②汽缸余隙容积太小 ③润滑油太多或气体含水多，产生水击现象 ④异物掉入汽缸内 ⑤汽缸套松动或断裂 ⑥活塞杆螺母或活塞螺母松动 ⑦填料函破坏	①检查气阀并消除故障 ②适当加大余隙容积 ③适当减少润滑油量，提高油水分离器效果或在汽缸下部加排泄阀 ④检查并消除之 ⑤检查并采取相应措施 ⑥紧固螺母 ⑦更换填料函
汽缸发热	①冷却水太少或冷却水中断 ②汽缸润滑油中断 ③脏物带进汽缸，使镜面拉毛	①检查冷却水供应情况 ②检查汽缸润滑油，油压是否正常，油量是否足够 ③检查汽缸并采取相应措施

续表

故障	产生原因	解决的办法
轴承或十字头发热	①配合间隙过小 ②轴与轴承接触不良 ③润滑油油压太低或断油 ④润滑油太脏	①调整间隙 ②重新刮研轴瓦 ③检查油泵、油压、油路情况 ④更换润滑油
油泵的油压不够或没有压力	①进油管不严密，管内有空气 ②油泵泵壳和填料不严密，漏油 ③进油阀有故障或进油管堵塞 ④油箱内润滑油太少 ⑤滤油器太脏	①排出空气 ②检查并消除之 ③检查并消除之 ④添加润滑油 ⑤清洗滤油器
填料函漏气	①油、气太脏或由于断油，把活塞杆拉毛 ②回气管不通 ③填料函装配不良	①更换润滑油，清除脏物，修复或更换活塞杆 ②疏通回气管 ③重新装配填料函
汽缸部分发生不正常振动	①支撑不对 ②填料函与活塞环磨损 ③配管振动引起 ④垫片松动 ⑤汽缸有异物掉入	①调整支撑间隙 ②调整填料函与活塞环 ③消除配管振动 ④调整垫片 ⑤清除异物
机体部分发生不正常振动	①各轴承及十字头滑道间隙过大 ②汽缸振动引起 ③各零部件结合不好	①调整各部分间隙 ②消除汽缸振动 ③检查并调整之
管道发生不正常振动	①管卡太松或断裂 ②支撑刚性不够 ③气流脉动引起共振 ④配管架子振动大	①紧固或换新，检查管子热膨胀情况 ②加固支撑 ③用预流孔改变其共振面 ④加固配管架子

3. 活塞式压缩机的检修周期

活塞式压缩机的检修周期见表 2-7。

表 2-7　活塞式压缩机的检修周期

检修类别	小修	中修	大修
检修周期/月	3	6	12

任务二　活塞式压缩机的拆卸与测量

以 H12（Ⅰ）-53/320 氮氢气压缩机为例介绍活塞式压缩机主机的拆卸程序：压缩机→气阀→汽缸盖→十字头与活塞连接器→活塞组件→汽缸体→中体→十字头→连杆→曲轴→机身。

在拆卸过程中，必须做好以下几项测量工作，同时把测量结果认真记录下来，并存入设备档案。

① 主轴瓦、曲轴瓦及十字头销的径向间隙与轴向间隙。

② 十字头上、下滑板的间隙及十字头在滑道内的对中情况。

③ 活塞杆在滑道与一、二、四、五段汽缸内的对中情况。

④ 活塞杆圆柱度与直线度的偏差。

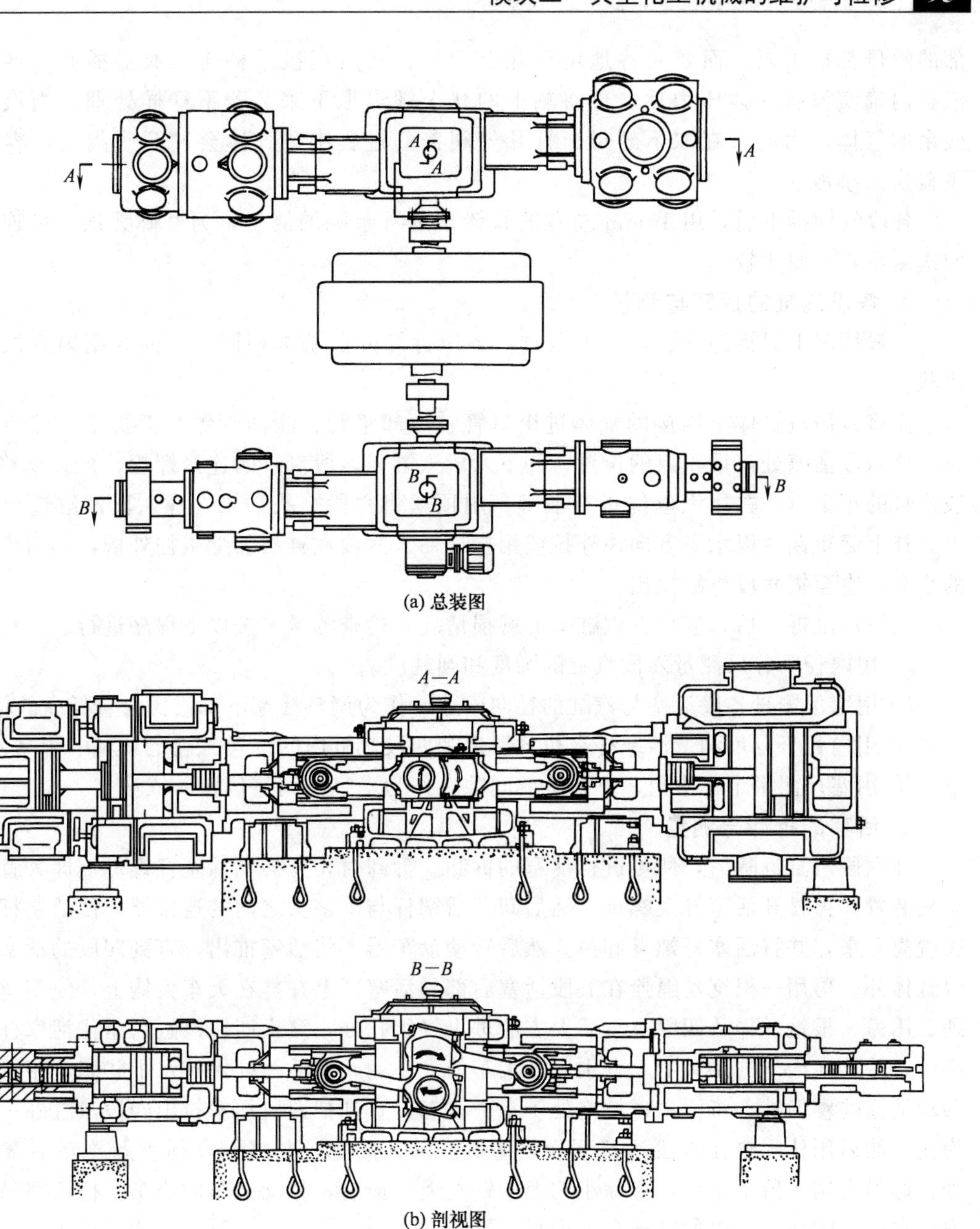

图 2-12　H12（Ⅰ)-53/320 氮氢气压缩机示意

⑤ 曲轴与十字头销的圆柱度偏差。

⑥ 活塞与汽缸内壁之间的径向间隙和轴向间隙（余隙)。

⑦ 活塞环的径向厚度与其在汽缸中的开口量。

⑧ 主轴颈、曲轴的水平度偏差以及主轴的摆差。

⑨ 机身滑道与一至五段汽缸的水平度偏差。

下面介绍压缩机主要件的拆卸与测量的要点。

1. 各段气阀的拆卸与测量

拆卸前须准备好所用工具，当压缩机停车后，关闭与外界联系的阀门。先卸去气阀盖上的气阀顶紧螺栓，然后拆卸气阀盖上的螺母。拆卸时要对称地拆，不要一下子把全部的螺母都拆下来，而要对称地留下几个螺母，然后用扳手柄将气阀盖撬开一些，证明汽缸内确实没有气体压力后，再将剩下的几个螺母取下来。若不这样处理，当汽缸内有残余的气体压力时，在取下螺母、打开气阀盖的过程中，气体会冲开气阀盖，容易造成飞盖伤人事故。

各段气阀拆下后，用 10mm 左右的软铅条进行余隙的测量，为准确无误，可连续进行两次测量，以便比较。

2. 各段汽缸的拆卸与测量

一般情况下只拆卸三、六、七段缸，各段拆卸方法基本相同，下面介绍第六段的拆卸步骤。

先将六段汽缸体上连接的气体进出口管、冷却水管、注油管等全部拆下，然后进行盘车，使六段活塞处于后止点的位置，卸下六段汽缸与四段汽缸的连接螺栓，把天车移动至六段汽缸的正上方，并用钢丝绳进行捆绑。用顶丝将六段缸头顶出，在六段汽缸进出口管口上，挂上起重葫芦以水平方向往外拉或用撬杠插入六段汽缸法兰缝中往外撬，同时走动天车的小车，直至把六段汽缸拉出。

六段汽缸拆下后，应检查汽缸套的磨损情况，检查测量可按以下程序进行。

① 用内径千分尺测量六段汽缸的圆度和圆柱度。

② 用塞尺测量各段活塞与汽缸的径向间隙，作为调整活塞下部巴氏合金托高的依据。

③ 用内径千分尺测量活塞杆在机身滑道和四段汽缸内的位置、确定其对中情况。

④ 用塞尺测量十字头上、下滑板的间隙，作为十字头调整位置的依据。

3. 活塞的拆卸与测量

在六段汽缸拆除后，便可进行活塞的拆卸。拆卸时，先拆下活塞杆螺母（即大背帽）的防松装置，再松开活塞杆大螺母，然后卸下活塞杆与十字头之间的连接器，使活塞杆与十字头脱离开来，并将活塞杆螺母卸掉。然后转动盘车器，将活塞推出，直到四段的活塞环退出汽缸体外，再用一根钢丝绳拴在五段活塞后部的活塞杆上并挂在天车大钩上，使钢丝绳带上劲。用另一根钢丝绳从四段汽缸后上方的进出气阀孔处，穿入四段汽缸后吊住活塞杆的另一部位，并挂在天车的小钩上。分别起吊天车的大小钩，使活塞杆保持水平状态，用撬杠放在四段活塞的环槽处，将活塞杆始终处于水平状态，直到把四段活塞拉出四段汽缸外一段距离为止。然后用枕木垫在六段活塞下面，使活塞落地放稳，并将钢丝绳重新拴在活塞的重心处，起吊大钩，落下小钩，去除小钩上的钢丝绳。最后，移动天车的小车，把活塞吊出，并安放在稳妥的地方，以便进行有关测量。

活塞吊出后，应及时测量各段汽缸的圆度和圆柱度偏差及水平偏差。同时，还应检查汽缸及活塞杆的磨损情况，检查各段活塞环在汽缸的开口间隙及活塞环的磨损情况，为修理或更换提供依据。

4. 填料箱的拆卸与测量

在拆卸填料箱时，应先将刮油器拆掉，填料压盖上的注油管、回气管及压盖固定螺栓也应一并拆除，卸下填料压盖，再将填料箱中的填料逐套取出。在活塞杆抽出后，再拆卸填料箱是比较方便的。而通常不抽出活塞杆时，只需松开活塞杆螺母，拆下连接器，卸下刮油器，便可对填料箱进行拆卸。

对于填料箱的外壳，在一般情况下是不进行拆卸的。如果要拆卸时，应先拆掉它的固定螺栓，然后用顶丝将填料箱外壳从汽缸体上分离开来。

任务三　活塞式压缩机主要零部件的检查与修理

1. 曲轴的检查与修理

曲轴在使用过程中，若发现轴颈有磨损、裂纹、擦伤、刮痕、弯曲变形以及键槽磨损等缺陷时，可用下列方法进行修理。

① 轴颈磨损的修理。曲轴的主轴颈和曲柄销磨损后，其圆度和圆柱度的最大值应在允许值范围内。

当轴颈的圆度和圆柱度不大时，可用手锉或抛光用的木夹具，夹以细砂布进行研磨修整，如图 2-13 所示。当轴颈的圆柱度较大时，则在车床车削或磨床上磨光。对于磨损较严重的轴颈，须经镀铬或喷钢后，再根据具体情况进行加工，以消除轴颈的圆度和圆柱度，并恢复到原来尺寸。在车削或光磨轴颈时，必须严格保证圆角半径，使之与轴的直径相适应。

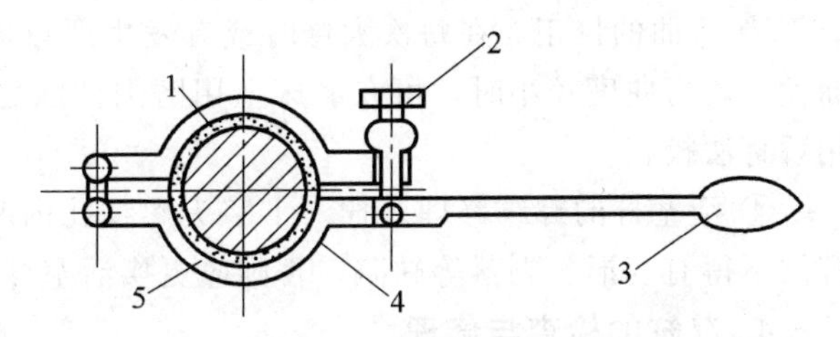

图 2-13　曲轴研磨工具

1—毛毡涂光磨膏；2—压紧螺钉；3—手柄；4—轴颈；5—磨光夹具

② 轴颈裂纹的修理。曲轴的裂纹多半出现在轴颈上，可用放大镜或涂白粉的方法进行检查，必要时还可以进行磁粉和超声波探伤检查。如果轴颈上有轻微的轴向裂纹，可在裂纹处进行研磨，若能消除则可继续使用。轴颈上的周向裂纹，一般不加修理，应更换新的曲轴。

③ 轴颈擦伤和刮痕的修理。若轴颈上出现深达 0.1mm 的擦伤或刮痕，用研磨的方法不能消除时，则必须进行车削和光磨。

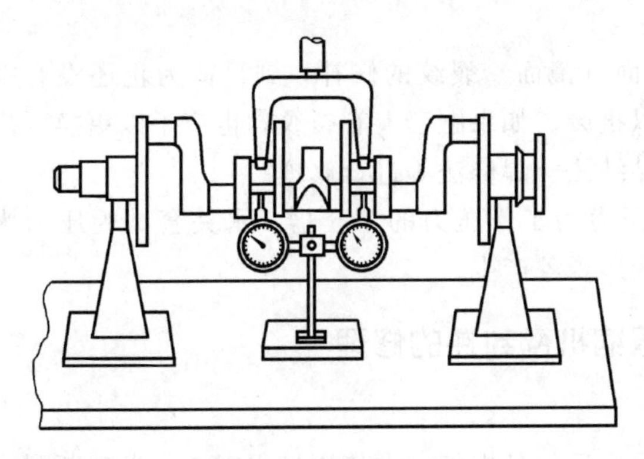

图 2-14　曲轴的校直

④ 轴颈变形的校正。当弯曲或扭转变形不大时，可用车削和光磨方法消除。在车削和光磨后，轴颈直径的减少量应不超过原直径的 5%，同时还必须相应地变更轴瓦尺寸。较大的弯曲和扭转变形，可采用校正法校直，如图 2-14 所示。

⑤ 键槽磨损的修理。曲轴键槽磨损宽度不大于 5%时，可用机械加工方法来扩大键槽宽度，但不得大于原来宽度的 15%。若键槽磨损宽度大于 5%时，须先补焊，然后用机械加工方法修复到原来尺寸。或采用换向法修理。

2. 连杆的检查与修理

连杆大头瓦磨损后，可用垫片调整法修理。磨损到一定的程度，直接进行更换。连杆小头轴套磨损后，一般是更换新的。连杆螺栓在使用过程中如发现螺纹损坏或配合松弛、螺栓出现裂纹和产生过大的残余变形时，一般不进行修理，应予以更换。

3. 活塞杆的检查与修理

活塞杆在使用过程中，若出现较严重的磨损（其磨损量大于 0.2～0.4mm）、磨伤或划伤（产生较深的纵向沟纹）、较大的弯曲变形和连接螺纹有较严重的损坏时，应予以修理或更换。

① 磨损的修理。活塞杆因磨损而出现过大的圆度、圆柱度以及明显的波浪形时，会直接影响其与填料箱的密封。活塞杆的磨损一般用镀铬或车外圆的方法进行修复。以镀铬方法修复时，不但可以恢复其原来尺寸，而且可以提高活塞杆表面的硬度。

② 磨伤或划伤的修理。一般先将活塞杆清洗干净，然后再用手工研磨，或用机床车削加工的方法把纵向沟纹消除。

③ 弯曲的校正。在每次大修时或者发生严重撞击事故后，应在车床上检查活塞杆的弯曲度。若弯曲度较小时，可在磨床上用磨削消除之；若弯曲度较大（超过 0.5mm）时，须用矫直法校正。

④ 活塞杆的螺纹修理。拧入十字头螺纹孔内时，用手来摆动，不得有松动的感觉，且螺纹不得有变形、剥落等缺陷，否则应更换活塞杆。

4. 汽缸的检查与修理

汽缸在使用过程中，表面磨损后的圆度和圆柱度应符合规定要求。若超过规定值或汽缸表面有擦伤、拉毛、裂纹，汽缸的冷却水夹套有裂纹或渗漏等缺陷时，可用下列方法进行修理。

① 镗缸。镗缸时应注意以下事项。

a. 汽缸镗孔后，直径增大的量不得大于原来尺寸的 2%；汽缸壁厚减少的量，不得大于原来尺寸的 1/12；由于汽缸直径的加大而增加的活塞力，不得大于原来设计的 10%。

b. 汽缸内孔镗孔后，直径不应大于 2mm。如必须大于 2mm 时，应重新配置与新汽缸内径相适应的活塞及活塞环。如果镗去的量需增大到 10mm 以上时，应镶缸套。

② 汽缸表面擦伤或拉毛的修理。当汽缸表面有轻微的擦伤或拉毛时，可用半圆形油石沿缸壁圆周方向进行手工研磨，直到用手触摸无明显的感觉为止。当擦伤深度大于 0.5mm，宽度在 3～5mm 以上时，须进行镗缸修理。

③ 汽缸裂纹或渗漏的修理。汽缸工作表面（镜面）裂纹的修补，到目前为止还没有很好的方法，所以一般都不能进行修理，应予以报废。如果缸套上有裂纹，也应予以更换。汽缸冷却水夹套的裂纹或渗漏，可以用补绽、黏结法、焊修法等进行修理。

汽缸修理后应进行水压试验。汽缸试验压力为工作压力的 1.5 倍，水夹套试验压力为 0.3～0.5MPa。试验时不允许有渗漏和残余变形现象产生。

任务四 活塞式压缩机密封件的修理

1. 活塞环的更换

活塞环主要是起密封作用，防止漏气。活塞环是易损件，在使用过程中，若发现断裂或过度磨损（径向磨损 1～2mm、轴向磨损 0.2～0.3mm、在汽缸中有大于 0.05mm 的光隙或 1/3 圆周接触不良、在环槽侧面间隙达 0.3mm 或超过原来的 1～1.5 倍），以及失掉应有的弹力等缺陷，一般不进行修理。一律予以更换。

更换新活塞环时，应根据汽缸和活塞来选配。选配合适的活塞环后，在装配时，须进行以下几项检查。

① 活塞环平行度的检查。方法见图 2-15，两端面平行度应符合制造技术要求。

② 活塞环外圆倒角的检查。为避免活塞环的边缘损伤汽缸镜面，并使活塞环与汽缸的摩擦面能得到良好的润滑，活塞环的外缘必须倒角。

③ 活塞环开口间隙的检查。如图 2-16 所示，将环放入汽缸中，使环平面与汽缸轴线垂直，然后用塞尺检查间隙 A，其值应符合制造技术条件。此间隙是活塞环工作时的热膨胀间隙，如间隙过大，会使气体大量泄漏；间隙过小，活塞环会因膨胀在缸内卡住。

④ 活塞环圆度的检查。将活塞环放入汽缸内用透光法或塞尺法检查圆度。活塞环圆度应符合制造技术条件，以保证活塞环工作时的气密性。

⑤ 活塞环弹力的检查。在开口间隙和圆度检查合格后，即可进行弹力的检查。一般把活塞环弹力控制在 0.08～0.15MPa 的范围内。如图 2-17 所示，用钢丝或铜丝检查弹力。检查时，将活塞环用钢丝或铜丝绕上，在钢丝或铜丝另一端挂上砝码，使活塞环压至工作状态时的开口，这时所加的砝码即为活塞环的切向弹力。若需要径向弹力时，可用切向弹力等于径向的 0.329 倍进行换算。

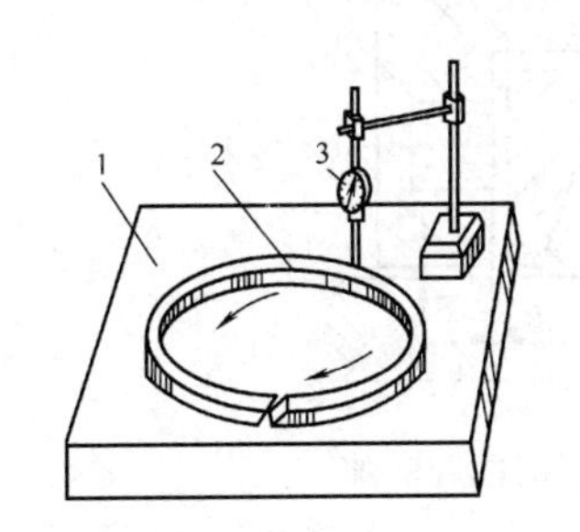

图 2-15　活塞环平行度检查

1—平板；2—活塞环；3—千分表

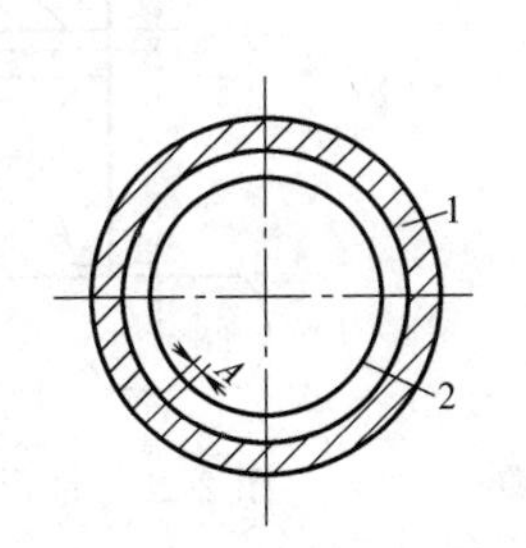

图 2-16　活塞环开口间隙

1—汽缸壁；2—活塞环

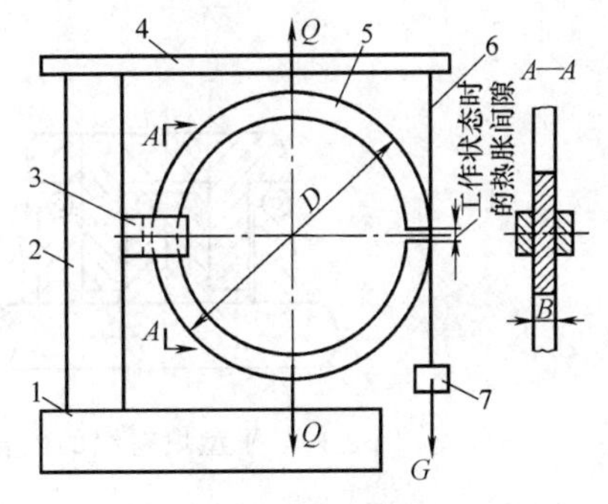

图 2-17　检查活塞环弹力

1—横梁；2—钢丝；3—工件；4—支块；5—砝码；6—支柱

⑥ 活塞环的装入。将检查合格的活塞环用专用的扩张器套装到活塞环槽内。然后用塞尺检查活塞环与活塞环槽的轴向间隙 B，见图 2-18；轴向间隙过小，工作时会使环卡死在槽内；间隙过大，会因撞击加速磨损，并造成严重漏气。

另外，要求活塞环压进槽内时，应能全部沉入，且应低于活塞环槽深 0.25～2mm。

应注意的是，将活塞组件装入汽缸时，相邻两环的开口应互相错开 120°，以保证良好的密封；且不许将活塞环开口置于进排气孔处，以免将活塞环弄断。

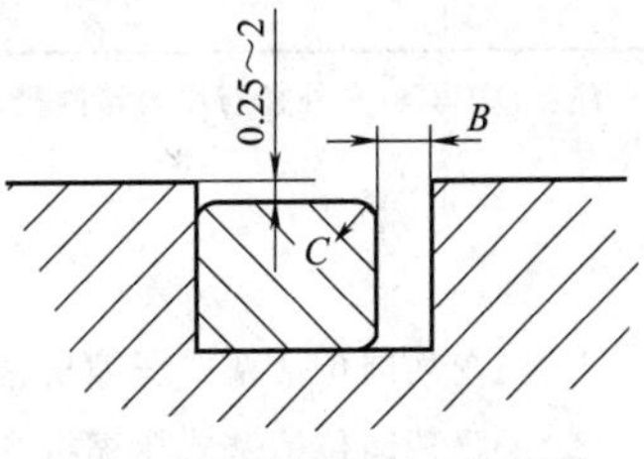

图 2-18　活塞环与环槽间隙

2. 填料的安装修理

安装平面填料函时，首先要检查填料函表面是否有裂纹、划痕；并根据图纸的要求，检查每组填料函、密封圈端面和内圆的粗糙度，看它们接触是否良好，可用平板研磨贴合法来检查填料盒的端面，看其接触是否均匀，有无缝隙。

如不符合要求，须进行刮研修理。密封圈的端面和内圆均用涂色刮研法进行装配，使其接触面不少于总面积的 70％。

此外，应注意对准填料盒的润滑油孔及回油孔，并用吹送压缩空气或注油的方法检查油孔是否畅通，再将活塞推至汽缸尾部，装入密封铝垫，再把填料油孔吹净，对准定位销孔、油孔、水孔、排气孔等，然后在它们的表面及内孔涂上机油，按各组密封环预先编好的号码顺序成组装配。

注意不能将密封圈装反，还要保证填料盒与填料外壳的间隙。

锥形填料为高压填料，安装前，要对填料元件进行清洗、检查各表面的粗糙度，用涂色法检查其贴合程度，要求压紧环、T形环、前后锥环均匀接触达70%以上。各填料元件接触表面均应在平板上研磨，使之紧密贴合无缝隙。

在没有装入轴向弹簧时，用塞尺测量密封元件的轴向间隙，调整和保证填料各部分规定的尺寸间隙，使其符合图纸要求。应按图纸规定检查T形密封环及封油圈的开口间隙是否相等，轴向弹簧的轴向力是否相等。

然后清洗油孔，涂上机油，最后按顺序安装，其安装方法同平面填料函一样。

另外，安装时应注意锥角小的填料要放在近汽缸端。

填料与填料盒、活塞杆及填料盒与活塞杆的配合间隙要求如图2-19、图2-20所示，其参数见表2-8、表2-9。

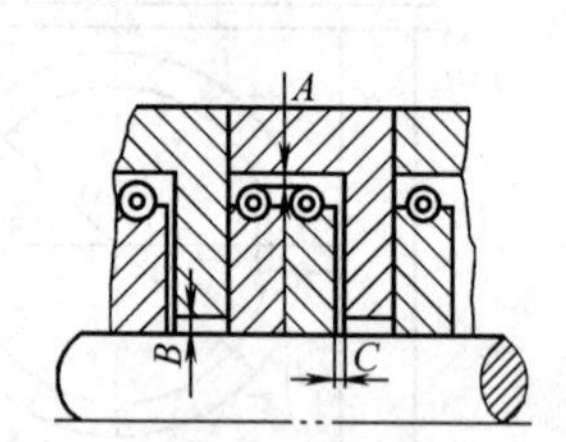

图2-19 平型填料组的配合间隙

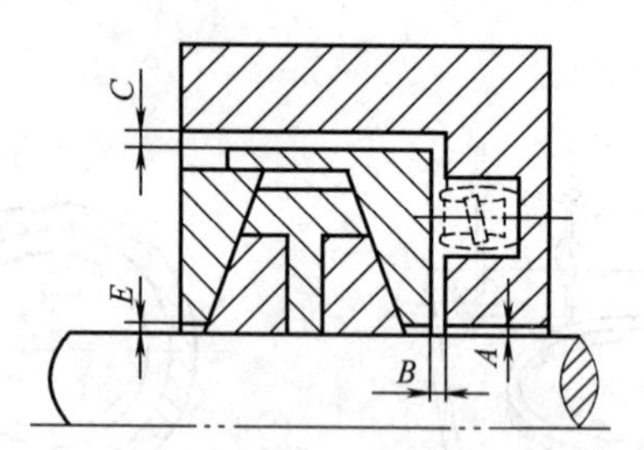

图2-20 锥形填料组的配合间隙

表2-8 平型填料安装间隙值

间隙代号	间隙值/mm
A	2.00～3.50
B	1.50～3.50
C	0.035～0.15
D	0.15～0.30

注：*D*—填料盒外径与填料箱内径之间的间隙。

表2-9 锥形填料安装间隙值

间隙代号	间隙值/mm
A	1.50～3.50
B	0.40～0.50
C	1.50～2.50
D	0.10～0.40
E	0.80～1.00
F	1.50～2.50

注：*D*—填料盒外径与填料箱内径之间的间隙；
F—密封环和内夹环的开口间隙。

思考与训练

1. 调查某岗位活塞式压缩机常见故障，试分析其原因。
2. 了解某岗位活塞式压缩机常见故障的修理方法。
3. 活塞式压缩机的拆卸顺序是怎样的？
4. 活塞式压缩机在拆卸过程中要做好哪些测量工作？
5. 活塞式压缩机的汽缸应进行哪些检查？
6. 活塞式压缩机汽缸的圆度和圆柱度偏差过大时，应怎样进行修理？
7. 活塞式压缩机汽缸内表面有轻微拉毛时，应怎样进行修理？
8. 活塞式压缩机汽缸内表面有沟槽或严重拉毛时，应怎样进行修理？
9. 曲轴的圆度和圆柱度偏差较小时怎样处理？较大时又怎样处理？
10. 检修压缩机的连杆时应检查哪些项目？
11. 检修压缩机的气阀时应检查哪些项目？
12. 检修压缩机的活塞环时应检查哪些项目？
13. 制订活塞式压缩机活塞环更换的步骤和技术要求。

14. 制订活塞式压缩机气阀检修的步骤和技术要求。

项目三　离心式压缩机的维护与检修

离心式压缩机常按汽缸形式分类，分别称为水平剖分型压缩机和垂直剖分型压缩机。气体压强比较低（一般低于 50MPa）的多采用水平剖分型汽缸，气体压强较高或易泄漏的要采用筒型缸体。离心式压缩机一般由驱动机（电动机或汽轮机）、增速器、压缩机本体组成。

任务一　离心式空气压缩机常见故障及其分析

1. 离心式压缩机结构分析

图 2-21 为水平部分型二氧化碳压缩机低压缸（2MCL），图 2-22 为垂直部分型合成气压缩机高压缸（2BCL）。

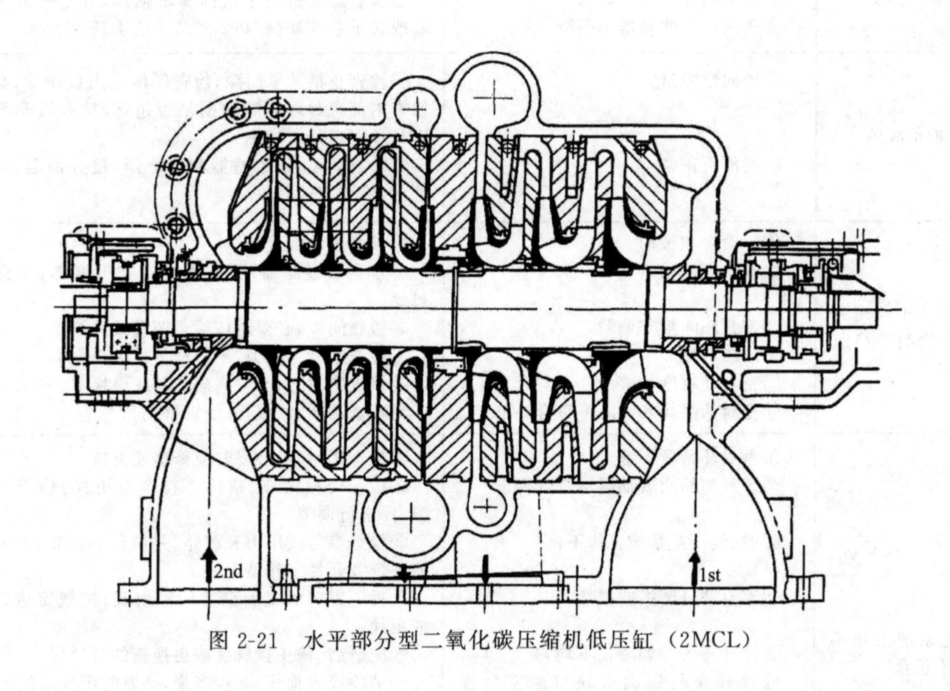

图 2-21　水平部分型二氧化碳压缩机低压缸（2MCL）

2. 离心式空气压缩机常见故障及其分析

离心式空气压缩机常见故障及其分析见表 2-10。

表 2-10 离心式空气压缩机常见故障及其分析

故障名称	产生原因	处理方法
异常振动和噪声	①不对中 ②压缩机转子不平衡 ③叶轮损坏 ④轴承不正常 ⑤联轴器故障或不平衡 ⑥密封环不良 ⑦油压、油温不正常 ⑧油中有污垢、不清洁，使轴承磨损 ⑨喘振 ⑩气体管路的应力传递给机壳，由此引起不对中 ⑪压缩机附近有机器工作	①卸下联轴器，使原动机单独转动，如果原动机转动时没有异常振动，则故障可能由不对中引起；检查对中情况并参照安装说明书 ②检查转子，看是否由污垢或损坏引起；如有必要应对转子重新进行平衡 ③检查叶轮，必要时进行修复或更换 ④检查轴承、调整间隙，必要时修复或更换 ⑤检查联轴器平衡情况，检查联轴器螺栓、螺母 ⑥检查测定密封环间隙，必要时修复或更换 ⑦检查各注油点油压、油温及油系统工作情况，发现异常设法调整 ⑧查明污垢来源，检查油质，加强过滤，定期换油，检查轴承，调整间隙 ⑨检查压缩机运行时是否远离喘振点，防喘裕度是否正确，防喘装置是否工作正常 ⑩气体管路应很好固定，防止有过大的应力作用在压缩机汽缸上；管路应有足够的弹性补偿，以应付热膨胀量 ⑪将它们的基座基础互相分离，并增加连接管的弹性
轴承故障	①润滑不正常 ②不对中 ③轴承间隙不符合要求 ④压缩机或联轴器不平衡	①确保使用合格的润滑油；定期检查，不应有水和污垢进入油中 ②检查对中情况，必要时应进行调整 ③检查间隙，必要时应进行调整或更换轴承 ④检查压缩机转子组件和联轴器，看是否有污物附着或转子组件缺损，必要时转子应重新找平衡
止推轴承故障	①轴向推力过大 ②润滑不正常	①检查止推轴承间隙，检查气体进出口压差，必要时检查内部密封环间隙数据是否超标，检查段间平衡盘密封环间隙是否超标 ②检查油泵、油过滤器和油冷器，检查油温、油压和油量，检查油的品质
油密封环和密封环故障，密封不稳定	①不对中和振动 ②油中有污物 ③密封环间隙有偏差 ④油压不足 ⑤密封环精度不够 ⑥密封油品质和油温不符合要求	①参阅振动部分 ②检查油过滤器，更换附有污物的滤芯；加强在线过滤 ③检查间隙，必要时应给予调整或更换 ④检查参考气压力，不得低于最小极限值 ⑤检查密封环，必要时应修理或更换 ⑥检查油质、油温，并予以解决
密封系统工作不稳定、不正常	①密封环精度不够 ②密封油品质或油温不符合要求 ③油、气压差系统工作不良 ④密封部分磨损或损坏 ⑤浮环座的接触磨损不均匀 ⑥浮环座的端面有缺口或密封面磨损 ⑦密封环断裂或破坏(组装损伤或空转时热应力破坏) ⑧密封面、密封件、O形环被腐蚀 ⑨因低温操作密封部分结冰 ⑩计量仪表工作误差	①检查密封环，必要时应修理或更换 ②检查密封油质、指标不符合应更换；检查密封油温，并进行调节 ③检查参考气压力及线路，并调整到规定值；检查压差系统各元件工作情况 ④拆下密封后重新调整间隙组装；按规定进行修理或更换 ⑤应研磨、修正接触面或更换新的备件 ⑥消除吸入损伤、减少磨损，必要时更换新的备件 ⑦可能组装时造成损伤，组装应注意；尽量减少空负荷运转；不能修复时应更换 ⑧分析气体性质，更换部件材质或更换新备件 ⑨消除结冰，或用干燥氮气净化密封大气 ⑩检查系统的测量仪表，发现失准时检修或更换

续表

故障名称	产生原因	处理方法
压缩机性能达不到要求	①设计错误 ②制造错误 ③气体性质差异 ④运转条件变化 ⑤沉积夹杂物 ⑥密封环间隙过大	①审查原始设计，检查技术参数是否符合要求；如发现问题应与卖方和制造厂交涉，采取补救措施 ②检查原设计及制造工艺要求：检查材质及加工精度；发现问题及时与卖方和制造厂交涉 ③检查气体的各种性质参数，如与原始设计的气体性质相差太大，必然影响压缩机性能指标；根据实际需要与可能设法解决 ④实际运转条件与设计条件相差太大，必然使压缩机运转性能与设计性能偏移，如发现异常应查明原因 ⑤在气体流道和叶轮以及汽缸中是否有夹杂物，如有则应清除 ⑥检查各部间隙，不符合要求则必须调整或更换
压缩机喘振	①运行点落入喘振区或距喘振边界太近 ②防喘裕度设定不够 ③吸入流量不足 ④压缩机出口气体系统压力超高 ⑤工况变化时放空阀或回流阀未及时打开 ⑥防喘振装置未投自动 ⑦防喘振装置或机构工作失准或失灵 ⑧防喘整定值不准 ⑨升速、升压过快 ⑩降速未先降压 ⑪气体性质改变或状态严重改变压缩机部件损坏脱落 ⑫压缩机气体出口管线上止逆阀不灵	①检查运行点在压缩机特性线上的位置，如距离喘振边界太近或落入喘振区，应及时调整工况并消除喘振 ②预先测定好各种工况下的防喘裕度；防喘裕度应调整到最佳 ③可能进气阀门开度不够，阀芯太脏或结冰，进气通道阻塞，入口气源减少或切断等。应查出原因设法解决 ④压缩机减速或停机时气体未放空或回流；出口止逆阀失灵或不严，气体倒灌；应查明原因采取措施 ⑤进口流量减少或转速下降，或转速急速升高时应查明原因；及时打开防喘振的放空或回流阀门 ⑥正常运行时防喘振装置应投自动 ⑦定期检查防喘振装置的工作情况，如发现失灵、失准或卡涩、动作不灵应及时解决 ⑧严格整定防喘数值，并定期试验，发现数值不准及时校正 ⑨工况变化，升速、升压不可过猛、过快。要交替进行，缓慢、均匀 ⑩降速之前应先降压，以免发生喘振 ⑪当气体性质或状态改变之前，应换算特性线，根据改变后的特性线整定防喘振值级间密封、平衡盘密封和O形环破损、脱落会诱发喘振；应经常检查，使之处于完好状态 ⑫压缩机出口气体管线上的止逆阀应经常检查，保持动作灵活、可靠；以免转速降低或停机时气体倒灌
压缩机叶轮破损	①材质不合格，强度不够 ②工作条件不良(强度下降) ③负荷过大，强度降低 ④异常振动，动、静部分碰撞 ⑤落入夹杂物	①重新审查原设计、制造所用的材质，如材质不合格应更换叶轮 ②工作条件不符合要求，由于条件恶劣，造成强度降低，应改善工作条件，符合设计 ③因转速过高或流量、压比太大，使叶轮强度降低，造成破坏；禁止严重超负荷或超速运行 ④振动过大，造成转动部分与静止部分接触、碰撞，形成破损；严禁振值过大强行运转；消除异常振动 ⑤压缩机内进入夹杂物打坏叶轮或其他部件；严禁夹杂物进入压缩机；检查进口过滤器是否损坏

续表

故障名称	产生原因	处理方法
压缩机漏气	①沉积夹杂物 ②应力腐蚀和化学腐蚀密封系统工作不良 ③O形密封环不良 ④汽缸或管接头漏气 ⑤密封胶失效 ⑥运转不正常 ⑦密封环破损、断裂、腐蚀、磨损	①保持气体纯洁，通流部分和汽缸内有沉积物时应尽早清除 ②防止发生应力集中，防止有害成分进入压缩机，做好压缩机的防腐措施。检查密封系统各元件，查出原因及时解决 ③检查各O形环，如发现不良和老化应更换 ④检查汽缸接合面和各法兰接头，发现漏气及时采取措施 ⑤检查汽缸中分面和其他部位的密封胶及填料，发现失效应更换 ⑥检查运转操作指标是否正确，检查压缩机运行状态，发现不正常及时解决 ⑦检查各密封环；发现断裂、破损、磨损和腐蚀应查明原因，并及时修复或更换
压缩机流量和排出压力不足	①通流量有问题 ②压缩机逆转 ③吸气压力低 ④气体相对分子质量不符 ⑤原动机转速比设计转速低 ⑥自排气侧向吸气侧的循环量增大 ⑦压力计或流量计故障	①将排气压力与流量同特性曲线相比较研究，看是否符合，以发现问题 ②检查旋转方向，旋转方向应与压缩机壳上的箭头方向一致 ③检查入口过滤器 ④测定气体实际相对分子质量，和说明书的规定数值相比较；如果实际相对分子质量比规定值小，排气压力就不足 ⑤检查压缩机运行转速，与说明书对照；如转速确实低，应提升原动机转速 ⑥检查循环气量，检查外部配管；检查循环气阀开度，循环量太大应调整 ⑦检查各计量仪表，发现问题应调校、修理或更换
原动机超负荷	①气体相对分子质量比规定值大 ②原动电动机在电气方面有问题 ③与叶轮相邻的扩压器表面腐蚀，扩压度降低 ④叶轮或扩压器变形 ⑤转动部分与静止部分相碰 ⑥吸入压力高	①检查气体实际相对分子质量，与设计说明书相比较 ②检查断路器的热容量和动作状况；检查电压是否降低；检查各相电流差是否在3%以内；发现问题及时解决 ③拆开检查，检查扩压器各流道，如有腐蚀应改善材质或提高表面硬度；清扫表面，使表面光滑；如叶轮与扩压器相碰或扩压器变形，应更换 ④叶轮或扩压器变形应修复或更换 ⑤拆开原动机压缩机和齿轮箱；检查各部间隙并与说明书对照；发现问题及时解决 ⑥吸入压力高，则重量流量增大，功率消耗大；与设计数据对照，找出原因并解决

3. 检修周期

离心式空气压缩机的检修周期见表2-11。

表2-11 离心式空气压缩机的检修周期

检修类别	小修	中修	大修
检修周期/月	3～4	8～12	24～36

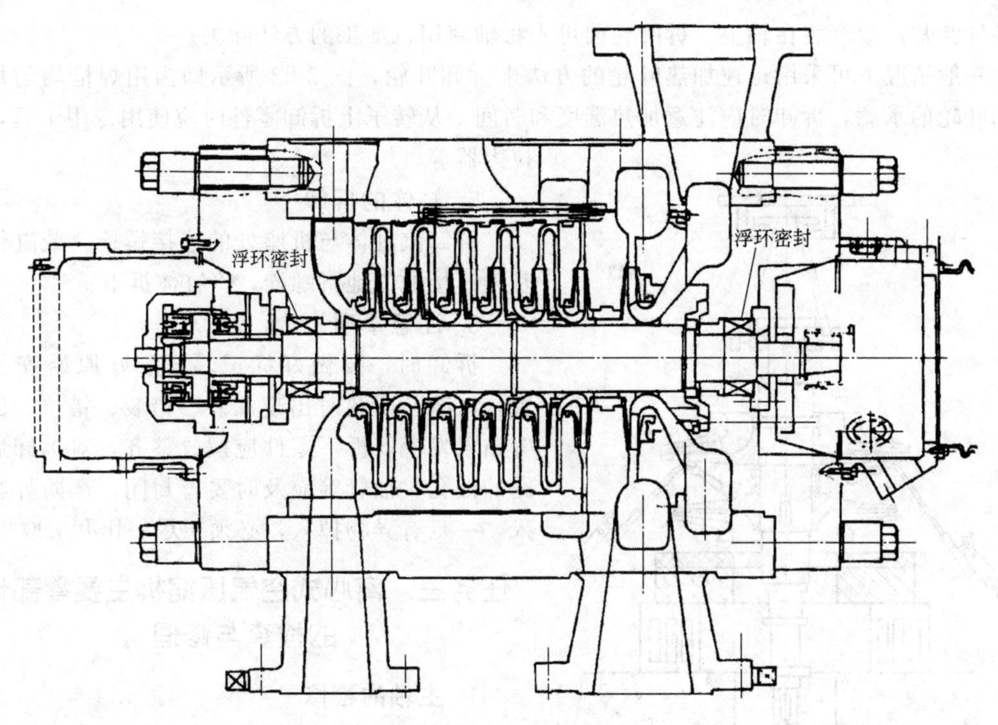

图 2-22　垂直部分型合成气压缩机高压缸（2BCL）

任务二　离心式空气压缩机的拆卸

1. 准备工作

离心式压缩机拆卸前，应做好以下几项准备工作：切断电源，确保拆卸时的安全；关闭出入口阀门，拆除压缩机与增速器及增速器与电动机联轴器的连接装置；拆除进、出口法兰螺栓，使机壳与进、出口管路脱开，为安全起见在管口处加装盲板。对于水平剖分式压缩机，缸体不进行拆卸时，也可不拆进、出口管线。

2. 连接件的拆卸

离心式压缩机拆卸时，首先应拆卸机壳的连接螺栓或机壳与端盖的连接螺栓，拆开轴承压盖，将汽缸盖或端盖、轴承压盖吊出。在拆卸时，汽缸盖与机壳的密封垫片，有时会出现粘连现象，使汽缸盖难以吊起，此时，可用顶丝或用通芯螺丝刀将机盖顶起或撬起后，再行拆卸。

3. 缸盖及内件的拆卸

将汽缸盖翻过来，使结合面向上，取出缸盖和缸盖内的全部密封装置、隔板、推力块、油封及轴瓦等零部件。锈死或卡住的气封或隔板应用煤油提前浇在止口处，并用紫铜棒轻轻敲击取出。

4. 转子的拆卸

用钢丝绳将转子绑好，从缸体上吊起；对于垂直剖分型压缩机，应将转子从机壳内缓缓抽出，吊起，放在事先准备好的支架上。

一般情况下，转子部分不进行拆卸解体，以保证转子动平衡不被破坏。需拆卸时，应沿轴向按从外向内的顺序依次进行，即推力盘→密封轴套→平衡盘→轴套→叶轮。轴套、叶轮等零件常常过盈套装在轴上，拆叶轮前可先将轴套用机加工的方法除去。

一般情况下可采用迅速加热叶轮的方法来拆卸叶轮，图 2-23 所示即为用焊枪均匀加热拆卸叶轮的示意，拆卸时应注意加热温度和时间。从转子上拆卸零件时应使用专用工具，如拉力器等。

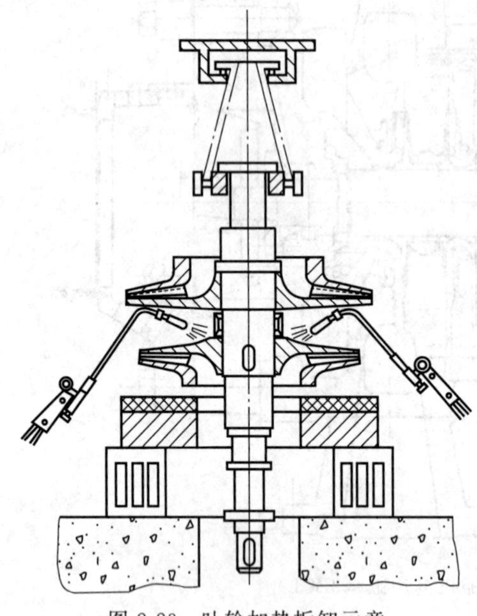

图 2-23 叶轮加热拆卸示意

5. 缸体的拆卸

拆卸汽缸体与机座处的连接螺栓，或缸体与基础连接处的地脚螺栓，将缸体拆下。

6. 注意事项

拆卸时，要做好标记，记录好原始安装位置，以防止回装时出现漏装、错装、错位、倒向等错误发生。拆下零件应摆放整齐，对拆卸后暴露的油孔、油管等应及时妥善封闭，严防异物落入，一旦有异物掉入，必须想尽一切办法取出。

任务三 离心式空气压缩机主要零部件的检查与修理

1. 主轴的检修

主轴拆卸后，用外径千分尺测量各轴颈（与叶轮、轴承、联轴器等配合处）的尺寸，以计算其圆度和圆柱度偏差，其值应在允许范围内。当偏差超过允许值较小时，可用车削或磨削方法进行修理；超差较大时，则应检查主轴直线度偏差是否过大。

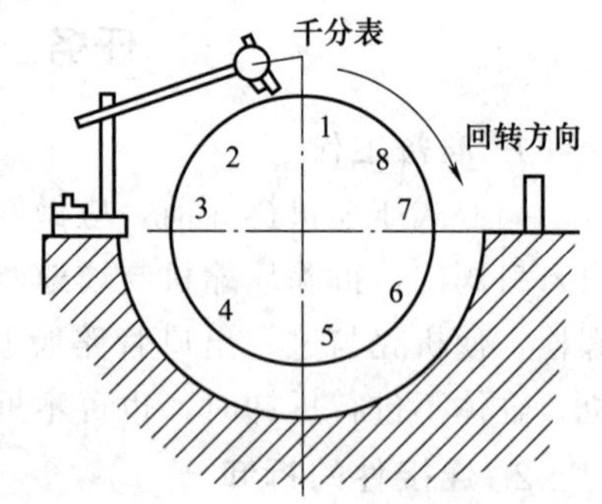

图 2-24 径向圆跳动量的测量

将主轴放在机壳内（如图 2-24 所示）或放置于车床上两顶尖之间，使主轴处于自由状态，用千分表测量主轴轴颈（如图 2-25 中 E_1、E_2 处）的径向圆跳动量。将转子分成 4～8 等份，按转子旋转方向盘动转子，千分表摆动最大值即为径向圆跳动量值。同时用两块千分表在主轴适当位置测量主轴的直线度偏差。其径向圆跳动量值应不大于 0.01mm，若偏差超标不大时，可将主轴轴颈在车床上车削；如超标过大，则应检测直线度偏差并用矫正方法矫直主轴。

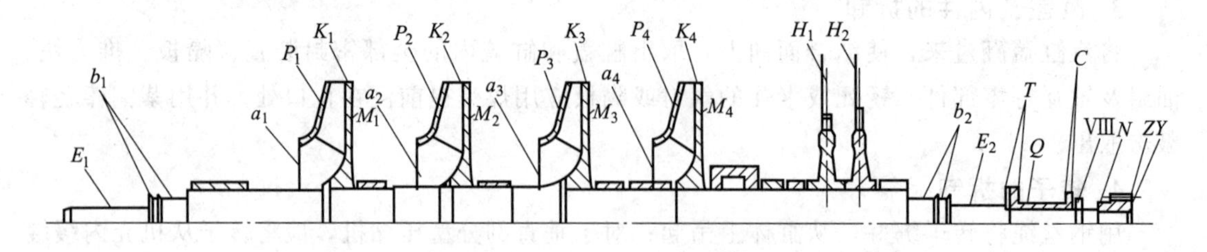

图 2-25 压缩机转子径向、端面圆跳动量位置示意

检查轴颈表面有无划痕、沟槽、擦伤、磨点等缺陷，必要时进行探伤检查。较小的缺陷

可用手工刮研并抛光处理；较大的缺陷可用堆焊、电镀、喷涂等方法修理后，再磨削抛光。探伤检查发现裂纹或出现严重缺陷时，一般不予修理，而用备品配件更换。

2. 叶轮的检修

用游标卡尺检测叶轮进口端与吸气室间的径向间隙，用长塞尺检测叶轮轮盘、轮盖与隔板的轴向间隙。当间隙超过允许值时，可车削叶轮或通过调整轴承间隙来进行调节。

将叶轮与主轴组装在一起，放置于机床两顶尖之间，用千分表测量叶轮出口外圆处的径向跳动量，其测量方法和偏差超过允许范围时的处理方法可参见主轴检修内容。同时还应测量叶轮的端面跳动量，其值应在允许范围内。如端面跳动量值超过允许范围值，超标较小时，一般不进行修理；数值较大时，可利用修刮叶轮内孔或加垫片的方法调整叶轮与主轴的装配关系；超标过大时，则可将叶轮端面在车床上进行少量的车削。

用着色法或磁粉探伤法检查叶轮表面缺陷，应无裂纹、损伤、冲蚀或磨损等痕迹，检查其表面粗糙度应符合技术要求。叶轮出现裂纹可用补焊法进行修理或更换新叶轮；磨损、冲蚀等缺陷可用堆焊、补焊法修理。

检查叶片应无卷边、冲击、开焊等缺陷，叶轮铆钉不得有收缩、松动或脱落等现象，否则应更换叶片、铆钉并进行重新铆接。

检查叶轮流道有无冲蚀、锈垢及沉积物等，并及时进行清理。

检修后的叶轮应进行动平衡、静平衡试验。

3. 平衡盘和推力盘的检修

用千分表测量平衡盘和推力盘外圆的径向跳动量及端面跳动量，其值应在允许范围内。

当跳动量数值超过允许数值时，可参照主轴或叶轮跳动量超标时的修理方法进行修理或更换。

测量平衡盘、推力盘的端面平面度偏差，其值不得大于0.02mm；其表面粗糙度值$Ra \leqslant 0.32\mu m$。不符合技术要求时，可进行加工修理直至符合要求。

检查端面有无拉毛、腐蚀、偏磨损等缺陷。若缺陷较小，可用刮研、车削等方法进行修理；缺陷较大可采用堆焊、喷涂法修理；缺陷严重较难修复时则应更换。

检查平衡盘、推力盘与轴的接合处是否存在过盈配合失效、拉伤或腐蚀等现象。对套装平衡盘或推力盘可根据缺陷情况进行更换，并相应地将轴上的配合部位进行刮研、磨削修复，以保持要求的过盈量；与转子一起整锻的，可采取在磨床上适当磨光或手工研磨，消除缺陷。

4. 固定元件的检修

检查吸气室有无裂纹、损伤，气体通道有无冲刷、腐蚀、磨损等缺陷，表面是否有附着物。如出现轻微裂纹可用补焊法进行修理，裂纹严重时应更换吸气室。对于冲刷、腐蚀、磨损及其他损伤，可用堆焊、金属喷涂等方法修理，严重时应进行更换。发现表面附着物应及时清除。

蜗壳的检修方法与吸气室的检修方法基本相同。除上述检修要求外，对于汽缸（或机壳）还应在拆卸时用水平仪测量其横向、纵向水平度偏差。

用塞尺检测汽缸中分水平面或外筒端面与端盖的间隙，其值应符合技术要求，中分面或端盖接触面处应平整光滑，结合严密。出现缺陷时，可用堆焊等方法进行修理，而后用刮研方法刮研，使配合面的接触情况符合技术要求。

检查汽缸螺栓有无裂纹、锈蚀及其他伤痕，并用标准角尺、塞尺检查螺栓旋入螺栓孔后有无歪斜、晃动等现象。若出现上述缺陷之一，则应更换新螺栓。

检查汽缸有无裂纹或其他损伤，必要时应进行无损探伤检查。对汽缸还应进行水压强度试验。汽缸出现裂纹等缺陷可用补焊、缀缝钉、补绽等方法进行修理。

5. 轴承的检修

(1) 径向轴承的检修与间隙的检测调整　检查轴瓦巴氏合金有无裂纹、伤痕、气孔及脱落现象。发现缺陷后，应根据缺陷的部位和严重程度，更换新轴瓦或采用补焊的方法进行消除。

检查、测量轴瓦的磨损情况，若表面有磨痕或圆柱度、圆度偏差超过数值，应采用机械加工方法修理。

检查轴瓦与轴承座及盖的接触情况，一定要接触均匀，不得有翘角或存在部分间隙。如达不到要求，则应用刮削轴承座与轴承盖的内表面或用细锉刀加工轴瓦瓦背的方法来修理。

圆柱轴承轴瓦更换后，应进行刮研，以保证轴颈和轴瓦的接触角不小于 60°～70°，接触面积和接触点应符合质量标准。

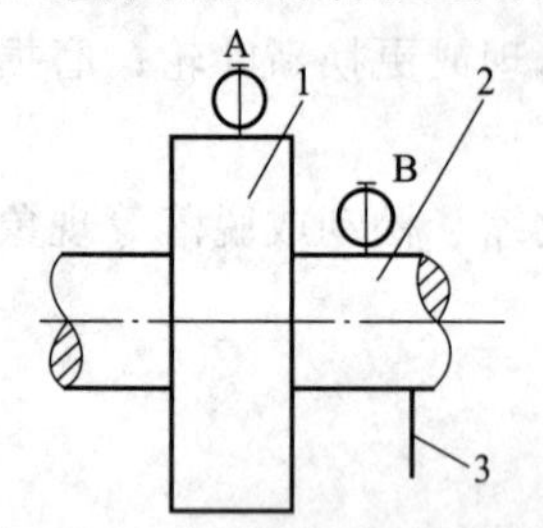

图 2-26　抬轴法测量轴承间隙
1—轴承盖；2—轴；3—抬轴的力；A,B—千分表

椭圆轴承和可倾式多块瓦轴承一般都不进行修刮。为了改善轴承的接触情况也可进行轻微刮削。

测量轴承径向间隙常用的方法有两种：压铅法和抬轴法。压铅法是检修现场常用的一种测量径向轴承间隙的方法。对于可倾式多块瓦轴承，压铅丝时使两端的瓦块压到铅丝，因此间隙值应进行修正。抬轴法测量径向间隙方法是先装上上半轴承，用两只千分表，其中 A 表的触头触及轴承盖的最高点，B 表的触头触及轴的最高点，如图 2-26 所示。把两只千分表的读数置零后，用适当的工具将轴缓缓向上垂直抬起，直到 A 表的读数为 0.005mm 为止。此时，轴上千分表 B 的读数即为轴承的径向间隙。

圆柱轴承的间隙过小时可用刮削的方法进行调整。对于其他两类轴承则可采用加减下部轴瓦与机体之间的垫片厚度的方法来调整，当调整量超过 0.5mm 时，需要修整瓦块圆弧。

轴向间隙的检测如图 2-27 所示。将轴推移到一端极限位置，用塞尺或千分表来测量。当间隙超过规定的标准数值时，可以通过刮削轴瓦端面或调整止推螺钉（图 2-28）来调整。

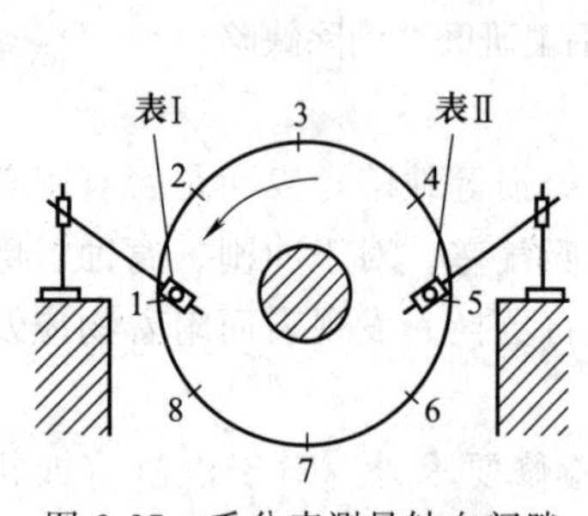

图 2-27　千分表测量轴向间隙

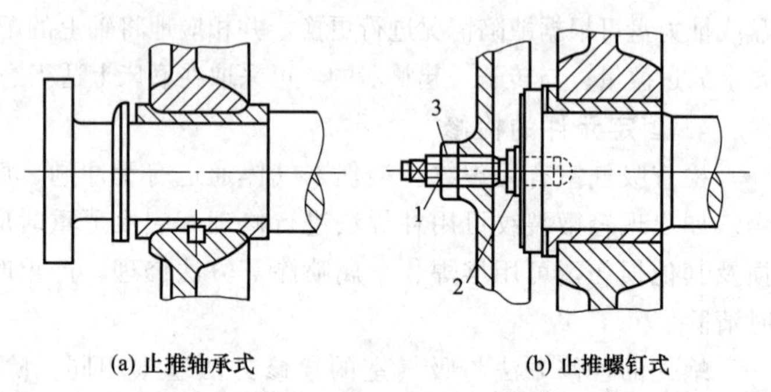

图 2-28　滑动轴承轴向间隙的调整
1—调节螺钉；2—固定销子；3—锁紧螺母

(2) 止推轴承的检修与间隙的检测调整　检查止推瓦块和止推盘的接触情况，接触不良时，可对止推瓦块工作面进行刮研。对于止推块重点应检查轴承合金有无磨损及腐蚀痕迹，可用千分表在平板上测出瓦块的最大磨损和腐蚀量。测量时将瓦块摆平，轴承合金表面向上，背部的支持面与平板全部接触。测量方法是：先将未磨损或腐蚀的表面对准千分表测量

杆，记下读数，再移动瓦块至磨损或腐蚀最严重的部位，记下读数，两次读数的差值即是最大的磨损与腐蚀量。检查轴承合金有无夹渣、气孔、裂纹、剥落及脱壳现象。检查止推块内外弧有无磨损的划痕，并用外径千分尺检测各瓦块的厚度。如出现缺陷应根据损伤情况进行更换或用补焊法进行修理。

检查瓦壳结合面定位销是否松动，如松动则应重新配制销子。检查瓦壳前后定位垫环的松紧度，如过松应更换一侧的定位垫环。检查轴瓦阻油环间隙，间隙过大应调整。

止推轴承的径向间隙检测、调整方法与径向轴承的检测、调整方法基本相同。

止推轴承间隙的检测与调整主要是对其轴向间隙而言。止推轴承间隙是转子在工作面和非工作面止推轴承之间的轴向窜动量。现场测量常用方法是：在外露的轴端上沿轴向装一只千分表，然后来回窜动转子，千分表上前后读数差值即为止推轴承的间隙；也可待推力轴承全部装配好后，将千分表固定在静止件上，使测量杆顶在转子上的某一个光滑端面上，并与轴平行，盘动转子，用专用工具或杠杆将转子依次分别推向前、后两极限位置，同时记下两极限位置的千分表数值，其数值之差即为轴向间隙。在测量时，应同时装上一只千分表来测量瓦壳的移动量。推动转子应有足够大的轴向推力，使推力盘紧靠所有瓦块。

调整止推轴承的间隙，可以用加、减止推轴承背面垫片的厚度来实现。

6. 密封装置的检修

（1）迷宫密封的检修与调整

① 迷宫密封的检修。检查各梳齿的磨损情况，磨损较大时应更新。检查气封块背部安装弹簧片弹力是否合适，弹簧片有无裂纹和损坏，否则应更换弹簧片。检查密封梳齿应无损伤、倒尖扭曲、歪斜和断裂等缺陷，否则应用备品配件调换。检查气封梳齿块与槽道配合的松紧程度，若配合过紧应用细锉刀进行锉削修理。

② 间隙的测量与调整。间隙的测量可用压铅法进行。测量前，对于水平剖分型汽缸，吊开上缸后，转子仍然支持在轴承上。检查间隙时，转子与两端轴承作为定位基准。对于垂直剖分型汽缸，吊开内缸的上半缸后，转子放在气封上，无合适的定位基准，因此需要在两端的气封上各垫上一块厚度和此处规定的半径气封间隙等厚的钢皮，作为转子的定位基准。测量时，要在气封正上方和下方放上铅丝，并在端面用胶布把铅丝粘住。然后，吊入转子的上汽缸，一次可以同时压出间隙值。由于铅丝压痕很窄，需用专用工具测量。

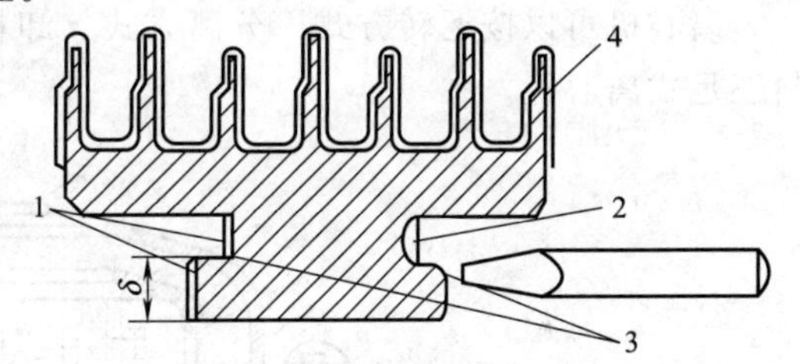

图 2-29　调整密封间隙的方法

1，2—调整轴向间隙的部位；3—扩大径向间隙时捻打部位及工具；4—检查径向间隙的胶布

径向间隙还可用压胶布、塞尺或假轴测量法进行测量，这些测量方法的具体操作可查阅有关技术资料。轴向间隙可用塞尺进行测量，如局部间隙较小，可用专用刮刀修刮，个别梳齿块间隙超差不大时，可用捻打和修刮梳齿块背部凸肩的办法适当补救。但捻打一般只能进行一次，捻打和修刮应以特制的工具进行，如图 2-29 所示。间隙值超过规定值较大时，则应更换密封梳齿块。

（2）浮环密封的检修与调整

① 检修。检测浮环内圆的圆柱度、圆度偏差不得超过 0.01mm，并不得有划伤、刻痕等缺陷，否则应进行更换或用刮研法进行修理。检查浮环与密封端盖有无碰坏、变形及裂缝等缺陷，

是否有毛刺、沟痕等。若存在上述缺陷，应进行更换或用细锉修平、用油石等打磨。

检查浮环与密封盒的接触面是否光滑平整，接触情况是否良好，有无划痕等缺陷，若不符合要求应进行研磨，以消除划痕，并保证接触面积达 100%。

② 间隙测量与调整。用游标卡尺测量浮环与轴的径向间隙，此间隙值一般为轴径的 1/2000～1/1000。用长塞尺测量各浮环间的轴向间隙。当间隙值不符合规定时，应更换浮环。

思考与训练

1. 离心式压缩机拆卸时应注意什么问题？
2. 离心式压缩机增速器的主要检查内容是什么？
3. 离心式压缩机轴承的主要检查内容是什么？
4. 离心式压缩机密封的主要检查内容是什么？
5. 调查某厂大型压缩机的检修方案。

项目四 离心机的维护与检修

离心机是用来实现悬浮液、乳浊液及其他物料的分离或浓缩的机器，结构紧凑、体积小、分离效率高、生产能力大以及附属设备少，广泛应用于化工、石油、食品、制药、选矿、煤炭、水处理和船舶等工业领域。

任务一 离心机结构与故障分析

1. 离心机结构分析

离心机可以按运转方式、分离方式、卸料方式等进行分类，图 2-30 为 SS 型人工上部卸料三足式离心机。

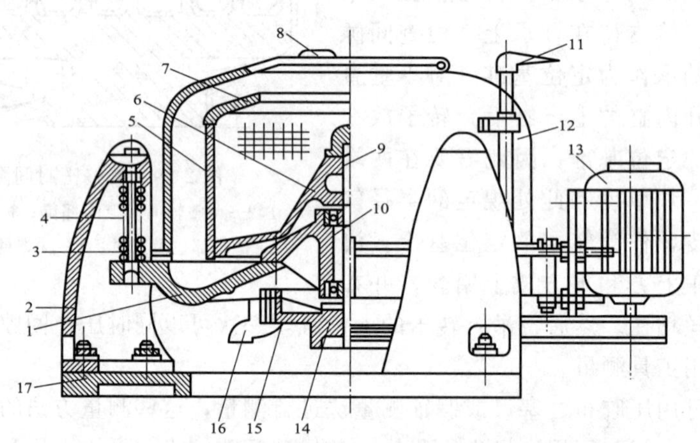

图 2-30 人工上部卸料三足式离心机

1—底盘；2—支柱；3—缓冲弹簧；4—摆杆；5—转鼓；6—转鼓底；
7—拦液板；8—机盖；9—主轴；10—轴承座；11—制动手柄；
12—外壳座；13—电动机；14—V 带轮；15—制动轮；
16—滤液出口；17—机座

2. 离心机常见故障及其分析与处理方法

离心机常见故障及其分析与处理方法见表 2-12。

表 2-12　离心机常见故障及其分析与处理方法

故障名称	产生原因	处理方法
异常振动	①转鼓本身不平衡或变形 ②转鼓组装后不水平 ③三个弹簧长度不一致 ④物料分布不均匀 ⑤出水口被滤液的结晶物堵塞 ⑥转鼓壁孔被结晶物堵塞	①卸下转鼓进行动平衡试验 ②找水平 ③更换长度一致的弹簧 ④停车将物料布匀 ⑤卸下出水口，清除堵塞物 ⑥卸下机壳，清除壁孔堵塞物
噪声加大	①离心机放置不水平 ②减振系统破坏 ③加料不均匀 ④转鼓被物料侵蚀 ⑤摩擦部位未加注润滑剂 ⑥出液口堵塞，转鼓在液体中转动，从而增大摩擦	①检查离心机是否放置水平 ②检查离心机的减振柱角是否完好无损 ③均匀加料，或适当调节加料量 ④检查转鼓是否腐蚀或存有大量黏结的干料，可委托生产厂家作动平衡检测 ⑤转子轴承部位加润滑剂 ⑥检查出液口是否堵塞，如有进行清理
主轴温升过高	①出厂所加润滑脂已耗完 ②主轴轴承间有微小杂物 ③机器转速过高，超过设计能力	①打开主轴加入润滑脂 ②清理主轴轴承 ③按出厂标配的转速使用离心机
电机温升过高	①机器负荷太重 ②电机转速过高 ③电路自身设计缺陷	①检查是否按相关负荷运转 ②检查转速是否正常 ③检查电路
启动时间长	离合器摩擦片已磨损	更换摩擦片
刹车不灵	①刹车片已磨损 ②刹车弹簧过松	①更换刹车片 ②更换刹车弹簧
料液从底盘处泄漏	①底盘破裂 ②卡子损坏 ③管道配置不合理导致阻力大	①更换底盘或将底盘包不锈钢皮 ②更换卡子 ③将离心机出料口直接向下，使料液无阻力

3. 检修周期

离心机的检修周期见表 2-13。

表 2-13　离心机的检修周期

检修类别	小修	中修	大修
检修周期/月	3	6	12

任务二　离心机主要部件的拆卸与检修

1. 准备工作

① 准备手锤、大锤、铜棒、梅花扳手、活扳手、撬棍、倒链、钢丝绳、吊装环、枕木、深度尺、游标卡尺、内径千分尺、外径千分尺等拆卸和测量工具。

② 电机断电，并在电机开关处挂“禁止启动”牌；关闭所有物料阀门，必要时加盲板；清除设备周围的物料及各种杂物（工作场地面铺设纸板，防止设备磕坏地面），为设备拆除

留出一定的空间等安全技术准备。

③ 开启放液阀，放净机壳内残余料液；在危险化学品（如强酸、强碱、有毒有害等）上进行检修工作必须进行清洗、置换后，穿戴合格防护用品。

2．拆卸

① 卸下离心机三角胶带、电动机、刹车装置手柄，拆除机壳。

② 拆卸主轴螺母和转鼓。

③ 拆卸轴承座、主轴和滚动轴承。

④ 拆卸刹车装置和离合器。

⑤ 拆卸吊杆、吊杆弹簧与球面垫圈。

3．检修及要求

① 按转鼓锥孔主轴的图样尺寸加工制作研磨轴。

② 用三角刮刀刮研转鼓锥孔，每刮一遍后，即用研磨轴进行锥面贴合的检查。要求转鼓锥孔与主轴配合处应均匀接触，在 25mm×25mm 面积内，接触点不少于 5 个；或在母线全长和圆周上贴合率不少于 70%，靠大端轴向全长 1/4 长度内圆周贴合率不少于 75%。

③ 转鼓焊缝如需修复，必须铲去有缺陷的焊缝后补焊。其中，局部焊接修补次数碳钢不超过两次、不锈钢不超过一次，否则需作返修焊接工艺评定，并经有关技术负责人批准。修补后转鼓应做动平衡试验，动平衡精度 G6.3 级，总配质量不超过转鼓总质量的 1/400；转鼓组装后应保持水平，径向跳动不大于 0.002 D（D 为转鼓内径，mm）。

④ 衬胶或涂层转鼓应进行电火花检查，检查器尖端离衬层 12mm 左右。

⑤ 三个支座的弹簧长度误差不超过±1mm；弹簧刚度一致。

⑥ 手盘动转鼓，检查有无碰擦现象；检查转鼓转动方向应正确（与箭头方向一致）。

⑦ 检查各部螺栓应紧固，各部装配正确。

⑧ 在额定转速下，离心机的振动烈度不大于 11.2mm/s。

⑨ 离心机的装配顺序按拆卸的相反顺序进行。

相关知识　离心机的维护管理

1．日常维护

① 开车之前，检查机器油箱的油位及各个注油点、润滑系统的注脂、注油情况；做到润滑五定和三级过滤，其中，一级过滤的滤网为 60 目，二级过滤的滤网为 80 目，三级过滤的滤网为 100 目。离心机运行时，应按照巡回检查制度的规定，定时检查油位、油压、油温及油泵注油量。

② 严格按操作规程启动、运转和停车，并做好运转记录。

③ 随时检查主辅机零件是否齐全，仪表是否灵敏可靠。

④ 随时检查主轴承温度、油压是否符合要求，轴承温度不得超过 70℃，若发现不正常，应查明原因，及时处理或上报。

⑤ 离心机在加料、过滤、洗涤、卸料过程中，如产生偏心载荷（如有异物、滤饼分布不均等），回转体即会产生异常振动和杂音，因此在机器运行时，要特别注意检查其运行是否平衡，有无异常的振动和杂音。

⑥ 及时根据滤液和滤饼的组分分析数据，判断分离情况，确定滤网、滤布是否破损，以便及时更换。

⑦ 检查制动装置，刹车摩擦副不得沾油，制动装置的各零件不得有变形、松脱等现象，保证制动动作良好。

⑧ 运行中注意控制悬浮液的固液比，保证机器在规定的工艺指标内进行。

⑨ 检查布料盘、转鼓的腐蚀情况。

⑩ 检查紧固件和地脚螺栓是否松动。

⑪ 随时检查油泵和注油器工作情况，保持油泵正常供油，油压保持在 0.1～0.3MPa 之间。

⑫ 经常保持机体及周围环境整洁，及时消除跑、冒、滴、漏。

⑬ 遇有下列情况之一时，应紧急停车：离心机突然发出异常响声；离心机突然振动超标，并继续加大振动，或突然发生猛烈跳动；驱动电机电流超过额定值不降，电动机温升超过规定值；润滑油突然中断；转鼓物料严重偏载。

⑭ 设备长期停用应加油封闭，妥善保管。

2. 定期检查

① 每周检查一次刮刀与转鼓滤网间的间隙，刮刀与滤网之间的间隙为 3～5mm，调整刮刀顶端的两个调节螺钉，使刮刀下降到下止点时与转鼓底部的间隙为 3～5mm。

② 每周检查一次离合器轴承的密封，防止漏油，以免摩擦片打滑。

③ 每 7～15 天检查一次机身振动情况。

④ 每 3 个月检查清洗一次过滤器，保证无污垢、水垢、泥沙。

⑤ 每 3～6 个月分析润滑油，保证润滑油品质符合标准。

⑥ 每 12 个月检查校验一次仪表装置是否达到性能参数要求，确保仪表装置准确、灵敏。

思考与训练

1. 离心机拆卸时应注意些什么问题？
2. 制订离心机转鼓的检修工艺流程。
3. 调查某厂大型离心机的检修方案。

项目五　反应釜的维护与检修

搅拌反应设备具有结构简单、操作简便灵活、操作弹性大、便于清洗等特点，既可用于间歇操作过程，又可单釜或多釜串联用于连续操作过程，普遍用于化工、制药、染料以及化纤生产等反应，是三大合成材料生产的常用设备。

任务一　反应釜结构与故障分析

1. 反应釜结构分析

立式容器中心搅拌反应釜主要由传动装置、搅拌装置、搅拌罐、传热装置组成，图 2-31为立式容器中心搅拌反应釜。

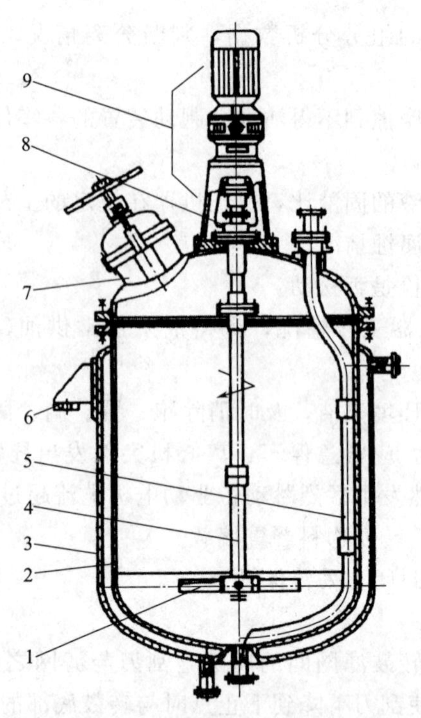

图 2-31 立式容器中心搅拌反应釜

1—搅拌器；2—釜体；3—夹套；4—搅拌轴；5—压出管；6—支座；7—人孔（或加料口）；8—轴封；9—传动装置

2. 反应釜常见故障及其分析与处理方法

反应釜常见故障及其分析与处理方法见表 2-14。

表 2-14 反应釜常见故障及其分析与处理方法

故障名称	产生原因	处理方法
搅拌轴转速降低	①胶带打滑 ②胶带损坏、断裂 ③电动机电压不足 ④电动机缺相运行	①调整胶带张力 ②更换带 ③检查电源系统 ④立即停机检查处理
轴封泄漏	(1)填料密封 ①搅拌轴在填料处磨损或腐蚀 ②油环放置不当或油路堵塞 ③压盖没压紧,填料质量差或使用过久 ④填料箱腐蚀 (2)机械密封 ①动静环端面变形或碰伤 ②动静环密封圈失效或损坏 ③弹簧断开或失效 ④操作不稳,密封腔内压力变化过大 ⑤硬颗粒进入摩擦副 ⑥转子轴向窜动,动环不能补偿位移 ⑦动静环密封面与轴垂直度超差 ⑧端面比压过大或过小 ⑨安装中受力不均	(1)填料密封 ①修理或更换新轴 ②调整油环或清堵 ③压紧压盖或更换填料 ④修补或更换填料箱 (2)机械密封 ①研磨或更换新件 ②更换或正确安装 ③调整比压或更换弹簧 ④稳定操作,控制压力范围 ⑤修复回装前认真过滤冷却液 ⑥将轴向窜动量调整到允许范围内 ⑦重新安装,使垂直度符合要求 ⑧修复或更换密封环减小或增大端面比压 ⑨正确安装,使动静环与压盖配合均匀

续表

故障名称	产生原因	处理方法
静密封点泄漏	法兰、管接头等密封面失效	修理密封面，压紧并更换垫圈
釜内发生异常响声	①搅拌器碰釜内壁或附件 ②搅拌器松动或折断 ③搅拌轴弯曲、直线度严重超差 ④中间轴承、底部轴承损坏	①停车检查修复搅拌器 ②停车修理、紧固 ③调整或换轴 ④更换轴承
轴承温度过高	①润滑油不足或过多 ②油质不合适或不清洁 ③机件配合不当 ④轴承损坏	①调整油量 ②更换 ③调整间隙 ④更换
联轴器响声大	①螺栓松动 ②弹性连接件磨损 ③零部件间隙过大	①紧固 ②更换新件 ③更换或修理
搅拌轴摆动量过大	①搅拌轴端部螺母松动 ②搅拌轴弯曲 ③轴承、衬套间隙过大 ④搅拌轴变形严重或损坏	①紧固螺母 ②调校轴直线度或更换 ③更换轴承或衬套 ④修复或更换
搅拌轴下沉	①上端锁紧螺母松动，花垫损坏 ②减速器输出轴与搅拌轴找正不好	①换垫，使轴回位紧固 ②调整、找正
电机电流过大	①负载过大 ②绕组绝缘能力降低	①检查处理 ②修理或更换
减速器油标漏油	油泵与减速器接头连接处密封不好	塑料管可用细铁丝拧紧；有机玻璃管可在接头处使用密封材料
减速器杂音大	①轴承损坏 ②装配间隙不合适 ③摆线轮有裂纹	①更换轴承 ②检查各部间隙，找正 ③更换摆线轮
减速器高温发热	①油不干净或缺油 ②转速太高或搅拌轴直径太大 ③安装质量差	①更换机油或把油加到所需要的位置 ②降低转速或改变搅拌直径 ③摆线针齿轮未按照标记强行安装，应重新装配
减速器传动有杂音	设备缺油造成针齿套退火磨损	更换针齿轮；将油加到需要的位置

3. 检修周期

反应釜的检修周期见表 2-15。

表 2-15　反应釜的检修周期

检修类别	小修	大修
检修周期/月	2～4	36～72

任务二　反应釜主要部件的拆卸与检修

1. 准备工作

① 了解搅拌反应釜相关的技术资料及其部件检修规程等，向车间了解被检修设备停车前的运行状态及故障现象。

② 手拉葫芦、铜棒、内六角扳手及套筒扳手、拔轮器等专用工具和劳保用品，及百分表、铅丝、游标卡尺等检测仪器的准备；检查核实备品备件、材料（煤油、铅丝、易损件等）、型号、规格、数量和质量。

③ 按操作规程进行工艺处理，做好断电、拆线、停水、挂牌、安全防护等工作。

2. 减速器的检修

（1）拆卸

① 用专用工具把轴夹住，以免长轴脱落。

② 把减速器输出轴与设备长轴的联轴器拆开。

③ 把减速器吊放到安全位置并倒置。

④ 松开机座与针齿部分的紧固螺栓，将两部分解体。

⑤ 在针齿轮处取出柱销套，拧开电动机轴头压板，取出轴承卡簧及摆线轮。

⑥ 用专用爪取出转臂及轴承。

⑦ 松开针齿轮与电动机垫板的连接螺栓，取出针齿套。

（2）检查与修理

① 将分解后的零件及机体清洗干净并用干净的抹布把零件擦干。

② 检查轴承及密封圈，用手转动轴承应符合要求。

③ 检查摆线轮表面应无裂纹、伤痕、毛刺等缺陷。

④ 检查针齿壳的针齿销孔磨损情况，如超过磨损极限必须更换。

⑤ 检查轴、紧固环、偏心套等部件是否磨损。

各零部件的修理方法参见模块一项目四。

（3）装配

① 用铜锤将针齿销、针齿套安装在齿壳上组装成针齿轮。

② 把针齿轮、电动机垫板及电动机用螺钉紧固在一起。

③ 装入摆线齿轮Ⅰ，注意要字头朝下，然后放入隔离杯。

④ 把转臂和轴承组装在一起并装在输入轴上。

⑤ 装入摆线齿轮Ⅱ（字头朝上），同摆线齿轮Ⅰ字头互成180°，否则安装困难。

⑥ 放入卡簧、柱销套，把输入轴头压板用螺栓把紧。

⑦ 机座部分与针齿部分用螺栓连接装配，加入30# 机械油。

⑧ 把住联轴器，去掉轴卡子，接通电动机电源，待试车。

3. 填料式轴封的检修

（1）拆卸

① 停机、泄压、放料，当介质为有毒有害物时还应吹扫清洗合格后方可检修。

② 松开填料压盖螺栓，取下填料压盖。

③ 用专用工具将填料从密封腔取出。

（2）检查

① 填料箱体与填料压盖上钻孔中心的允许偏差为±0.6mm，孔的中心位置对其法兰盘中心线的不对称偏差不大于±0.6mm。

② 填料压盖孔与轴的间隙为0.75～1.0mm。

③ 填料箱体的冷却系统要畅通无阻，保证冷却效果，如发现有污垢，要及时处理，避免影响冷却效果。

④ 检查填料材质是否符合要求，断面尺寸与填料函和轴是否相配。

(3) 安装

① 安装填料时，应先将填料制成填料环。接头处应互为搭接，其开口坡度为45°，搭接后的直径应与轴径相同。

② 填料装填时，一圈圈装填，每圈装填之前涂以润滑剂，轴向扭开后套在轴上，注意每圈填料接口应错开，每层错角按0°、180°、90°和270°交叉放置，每装一圈用专用工具压紧，盘一次轴，以控制压紧力。

③ 压紧压盖时，按对角线均匀用力拧紧螺栓，压盖与填料箱端面应平行，且四个方位间距相等，允差为±0.3mm。

④ 安装完成后需进行气密性试验及运转试验。

4. 机械式轴封的检修

(1) 拆卸

① 将机械密封固定螺栓松开，各部零件全部上移，并固定住，防止下落。

② 用夹具卡住竖轴，然后将机械密封零件放在夹具上，必要时用软布垫隔开动静环，防止碰坏。

③ 松开联轴器，移开电动机、减速器及支架，将机械密封按顺序从轴上取下来。

(2) 检查

① 检查轴和密封腔的精度：釜用机械密封静环端面对轴线垂直度偏差应小于0.05mm（转速在200r/min以下）。

② 反应釜同轴度偏差不大于0.5mm，并且要求动环及静环在同一圆心上，使窄密封与密封面全部接触。

③ 双端面机械密封径向跳动偏差不大于0.5mm，单端面机械密封径向跳动偏差不大于1mm，轴的轴向窜动量不大于1mm。

④ 轴的表面粗糙度不得大于3.2μm。

⑤ 检查机械密封的型号、公称直径、弹簧压力、弹簧的压缩量，动、静环摩擦副的材质及端面表面粗糙度等。

(3) 安装

① 用干净的洗油对机械密封零件（除橡胶密封圈外）进行冲洗，然后擦干，在擦干时注意保护好密封面，不能擦伤、刻痕、碰撞等。

② 将机械密封零件按顺序套在轴上，拧紧联轴器，安装好减速器、电动机及支架，然后去掉夹具。

③ 在轴（或轴套）上涂润滑油，依次装入机械密封零件，防止损伤动、静环及密封圈；在静环端面涂上一层清洁机油，将静环装入静环压盖并压紧，压紧静环压盖时受力要均匀。注意检查轴与静环端面的垂直度。对于单端面机械密封，要保证转轴与静环端面的垂直度偏差不大于0.05mm。润滑箱内润滑液面要高出密封端面10～15mm。

④ 轴与端面垂直度，一般通过调节减速器支架螺钉、釜口法兰螺钉及静环压盖等来达到要求。紧固每一处的螺钉时应均匀拧紧，不要偏斜。通过压紧螺母调节弹簧压缩量，视现场介质压力、设备精度等情况，控制端面比压要适当。初次启动时应在动静环端面之间加润滑剂，用手轻盘车，使端面形成油膜，防止干摩擦。

⑤ 安装后的检查。首先检查动环浮动性，动环要有良好的浮动性，且动环与轴颈有一

定的间隙，以保证密封正常工作；其次检查弹簧座与轴的配合，机械密封中弹簧座与轴的配合一般采用较小的间隙配合（F8/h8），如果存在较大间隙时，当拧紧固定螺钉后，其固定环容易产生偏心，造成密封面上的压力不均匀，使密封面出现泄漏现象。第三检查密封圈，在密封圈安装中，试加密封圈有受力感时，才可继续加入。最后进行压力试验和运转试验，检查各密封点的密封情况，并适当进行调整，密封装置经试运转合格后，须经 4h 以上跑合运转方可交付使用。

5. 搅拌装置的检修

① 搅拌轴弯曲时通常可用机械压力法进行调直。搅拌轴直线度为 0.10mm/m，轴径位置直线度为 0.04mm/m。

② 搅拌轴与密封填料配合处磨损时需微量机加工修圆，若磨损量大于 0.5mm 时应堆焊后机加工，恢复图样尺寸。

③ 搅拌轴均匀腐蚀超过原厚度的 30%时应更换。

④ 搅拌轴局部腐蚀、裂纹、变形用焊补、整形、校正办法修复。搪玻璃搅拌器出现腐蚀、脱瓷等损坏情况时，按搪瓷修理方法修复。

⑤ 桨式、框式和锚式搅拌器的轴线应与桨叶垂直，垂直度为桨叶总长度的 4/1000，且不超过 5mm。

⑥ 转速高于 100r/min 的涡轮式、推进式搅拌器应作静平衡试验。可用去重法或加重法进行平衡，切除或增加的厚度均不得大于壁厚的 1/4，衔接处要圆滑过渡。转速小于500r/min 时，叶轮外径上的不平衡质量应不大于 20g。

⑦ 涡轮式及推进式搅拌器的叶轮孔与搅拌轴颈选用 H7/k6 配合。

⑧ 滚动轴承使用专用工具拆卸，热装时油温为 140℃，严禁用火焰直接加热。

⑨ 在搅拌器下端安装滚动轴承时，外圈不应卡死，须留有 0.5～1.0mm 左右的轴向热伸缩窜动量；滚动轴承的滚子与滚道表面应无腐蚀、坑疤、斑点，基础平滑无杂声。与滚动轴承内孔配合的轴颈选用 k6，与滚动轴承外圈配合的孔选用 K7。

⑩ 中间轴承、底部轴承的轴套与轴瓦的配合间隙应符合要求。

相关知识 搪玻璃釜体的修补

搪玻璃性脆易损坏，且热稳定性较差，检修时须注意保护瓷面，在规定的部位挂钩或系绳起吊，施焊时须采取必要的降温措施。根据不同的损坏情况，可分别采取下列修补方法。

1. 耐腐蚀金属填塞法

搪玻璃衬里表面（瓷面）发现有微孔时，可用耐腐蚀金属加工成螺栓或塞子，用聚四氟乙烯做垫片，直接拧紧或打入微孔内。

如果玻璃衬里表面损坏较大时，选用不同耐腐蚀金属制成一定形状的垫，中间垫聚四氟乙烯片，然后用同种金属加工成螺栓把紧，固定在损坏瓷面上。

2. 无机涂料修补法

先将待修表面清理干净，用 15%～20%稀硫酸除锈，再用 10%苛性钠中和，然后用水冲洗擦干，再用热空气吹干，最后将一定配比的无机涂料涂覆，再缓慢加热处理，全部固化后即可使用。

3．有机涂料修补法

破损表面处理方法同无机涂料修补法，把一定配比的有机涂料涂覆后加热处理，温度80～100℃，加热时要缓慢升温，全部固化即可使用。

思考与训练

1．反应釜减速器拆卸时应注意哪些问题？

2．比较反应釜轴封与离心泵密封装置检修工艺的异同。

3．收集几种类型反应釜的检修方案。

项目六 化工设备的维护与检修

化工设备在化工厂中应用极广，常用的有塔设备（如填料塔、泡罩塔、筛板塔、浮阀塔、合成塔等）、换热器、化工容器等。在维护检修时，应根据塔类设备的构造、工艺用途等特点，采取不同的处理方法。

任务一 塔类设备的检查与修理

1. 凯洛格型多层轴向冷激式氨合成塔的检修

多层轴向冷激式（凯洛格型）氨合成塔是化肥生产的关键设备之一，如图2-32所示。

（1）检修前的准备

① 参加检修的人员必须了解氨合成塔的结构及有关技术资料，熟悉其技术要求和注意事项，检修前应由专职工程师进行理论讲课。

② 参加检修的人员必须了解长管呼吸器、氧气呼吸器的使用方法及注意事项。

③ 对受压元件进行施焊修理的焊工，必须持有在有效期内的、相同级别的焊工合格证。

④ 参加检修的人员施工前应对使用机具、备品备件、材料的型号、规格、数量、质量等进行检查、核对，并符合技术要求。

⑤ 按催化剂装卸的技术方案，准备好催化剂真空抽吸设备。

⑥ 承压壳体上段，换热器组件的吊装，运输方案应符合HGJ 207《化学工程建设起重施工规范》的有关规定。

⑦ 更换换热器管束及催化剂筐部件时，在安装前应视情况进行化学清洗，表面钝化处理。

（2）催化剂筐的检修 催化剂筐经检验可能存在下列缺陷，应视缺陷情况进行修理或局部更换。

① 内、外集气筒变形、焊缝开裂、丝网脱落或损坏。内、外集气筒焊缝开裂，应打磨完全部开裂焊缝后焊接修复。内、外集气筒的丝网如原焊缝处脱落，可用焊接修复；如小面积破损，可用补贴法焊接修复；较大面积损坏，应局部更换，丝网焊接采用氩弧焊，焊丝选用AWSERNiCr-3（Inconel-82），ϕ1.2～1.5mm。

②“卡萨里桥”壁或多孔壁产生氢蚀或氮化，壁厚增厚或减薄，壁开裂、变形或局部过热。严重时应予局部或全部更换。

③ 各冷激环管室挡板变形，应予更换；焊缝开裂，可打磨后补焊；密封板损坏，应予更换；压紧环松动，调整压紧板的螺栓；丝网脱落，应先松开压紧环的螺栓，恢复或修复，

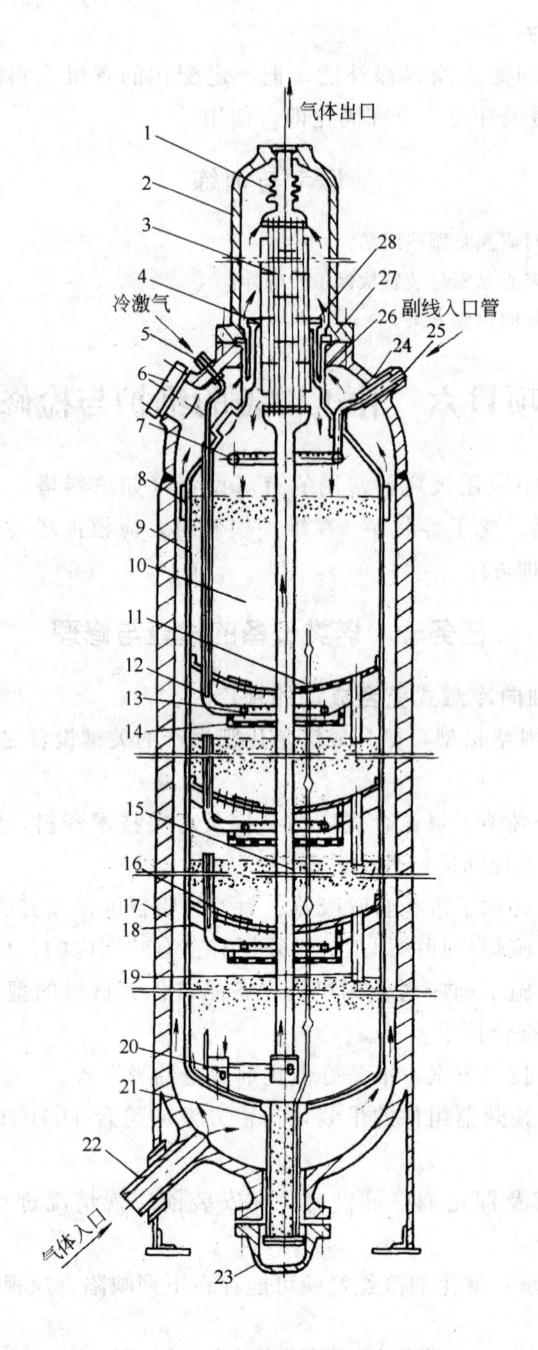

图 2-32　多层轴向冷激式合成塔

1—波形膨胀节；2—上段塔体；3—换热器；4—换热器凸台支承；5—冷激气入口管；6—人孔；7—第一层盘管；8—催化剂筐定位块；9—催化剂筐；10—催化剂层；11—碟形支承板；12—冷激气出口管；13—2～4 层冷激气环形分布管；14—分布板；15—中心管；16—催化剂层人孔；17—下段塔体；18—挡板；19—卸催化剂管；20—六边形集气管；21—底部卸催化剂管；22—气体入口管；23—管口盖；24—波纹管；25—副线入口管；26—催化剂层顶部端口外层壳体；27—催化剂筐凸台支承；28—端口内层壳体

更换丝网后再拧紧压紧环的螺栓。

④ 中心管、冷激管、副线管、热电偶管等产生氢蚀或氮化、裂纹或变形，严重时应予

更换管段；轻微或变形，应打磨并经渗透探伤确认裂纹已经消除后，根据打磨深度酌情决定补焊；支撑部位损坏，照设计图样修复。

⑤ 各开孔连接处松动，丝网或硅酸铝纤维层脱离、损坏，照原设计图样修复。

⑥ 膨胀节及金属挠性管破裂，应更换该组件；连接管裂纹，可打磨补焊。

(3) 换热器的检修

① 出口中心管的膨胀节如有波纹管破裂或过度伸长变形，更换膨胀节组件。

② 中心管与封头、法兰环之间的焊缝，封头与管板之间的焊缝如有裂纹等缺陷，应先打磨，经渗透探伤确认排除裂纹后，酌情进行补焊。

③ 壳体保温层如有损坏，照原设计图样进行修复。

④ 中心管法兰环的密封面如有缺陷，进行打磨、补焊，补焊后再打磨处理。

⑤ 换热管与管排焊缝如有泄漏，补焊处理。

⑥ 换热管如有破裂或泄漏，单根换管或堵管处理。

(4) 承压壳体的检修

① 承压壳体经内、外部检验，发现有必须修理的缺陷时，应制订专项检修方案。检修方案应包括检修前的准备、检修方法、质量标准、催化剂保护专题方案（如果不卸催化剂进行检修时）、安全措施等内容，经批准后按照方案执行。

② 承压壳体密封面如有缺陷，影响密封时，可以采用打磨、补焊后用专用机具现场光刀的办法进行处理。

③ 密封垫片如有影响密封的缺陷，可以将该密封垫片光刀处理或更换新的质量合格的垫片。

④ 螺栓、螺母如发现螺纹损坏、滑丝，螺纹部位裂纹，应予更换。

2. 凯洛格型二氧化碳吸收塔的检查与修理

凯洛格型二氧化碳吸收塔的主要结构如图 2-33 所示。

(1) 主要检修内容

① 检查并修复塔体、塔圈及焊缝的裂纹、表面损伤和缺陷。

② 检查并修复或更换金属丝网除沫器。

③ 检查并修复或更换直管排列式液体喷淋器及气体分布器。

④ 检查并修理或更换液体分布器。

⑤ 检查并修理和更换填料支撑板、带液体再分布器的填料支撑板及箅子板。

⑥ 检查并修理或更换消漩器及防涡流板组件。

⑦ 人孔、卸料口拆装并更换垫片。

⑧ 检查并修理或更换液面计及角阀。

⑨ 修理各层塔板支撑件的焊缝及整形，更换损坏的连接紧固件。

(2) 承压壳体的修理

① 对塔体表面及浅表裂纹，其深度小于壁厚的 6%，且不大于 3mm 时，可用砂轮修磨消除，修磨区与原塔壁的金属表面应圆滑过渡，并按检修质量标准要求进行检查。

② 对塔体上深度大于壁厚 6%的裂纹及穿透型裂纹，先在其两端各钻一个止裂孔，用机械方法彻底清除裂缝，加工出焊接坡口，坡口表面经渗透检查合格，用手工电弧焊补焊。磨平补焊表面，再经表面渗透探伤检查合格，视焊接情况决定是否需进行消除应力处理，并按检修质量标准要求进行检查。

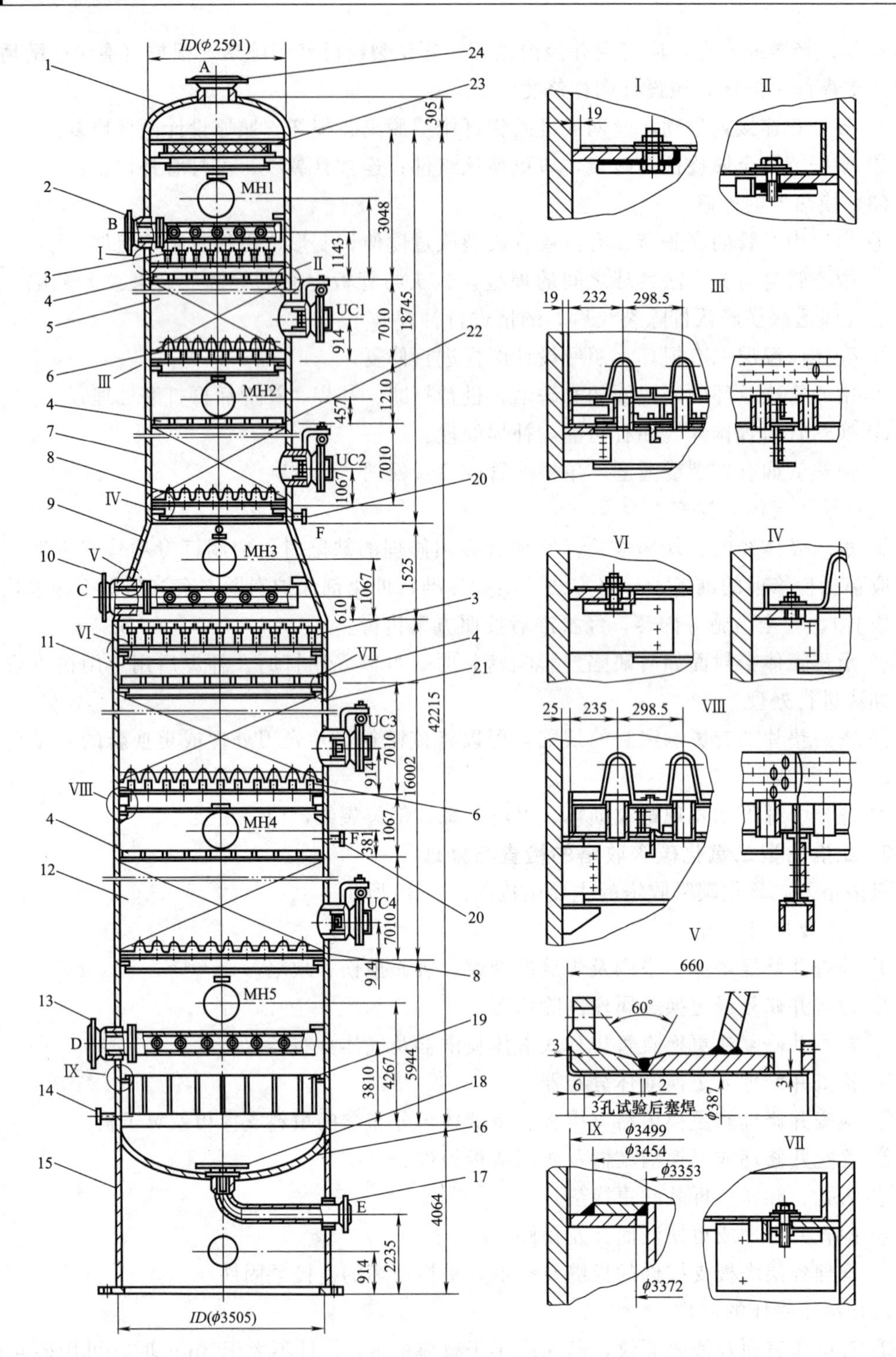

图 2-33　二氧化碳吸收塔设备结构简图

1—上封头；2—贫液管组件；3—液体分布器组件；4—箅子板；5—1# 填料层；6—填料支承板（带液体再布器）组件；7—上筒体；8—填料支承板组件；9—锥节；10—半贫液管组件；11—下筒体；12—4# 填料层；13—低变气进口管组件；14—蒸汽出口管组件；15—裙座组件；16—下封头；17—富液出口管组件；18—防涡流板组件；19—消漩器；20—气体取样管；21—3# 填料层；22—2# 填料层；23—丝网层除沫器组件；24—脱碳气出口管组件接口管：A—脱碳气出口；B—贫液进口；C—半贫液进口；D—低变气进口；E—富液出口；F—取样管口；MH1、MH2、MH3、MH4、MH5—人孔；UC1、UC2、UC3、UC4—卸料口

③ 承压壳体经内、外部检查，发现有必要进行挖补修理的缺陷时，应制订检修方案。检修方案包括检修前的准备、检修方案、质量标准和安全措施等内容，经批准后，按方案执行。

④ 角焊缝表面裂缝经清除后，当焊脚高度不能满足要求时，应补焊修复至规定的形状和尺寸，并作表面渗透检查。

⑤ 对焊缝的裂纹、未熔合、超标条状夹渣和未焊透等缺陷的处理，应按《在用压力容器检验规程》要求执行。

⑥ 对承压壳体施焊部位需进行相应的局部热处理。

(3) 金属丝网除沫器修理

① 塔顶用来捕集脱碳气中夹带液滴的金属丝网除沫器是由线径为 0.2～0.3mm、丝孔为 4～5mm、波高为 8～10mm 的不锈钢丝网多层叠装的，丝网层的厚度为 102mm，密度为 144kg/m^3。为保证整个除沫器无间隙，每块丝网块的四周都应比其装配名义尺寸加大 10mm。

② 拆卸丝网块上、下固定栅板间的捆绑钢丝，标记好各丝网的安装位置，将丝网块从中部到两边逐块取出。

③ 检查丝网块，清除夹杂的金属丝屑、污物油垢等杂质，更换损坏的丝网层。丝网层叠装时，相邻两网片应按波纹交错放置。

④ 丝网层叠装到规定要求（20～22 层）后，应将其上、下加固定栅板固定成原设计尺寸，并用 ϕ1mm 的不锈钢丝将丝网层和栅板捆扎起来。

⑤ 按从两边到中间的次序回装丝网块，用 ϕ1mm 的不锈钢将各丝网块沿其上、下固定栅板捆绑成一体。钢丝捆绑的间距为 102mm，捆绑的钢丝不可穿透整个丝网层，否则丝网会出现孔眼和间隙。

(4) 塔内构件的修理

① 对直管排列式液体喷淋器及气体分布器松动的螺栓进行紧固，用手工电弧焊对出现的裂纹进行补焊，用金属丝疏通其喷孔。

② 对液体分布器及箅子板变形部位用机械方法平整、校正，不得采用强烈锤击；对开裂焊口及断裂钢板用手工电弧焊补焊时，注意防止钢板变形。

③ 对带液体再分布器的填料支撑板的变形部位进行平整、校正，开裂焊口及断裂钢板用手工电弧焊补焊，将松动夹板重新紧固。液体分布器及再分布器分布板的平面度误差在整个板面内不得大于 3mm，其安装后的高低差不得大于 5mm。箅子板的平面误差在整个板面内不大于 3mm。喷淋装置边缘应无毛刺，其水平度允差为 3mm，标高允差为±3mm，喷淋装置中心与塔中心的同轴度误差不大于 3mm。

④ 对消漩器及防涡板的损坏部位进行修复，并用手工电弧焊补焊。

⑤ 对塔内支撑圈开裂的焊口应用手工电弧焊补焊。支撑圈与塔连接固定后，其上表面的水平度在整个圈上的允差不大于 5mm。两相邻支撑圈的间距误差为±3mm，任意相间支撑圈的间距误差为±10mm。

相关知识　塔类设备检修注意事项

1. 检修前的准备工作

① 根据生产情况等资料及《设备维护检修规程》制订检修方案，并按要求做好检修前

的准备工作。

② 塔体检查。每次检修都要检查各附件（压力表、安全阀与放空阀、温度计、单向阀、消防蒸汽阀等）是否灵活、准确；检查塔体腐蚀、变形、壁厚减薄、裂纹及各部焊接情况，进行超声波测厚和理化鉴定，并作详细记录，以备研究改进及下次检修的依据。经检查鉴定，如果认为对设计许用强度有影响，可进行水压试验；检查塔内污垢和内部绝缘材料。

③ 内件的检查。检查塔板各部件的结焦、污垢、堵塞情况，检查塔板、鼓泡构件和支承结构的腐蚀及变形情况；检查塔板上各部件（出口堰、受液盘、降液管）的尺寸是否符合图纸及标准；对于浮阀塔板应检查其浮阀的灵活性，是否有卡死、变形、冲蚀等现象，浮阀孔是否有堵塞；检查各种塔板、鼓泡构件等部件的紧固情况，是否有松动现象。

④ 检查各部连接管线的变形、连接处的密封是否可靠。

⑤ 根据检查所得的资料修订塔设备检修方案。

2. 化工设备密封件的检修

(1) 塔盘密封的检修　塔盘密封件损坏后应更换处理。常用的密封结构如图 2-34 所示。密封件一般采用 ϕ10～12 的石棉绳作填料，放置 2～3 层。通过上紧螺母，压紧压板和压圈，使填料变形而形成密封。

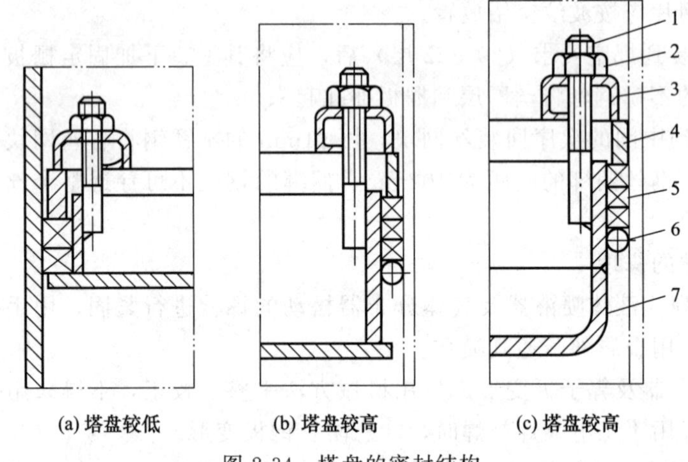

图 2-34　塔盘的密封结构

1—螺栓；2—螺母；3—压板；4—压圈；5—填料；6—圆钢圈；7—塔板

(2) 中低压设备法兰密封的检修　中低压设备法兰密封面结构如图 2-35 所示，密封垫

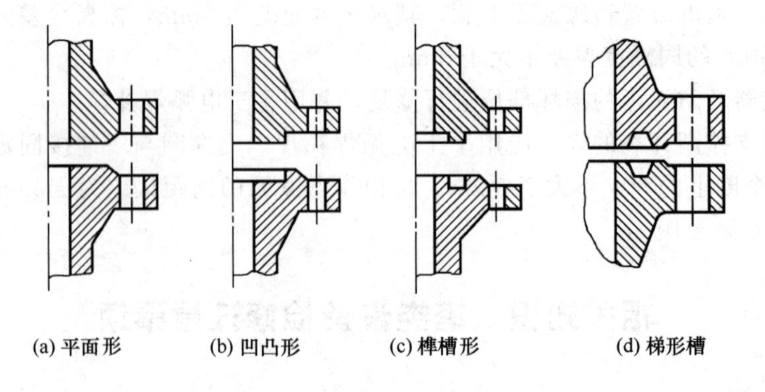

图 2-35　法兰密封面结构

片结构如图 2-36 所示。维修时应注意：非金属垫片一般不得重复使用；大直径垫片需要拼接时，应采用斜口搭接或迷宫形式；垫片安装时，可根据需要分别涂以石墨粉、二硫化钼油脂、石墨机油等涂剂；铜、铝等垫片安装前应进行退火处理。

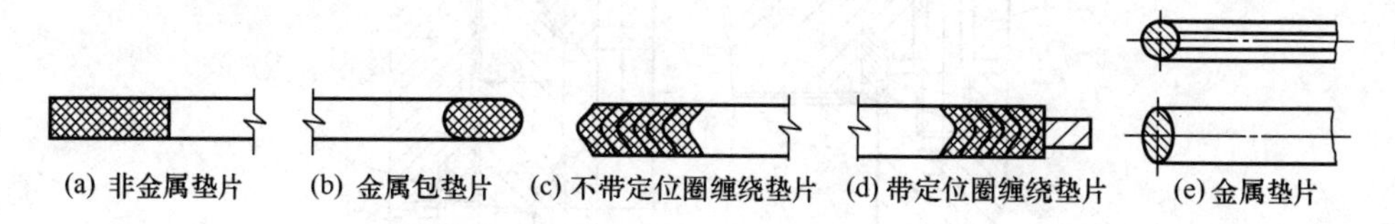

图 2-36　密封垫片结构

不锈钢、合金钢的螺栓及螺母，设计温度高于 100℃或低于 0℃的设备法兰及接管法兰的螺栓及螺母，露天装置中有大气腐蚀、介质腐蚀的设备法兰及接管法兰的螺栓及螺母，应涂以二硫化钼油脂、石墨机油或石墨粉；螺栓的紧固应对称均匀，松紧适度，紧固后螺栓的外露长度以 2～3 个螺距为宜。

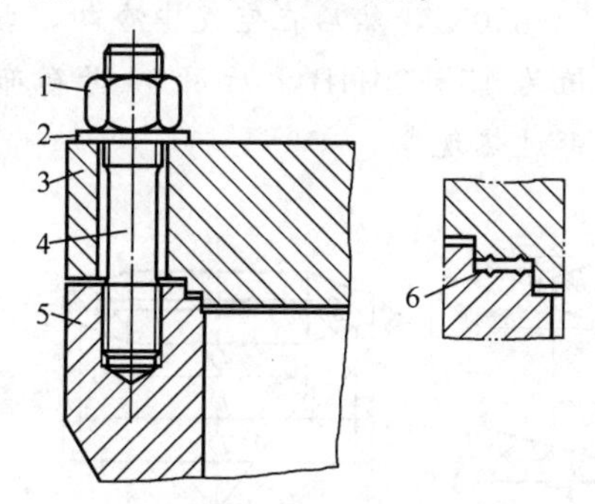

图 2-37　平垫密封

1—主螺母；2—垫圈；3—平盖；4—主螺栓；5—筒体端部；6—平垫片

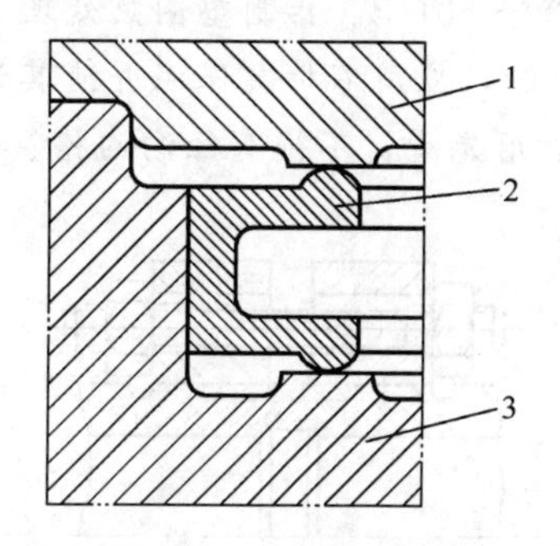

图 2-38　C 形环密封

1—平盖或封头；2—C 形环；3—筒体端部

3. 高压密封

高压设备管道内压大，密封困难。常见的高压设备密封装置有多种，图 2-37～图 2-40 分别为平垫密封、C 形环密封、O 形环密封、双锥密封。高压管道密封常用透镜垫密封，如图 2-41所示。

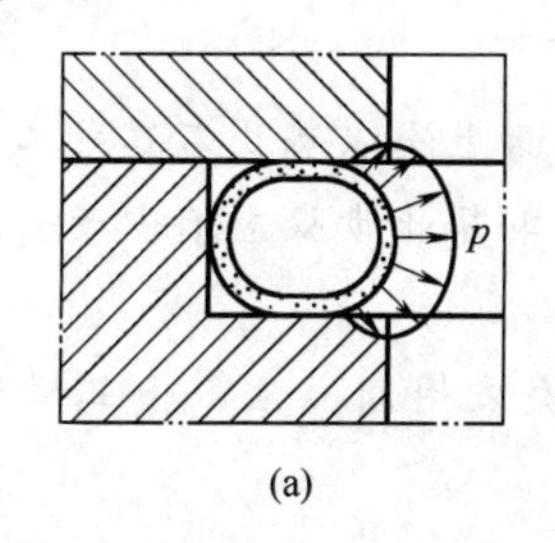

(a)

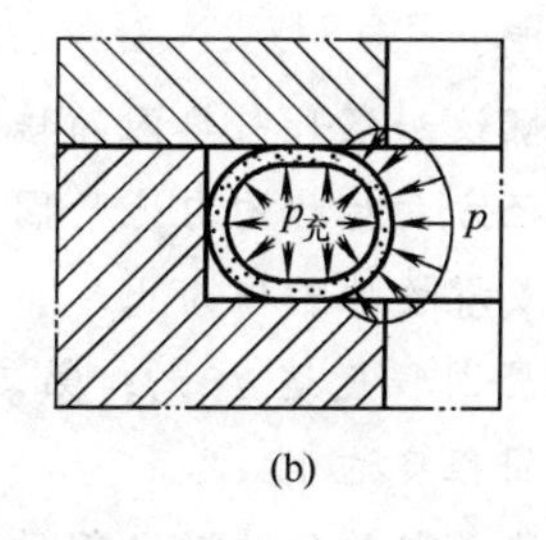

(b)

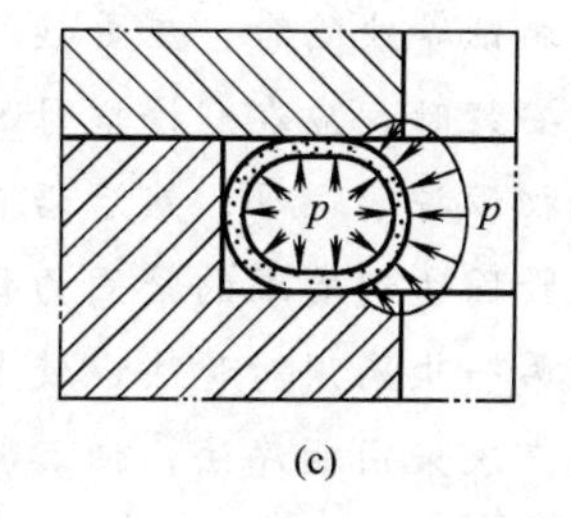

(c)

图 2-39　O 形环密封

高压密封维修时，金属与非金属的组合垫、受压后产生永久变形的密封垫、金属和软金属垫等，一般不得重复使用。

更换密封件之前，要检查法兰密封面和密封垫的形式相适应，密封面光洁，无机械损伤、划痕、锈蚀等缺陷。铜制垫圈热处理温度应加热至 600～700℃后立即在水中冷却，硬

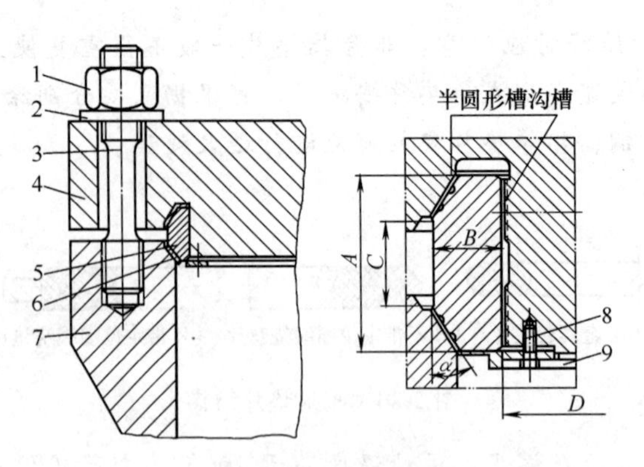

图 2-40 双锥密封

1—主螺母；2—垫圈；3—主螺栓；4—平盖；5—双锥环；6—软金属垫片；7—筒体端部；8—螺栓；9—托环

度值为 30～50HB。铝制垫圈热处理温度应加热至 300～350℃，然后在空气中冷却，当室温低于 5℃时，应用石棉灰保温并使其逐渐冷却，硬度值为 15～30HB 之后用 00 号砂布沿圆周方向打磨光滑，不得有径向沟槽、砂眼、裂纹及局部过热现象。

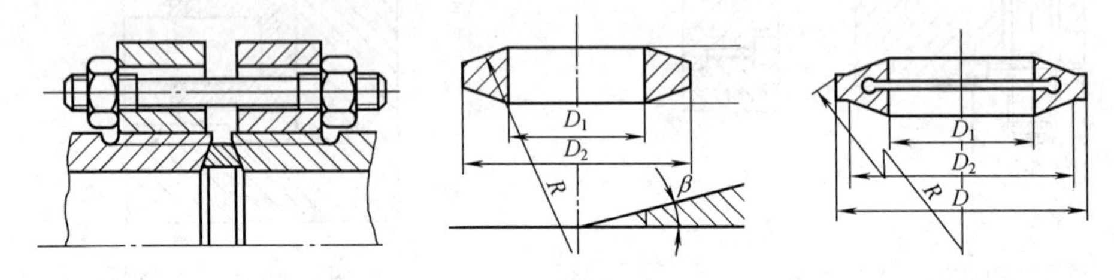

图 2-41 高压管道用透镜垫密封

安装垫圈时，应在垫圈的接触面上均匀地涂上一层薄薄的与介质不起化学反应和污染产品的涂料或润滑剂，如鳞状石墨、二硫化钼、白凡士林或液体石蜡等。

密封垫应安装平正，位置准确，不得有偏斜或中心偏移，并接触良好。如接触不良，应进行研磨或修整。高压螺栓在高压密封中起着重要作用。拆卸螺栓时，按顺序对称松开，每次松开 1/16～1/12 圈，直到所有螺母完全松开为止。如发现螺栓伸长变细，表面有裂纹、凹陷、被腐蚀等缺陷时，应更换处理。

螺栓安装时，应在螺栓螺母的螺纹和螺母与垫圈的接触面上涂以鳞状石墨或二硫化钼润滑剂。先初步拧紧螺母，然后沿直径方向对称均匀地紧固，重复此步骤应不少于六次，直到所有螺母紧固达到要求的紧固力矩或螺栓伸长值为止。

也可第一次采用对称法，使其紧固程度达 70%；第二次采用间隔法，使其紧固程度达 90%；第三次采用顺序法，使其紧固程度达 100%。

螺栓紧固后，用塞尺检查端盖法兰与筒体法兰之间的间隙及平行度。使用铝垫圈时误差不大于 0.3mm，使用钢垫圈时不大 0.1mm。紧固后的螺栓应分别用小锤逐个敲击螺母，用听声法来检螺栓紧固的均匀程度。

4. 塔设备检修工程验收

检修时，对塔体各点的测厚及检查出的缺陷记录在塔体展开图上。同时对腐蚀、冲蚀等部位作详细记录，并计算出设备各部分腐蚀和冲蚀率。对塔内件作好检查安装记录（填料塔的填料和装料记录，板式塔的塔板安装记录)。

检修完毕，对塔内各部的油泥、污垢、铁锈和焊渣等杂物应清扫干净，经检查后封闭人孔，并作好清理、检查、封闭的记录。

对已检修完工的塔，根据图纸和生产需要，进行压力试验。

塔设备的验收，应会同生产、检查及施工人员共同进行，并应检查下列各项。

① 检查各附件是否安装齐全。

② 应有完整的检查、鉴定和检修记录。

③ 人孔封闭前检查内部结构和检修质量合格证。

④ 应有完整的水压试验和气密性试验记录。

⑤ 如有修补，应有焊接、热处理记录及无损检验报告。

上述文件齐备，三方认为合格，即可办理移交手续。

任务二　列管式换热器的修理

换热器在化工企业占总投资的11%，在石油炼制厂则占总投资的40%左右。换热器种类很多，其中管壳式换热器应用最广。列管式换热器在使用过程中，最容易发生故障的零件是管子。介质对管子的冲刷、腐蚀等作用都可能造成管子的损坏，因此应经常对换热器进行检查，以便及时发现故障，并采取相应的措施进行修理。列管式换热器最常见的故障有管壁积垢、管子泄漏和振动等。

1. 管壁积垢的清除

在列管式换热器管子的内外壁上，由于介质的经常存在，很容易形成一层积垢。积垢的形成会直接降低换热器的换热效率，因而，应及时进行清除。对管子内壁积垢的清除方法，可采用机械法和化学除垢法进行修理（详见单元三的项目三)。

2. 泄漏的修理

列管式换热器的管束是由许多根管子排列而成的，介质的冲刷腐蚀是管子泄漏的主要原因。对管子进行修理之前，必须做好管子泄漏情况的检查。常用的检查管子泄漏的方法是：在冷却水的低压出口端设置取样管口，定期对冷却水进行取样分析化验。如果冷却水中含有被冷却介质的成分，则说明管束中有泄漏。然后再用试压法来检查管束中哪些管子在泄漏。检查时，先将管束的一端加盲板，并将管束浸入水池中，然后使用压力不大于1×10^5Pa的压缩空气，分别通入各个管口中进行试验。当压缩空气通入某个管口时，如果水池中有气泡冒出，则说明这个管子有泄漏，即可在管口作上标记。以此方法对所有管子进行检查，最后根据管子损坏的多少，运用不同的修理方法。

(1) 对少量管子泄漏的修理　如果管束中仅有一根或几根管子泄漏时，考虑到对换热器的换热效率影响不大，可采用堵塞的方法对泄漏的管子进行修理（通常情况下，堵塞管子的数量不能超过总管数的10%)。用锥形金属塞在管子的两端打紧焊牢，将损坏的管子堵死不用。锥形金属塞的锥度以3°～5°为宜，塞子大端直径应稍大于胀管部分的内径。

(2) 对较多管子泄漏的修理　如果产生泄漏的管子较多，则应采用更换管子的方法进行修理，步骤如下。

① 拆除泄漏的管子。拆除管子时，对于薄壁的有色金属管可采用钻孔或铰孔的方法，也可以用尖錾对管口进行錾削的方法来拆除。使用钻孔或铰孔的方法拆除管子时，钻头或铰刀的直径应等于管板上孔口的内径。钻孔或铰孔时，把管子在管板孔口内胀接部分的基本金

属切削掉，则管子即可从管板中拆除出来。利用錾削的方法拆除管子时，可使用尖錾把胀接部分的管口向里收缩，使管子与管板脱开，将管子从管板的孔口中拆除下来。

对于壁厚较大的管子，可利用氧-乙炔火焰切割法拆除管子，即先在管子的胀接部分切割出 2～4 个豁口，并把管口向里敲击收缩，使管子与管板上的孔口脱开，然后用螺旋千斤顶将管子顶出或用牵拉工具拉出。

无论使用哪种方法拆除管子，应将管子的两端都进行拆除，并应注意，在拆除时不要损坏管板的孔口，以便更换新管子时，使管子与管板有较严密的连接。

② 更换新管并进行胀接损坏的管子。从管板中抽出来之后，就可将新的管子插入管板的孔中。更换上的新管子，规格与材质应与原来的管子相同。穿入管子时，应对正相应的管板孔口，使管子位于正确的位置上。然后就可以把管子与管板连接起来。管子与管板的连接方法有胀接法和焊接法两种。

3. 管子振动的修理

列管式换热器中管子产生振动是常见故障的另一种形式。管子的振动，将使管端的胀接处松动，使管子与折流板的接触处产生磨损，降低管束的使用寿命。因而，应对管子的振动及时采取措施进行修理，以免造成不应有的事故。管子产生振动，不外乎是由于管子与折流板之间的间隙过大，加上介质脉冲性的流动而引起的。

对于管端胀接处的松动，可以用焊接的方法来修理。焊接时，为了减小焊接应力，应使用小电流的电弧焊。对于管子与折流板之间的间隙过大而产生的振动，造成管子与折流板之间的磨损，应视其磨损的程度采取不同的修理方法。如果管壁磨损严重时，可采用更换新管子的方法进行修理。如果管壁磨损轻微，应想办法减小管子与折流板之间的间隙，比如增加折流板的块数，或用木楔楔在管子与管子之间，以便减小和消除管子的振动。

对于因介质脉冲性流动而引起管子的振动，应从消除介质的脉冲性流动方面着手，以减少管子产生振动的可能性。比如，在管路中设置缓冲器等，使得介质流动趋于平稳，消除管子因此而产生的振动。

思考与训练

1. 设备停车检修应做哪些准备工作？
2. 设备出现泄漏有哪些原因？怎样处理？
3. 塔设备密封检修时应注意哪些问题？
4. 中低压设备管道密封检修时应注意哪些问题？
5. 高压设备管道密封检修时应注意哪些问题？
6. 高压设备螺栓紧固时应注意哪些问题？怎样判定其是否符合要求？
7. 调查某岗位设备变形故障是怎样处理的？
8. 调查某岗位设备变薄是怎样测量的？怎样处理的？
9. 调查某岗位设备出现裂纹是怎样检测的？怎样处理的？
10. 换热器有哪些常见故障？怎样处理？
11. 调查某厂设备检修计划。

项目七　化工机械检修施工方案的编写

化工机械的检修方案，是一种较简单的单位施工组织设计，是安排检修施工的技术经济性文件，是指导检修施工的主要依据之一。制订检修施工方案，是在一定的条件下，有计划地对劳动力、材料、机具进行综合安排。

任务一　检修施工方案分析

1. 检修施工方案分析

检修施工方案是根据施工图纸和有关说明编制的，其内容一般应包括以下几方面。

① 根据检修、安装工程的特点和工程量，选择最佳的施工方法及组织技术措施，进行施工方案的技术经济比较，确定最佳方案。

② 根据工期要求，确定施工延续时间和开工与竣工日期；确定合理的施工顺序；安排施工进度计划。

③ 进行施工任务量计算。确定施工所需的劳动力、材料、成品或半成品的数量；施工机械、施工工具的数量、规格及需用日期、来源；材料和机具的运输及施工现场的保管方法。

④ 施工现场的平面布置。确定材料堆放、机具的安装及施工人员的休息地点。

2. 施工方案文件分析

施工方案一般应包括下列文件：工程概述，施工单位的施工力量及技术资源拥有情况分析，工程一览表，施工顺序、施工进度计划和施工方法，劳动力需要计划，材料、成品、半成品的需要计划，施工机械、设备、工具（含测量工具）需要计划，施工用水、电、气和其他能源的需要计划，施工平面图等。有的还需包括施工准备工作计划、安全技术保证措施、质量保证措施及检查计划、降低成本计划、节约能源计划。对于工程规模较大的项目，根据施工需要，还应包括施工现场领导机构的组成及组织形式，劳动组织的分工原则与组织形式等内容。

对于工程内容较简单的项目，且承担施工的部门工作经验比较丰富，施工力量比较强，或工程规模较小，只需就工程的重点施工部位进行计划组织，编制施工方案或技术措施。

3. 施工方案编制分析

① 合理安排施工顺序。施工顺序的安排必须考虑施工的工艺性、可行性和安全性。同时，还必须考虑施工机械的要求，兼顾施工组织的状况，以及工程质量和进度等。

② 合理制订施工进度。施工进度定得过松，容易造成窝工；施工进度定得过紧，容易造成不顾质量和安全的不良后果。

③ 精密计算人力物力。编写施工方案需要对人力物力在时间、空间上科学组织，精密计算，防止浪费。

④ 科学布置施工总平面图。布置施工总平面图时，一定要在保证工程顺利施工的前提下，尽量做到布局合理、少占地；尽量减少材料、设备的二次倒运；同时还需符合施工安全操作要求及文明施工、现场防火防盗等有关规定。

4. 施工顺序确定分析

化工检修工程施工顺序的安排，应根据工艺要求以及检修安装规程来确定，并根据技术、经济因素以及工程本身的特点等来全面考虑。

检修工程施工顺序的确定，应该建立在工程技术和工种技术要求的基础上。例如泵的安装，应先进行基础施工，后进行泵的吊装，找正稳固，最后才能进行配套，即按工程的技术要求编排施工顺序。而泵的吊装，则必须在泵解体清洗、检查、消除缺陷、更换严重磨损及严重腐蚀零部件、充分润滑、试压无问题的前提下才能进行，即按工种技术要求编排施工顺序。

施工顺序直接确定了施工进度计划的编排，并影响施工方法的选择。在一般情况下，施工顺序和施工方法相互影响，应统筹考虑。

5. 施工方法选择分析

施工方法的选择应该满足合理性、可行性、先进性和经济性的要求。

① 合理性。施工方法的合理性与机器设备的技术要求有关。例如，高压机器在低于5℃的环境温度下进行水压试验，必须采取相应的保温防冻措施。

② 可行性。施工可行性经常取决于施工现场的条件。例如，大型化工机器、设备的组件不能进入厂房大门；室内工程中，外形尺寸较大的零部件，不能用吊车或电葫芦吊装就位等，必须采取相应措施解决。

③ 先进性和经济性。施工的先进性和经济性表现在以下几方面：简化了施工工艺或施工过程；减轻了工人的劳动强度，改善了工作条件；提高了工作效率；减少了劳动力和机械台班的用量；减少了材料用量；提高了工程质量；加快了工程的施工进度，减少了工期。

6. 机械检修工程的预算分析

机械检修工程的预算是决定产品价格的依据，是工程价款的标底。一般工业产品大多数是标准件并大量生产，而检修工程项目，一般由设计和施工部门根据建设单位的委托，按特定的要求进行设计和施工，其规模、内容、构造等各不相同；即使同一类型的工程，按标准设计来施工，其产品价格也必须通过工程预算来确定。机械检修工程预算由直接预算费、管理费、独立费、其他费用等组成。

检修工程预算（系指施工图预算）的编制依据有施工图纸和说明书、单位估价表和补充单位估价表（如《化工建设概算定额》或地方政府颁发的现行机械安装工程预算定额，以及专业部门颁发的现行专业预算定额），材料预算价格，成品半成品的产品出厂价格，施工方案，管理费用和法定利润的取费规定，合同或协议等。

任务二　编制施工方案

1. 检修施工进度计划的编写

检修工程施工进度计划的编写，应在满足工期要求的前提下，对选定的施工方法和方案、材料、附件、成品、半成品的供应情况、能够投入的劳动力、机械数量及其效率，协作单位配合施工的能力和时间、施工季节等各种相关因素作综合研究，并按下列步骤编制进度计划图表，检查与调整施工计划。

① 确定施工顺序。根据工程的特点和施工条件，做到尽量争取时间，充分利用空间，处理好各工序的施工顺序，加速施工进度。

② 划分施工项目。按照工程的特点、已定的施工方法，计划进度的需要，确定拟建工程项目或工序名称。

工程项目应按施工工作过程划分，主要工序不能漏项。影响下一道工序的工程项目和交叉配合施工的项目要分细、不漏项。与其他工序关系不大的项目可划分粗一些。

③ 划分流水施工工段。合理划分流水施工作业段，有利于系统的整体性。如化工机器检修工程应按机器本身或机器各系统的特点，以各组件进行分段；在划分施工段时，应尽量使各工段的工程量大致相等，减少停歇和窝工现象；同时应根据作业面的大小安排劳动力，

以便于操作，提高劳动效率。

④ 计算工程量。计算工程量一般可采用施工图预算的数据，有些工程量还应按施工方法选取，并按照施工流水段的划分列出分段工程量。

⑤ 计算劳动量和机械台班量。劳动量和机械台班量计算精确、合理。

⑥ 确定各施工项目（或工序）的作业时间。根据劳动力和机械需要量，各工序每天可能出勤的人数与机械量，并考虑工作面的大小，确定各工序的作业时间。

⑦ 编制检修施工计划进度图表。检修施工计划进度图表的编制与施工的组织方法有关，常用的有平行流水作业组织施工和统筹法（网络计划技术）组织施工的方法。

2. 机械检修工程预算

① 熟悉施工图纸和现场情况。如现场障碍物，清理量，是否需要搭设脚手架，有无超重设备，吊车停靠位置及地下土质、地下管道及电缆等状况，防护措施等。以便确定有关部分的工程量和工程造价。

② 确定工程量的计算方法。计算工程量直接影响着单位工程预算造价的高低。有关工程量计算的方法，详见有关资料。

③ 工程量汇总。注意计算工程量所采用的单位要与定额的计量单位相对应。

④ 套预算定额。根据汇总的单位工程预算工程量，选用与施工图纸（或合同）要求相适应的预算单价套用。

⑤ 计算各项费用。按分项计算各部分的预算价值，再把各分项预算价值相加得到直接费。直接费乘以规定的取费率得到各项间接费和法定利润，然后把直接费、间接费和法定利润相加即该单位工程的预算总造价。

⑥ 工料分析。根据施工图预算中的分项工程，逐步从预算定额中查出各种材料、机械和各工种的数量，再分别乘以该分项工程的工作量；然后按分项的顺序，将各分项工程所需的材料、机械和工种数量分别进行汇总，就得出完成该单位工程所需各种材料、机械和各工种的总数量。在进行工料分析时，要对加工单位的分项工程单独进行分析，以便进行成本核算和材料结算。

⑦ 写编制说明。在编制说明中，应包括预算编制依据，即所用的图纸名称及图号，预算定额和单位估价表，间接费和独立费用定额；施工组织设计或施工方案；设计修改及会审记录中提及问题的处理；遗留项目或暂时估算的项目的说明；预算编制中涉及的问题及处理办法等。

思考与训练

1. 什么是检修施工方案？检修施工方案的主要内容是什么？检修施工方案一般由哪些文件组成？
2. 检修工程预算一般由哪几部分组成？其各自的内容是什么？
3. 检修工程预算的编制依据包括哪些内容？
4. 试说明如何进行检修工程预算的编制。
5. 利用已有机器设备，制订检修方案。

模块三　典型化工机械的安装

化工机械种类繁多，不同类型机器设备的安装有其自身特点，本单元介绍离心泵、活塞式压缩、离心式压缩机、塔设备等的安装。

项目一　离心泵的安装

离心泵的安装工作包括机座的安装、离心泵的安装、电动机的安装、二次灌浆和试车。

任务一　离心泵的安装与调试

1. 机座的安装

机座（又称底盘、台板、基础板等）的安装在离心泵安装中占有重要的地位。因为离心泵和电动机都是直接安装在机座上的（一般小型泵为同一个机座，大型泵可分为两个机座），如果机座的安装质量不好会直接影响泵的正常运转。

机座安装的步骤如下：

① 基础的质量检查和验收；

② 铲麻面和放垫板；

③ 安装机座。安装机座时，先将机座吊放到垫板上，然后进行找正和找平。

（1）机座的找正　找正机座时，可在基础上标出纵横中心线或在基础上用钢丝线架拉好纵横两条中心线钢丝，然后以此线为准找好机座的中心线，使机座的中心线与基础的中心线相重合。

（2）机座的找平　找平机座时，一般采用三点找平安装法：首先在机座的一端垫好需要高度的垫板（如图 3-1 中的 a），同样在机座的另一端地脚螺栓 1 和 2 的两旁放置需要高度的垫板，如图中的 b_1、b_2、b_3 和 b_4。然后用长水平仪在机座的上表面上找平，当机座在纵横两个方向均成水平后，拧紧地脚螺栓 1 和 2 。最后在地脚螺栓 3 和 4 的两旁加入垫板，并同样进行找平，找平后再拧紧地脚螺栓 3 和 4，机座安装完毕。

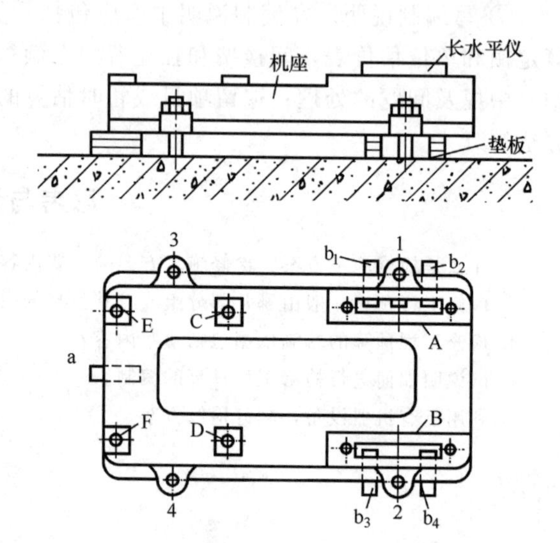

图 3-1　用三点找平法安装机座

1～4—地脚螺栓

在机座表面上测水平时，水平仪应放在机座的已加工表面上进行，即在图中的 A、B、C、D、E 和 F 等处，在互相垂直的两个方向上用水平仪进行测量，须将水平仪正反测量两次，取两次的平均读数作为真正的水平度的读数。

2. 离心泵的安装

机座安装好后，一般是先安装泵体，然后以泵体为基准安装电动机。因为一般的泵体比电动机重，而且它要与其他设备用管路相互连接，当其他设备安装好后，泵体的位置也就确定了，而电动机的位置则可根据泵体的位置来作适当的调整。

离心泵泵体的安装步骤如下。

(1) 离心泵泵体的吊装　对于小型泵，可用 2～4 人抬起放到基座上。对于中型泵，可利用拖运架和滚杠在斜面上滚动的方法来运输和安装。对于大中型泵，可利用人字木起重架进行吊装，有时也利用单木起重杆和其他滑轮组配合起来进行吊装。此外，还可利用厂房内或基础上空原有的起重机械（如桥式起重机、电动葫芦等），将泵直接吊装到基础上。吊装时，应将吊索捆绑在泵体的下部，不得捆绑在轴或轴承上。

(2) 离心泵泵体的测量和调整　离心泵泵体的测量与调整包括找正、找平及找标高三个方面。

① 找正。就是找正泵体的纵、横向中心线。泵体的纵向中心线是以泵轴中心线为准；横向中心线是以出口管的中心线为准。在找正时，要按照已装好的设备中心线（或基础和墙柱的中心线）来进行测量和调整，使泵体的纵、横向中心线符合图纸的要求，并与其他设备很好地连接。泵体的纵、横向中心线按图纸尺寸允许偏差±5mm 范围之内。

② 找平。泵体的中心线位置找正后，便开始调整泵体的水平，首先用精度为 0.05mm/m的方水平仪，在泵体前后两端的轴颈上进行测量。调整水平时，可在泵体支脚与机座之间加减薄铁皮来调整。泵体的水平允许偏差一般为 0.3～0.5mm/m。

③ 找标高。泵的标高是以泵轴的中心线为准。找标高时一般都用水准仪来进行测量，其测量方法如图 3-2 所示。测量时，把标杆放在厂房内设置的基准点上，测出水准仪的镜心高度，然后将标杆移到轴颈上，测出轴面到镜心的距离，然后便可按下式计算出泵轴中心线的标高。

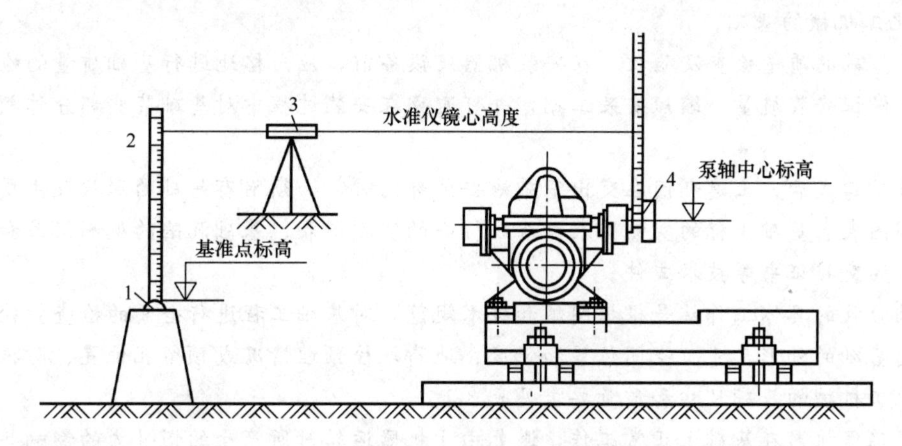

图 3-2　用水准仪测量泵轴中心的标高

1—基准点；2—标杆；3—水准仪；4—泵轴

泵轴中心的标高＝镜心的高度－轴面到镜心的距离—(泵轴的直径/2)

标高的调整，也是用增减泵体的支脚与机座之间的垫片来完成的。泵轴中心标高的允许偏差为±10mm。

泵体的中心线位置、水平度和标高找好后，便可把泵体与机座的连接螺栓拧紧，然后再用水平仪检查其水平是否有变动，如果没有变动，便可进行电动机的安装。

3. 电动机的安装

安装电动机的主要工作就是把电动机轴的中心线调整到与离心泵轴的中心线在一条直线上。离心泵与电动机的轴是用各种联轴器连接在一起的，所以电动机的安装工作主要的就是联轴器的找正，具体的找正方法已在联轴器的装配中介绍过，故不再重复。

离心泵和电动机两半联轴器之间必须有轴向间隙，其作用是防止离心泵泵轴的窜动作用传到电动机的轴上去，或电动机轴的窜动作用传到离心泵的轴上。因此，这个间隙必须有一定的大小，一般要大于离心泵轴和电动机轴的窜动量之和。通常图纸上对此间隙都有规定，如图纸上无此规定，则可参照下列数字进行调整。

小型离心泵：2～4mm

中型离心泵：4～5mm

大型离心泵：4～8mm

4. 二次灌浆

离心泵和电动机完全装好后，就可进行二次灌浆。待二次灌浆时的水泥砂浆硬化后，必须再校正一次联轴器的中心，看是否有变动，并作记录。

离心泵安装后应达到如下要求。

① 离心泵安装后，泵轴的中心线应水平，其位置和标高必须符合设计要求。

② 离心泵轴的中心线与电动机轴的中心线应同轴。

③ 离心泵与机座、机座与基础之间，必须连接牢固。

④ 离心泵各连接部分，必须具备较好的严密性。

相关知识　化工机器安装基本知识

1. 化工机械的基础

(1) 基础的质量检查及验收　在安装机器及设备前，应严格地进行基础质量的检查和验收工作，保证安装质量，缩短安装工期，并可避免在安装过程中对基础某些部分作额外的补修工作。

当基础建成后，土建部门在交出基础给安装部门时，必须附有基础的形状及主要几何尺寸的实测图表、基础坐标的实测图表、基础标高的实测图表、基础沉陷的观测记录和基础质量合格证的交接证书等技术文件。

基础验收的具体工作就是根据图纸和技术规范，对基础工程进行全面的检查。检查的主要内容是基础的外形尺寸、空间位置和强度、地脚螺栓预埋情况或预留孔位置、防振隔振措施等。化工机械的基础尺寸和质量要求见表3-1。

为了确保机器在基础上正常工作，避免由于机器运转时所产生的惯性力的影响导致基础发生沉陷现象，在安装机器前，一定要对基础进行预压试压，预压时间为70～120h，加在基础上的预压力应为机器重量的1.5～1.7倍。

为了使基础混凝土达到预定的强度，基础浇灌完毕后不允许立即进行机器的安装，而应该至少保养7～14天，当机器在基础上面安装完毕后，应至少经过15～30天后才能进行机器的试运转。如果需要提前进行机器试运转，必须在基础施工阶段采取必要的措施或者采用快干水泥。

表 3-1　化工机械的基础尺寸和质量要求

项次	项　　目		允许偏差值/mm
1	基础坐标位置(纵、横轴线)		±20
2	基础各不同平面的标高		−20
3	基础平面外形尺寸 凸台上平面外形尺寸 凹穴尺寸		±20 −20 +20
4	平面水平度(包括地坪上需安装设备部分)	每米 全长	5 10
5	垂直度	每米 全高	5 10
6	预埋地脚螺栓	标高(顶部) 中心距(在根部和顶部两处测量)	+20 ±2
7	预留地脚螺栓孔	中心位置 深度 孔壁的垂直度	±10 +20 10
8	预埋活动地脚螺栓锚板	标高 中心位置 水平度(带槽的锚板) 水平度(带螺纹孔的锚板)	+20 ±5 5 2

(2) 地脚螺栓与垫板　地脚螺栓的作用是将机器和设备牢固地连接起来，防止机器和设备工作时发生位移、振动和倾覆。地脚螺栓、螺母和垫圈通常随机器和设备配套供应，并在机器设备说明书中有明确规定。通常情况下，每个地脚螺栓应根据标准配置一个垫圈和一个螺母，但对于振动剧烈的机器，应安装锁紧螺母或双螺母。

根据地脚螺栓的长度，可将其分成两类：短地脚螺栓和长地脚螺栓。短螺栓用来固定重量较小的、没有剧烈振动和冲击的设备，其长度为100～1000mm。长螺栓用来固定重量较大的、有剧烈振动和冲击的设备，其长度为1～4m。

垫板的种类很多，按垫板的材料来分，可分为铸铁垫板（厚度为20mm以上）和钢板垫板（厚度为0.3～20mm之间）两种；按垫板的形状来分，可分为平垫板、斜垫板、开口垫板、钩头斜垫板和调节垫板五种，如图3-3所示。中小型机器及设备的平垫板和斜垫板的尺寸可根据机器及设备的重量从表3-2和表3-3中选择。

表 3-2　平垫板的尺寸　mm

编号	L	W	H	使用范围
1	110	70	3 6 9 12 15 25 40	5t以下的机器及设备,20～35mm直径的地脚螺栓
2	135	80	3 6 9 12 15 25 40	5t以上的机器及设备,35～50mm直径的地脚螺栓
3	150	100	25 40	5t以上的机器及设备,35～50mm直径的地脚螺栓

注:1. 垫板一般都放在地脚螺栓的两侧,如垫板只放在地脚螺栓一侧,则应按地脚螺栓直径选用大一号的尺寸。
2. 为了精确地调整水平和标高,还采用厚度为0.3、0.5、1和2(mm)的薄钢板垫板,最上面一块垫板的厚度应≥1mm。

表 3-3　斜垫板的尺寸　mm

编号	L	W	H	B	A	使用范围
1	100	60	13	5	5	5t以下的机器及设备,20～35mm直径的地脚螺栓
2	120	75	15	6	10	5t以上的机器及设备,35～50mm直径的地脚螺栓

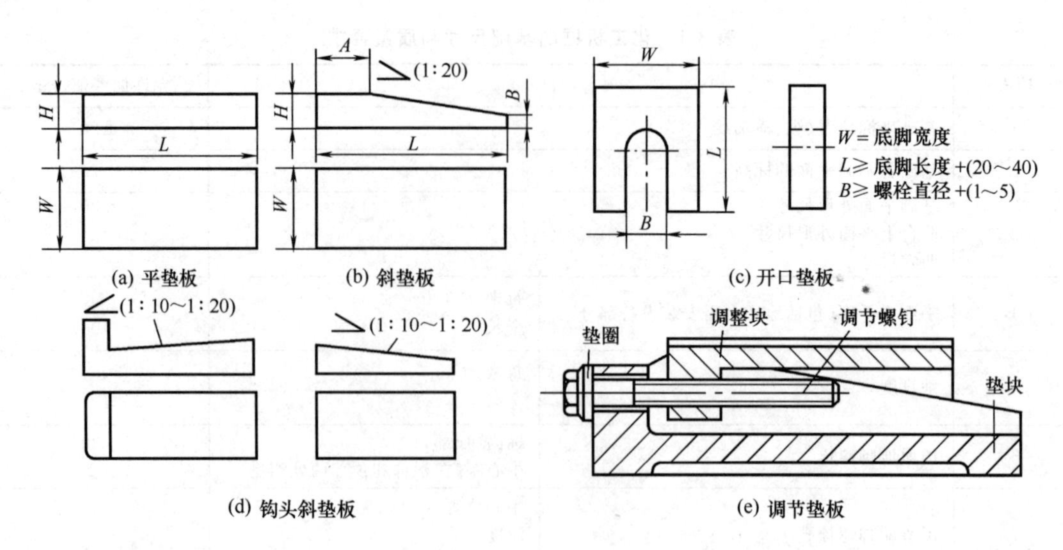

图 3-3　垫板的种类

(3) 垫板的安放　基础验收后，在机器安装前应进行铲麻面和放垫板工作，以保证设备的安装质量。

① 铲麻面　基础验收后，在设备安装前，应在基础的上表面（除放垫板的地方外）铲出一些小坑，这项工作就称为铲麻面。铲麻面的目的是使二次灌浆时浇灌的混凝土或水泥砂浆能与基础紧密结合起来，从而保证机器及设备的稳固。铲麻面的方法有手工法和风铲法两种。铲麻面的质量要求是：每 $100cm^2$ 内应有 5～6 个直径为 10～20mm 的小坑。

② 放垫板　在安装机器及设备前，必须在基础上放垫板，在安放垫板处的基础表面必须铲平，使垫板与基础表面能很好地接触。

放垫板的目的是：可以通过垫板厚度的调整，使被安装的机器及设备能达到设计的水平度和标高；增加机器及设备在基础上的稳定性，并将其重量通过垫板能均匀地传递到基础上去；便于二次灌浆。

安放垫板时，可以采用标准垫法（在每一地脚螺栓两侧各放一组垫板）、井字垫法、十字垫法、单侧垫法和辅助垫法（在两组垫板之间加放一组辅助垫板）等，这些垫法如图 3-4 所示。垫板的面积、组数和放置方法应根据机器及设备的重量和底座面积的大小来确定。放置垫板应遵守下列原则。

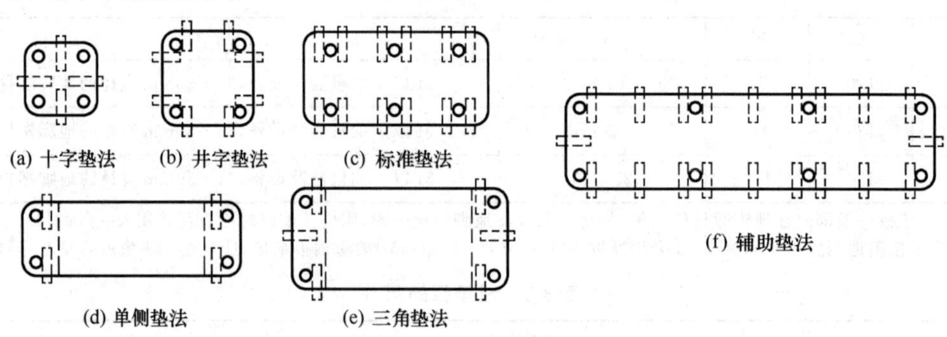

图 3-4　垫板的放置方法

a. 每个地脚螺栓旁至少应有一组垫板。相邻两垫板组的距离，一般应保持 500～1000mm；垫板组在能放稳和不影响灌浆的情况下，应尽量靠近地脚螺栓，如图 3-5 所示。

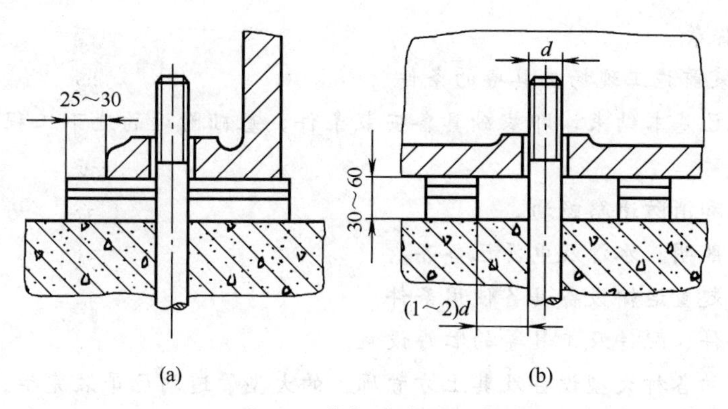

图 3-5　垫板的放置位置

b. 每一组垫板内，应将厚垫板放在下面，薄垫板放在上面，最薄的垫板应夹在中间，以免发生翘曲变形；同一组垫板中，其几何尺寸要相同，同时斜垫板放在最上面，单块斜垫板下面应有平垫板。

c. 不承受主要负荷的垫板组使用成对斜垫板（即把两块斜度相同而斜向相反的斜垫板沿斜面贴合在一起使用），找平后用电焊焊牢。

d. 承受主要负荷并在设备运行时产生较强连续振动的垫板组不应采用斜垫板而只能采用平垫板。

e. 每组垫板应放置整齐平稳，保证接触良好，设备找平后每一组垫板均应被压紧，可用 0.25kg 手锤逐组轻轻敲击，听音检查。

f. 设备找平后，垫板应露出设备底座面外缘，平垫板应露出 25～30mm；斜垫板应露出 25～30mm；平垫板伸入设备底座面的长度应超过地脚螺栓的中心。

g. 采用调整垫板时，螺纹部分和调整块滑动面上应涂以润滑脂，找平后，调整块应留有可继续升高的余量。

2. 化工机器安装前的准备工作

(1) 化工机器安装前应具备的技术资料

① 机器的出厂合格证明书。

② 制造厂提供的有关重要零件和部件的制造、装配等质量检验证书及机器的试运转记录。

③ 机器与设备安装平面布置图、安装图、基础图、总装配图、主要部件图、易损零件图及安装使用说明书等。

④ 机器的装箱清单。

⑤ 有关的安装规范及安装技术要求或方案。

(2) 开箱检验及管理　机器的开箱检验应在有关人员的参加下，按照装箱清单进行。其内容包括以下几项。

① 核对机器的名称、型号、规格、包装箱号、箱数，并检查包装情况。

② 检查随机技术资料及专用工具是否齐全。

③ 对主机、附属设备及零部件进行外观检查。并核实零部件的品种、规格、数量等。

④ 检验后应提交有签证的检验记录。

机器和各零部件，若暂不安装，应采取适当的防护措施妥善保管，严防变形、损坏、锈蚀、老化、错乱或丢失等现象。凡与机器配套的电器、仪表等设备及配件，应由各专业人员进行验收，妥善保管。

(3) 机器安装前施工现场应具备的条件

① 土建工程已基本结束，即基础具备安装条件，基础附近的地下工程已基本完成，场地已平整。

② 施工运输和消防道路畅通。

③ 施工用的照明、水源及电源已备齐。

④ 安装用的起重运输设备具备使用条件。

⑤ 备有零部件、配件及工具等的贮存设施。

⑥ 机器周围的各种大型设备及其上方管廊上的大型管道均已吊装完毕。

⑦ 备有必要的消防器材。

任务二　离心泵的试车

离心泵安装或修理完毕后，必须经试车来检查和消除在安装修理中没有发现的问题，使离心泵的各配合部分运转协调。

1. 试车前的检查及准备

离心泵在试车前必须进行检查，以保证试车时的安全，检查按下列项目依次进行。

① 检查机座的地脚螺栓及机座与离心泵、电动机之间的连接螺栓的紧固情况。

② 检查离心泵与电动机两半联轴器的连接情况。

③ 检查轴承内润滑油量是否足够及轴承螺钉的紧固情况。

④ 检查轴向密封填料（盘根）是否压紧，检查通往轴封中水封环内的管路是否已连接好。

⑤ 检查轴承水冷却夹套的水管是否连接好。

在正式试车前，除了进行上述项目的检查外，还需准备必要的修理工具及备品等，如螺丝刀、扳手、填料、垫料及管路法兰间的垫圈等。

2. 试车的步骤

① 关闭排出管上的阀门。

② 灌泵。

③ 启动电动机。

④ 当电动机达到正常转速后，逐步打开排出管上的阀门，并调整到一定的流量。

3. 在试车中可能出现的问题及其消除方法

在试车过程中，要随时注意轴承温度及进口真空度和出口压力的变化情况。试车中可能出现的故障及其消除方法如下。

① 轴承温度过高。可能是轴承间隙不合适、研配不好或润滑不良等原因所引起的，应针对产生故障的原因予以消除。

② 进口真空度下降。可能是管路法兰及轴封等部位密封不严密而吸入了空气之故。确定了不严密的部位后，可用拧紧螺栓的方法来消除，或者将垫圈更换。

③ 出口压力下降。这可能是由于叶轮与密封环之间的径向间隙增加之故。必要时可以拆开泵体进行检查，一般可以用更换密封环的方法来进行修理。

当试车时，若轴承温度、进口真空度和出口压力都符合要求，且泵在运转时振动很小，则可认为整个泵的安装质量符合要求。

离心泵试车后，便可把所有的安装记录文件及图纸移交生产单位，该泵可以正式投入生产。

思考与训练

1. 基础表面为什么要铲麻面、放垫铁？
2. 安放垫铁时应注意些什么？
3. 离心泵安装时三点找正法是怎样进行的？
4. 离心式压缩机无负荷试车的步骤和目的是什么？
5. 离心式压缩机负荷试车的步骤和目的是什么？
6. 装配一台离心泵，按要求进行试车并解决试车中出现的问题。

项目二 活塞式压缩机的安装

活塞式压缩机的安装是一项重要的工作，它将直接影响压缩机的运行和使用寿命。压缩机安装前应做好充分的准备工作：技术资料及有关施工组织措施的准备，对安装施工现场按要求做好准备，压缩机的验收及保管，基础、垫铁、地脚螺栓、小千斤顶的验收准备，常用安装工具的准备。

任务一 机身的安装与零部件的装配

1. 机体的安装

机体是压缩机受力零件，它的安装质量直接影响压缩机的运行及使用的可靠性。

对称平衡式压缩机对置式机体，因它有两列机体，所以在安装时应先按土建施工留下的红色三角形标志划出每列机身两侧汽缸中心线及主轴中心线，吊装机体并按中心线使机体就位。

在机体就位吊装之前，机体应先用煤油进行试漏检查。注入煤油（注入高度应达到机体内润滑油最高位置），观察2～3h内不应渗漏，如有渗漏应修补。

安装机体时，应先将千斤顶、垫铁组放置在基础上，吊放机体后，垫铁的一半应露在机座外部，以便调整机体的标高与水平度。

机体的水平度用小千斤顶来调整，用精度0.02mm/m的框式水平仪测量机体的纵向与横向水平，每米长度的偏差不应超过0.05mm。

纵向水平度在机体滑道的前、中、后三点位置上测量，横向水平度在机体轴承孔处测量，如图3-6所示。

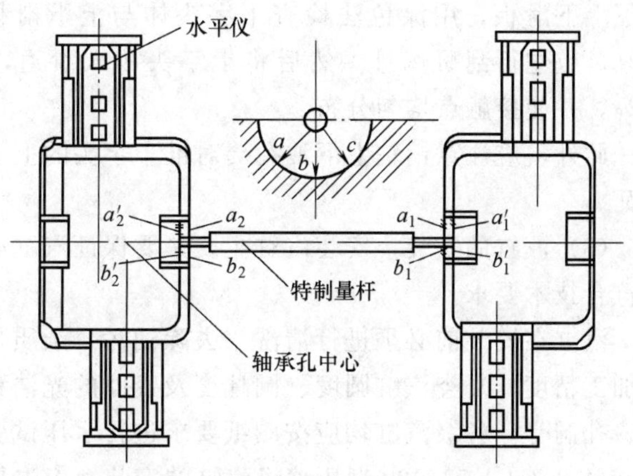

图3-6 对置式机体（左右共两侧）

第一个机体安装好后，应以此为基准安装第二个机体，其找平找正方法和第一列机体相同。H型压缩机两列机体的四个主轴承孔应严格保持同心，为此应用拉钢丝的方法或用激光准直仪来进行精确的调整（有关拉钢丝和激光准直仪的使用方法参看相关资料)，以第一列机体主轴承为准，拉一根钢丝作为主轴中心线，用它来确定第二个机体位置。拉线时两中心线架距离要比两列机体最外侧宽度大1～2m。在第一列机体主轴承孔两端的左、右、下处取测点a、b、c和a'、b'、c'共六点，通过调整钢丝，使两端左右各处的a'、a和b'、b两点距离相等，下面的c、c'也相等。但考虑到钢丝本身有挠度，c和c'两点允差±0.01mm。以主轴中心线为基准，同样在第二列机体主轴承孔两端取六点，通过移动第二列机体，使其标高及前后中心位置与第一列机体的标高和前后中心位置相同，两机体主轴承孔中心线的同轴度允差为0.05mm。

机体安装后，应对称均匀地拧紧地脚螺栓，并复查垫铁组是否压紧，再查机体的水平度和主轴承孔同轴度。

2. 压缩机各主要零部件的装配

(1) 曲轴的安装　曲轴在安装前应该用煤油清洗，检查曲轴油孔是否畅通，并且检查曲轴外观有无划痕、碰伤，大型曲轴应该进行磁粉探伤检查和超声波探伤检查。曲轴在主轴承上水平度达到规定要求，曲轴与轴瓦之间的各项间隙值也符合技术要求后，还必须测量和调整曲轴的曲臂差（即曲臂之间上下左右四个位置的距离偏差），其数值变化量应符合压缩机技术文件的规定，如无规定时，不应大于万分之一活塞行程值（$10^{-4}S$）。

(2) 连杆、十字头的安装　在安装连杆之前，要检查连杆大小头巴氏合金层的质量，不允许有裂纹、沟槽、砂眼、孔洞等。用涂色法检查大小头瓦的接触情况，要求大头瓦与曲柄销，小头瓦与十字头销均匀接触达到75%。连杆螺栓的端平面与连杆体大头盖的端平面也应密切贴合，均匀接触。并检查大、小头油路是否畅通。

连杆螺栓与连杆体的连杆螺栓孔应采用较紧配合，在不损伤加工面质量的前提下，允许用木榔头将连杆螺栓打入螺栓孔内，拧紧连杆螺栓的螺母时，连杆螺栓的弹性伸长应符合图纸规定，参照设备技术文件推荐的锁紧力矩，均匀拧紧，不应有松动现象，拧紧后，应锁牢螺母。

连杆在一般情况下可用压铅丝方法测出大头瓦和曲柄销的径向间隙与轴向间隙，小头轴瓦（套）与十字头销的径向间隙及与十字头体的轴向间隙，均应严格符合设备技术文件的规定。

在十字头的安装工作开始前，应检查十字头上下滑板巴氏合金层的浇注质量，吹洗干净十字头本体的油管。滑板巴氏合金层不允许有裂纹、孔洞、沟槽、重皮、砂眼等缺陷，然后拆下上下滑板，用涂色法检查十字头体与上下滑板的背面接触情况，如果接触面积不足50%，应进行刮研修理。然后将十字头放入滑道，使其滑道接触点总面积为滑板面积的60%，并使接触点均匀分布。

此外，应注意销轴上下油孔要对准十字头的上下油孔，否则会因油路不通而烧毁连杆小头瓦。

(3) 汽缸的安装　安装汽缸主要是要保证汽缸的整体平行偏差、水平误差及汽缸余隙值等符合技术要求。

汽缸在安装前必须进行清洗，去除油污、杂质，再涂上一层润滑油。然后检查各级汽缸的加工精度，复查汽缸圆度、圆柱度及镜面的光洁程度。汽缸壁面不允许有划痕、裂纹、斑疤、孔洞等。各级汽缸均应按图纸要求进行水压试验，试验压力一般取工作压力的1.5倍。

H12（Ⅰ)-53/320型压缩机汽缸的安装，应先从低压列开始，大体上安装顺序是先低压列后高压列。

目前汽缸的安装广泛采用拉钢丝电声法，安装精度可达0.005mm。

如果汽缸中心线对滑道中心线同轴度超差，则应用刮刀或锉刀刮削、锉削汽缸的定位凸肩或止口，进行调整。

安装汽缸时，严禁在汽缸和中体接合处加偏垫，或用外力强制定心。但可修刮汽缸和中体的接合面，修刮后，接触面应达到65%。

(4) 活塞的安装　安装前，先将汽缸内表面清洗干净，涂上机油，并仔细检查活塞组件的各个零件有无损伤，清洗干净。

安装活塞时，必须严格保证自动调整定心的级差式活塞的轴向间隙，并且要求两个球面接触均匀，施加一个外力能作摆动和径向移动。活塞底部巴氏合金承压面要仔细检查。浇有轴承合金的活塞承压面应与汽缸工作面均匀接触，接触点总面积不应小于承压面积的60%。活塞与汽缸工作表面的顶间隙应比下部平均间隙小5%左右，以防止活塞磨损后顶间隙与侧间隙差别过大。

活塞杆装好放入汽缸后，应在活塞杆上测量活塞的水平度，确保活塞杆水平度符合要求。测量时，使千分表量杆头与活塞杆表面轻轻接触，然后盘车使活塞杆往复移动，即可测出活塞杆的水平度和锥度。对卧式压缩机和对称平衡型压缩机，允许活塞杆向汽缸一侧高0.03～0.05mm。

为了迅速、准确、安全地把活塞组件装入汽缸，在现场常采用下列方法。

① 小直径的活塞，一般用铁皮夹具使活塞环收拢后装入汽缸。

② 中等直径的活塞，一般在汽缸端部安装有锥孔滑套，使活塞环收拢装入汽缸。

③ 大直径的活塞，可同时采用3～4个斜铁夹具，将其安装在汽缸端面的螺栓上，使活塞环逐步收拢装入汽缸。

活塞组件装配好后，要用压铅法逐级检查其余隙，并可用下列方法调整。

① 在汽缸盖处增减垫片厚度。

② 增减活塞杆头部与十字头体凹孔内垫片的厚度。

③ 用螺纹连接的十字头和连杆，可调整双螺母改变活塞杆位置，以调整汽缸余隙。

各级活塞装好后，须将各级气阀出入口封闭，防止杂物和灰尘进入汽缸。

(5) 气阀的安装　气阀的安装是压缩机安装工作的最后一道工序，通常在压缩机试车之前进行。

安装前，应对气阀所有零件如阀片、阀座、升程限制器、阀弹簧、螺栓等进行外观检查及清洗，不得有划痕、毛刺、裂纹、翘曲等，并且要检查阀座与阀片贴合是否严密、弹簧的弹力是否一致等。

气阀组装好后，从阀片入口处注入煤油，进行试漏检查。在5min内允许有不连续的滴状渗漏。

气阀阀片的开启高度，应在气阀安装后进行检查，其开启高度应符合有关规定。

安装时必须仔细鉴别进气阀和排气阀，千万不能装反，否则会造成分配混乱，压缩机效率降低，甚至造成机体损坏。

活塞组件、填料函的装配与安装参看单元一中项目二活塞式压缩机密封件的修理。

压缩机安装后，应达到以下几项技术要求。

① 高压侧机身中心线与低压侧机身中心线的水平度偏差要求在允许范围内。

② 高压侧机身中心线与低压侧机身中心线的标高要相同。

③ 高压侧机身中心线与低压侧机身中心线要和主轴的中心线相垂直。

④ 高压侧机身中心线与低压侧机身中心线要相互平行。

⑤ 机身与汽缸的中心线以及汽缸与汽缸的中心线，其同轴度偏差应在允许范围内。

3. 润滑系统的安装

在大中型带十字头的压缩机中，均采用压力润滑，并分为汽缸填料部分的压力润滑和运动部件的压力润滑两个独立系统。

对润滑系统的安装要求如下。

① 油管要用酸溶液或碱液清洗，然后用清水冲洗干净。

② 油管路不允许有急弯、折扭和压扁现象，并排列整齐，力求美观。

③ 润滑系统的油路、阀门、过滤器、油冷却器等，应分别进行气密性试验和强度试验。对于循环系统，以0.6MPa压力进行试验；对汽缸填料润滑系统，以工作压力的1.5倍进行试验。

④ 安装位置准确，运转正常，供油情况良好。

4. 附属设备的安装要求

压缩机的附属设备包括水封槽、冷却器、缓冲器、油（水）气分离器、集油槽等。

① 安装就位前，根据图纸要求检查结构和尺寸、管口方位及地脚螺栓的位置等，然后进行强度及气密性试验。

② 立式附属设备安装就位后，其铅垂度允差每米不大于1mm；卧式附属设备水平度允差每米不大于1mm。

③ 所有的附属设备均应按容器的不同要求彻底清洗干净，不得有污垢、铁屑和杂物等存留。

机组的电机、润滑系统、冷却系统、附属设备及工艺管路系统、仪表控制装置等的安装调试，限于篇幅不作介绍，可参考其他资料。

任务二　活塞式压缩机的试车

压缩机组及其附属设备、管路系统、电气仪表、控制系统安装完毕后，必须进行试运转。所谓压缩机试运转，就是新安装的或经过大修后的压缩机的开车，因此也称试车。压缩机的试运转，根据不同的型号、规格，按照制造厂随机带来的产品使用维护说明书中所规定的程序和要求进行。大中型压缩机的试运转，一般都包括循环润滑油系统的试车，汽缸填料注油系统的试车，冷却水系统的通水试验，通风系统的试车，原动机单独试车，压缩机组试车。压缩机的试车步骤如下。

1. 压缩机试运转前的准备工作

（1）循环润滑系统的试运转　为了消除润滑油系统中可能存在的隐患，保证压缩机试运转时润滑油系统的正常工作，必须事先进行循环润滑油系统的试运转。

试运转前，在油箱内装入润滑油，其规格数量应符合设备技术文件的规定。本系统试运转要求是：

① 整个系统各连接处严密无泄漏现象；

② 油冷却器、油过滤器效果良好；

③ 油泵机组工作正常，无噪声和发热现象；

④ 油泵安全阀在规定压力范围工作；

⑤ 循环润滑油的温度和压力指示正确；

⑥ 油压自动联销灵敏；

⑦ 整个系统清洁。

(2) 汽缸填料注油系统的试运转 要求达到该系统各连接处严密无泄漏现象；阀门工作正确灵敏；注油器工作正常，无噪声和发热现象；各注油口处滴出的油清洁无垢。

(3) 冷却水系统通水试验 水系统应通水，保持工作水压4h以上，检查汽缸、冷却器各连接处应严密无泄漏现象，水系统畅通无阻塞现象，水量充足，阀门动作灵敏。

(4) 通风系统的试运转 要求运行平衡，风量充足，风压正常，风管连接处严密无泄漏现象。

(5) 原动机的单机试运转 压缩机组在开车之前，应首先对原动机进行单独试运转。这种单独试运转对大型电动机更为必要。其具体步骤如下。

① 开车前的检查。

a. 调整电动机的旋转方向，使其必须符合压缩机的要求，不允许反转。

b. 对耐压试验和干燥等项工作进行严格检查，并用干燥无油水的压缩空气吹净电动机内部空间。

c. 用塞尺复测转子与定子沿圆周的空气间隙。

d. 仔细检查电动机各处紧固、定位、防松情况。

e. 接通电动机的控制测量仪表。

② 启动电动机。

a. 盘动电动机转动三周以上，检查有无碰撞和摩擦声响。一切正常后，开动电动机。

b. 点动电动机，检查转动方向和各部分有无障碍。

c. 启动后运转5min，然后停车检查。

d. 启动运转30min，如果正常，则可连续试运转1h。停车后，检查主轴承温度不得超过60℃，电动机的温度不得超过70℃，电压、电流应与铭牌上的规定值相符。

(6) 压缩机各部位检查和准备

① 全面检查压缩机的紧固情况。

② 检查二次灌浆的强度是否达到要求。

③ 检查各部分的测试仪表是否安装妥当、联锁装置是否灵敏可靠。

④ 复查各部分的间隙及汽缸余隙是否符合要求，并盘车检查转动是否灵活。

⑤ 检查安全防护装置是否良好及放置是否恰当。

⑥ 将要试运转的压缩机擦拭干净，场地清扫干净。

⑦ 拆去气阀和管道，并装上筛网。

2. 压缩机无负荷试运转

压缩机无负荷试运转的目的：使运动件得到良好磨合；检验润滑系统、冷却水系统及各辅助系统的工作可靠性，最高排水温度不得超过40℃；发现并处理试车中的问题，为压缩机进入负荷试运转创造条件。

各项准备工作完成之后，即可进行无负荷试运转。

① 开动循环油泵，调整油压到设计压力。

② 开动注油器，检查汽缸及填料各点的供油情况。

③ 开启循环水系统至设计压力。

④ 开车。

a. 点动并检查。检查各运动部件有无不正常的声响或阻滞现象。

b. 启动压缩机空载运行 5min。重点检查：压缩机运转声音应该正常，不应有碰撞及其他不正常情况。可借助“探针”探听主轴承、十字头滑道、汽缸及电动机各重要部位的运转声响，应无杂音和不正常现象。

看：各级冷却水是否畅通，各出水口水温应符合要求，水量充足；循环油压力是否达到规定要求，注油器运转是否正常，各供油点供油情况是否良好；地脚螺栓及其他各连接处有无松动现象；机体是否有振动等。

摸：用手摸汽缸外壁、填料与活塞、十字头滑道外壁、机体、电动机等可用手触及的地方的温度和振动情况。

嗅：嗅不正常的气味，如绝缘烧毁的“焦”味，油温过高的烟味等。

c. 开车运转 30min，若无不正常的响声、发热、振动，则连续运转 8h，然后停车检查。填料温度应不超过 60℃，十字头滑道温度应不超过 60℃，主轴承温度应不超过 55℃，电动机温升应不超过 70℃，压缩机组的振动幅度在规定范围之内。

试运转过程中，对运转情况随时全面检视，并对异常情况及时处理，要每隔半小时填写一次试运转记录。

3. 压缩机系统的吹洗

压缩机无负荷试运转后，应开动压缩机对气体管路及附属设备进行吹洗。吹洗是利用压缩机各级汽缸压出的空气，吹除本身排气系统的灰尘及污物的过程。

吹洗工作一般采用分段吹洗法，即先Ⅰ级开始，逐段连通吹洗，直至末级。

吹洗时，应在各级段吹除口处放置白布，以检查脏物；吹洗时间不限，直到吹净为止。经常用木锤轻敲吹洗的管路和设备，以便将脏物振落吹除。吹洗段的仪表、安全阀、逆止阀等要拆除，其他阀门必须全开，以免损坏密封面或遗留脏物。吹除的污染空气和脏物，不准带入下一级的设备、管道和汽缸内。不进行吹洗的汽缸、设备和管道必须加盲板挡住。

具体方法是：先将Ⅰ级汽缸的吸气管路用人工清扫干净，也可以利用吸气阀装排气阀反吹。然后分别吹洗Ⅰ级汽缸的排气口到Ⅱ级汽缸吸气管法兰螺栓，使Ⅱ级汽缸错开一定的位置。开车后，利用Ⅰ级汽缸压出的气体依次洗Ⅰ级排气管路、中间冷却器、Ⅱ级吸气管路，直到排出的空气完全干净为止。下一步吹洗Ⅱ级汽缸的排气管路、中间冷却器、Ⅲ级吸气管路。依此类推。最后装上末级的吸、排气阀门，吹洗末级的排气管路、后冷却器和其他设备，直到排出的空气完全干净为止。

各级吹洗的压力应遵守设备技术文件规定；若无规定时，应按 150～200kPa 进行。

吹洗时，为避免排气时噪声过高，管径 DN100mm 以下的，可以用比原管径大 2 倍左右的临时管道将吹出的气体通向室外。

4. 压缩机负荷试运转

压缩机负荷试运转也叫升压连续试车，负荷试运转一般用压缩空气进行。最终压力不宜超过 25MPa。超过此压力的试运转应考虑用氮气为介质。在进行负荷试运转的同时，也进行气密性试验。负荷试运转的目的如下。

① 检验压缩机的负荷性能。

② 检验压缩机正常工作压力下的气密性。

③ 检验压缩机的生产能力（排气量）以及各项技术性能指标等是否符合设备技术文件

规定的要求。因此，压缩机的升压连续试运转是决定压缩机能否投入正式生产的关键。

压缩机的负荷试运转在压缩机吹洗之后进行。其具体步骤如下。

① 开车前，先把吹洗时用的临时管路、筛网、盲板等全部拆除干净，装上正式试运转需用的管路、仪表及安全阀，然后进行正式试运转。

② 开车后，要分次逐渐加负荷（加压），每次加负荷之前，保持稳定一段时间，以使操作条件稳定下来，每次升压的幅度也不宜过大。

③ 在升压过程中，应对机组运转情况进行全面检查，每半小时填写一次试运转记录，各种数据应在规定范围之内。

④ 在最后压力下运转时间不得少于 4h，停车后进行检查。

⑤ 上述试运转合格后，应进行不少于 24h 额定压力下的连续运转，并每隔半小时作一次记录，各数据应在规定的范围内，并运转平稳。

5. 拆卸检查再运转

负荷试运转后，应拆开压缩机检查：

① 各运动部分的磨合情况是否正常；

② 各紧固部分是否松动；

③ 拆下各进排气阀进行清洗；

④ 检查汽缸镜面磨损情况；

⑤ 全面检查电动机各部分；

⑥ 复测汽缸和曲轴的水平度；

⑦ 消除试运转中发现的缺陷。

拆卸检查后，重新装配好再次试运转，试运转的过程与压缩机的负荷试运转相同，以检验再装配的正确性。

压缩机安装是一个复杂的施工过程，它包括压缩机本体的安装，管道及附属设备的安装（气路系统的设备、冷却水系统设备、油路系统设备、电器仪表系统设备），驱动装置的安装等。这些工作无论是由专门的安装公司，还是使用单位自己安装，都必须对整个安装、试车过程作详细记录，详细填写各种技术图表与文件等供有关方面备查、审定，验收合格后移交使用单位。

思考与训练

1. 活塞式压缩机安装时怎样找正找平？
2. 活塞式压缩机的汽缸余隙怎样调节？
3. 活塞式压缩机试车前应做哪些准备工作？
4. 活塞式压缩机空负荷试车应达到哪些技术指标？
5. 活塞式压缩机负荷试车中及试车后应检查哪些项目？应达到哪些技术指标？
6. 制订活塞式压缩机活塞环更换的步骤和技术要求。
7. 调查某厂大型压缩机安装方案。

项目三 离心式压缩机机组的安装

离心式压缩机机组的结构比较复杂，运转速度很高。离心式压缩机机组的安装因驱动机不同，其安装方法和技术要求有所区别，但其安装基本工艺大致相同。驱动机为汽轮机的离心式压缩机一般称透平压缩机，安装时常以汽轮机为基准，但也有以大型增速器或机组中间位置的某段缸为基准的。对于由电动机、增速器和压缩机组成的离心式压缩机机组，整个机组的安装基准是增速器。下面仅简单介绍电动机驱动的离心式压缩机机组的安装。

任务一　离心式压缩机机组的安装

1. 压缩机组中心线的确定

机组正常工作时，整个机组的中心线在垂直面上投影要成为一条连续的曲线。如图 3-7 所示。

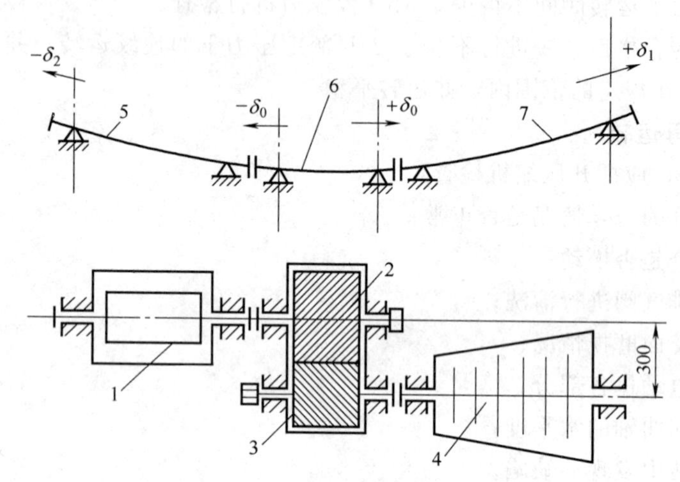

图 3-7　以增速器为准找正联轴器确定电动机和压缩机的位置
1—电动机转子；2—增速器大齿轮；3—增速器小齿轮；4—离心式压缩机转子；5—电动机转子主轴中心线；6—增速器齿轮轴中心线；7—压缩机转子主轴中心线

离心式压缩机机组安装施工是在常温下进行的，这与压缩机工作时的状态（热态或冷态）不相同（汽轮机尤其明显），不能保证压缩机转子和汽缸的正确位置以及机组转子中心线仍为光滑的连续曲线。因此，必须找出转动部件从冷态到热态、从静态到动态同轴度偏差的大小和方向。而在冷态安装时，将偏差在相反的方向预留出来，以便到热态运行时达到同轴或近似同轴的程度。

所以，找正工作最好在接近操作条件下进行，也可采用下列措施（任选一种）。

① 在室温条件下找完同轴度后，按制造厂提供的资料或实验数据，在压缩机支腿处撤去或加上规定的垫片，以适应其膨胀量或收缩量。

② 找正前，按制造厂提供的资料或实验数据，计算出联轴器在室温下应留的同轴度误差，并使联轴器端面的偏差量与计算值相同，以保证机组正常运转时同心。

2. 增速器的安装

现在一般均采用平行双轴式一级圆柱齿轮增速器，其大小齿轮为斜齿或人字齿轮。大小齿轮轴都由滑动轴承支承。

安装前，要将增速器解体，进行认真的检查，并清洗干净，还应对其下壳体做煤油渗透试验，检查有无泄漏情况。检查轴瓦质量及瓦背与壳体镗孔的配合情况，测出轴瓦的径向和轴向间隙，看是否符合设备技术文件的规定。检查增速器上、下箱体法兰接合面的贴合程度，接合面的间隙允许在 0.06mm 以下（自由配合状态）。

同时应注意密封的设置、轴封间隙的大小（一般取 0.12～0.16mm）等，然后可正式安装。

(1) 增速器的就位与初平　将增速器的下箱体、压缩机的下机体与已连接在一起的支承底座及电动机穿上地脚螺栓，分别吊放在基础各自的位置上。增速器如有底座，则应先安装其底座，并在底座初步校正后，轻轻拧紧地脚螺栓，然后将增速器放在底座上，在底座上将增速器调平并固定。

因为整个机组是以增速器为基准来确定中心位置的，所以在机组就位时，应首先调整增速器的位置，进行增速器的初平工作。初平时应做到：

① 增速箱中心线与基础中心线重合，允许误差为 3～5mm；

② 下箱体的水平及标高应在技术要求范围内，纵向水平以下箱体轴瓦凹处为准，其允差为 0.02mm/m，横向水平以下箱体中分面为准，其允差为 0.1mm/m。

(2) 增速器精平　按初平时相同的要求对增速器下箱体进行水平复查。然后拧紧地脚螺栓，固定箱体，与此同时，应检查垫铁与箱体的接触情况，并将轴承装入洼窝内，安装好大小齿轮轴。再次复测高速轴的轴向水平，而且调整时，必须首先满足高速轴的要求，以免造成积累误差，保证机组的同轴度。

同时，对齿轮啮合间隙及啮合接触面积、轴颈与轴瓦的接触情况进行检测，一般要反复进行多次。

(3) 推力面间隙调整　推力面间隙主要是轴承轴向间隙或轴间间隙；按说明书要求进行调整，前者用百分表或塞尺法测取，用补焊巴氏合金或刮研法调整，后者靠装配保证。

(4) 扣盖（增速器的封闭）　为了方便压缩机与电动机找正，可暂不扣盖，待压缩机和电动机找正找平工作完全结束，再将齿轮吊出，进行全面情况的检查，将齿轮啮合面、轴瓦和轴颈浇上透平油，按步骤装配好，在增速器体接合面上涂上密封膏（一般涂厚为 0.2～0.3mm，宽 10～15mm），将上盖扣好，装入定位销，分别将轴承和箱体接合面上的螺栓对称均匀地拧紧。

3. 压缩机的安装

(1) 检查与清洗

① 机身的清洗和检查。压缩机的机体（又称机壳）一般分为水平剖分式和垂直剖分式两种，但有的机器中机壳既有水平剖分又有垂直剖分（如 DA350-61 型压缩机），如图 3-8 所示。这种形式的机壳由铸造而成，从水平与垂直两个方向将机壳分为 6 片。

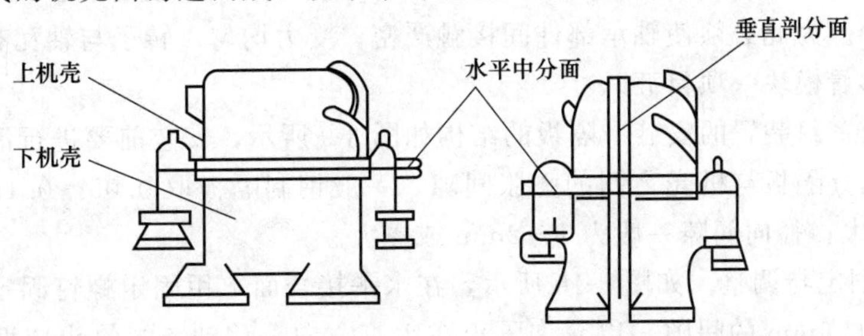

图 3-8　机壳剖分形式示意

清洗与检查时，先将机体放平，把上下机壳连接螺栓拆除，测量汽缸中分面处的间隙（允许局部间隙小于 0.08～0.12mm）。吊开机壳上盖及轴承盖，并使上机壳法兰结合面向上。对上下壳体、各部气封、隔板进行处理检查，不应有裂纹等机械损伤，所有焊接连接处（如进口侧导气叶与壳体的连接）不应有松动现象。然后进行必要的清洗。

② 其他零部件的检查与清洗。检查滑动轴承的巴氏合金的表面质量，并用煤油渗透法检查巴氏合金与瓦胎的贴合情况。对于有支持枕块的轴瓦，应检查枕块与镗孔的接合面，要均匀接触75%以上；两侧应有0.01～0.02mm的紧力，最下部枕块应有0.01～0.02mm的间隙。

清洗并检查转子及轴颈各处有无机械损伤，拆除其推力瓦块和轴封、轴瓦，以免吊出吊入转子时损伤其加工面。

(2) 底座、下汽缸和轴承的安装

① 底座、下汽缸和轴承座的固定。一般的小型压缩机，如DA350-61型离心式压缩机，它的机壳固定在两端的轴承座上，整个压缩机则通过轴承座再固定到设备底座上，在支承轴承侧的底座上用销钉固定，而在止推轴承侧的底座中心线上设置可相对滑动的水平键，相应地，在该底座上的连接螺钉在螺母和垫片之间保持0.05～0.1mm的间隙。

如果机壳只是一个水平中分面，支承轴承箱同止推轴承箱与机壳分开，机壳是通过四个猫爪支承在前后两底座上，猫爪与前后两底座之间设有四个导向键，其中三个为轴向布置，一个为横向布置（在后底座上）。

对于大型压缩机，一般采用轴承座与机壳分开的结构，此时机壳由其两侧的支座固定到基础或底座上，两侧轴承则单独分开，直接固定在基础和底座上。在机壳与底座之间装有由销子、横向键、纵向键、立键组成的导向键系统。

② 底座、下汽缸和轴承的就位。就位前应清除底座、汽缸支腿和轴承座的污垢油漆等杂物，对底座上的导向键及轴承座、下汽缸上的有关键槽都应用煤油清洗，然后用千分尺检查各滑键键槽尺寸，以确定其间隙值。对于特殊的导向键，还应该考虑其配合的过盈量和配合间隙。对于热膨胀量大的系统，还应该考虑热膨胀导向螺栓的装配。

③ 压缩机汽缸找正（初平）。找正时，机壳的位置以增速器高速轴轴承中心线为准，一般采用挂钢丝法，测量轴承座和汽缸的两中心线在同一垂直平面内的偏差，同时测量汽缸或者轴承座中心线与水平接合面的偏差，通过垫片调整其符合要求。

同时，还应校正机壳横向水平度，其允差为0.1mm/m。测量时，以中分面处为准，并使两侧的横向水平方向一致，不能使机壳前后水平方向相反，造成机壳扭曲现象。

④ 轴承的安装。轴承安装应保证转子位置的固定，在高速旋转情况下润滑良好，不产生过大的振动等。为此必须使轴承部件间接触严密，受力均匀，转子与轴瓦有良好的接触及适当的间隙（参看模块一项目五）。

(3) 隔板及密封装置的安装　隔板的结构如图3-9所示，安装前要进行清洗和检查，然后吊入机体，检查隔板与机壳之间的膨胀间隙。一般钢制隔板取0.05～0.1mm，铸铁隔板为0.2mm或更大；径向间隙一般为1～2mm或更大。

① 隔板的固定与调整。如图3-10所示，在水平接合面上用固定螺钉固定，螺钉与垫圈之间应有0.4～0.6mm的间隙，以允许隔板在垂直方向上移动；螺钉头应埋入汽缸或隔板水平接合面至少0.05～0.1mm，垫圈直径应比凹槽直径小1～1.5mm。

固定后，将平尺放在机壳接合面上，正对被检查的隔板，用塞尺测出上下隔板间隙，或者在下机壳隔板接合面上，选择四处放铅丝，盖上机壳盖，对称拧紧三分之一左右连接螺栓，然后测量铅丝厚度，即为隔板接合面的间隙。这些间隙应能保证汽缸扣盖后，上下隔板

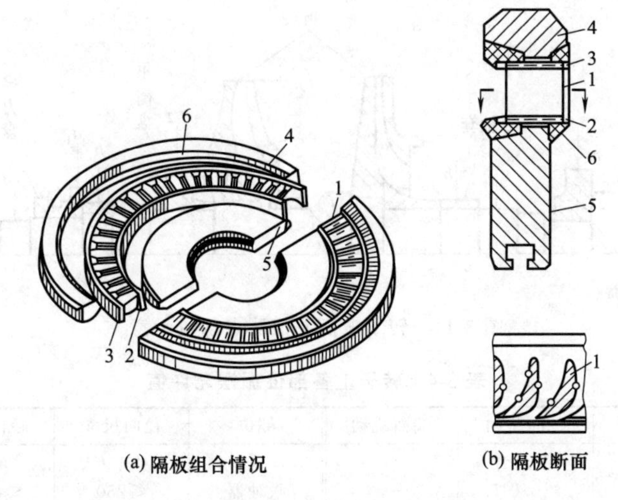

图 3-9 隔板结构

1—喷嘴片；2—内环；3—外环；4—隔板轮缘；5—隔板体；6—焊缝

接合面能形成 0.1～0.25mm 的间隙。

然后对隔板进行调整。调整的方法随隔板的固定方法不同而不同，如果隔板是悬挂在两只销柄上，并用垂直定位销钉定位的，则应改变两销柄厚度，以达到调整的目的，如果隔板借埋入隔板外圈的销钉支承在汽缸内，则锉短或接长这些销钉就可改变隔板在汽缸中的位置。

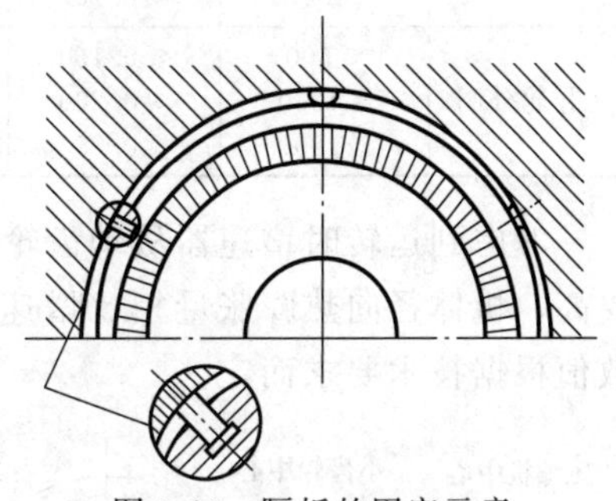

图 3-10 隔板的固定示意

② 轴封间隙的测量与调整。先将转子安装在下机壳内，再在机壳内组装各级隔板密封，前后轴封和各级轮盖密封，用涂色法检查密封环嵌入部分的接触情况，接触不均匀应适量修刮。测量时，下部及两侧间隙，用塞尺直接测出间隙值，上部间隙测量时，可分别在轴承套及轮盖上涂色，在被测各梳齿上贴上已知厚度的胶纸或胶布，然后盖上机壳上盖，并将连接螺栓拧紧，盘动转子几周后，开缸观察各胶纸或胶布的接触情况，判断间隙是否符合要求。

如间隙过大，重换新的；间隙过小，可进行修刮。修刮时应将梳齿顶尖朝向高压侧，切忌刮成圆角，以免漏气量增加。

(4) 转子的安装　首先清洗并检查转子及轴颈各处有无机械损伤，拆除其推力瓦块和轴封、轴瓦，以免吊出吊入转子时损伤其加工面。在吊装转子时，必须使用专用工具，并应保持转子轴呈水平状态，将转子吊放到轴瓦上，测量轴瓦的径向间隙和轴向间隙，推力轴瓦间隙及止推平面的轴向摆差，测量转子的轴颈锥度和椭圆度，测量各级工作轮、轴套及联轴器等处的径向振摆差和轴向振摆差，测点部位如图 3-11 所示，其允许值见表 3-4。

然后测量各级工作轮的径向和轴向间隙，一般用塞尺在下机壳水平接合面处进行，检查时，应在转子上做好标记，第一个位置在机壳左右侧分别测量各级工作轮的轴向和径向间隙，再将转子按运转方向转动 90°，再次进行上述测量。这样既能检查第一个位置测量的正确性，又能判断工作轮是否歪斜，变形及装配质量。

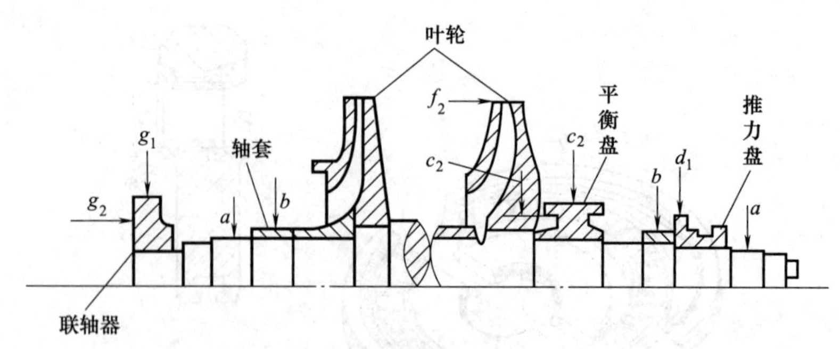

图 3-11　转子振摆差值测点部位示意

表 3-4　转子上各部位振摆允许值　　mm

部位	径向尺寸	径向跳动	端面跳动	部位	径向尺寸	径向跳动	端面跳动
轴颈	≤100 ≤200 >200	≤0.010 ≤0.015 ≤0.020	—	联轴器	≤150 ≤250 >250	≤0.010 ≤0.015 ≤0.020	≤0.010 ≤0.015 ≤0.020
轴承密封处	≤400 ≤800 >800	≤0.080 ≤0.080 ≤0.100	—	推力盘	≤180 <300 >300	—	≤0.010 ≤0.015 ≤0.020
工作轮外圆	≤500 ≤1000 >1000	≤0.150 ≤0.200 ≤0.250	—				

考虑到运转时增速器从动齿轮受径向力后将向外偏，但同时压缩机运行时温度比增速器要高，机体径向热膨胀量相比增速器要大，故找正时，圆周偏差值应如图 3-12 所示，具体数值根据技术要求而定。

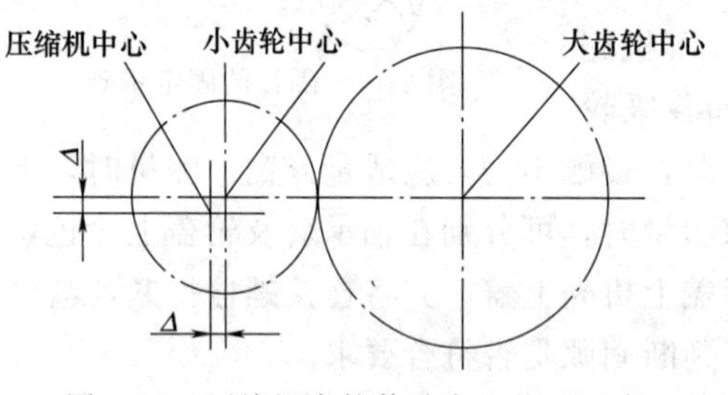

图 3-12　压缩机齿轮传动定心找正示意

(5) 扣汽缸大盖　首先对汽缸进行严格的吹净工作，然后吊装大盖。此时应特别注意不要将缸盖打翻或产生冲击折断钢丝绳。再拧紧连接螺栓。对中低压汽缸，只要用规定的拧紧力矩按秩序拧紧即可；对高压汽缸，为保证连接牢固，通常在热态下进行，计算好需加热的温度和伸长量。

在压缩机试运转期间，中分面处不涂密封胶，因为在这期间需经常开缸检查。待试车后，涂上密封胶。密封胶的成分是红丹粉 40%、白铅油 20%与热的亚麻籽油混合，拌成糊状，涂在中分面上，涂层厚 0.5～1mm，宽为 5～10mm，涂层经 12h 略为硬化后，再拧紧连接螺栓。

(6) 联轴器装配　离心式压缩机组常用齿轮联轴器连接，首先检查其外观，应无毛刺、裂纹等缺陷，并对联轴器进行圆周、端面振摆差检测。

对正装配时，应检查联轴器供油空孔是否畅通，止推环应有抽油孔，止推环与联轴器端面之间、两齿轮之间应留有一定的间隙，如图 3-13 所示。对正联轴器时应按制造厂所留标志对准，不得错位。两联轴器端面之间应留有适当间隙。

(7) 压缩机定心　为保证压缩机机组在工作状态下仍然能够保持各个转子中心线连线在运行时形成一条光滑连接曲线，且保持与缸体之间的同心要求，找正找平时，以已经固定的基准轴线（如增速器）的从动轴（或汽轮机轴线）为基准，借助压缩机机体底座下面的垫铁

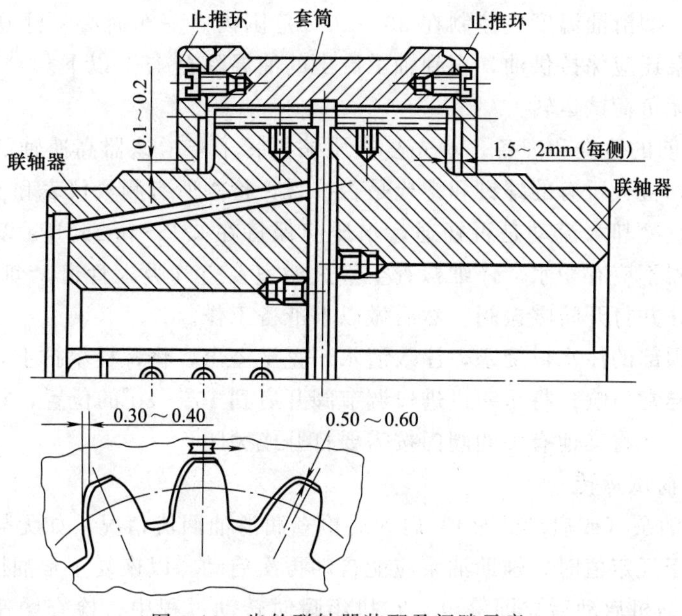

图 3-13　齿轮联轴器装配及间隙示意

（或其他装置）调整，使压缩机机组各个转子中心线同轴度误差及其他误差都在允许范围以内。

压缩机定心时，同时进行机体的固定。将地脚螺栓对称均匀逐次拧紧，同时，应不断复核联轴器定心情况，使地脚螺栓拧紧至应有程度，联轴器定心符合要求的范围。然后，复测轴瓦接触情况，并松掉压紧的膨胀螺栓，用 0.04mm 塞尺检查机体与底座接触面的接触情况。如有个别处超差，则可用底座部的垫铁加以消除，但在消除该间隙的过程中，如果影响到联轴器的同轴度，则还应调整使其符合要求。

最后可进行垫铁的点焊和基础的二次灌浆。

4. 电动机的安装

电动机的安装方法和步骤与活塞式压缩机中的电动机安装相同，电动机的定心找正方法和离心式压缩机与增速器定心找正相同。

5. 机组辅助系统的安装

离心式压缩机的辅助系统包括油润滑系统与空气冷却系统，这些辅助设备和管道的安装要求、方法、步骤基本上与活塞式压缩机的辅助系统相类似。

任务二　离心式压缩机机组的试车

1. 试运转前的准备工作

(1) 空气系统的准备　该系统的设备（吸气室、中间冷却器、末端冷却器）及管道阀门要求安装完毕，系统要与增速器联动试车。

① 点动。检查齿轮对的啮合有无冲击及杂音，观察主油泵是否上油。

② 第二次启动（30min）。观察主油泵上油情况良好，主油泵供油后启动油泵应自动停止供油，检查电动机与增速器的工作情况，应该平稳、无噪声、密封，各轴承处的振动应符合要求，检查各轴承供油情况和轴承温度的上升情况，轴承温度不得超过 65℃。

③ 连续运转（4h）。在运转中作全面检查。

在试运转中，润滑油温度应控制在30～40℃范围内。停车时必须注意，当电动机停止运转后，启动油泵还应保持供油，直到轴承流出的油温降至45℃以下。

（2）压缩机无负荷试运转

① 机组启动前的检查和准备。首先复查压缩机转子与增速器高速轴的同轴度，合格后才可连接联轴器，检查所有的螺钉和螺栓是否拧紧，检查所有测量仪表和安全控制系统是否灵敏和可靠，检查冷却水流动是否畅通，水压应保持在0.2～0.25MPa以内，水温不高于28℃，气体冷却器不应有积水，仔细检查空气过滤室及空气吸入管道，彻底将其清扫干净，检查防喘振装置，并打开防喘振阀。然后做以下准备工作。

打开疏水器顶部的注水口旋塞，注入清水，直至溢出，将螺栓塞拧上，盘车检查各部位是否正常，有无异常声响，将压缩机进口调节阀开启到15°～20°的位置，将压缩机出口管路上的放空阀打开，并将其他有关的阀门按需要打开或关闭。

② 机组无负荷试运转。

a. 启动辅助油泵（或启动油泵）。启动后检查润滑油回流情况，如无异常情况即停止其工作。当油压低于规定值时，辅助油泵应能自动再次启动，以恢复正常油压。

b. 冲动。压缩机启动后立即停电，在机组瞬时转动过程中，检查增速器、压缩机内部声响是否正常，压缩机工作轮有无摩擦声，检查压缩机的振动情况，转子的轴向窜动情况以及各润滑油的供油情况。

c. 运转30min。在机组运转起来后要仔细检听机组各部分运转的声音，应无杂音和异常声响。在运转中，应测定压缩机的振动情况，每10min一次，观察有无变化，全面检查供油情况及油温、油压，轴承温度不得超过65℃，电动定子温度不得超过75℃等，如遇重大问题，应紧急停车。

d. 连续运转8h。在运转过程中，应进行上述各项工作。

e. 停车检查。拆除联轴器，复测压缩机与增速器高速的同轴度应符合规定，拆开各轴承箱及止推轴承，检查巴氏合金和轴颈、止推面的摩擦情况，应光滑无擦伤痕迹，打开压缩机机壳大盖，测定转子叶轮的径向和轴向振摆差值以及汽缸圈径向振摆值，并与安装时所测数据比较，气封片应无碰擦现象，所有间隙应符合规定，压缩机内各部铆接、焊接处不应有松动和开裂现象。

（3）压缩机的负荷试运转　压缩机作负荷试运转时，首先在空负荷下启动，即第一次启动后进行必要检查，第二次启动后无负荷运转1h，空气滤清器室的机械运转要正常。

① 水系统的准备。上下水及消防用水要畅通，具备使用条件。试运转时，冷却水压要符合规定要求，检查各段冷却器的上水阀和回水阀，并由溢流管检查各段冷却器的水量应充足。

② 电气系统的准备。电气部分全部安装竣工并具备使用条件。

③ 自动控制及仪表系统的准备。所有仪表、自动控制联锁装置等均已安装完毕并调整准确。

2. 试运转

（1）润滑系统的试运转　油润滑系统是保证转动设备正常运转的首要条件，尤其是高速旋转的离心式压缩机，保证油润滑系统的清洁和畅通更为重要。

① 注油。向油箱内注入规定标号的润滑油（22号透平油），油量应在液面计的2/3～3/4处，高于正常运转时油位，主要考虑到油泵开动后，油润滑系统、油管路和高位油箱以及

润滑点各处，充油后油箱油位会下降很多。

② 油路清洗与试运行。为了防止循环油中脏物进入轴瓦，应在各轴瓦油入口处加装过滤网，或者在油润滑系统试运转过程中，先将连接轴瓦油管的接头、齿轮喷油管拆开，套上塑料软管，插入回油管内，不经各润滑点，冲洗润滑系统，冲洗干净后，再接通各润滑点油管，进行油润滑系统的试运转。

③ 油泵电动机试运行。将启动油泵或备用油泵的电动机，按电气规程单独试运转 2h，校对其旋转方向，检查有无振动及杂音，轴承是否发热，电动机温升是否超过规定等，合格后，与油连接好并找正联轴器。

④ 压缩机送油。运行启动油泵或备用油泵，检查油泵的工作情况，油量是否充足，试运转 2h 后，如油泵工作正常，则可正式向油润滑系统送油。

为了冲洗干净，油量应充足，油温应保持在 30～40℃以上。冲洗时要用小锤轻轻敲击弯头、管接头、法兰、焊缝等易积存杂物处，同时，应由各回油窥视镜检查各处是否畅通。油系统各连接部件接头应严密无泄漏现象。

油润滑系统的试运转时间应不少于 8h，至清洁为止。用 80 目滤网套在出油端检查时应清洁无杂质。经上述冲洗后，将脏物全部排出，清洗油箱及滤网。并重新换新的合格透平油。同时，应清洗各轴承轴瓦。

⑤ 油润滑系统试车。继续进行油循环，启动油泵或备用油泵的出口油压应符合规定，调整好的油泵自动控制联销装置应灵敏，减压阀及安全阀应按规定调整好，连续运转 2h，情况正常，油润滑系统试车结束。

(2) 电动机与增速器联动试运转　电动机的单体试运转合格后，将电动机与增速器的联轴器连接好并检查两半联轴器的同轴度，盘动电动机与增速器联轴器数圈，确定无卡阻、碰撞等现象后，开动启动油泵，使油润滑系统首先投入工作，油温保持在 20～30℃，进入轴承前的油压应符合要求，检查各轴承及齿轮对啮合处的供油情况，检查无问题后，待轴承温度稳定后，方可进入负荷试运转。

无负荷时用空气作为工作介质，负荷试运转一般仍以空气作为工作介质，当压缩机的设计工作介质的密度小于空气时，则应核算以空气为工作介质进行试运转时所需的轴功率，并应考虑以空气试运转时，压缩机的温升是否影响正常运转，否则不得以空气为压缩机介质进行负荷试运转，而只能作空负荷试运转。

加负荷时，应采用恒压装置，缓缓打开进口调节阀（蝶阀），使空气吸入量增加，负荷增加；同时逐渐关闭手动放空阀门，使压力逐渐上升。加负荷时要缓慢、均匀，要根据设备的有关规定进行，在升压过程中，要时刻注意压力表，当达到额定工作压力时，应立即停关放空阀，不得超过设计压力，在整个试运转过程中，用阀门调节压缩机出口压力，使压力波动不超过 0.01～0.03MPa。

负荷试运转至少在 8h 以上。停车时，首先打开放空阀门，降低系统压力，同时关闭吸入管上的调节阀，减少负荷，此时应注意减压、减负荷同时进行，勿使吸入空气量超过规定，降压结束后停止主电机运行。但必须使所有轴承流出的润滑油温度降至 35℃以下时，才能停止供油，然后停水，最后切断机组的电源。为了防止压缩机由于热弯曲过大而损坏，所有离心式压缩机在转子静止后，都必须周期地或连续地按照正常旋转方向盘车。

压缩机负荷试运转结束后，应进行各项必要的检查（同无负荷试运转），并对试运转中发现的问题查明原因，排出隐患。增速器也应开盖检查，主要对齿轮对的啮合和轴承的接触情况加以检查，如试运转中管道有振动，停车后应对管道进行加固，根据带负荷试运转情况，必要时，在机组停车后，立即进行一次机组热状态下联轴器的对中校核，并做适当调整。

全部检查合格并处理完毕后，机组进行最后的封闭，安装工作结束。可再进行不少于4h的连续负荷试运转，经有关人员鉴定合格后，即可办理移交手续，交付生产。

离心式压缩机试运行中典型故障及其处理与单元一项目三相同。

思考与训练

1. 离心式压缩机增速器安装的步骤是什么？
2. 离心式压缩机主机安装的步骤是什么？
3. 离心式压缩机无负荷试车的步骤和目的是什么？
4. 离心式压缩机负荷试车的步骤和目的是什么？
5. 制订离心式压缩机增速器的安装方案，列出工具清单。

项目四　塔设备的安装

塔类设备在化工厂中应用极广，其特点是外形简单（如多数为圆柱形）、高度和重量大、内部构造和工艺用途多种多样。常用的有填料塔、板式塔（如泡罩塔、筛板塔、浮阀塔等）和合成塔等。在安装时，应根据塔类设备的构造、工艺用途等特点，采取不同的安装方法。

任务一　塔设备的双杆整体滑移吊装

塔类设备多采用此法安装，起重杆之一为固定式起重杆，另一杆常用轮胎式起重机配合使用，便于调整设备位置。安装的工艺过程主要包括：准备工作、吊装工作、校正工作和内部构件的安装工作等。

1. 准备工作

吊装前的准备工作主要包括以下几项工作。

(1) 设备的运输　整体的塔类设备可以用拖运架和滚杠等运输工具来运输，如图3-14所示。

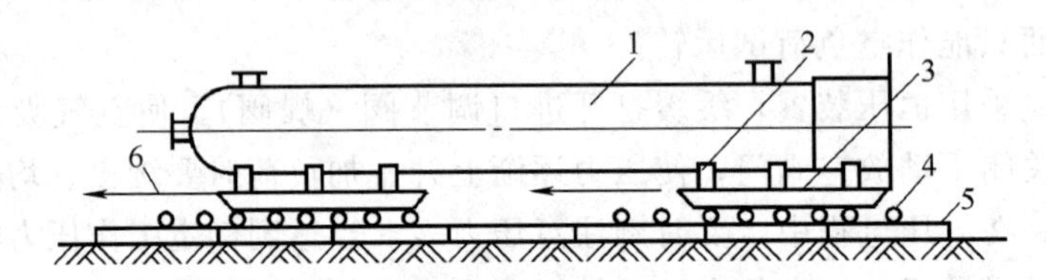

图3-14　塔类设备的运输

1—塔体；2—垫木；3—拖运架；4—滚杠；5—枕木；6—牵引索

设备起吊前的位置视基础的高低而异，基础越高，离基础的距离应越大，以免在起吊过程中，设备与基础相碰。

(2) 设备的检查　主要检查设备的气密性、结构尺寸以及变形（圆度和直线度）的情况等。

(3) 管口的对正　塔体与其他设备一般是用管子连接的，由于塔体在吊起后很难再进行调整（特别是做大的调整），所以要在起吊前即进行管口的对正工作。对正工作有两种情况。

① 管口方位相差很大。可以用千斤顶来顶，使塔体绕自身的轴线旋转，如图 3-15 所示。若塔体上没有足够强度的筋条，可在塔体两端分别焊上支脚，作为千斤顶的着力点，但需要征得使用部门的同意。为了减少转动时的摩擦力，应在支承垫木和塔体接触处涂上润滑剂。两个千斤顶应以相同的速度进行工作，否则塔体易被损坏。有时也可利用钢丝绳绕在塔体外面，在切线方向用力拉，可使塔体旋转，如图 3-16 所示。

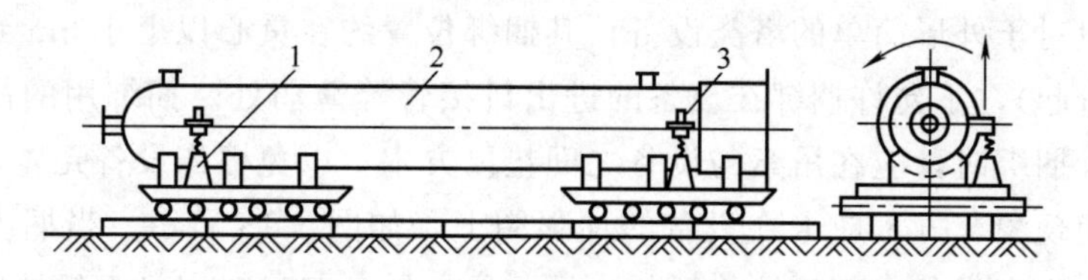

图 3-15　用千斤顶旋转塔体对正管口方位

1—千斤顶；2—塔体；3—支脚

② 管口方位相差不大。用捆绑塔体的吊索，将塔体吊起后旋转一定的角度到所需要的位置，如图 3-17 所示。

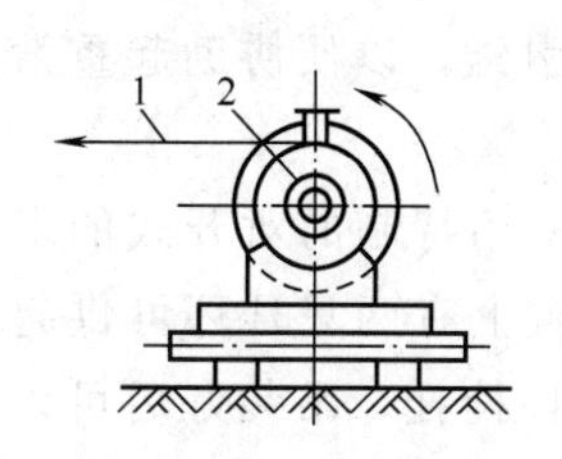

图 3-16　用钢丝绳旋转塔体

1—钢丝绳；2—塔体

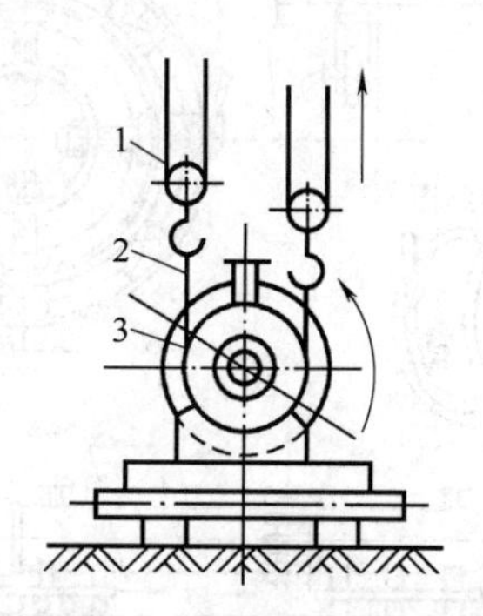

图 3-17　用起重滑轮组和吊索旋转塔体

1—起重滑轮组；2—吊索；3—塔体

（4）起重工具和机械的准备与布置　先根据吊装方案来准备（计算和选择）起重杆、绳索、锚桩和卷扬机等，然后将它们布置在理想的位置上。当吊装设备较多时，应考虑到起重杆工作最有利的位置，减少移动次数。布置锚桩时应考虑提高它的利用率，尽可能利用周围的建筑物来代替。布置拉索时应使它与地面成 30°角，最大不超过 45°。布置卷扬机时，应比较集中，便于指挥。

在施工现场，当吊装重量不同时，其起重杆、拉索和锚点的布置不同。另外在布置时，应使起重杆的中心与基础的中心在一条直线上，以保证塔体就位时其中心线能与基础中心线相重合。两根起重杆的中心与基础中心的距离应相等，并尽可能与两根起重杆中心连线相垂直，以保证起吊时两杆受力均衡。

（5）锚点的设定　要注意安全可靠，必要时进行拔出力试验。

（6）起重杆的竖立　起重杆在竖立之前应将起重滑轮组和拉索等系结好，并经过严格的检查，以免在起吊后发生松脱现象。起重杆竖立时可以采用滑移法、旋转法和扳倒法等三种常见的方法，也可以根据现场的具体情况选择其他方法，如利用汽车式或履带式起重机来竖立。起重杆的底部应垫以枕木，以减小对土壤的压力。对于需要移动的起重杆，还应在起重杆的底部放置板撬。起重杆立起后可用链式起重机拉紧拉索，并且使起重杆向起重物的反向稍倾斜一定的角度，以免吊装时起重杆过分地向前倾斜，而增加主拉索上的拉力。

（7）卷扬机的固定　卷扬机一般采用钢丝绳绑结在预先埋设好的锚桩上或用平衡重物和木桩来固定，有时也可利用建筑物来固定。

（8）设备的捆绑　塔类设备的捆绑位置应位于设备重心以上，具体尺寸应根据计算或经验来决定。一般对于外形简单的塔类设备，其捆绑位置约在重心以上 1.5m 到全高的三分之二处（从塔底量起），不允许捆绑在设备的进出口接管等薄弱处。捆绑用的吊索直径和根数应由计算确定。捆绑时，应在吊索与设备之间垫以方木，以免擦伤设备壳体，并防止吊索在起吊时产生滑脱现象，方木应卡在设备的加强圈上，如图 3-18 所示。当捆绑一些壁厚较薄的塔类设备时，应在设备内部加设临时的支撑装置，以免起吊时因吊索的抽紧压力使塔体发生变形。捆绑好后应将吊索挂到吊钩上。

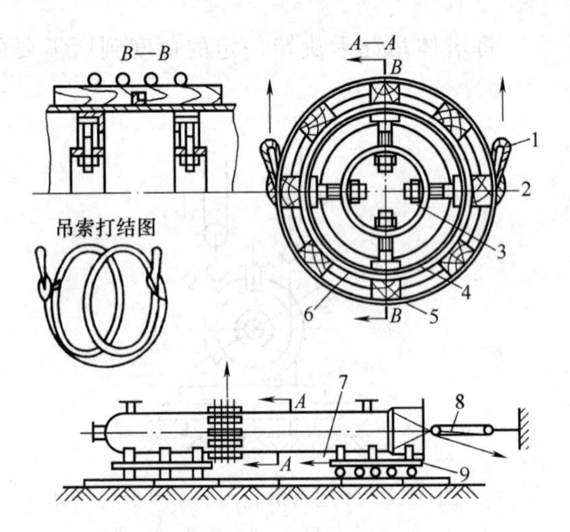

图 3-18　吊索捆绑塔体的方法

1—万能吊索；2—定距钢索；3—支撑装置；4—塔体；5—垫木；6—角钢加强圈；7—牵引索；8—制动滑轮组；9—拖动架

除了在设备上捆绑吊索以外，还应在设备的底部安设制动用的滑轮组，其作用是使吊装过程进行得比较平稳，以防设备与基础相撞。有时还可在拖运架的前方拴上一根牵引索，以便协助起重滑轮组向前牵引设备。

有时采用特制的对开式的卡箍来夹持塔体，卡箍上有两只耳环可供起重钩或 U 形起重卡环拴挂，吊装好后可以将卡箍拆除。目前，大多数设备外壳上都焊有专供起吊用的吊耳，吊装后不必除去。

2. 吊装工作

塔类设备的吊装工作主要包括以下几项。

（1）吊装前的检查　在吊装前应再一次检查前面所做的各项准备工作，尤其是对起重工具和机械应特别仔细地检查，如起重杆的起吊高度，锚桩和卷扬机的固定，拉索、滑轮组、吊钩、吊索的相互连接等，检查完全合格后，方可进行起吊工作。

（2）预起吊　当一切检查合格，各项工作准备就绪后，就可进行预起吊。预起吊可以检查前面各项工作是否完全可靠，如果发现有不当之处，应及时予以妥善处理。

在预起吊时，首先开动卷扬机，直到钢丝绳拉紧时为止，然后再次检查吊索的连接是否有松动脱落现象，以及其他各处的连接情况是否良好。待一切都正常时，再开动卷扬机。当把塔体的前部吊起 0.5m 左右时，再次停止卷扬机，检查塔体有无变形或其他不良现象，保证一切都无问题之后，便可进行正式起吊。

（3）正式起吊　在正式起吊时，因为是同时应用两台卷扬机来牵引两套起重滑轮组，所以操作必须互相协调，速度应保持一致。塔体底部制动滑轮组的绳索也要用一台卷扬机拉住，以防塔体向前移动的速度过大，而造成塔体与基础的碰撞。有时因摩擦力过大而不能顺利地前进，则可利用卷扬机牵引拴在拖运架前方的一根牵引索，协助塔体前进，其具体的起吊过程如图 3-19 所示。起吊前，应保证塔体平稳地上升，不得有跳动、摇摆以及滑轮卡住和钢丝扭转等现象。为了防止塔体左右摇摆，可预先在塔顶两侧拴好控制索来控制。在起吊过程中应注意检查起重杆、拉索、锚桩等工作情况，特别要注意锚桩的受力情况，严防松动；另外还应注意起重杆底部的导向滑轮，不要因受起重钢丝绳的水平拉力的作用而带着起重杆底部向前移动。当塔体逐渐升高，而接近垂直位置时，可能会受到拉索的阻碍，此时必须将拉索放松，移到另外的位置上去，使塔体易于通过。当塔将要到垂直位置时，应控制拴在塔底的制动滑轮组，以防塔底离开拖运架的瞬间向前猛冲，而碰坏基础或地脚螺栓。当塔体吊升到稍高于地脚螺栓时，即停止吊升，然后便可进行就位工作。

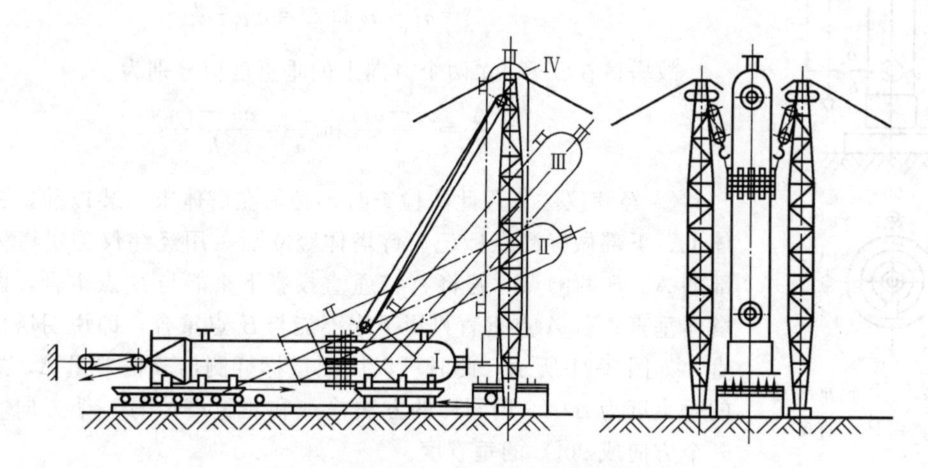

图 3-19 双杆整体滑移吊装法的起吊过程

从正式起吊开始至就位前，吊升工作应在统一指挥下连续进行，中间不应停歇而让塔体悬挂在空中。

(4) 设备就位 就是使塔类设备底座上的地脚螺栓孔，对准基础上的地脚螺栓（或预留孔），将塔体安放在基础表面的垫板上。若螺栓孔与螺栓不能对准，则用链式起重机（或撬杠）使塔体稍微转动，也可用气割法将螺栓孔稍加扩大，使塔体便于就位。

3. 校正工作

当塔体放置在垫板上之后，在起重杆未拆除之前，应进行塔体的校正工作。一般校正工作的主要内容包括标高和垂直度的检查。设备安装的找正与找平应与起重工密切配合，找正与找平应按基础上的安装基准线（中心标记和水平标记）对应设备上的基准测量点进行调整和测量。调整和测量的基准规定如下。

① 设备支承（裙式支座、耳式支座等）的底面标高应以基础上的标高基准线为基准。

② 设备的中心线位置应与基础上中心线重合。

③ 立式设备的方位应以基础上距离设备最近的中心点画线为基准。

④ 立式设备的垂直度应以设备两端部的测点为基准。

设备找正、找平的补充测点可采用主法兰口，水平或垂直的轮廓面，其他指定的基准面或加工面。

(1) 标高的检查 经过验收的设备，其顶端出口至底座之间的距离均为已知的，所以检查设备的标高时，只需测量底座的标高即可。检查时，可用水准仪和测量标杆来进行测量。

若标高不合要求时，则可用千斤顶把塔底顶起来，或者用起重杆上的滑轮组把塔吊起来，然后用垫板来进行调整。

（2）垂直度的检查　垂直度的检查方法常用的有以下两种。

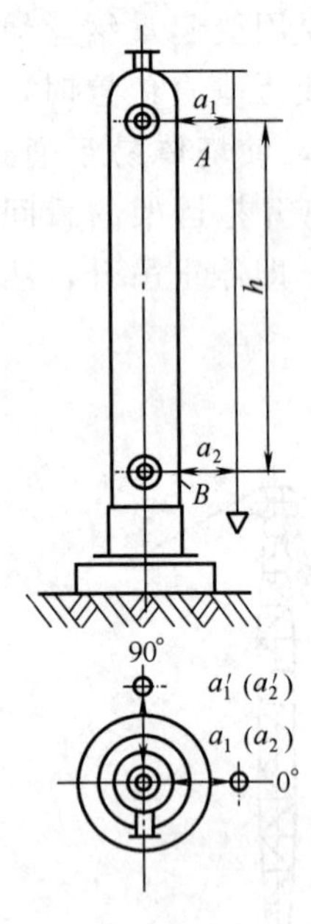

图 3-20　用铅垂线法检查塔体垂直度

① 铅垂线法　检查时，由塔顶互成垂直的 0°和 90°两个方向上各挂设一根铅垂线至底部，然后在塔体上、下部的 A、B 两测点上用直尺进行测量，如图 3-20 所示。设塔体上部在 0°和 90°两个方向上的塔壁与铅垂线之间的距离为 a_1、a_1'，下部的距离为 a_2、a_2'，上下两测点之间的距离为 h，则塔体在 0°和 90°两个方向上的垂直度的偏差量分别为

$$\Delta = a_1 - a_2 \text{ 和 } \Delta' = a_1' - a_2'$$

故塔体在 0°和 90°两个方向上的垂直度应分别为

$$\frac{\Delta}{h} = \frac{a_1 - a_2}{h} \text{ 和 } \frac{\Delta'}{h} = \frac{a_1' - a_2'}{h}$$

② 经纬仪法　用此法检查时，必须在塔体未吊装以前，先在塔体上、下部做好测点标记。待塔体竖立后，用经纬仪测量塔体上下部的 A、B 两测点。若将 A 点垂直投影下来能与 B 点重合，即说明塔体垂直；若 A 点垂直投影下来不能与 B 点重合，即说明塔体不垂直，如图 3-21 所示，此时可以用测量标杆测出其偏差量 Δ，故塔体的垂直度为 Δ/h。用同样的方法检查和测量塔体另一个方向（与前一个方向成 90°）的垂直度。

当垂直度要求不高时，也可以用经纬仪来检查和测量塔体轮廓线的不垂直度的方法来确定塔体的垂直度。此时，经纬仪的视线（光轴）与塔壁相切。此法比上法简便（因为不需要预先在塔做测点标记），但精确度较差（因为塔体的变形会影响测量的精确度）。

如果检查不合格，则用垫板来调整。校正合格后，拧紧地脚螺栓，然后进行二次灌浆，待混凝土养生期满后，便可拆除或移走起重杆。

设备的找正与找平应符合下列规定。

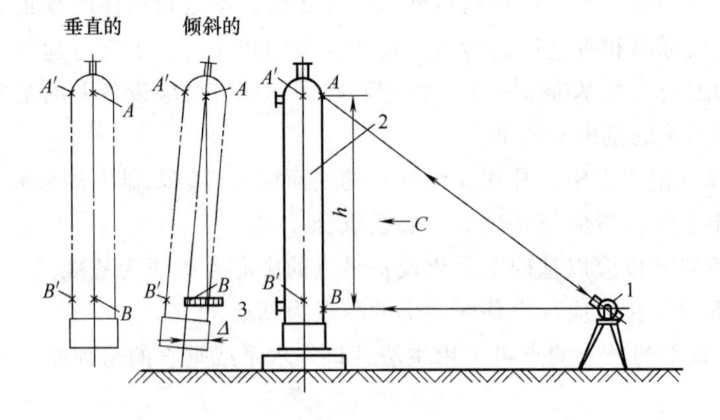

图 3-21　用经纬仪检查和测量塔体的垂直度

1—经纬仪；2—塔体；3—测量标杆

① 找正与找平应在同一平面内互成直角的两个或两个以上的方向进行（仅用一个方向容易产生较大误差）。

② 高度超过 20m 的直立式设备（如塔器），为避免气象条件的影响，其垂直度的调整和测量工作应避免在一侧受阳光照射及风力大于 4 级的条件下进行。

③ 设备找平时，应根据要求用垫铁（或其他专用调整件）调整精度；不应用紧固或放松地脚螺栓螺母及局部加压等方法进行调整。

④ 紧固地脚螺栓前后设备的允许偏差应符合表 3-5 规定。

表 3-5 设备安装允许偏差 mm

检查项目	允许偏差	
	一般设备	与机械设备衔接设备
中心线位置	$D\leqslant2000$，±5 $D>2000$，±10	±3
标高	±5	相对标高±3
垂直度	$H/1000$ 但不超过 30	$H/1000$
方位	沿底座环圆周测量 $D\leqslant2000$，10 $D>2000$，15	沿底座环圆周测量 5

注：D—设备外径；H—立式设备两端部测点间距离。

⑤ 图样或技术文件中有坡度要求的卧式设备，应按其要求执行；无坡度要求的卧式设备，水平度偏差宜偏向设备的排泄方向。对于高温或低温设备，位置偏差宜偏向有温差补偿装置一方。

⑥ 设备安装调整完毕后，应立即作好“设备安装记录”，并经检查监督单位验收签证。

相关知识 化工设备安装的准备工作与一般要求

1. 化工设备安装前的准备工作

化工设备在安装前应对基础进行验收、准备垫板、场地清理、设备验收检查等，基础的验收、场地的清理及垫板安放等参看本模块项目一相关知识。

化工设备由制造厂运抵施工工地时必须进行验收和检查，进口设备还必须经国家商检部门检验合格后，才能运至施工工地。设备的验收和检查包括下列内容。

设备验收必须具备下列技术文件。

① 出厂合格证。

② 设备说明书。设备制造的装配图；设备的技术特性（包括设计压力、设计温度、试验压力、工作介质等）；设备的热处理状态与禁焊等特殊说明。

③ 质量证明书。受压元件材料的化学成分和力学性能；受压零部件无损检测合格证；焊接质量检查合格证（包括超过一次的返修记录）；耐压试验及气密性试验合格证。

设备交付施工单位时，交接双方应按装箱单或设备到货验收清单共同检查清点，并记录签证，作为交工凭证。

施工单位在接收过程中应仔细对设备进行外观和开盖检查，不得有伤痕、锈蚀和变形；设备的衬里不应有凸起、裂纹或其他损坏现象。

设备的主要几何尺寸、机械加工质量和管口方位尺寸等应符合设备装配图样的要求；设备密封面和密封垫的形式和尺寸应符合规定要求；密封面应光洁无污，无机械损伤、径向刻痕、锈蚀等缺陷。设备的紧固螺栓、螺母尺寸准确，表面光洁，无裂纹、毛刺、凹陷等缺陷。设备的内件无变形，形状和尺寸应符合设计图样和技术文件的要求。

在检查中，必须作下列复验才能判定设备质量时，建设单位可委托施工单位进行复验。

① 各种材质的分析、金相组织检查和硬度试验。

② 母材或焊缝的表面渗透或磁粉检测检查，内部射线或超声波检测。

③ 筒体、封头和经过热加工或热处理部位的超声波测厚。

检查、清点后的设备、零部件、附件、附件材料、工卡具和技术资料应进行编号、分类，一并交付施工单位负责保管。确定设备存放保管地点时应考虑设备、零部件、附件的形式，所用材料的性能和表面的粗糙洁净程度，存放时间和气候条件，环境条件（有无灰尘、腐蚀性气体、湿度等）。放置设备时，应垫平、垫稳，防止设备变形和受潮，孔洞的临时盲板应完好齐全。

设备保管人员应经常检查设备，防止受潮、锈蚀或变形等不良现象发生。有惰性气体保护的设备应有充气介质的明显标志，经常检查充气压力并作好记录。

2. 化工设备安装前的一般要求

安装前应按设计图样或技术文件要求画定安装基准线及定位基准标记，对相互间有关联或衔接的设备，还应按其要求确定共同的基准。检查设备的方位标记、重心标记及吊挂点，对不符合安装要求者，应予补充。有内件装配要求的设备，在安装前要检查设备内壁的基准圆周线与设备的轴线是否垂直（如板式塔），以保证内件安装的准确性。

安装时所使用的量具及检查仪器的精度必须符合国家计量局规定的精度标准，并应定期检验合格。

设备的安装一般是在自然环境温度下进行的，投入使用后则是在操作温度下运行。当安装环境温度与操作温度有较大温差的设备时，要检查膨胀（收缩）的数值与方向，最大膨胀（收缩）时是否受到外部的阻碍；固定侧地脚螺栓的紧固情况，滑动侧地脚螺栓孔的方位及尺寸，地脚螺栓在滑动孔中的位置，滑动侧地脚螺栓的螺母与设备底座的间隙；固定外部附件用的螺栓及孔的形状和尺寸，受限制的连接件强度和支撑情况。

任务二　塔类设备内件的安装

1. 填料塔

(1) 填料支承结构的安装　填料支承结构（栅板、波纹板）安装后应平稳、牢固，并要保持水平，气体通道不得堵塞。

(2) 实体填料（拉西环、鲍尔环、阶梯环等）的安装　填料应清洗干净，不得沾有油污、泥砂等污物。填料质量应符合设计要求。安装过程中要防止填料破碎或变形，破碎变形者必须拣出。塑料填料应防止日晒老化。

规则排列填料应靠塔壁逐圈向中心排列，两层填料排列位置允许偏差为填料外径的1/4。乱堆填料也应从塔壁开始向中心均匀填平，避免架桥和变形。

(3) 网体填料的安装　丝网波纹填料的质量、填充体积应符合设计要求，安装时应保证设计规定的波纹片的波纹方向与塔轴线的夹角，其允许偏差为±5°。若无设计规定，最下一层丝网波纹方向应垂直于支承栅板，其余各层波纹方向与塔轴线成30°（或45°）角。一层填料盘相邻网片的波纹倾角应相反，相邻两层填料盘波纹方向互成90°角。填料盘与塔壁应无空隙，塔壁液流再分布装置应完好。波纹板填料可参照上述方法安装。

(4) 填料床层压板的安装　为防止填料在塔内气流和液体的作用下发生位移，填料床层上应置网型压板。压板的规格、重量及安装要求应符合设计要求。在确保限制填料位移的情况下，不要对填料层施加过大的附加力。

(5) 液体分布装置安装　液体分布装置（喷淋装置）安装的质量好坏直接影响塔的传质效果。常用的喷淋装置有管式喷洒器、莲蓬头喷洒器、溢流式分布槽、冲击型喷淋器等。它们的安装应符合下列要求。

① 喷淋器的安装位置距上层填料的距离大小应符合设计图纸要求，安装后应牢固，在操作条件下不得有摆动或倾斜。

② 莲蓬头式喷淋器的喷孔不得堵塞。

③ 溢流式喷淋器各支管的开口下缘（齿底）应在同一水平面上。

④ 冲击型喷淋器各个分布器应同心，分布盘底面应位于同一水平面上。并与轴线相垂直，盘表面应平整光滑。

⑤ 各种液体分布装置安装的允许偏差应符合规定。

⑥ 液体分布装置安装完毕后，都要作喷淋试验，检查喷淋液体是否均匀。

液体再分布装置的安装要求同塔盘的安装。

填料塔内件安装合格以后，应立即填写安装记录。

2. 板式塔

板式塔主要有浮阀塔、泡罩塔和筛板塔等，它们的塔板多半是在制造时已装配好，并保证了塔板的水平度，故在吊装后一般不进行调整。

对于立式安装塔盘则是在塔体安装完成后进行的，其主要方法和步骤如下。

(1) 支持圈的安装　将特制的水平仪（如图3-22所示）放在上一层支持圈上或特殊的支架上，用刻度尺下端放在支持圈上测量各点的水平度偏差。支持圈与塔壁焊接后，重新测量支持圈上各点的水平度偏差是否在允许范围内，以便调整。相邻两支持圈的间距应符合要求。

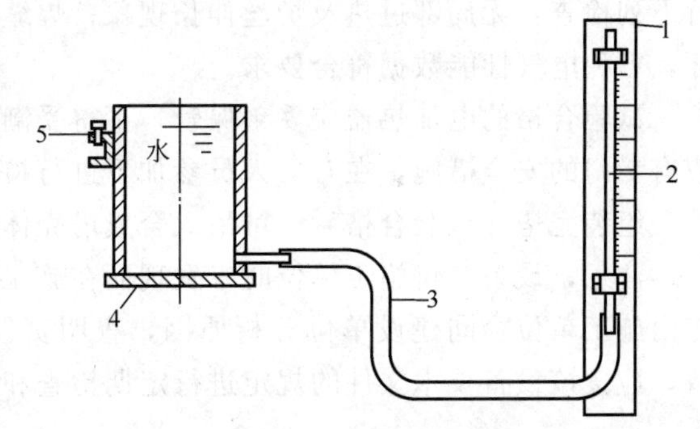

图3-22　水平仪测量图

1—木板；2—玻璃管；3—软胶管；4—贮液罐；5—固定卡子

(2) 支持板的安装　支持板与降液板、降液板与受液盘、降液板与塔内壁、支持板与支持圈安装后的偏差应在允许范围内。

(3) 支承横梁的安装　双溢流或多溢流塔中，支承塔板的横梁其水平度、弯曲度以及与支持圈的偏差均必须在允许范围内。

(4) 塔盘的安装　塔盘是在降液板、横梁螺栓紧固并检查合格后进行安装的。先组装两侧弓形板，再向塔的中心装矩形板，最后装通道板。塔板安装时，先临时固定，待各部位尺寸与间隙调整符合要求后，再用卡子或螺栓紧固，然后用水平仪校准塔盘的水平度。合格后，拆除通道板，以便出入。

安装过程中，塔板上的卡子、螺栓的规格、位置、紧固程度、板的排列、板孔与梁的距离、板与梁或支持圈的搭接尺寸等均应符合要求。

（5）其他　受液盘的安装与塔板相同，其偏差应符合要求。溢流堰安装后，堰顶水平度和堰高的偏差要在允许范围内。塔盘气液分布元件的安装根据塔的类型不同而不同，如浮阀安装应开度一致，无卡涩现象；筛板开孔均匀，大小相同；泡罩不能歪斜或偏移，以免影响鼓泡的均匀性等。

3. 内部有复杂构件的塔

这类塔设备的内件复杂，安装技术要求高，必须按步骤进行。下面介绍合成塔内件的组装。

① 设备内件安装前，应仔细按施工图样或技术文件要求进行清理和检查。清理检查后的内件需试压时，应按设计图样要求进行单件压力试验，合格后经吹洗干净才能进行安装。

② 为避免内件制造误差可能引起的安装困难，对内件应进行预组装，并检查内件的总误差。符合图样要求后，应将各对口连接处打上标记。

③ 反应器的催化剂筒和内部热交换器连接后，连接螺栓应对称均匀紧固。其内筒组对后总平直度允许偏差不得超过 2mm。催化剂筒装入设备后，应校正外筒与筒间温度计管的方位。并同时校正内、外筒的同轴度，最大允许偏差不得超过±2mm。测量温度计管的膨胀间隙及内筒与上盖之间的距离，应符合设计要求。催化剂筒安装时，不得有杂物落入筒内。

④ 反应设备内，电加热器安装前检查电加热器的绝缘性、耐压性和升温试验，并使其符合设计图样或技术文件的规定。电加热器试验前应先吹净并进行外观检查。检查各处的紧固情况，焊缝有无损坏，绝缘物是否完整。电加热器本体及其零件分别进行干燥后，即可先进行单体绝缘试验，再进行单体耐压试验，合格后方可进行整体组对。组对后的电加热器应检查本体的平直度，并进行整体的绝缘和耐压试验。电加热器的升温试验，按设计图样或技术文件要求执行。若无规定时，试验温度可为 800～900℃，在试验温度下保持 10min，并进行下列检查：无局部过热及炉丝伸长现象；焊缝良好；电炉丝与承重结构无短路，绝缘无损坏，各种电气性能数据符合要求。

试验合格的电加热器应妥善保管，不得受潮并应防止被酸碱、油脂或灰尘污染。试验时应有专门的安全措施，在有关人员参加下进行检查，并作好记录。

组装完毕并试验合格后，可吊入合成塔壳体内。

注意，设备交付施工单位时未发现而在施工过程中发现的缺陷，如损坏和锈蚀等情况，应由施工单位会同建设单位分析原因，查明责任，及时处理。施工完毕尚未交工验收的设备，应按该设备技术文件的规定进行定期检查和维护。

任务三　塔设备的其他方法吊装

塔设备由于结构或安装条件等原因，还常采用其他一些方法吊装，如分段吊装法，单杆整体吊装法以及联合吊装法等。

1. 分段吊装法

分段吊装的塔，每段内有数块塔板，在组装过程中，不仅要保证塔的内件相互位置的正确，而且更重要的是要保证塔板安装的整体水平度。

（1）顺装法　此种方法是从下向上一节一节地进行装配，其吊装过程如图 3-23（a）所示。首先将要安装的底部第一个塔节吊放到基础上，找正塔节的水平度，并加以固定；然后再将第二个塔节吊放到第一节上，并进行找正、组对或焊接，再依次吊装第三、四节，直至

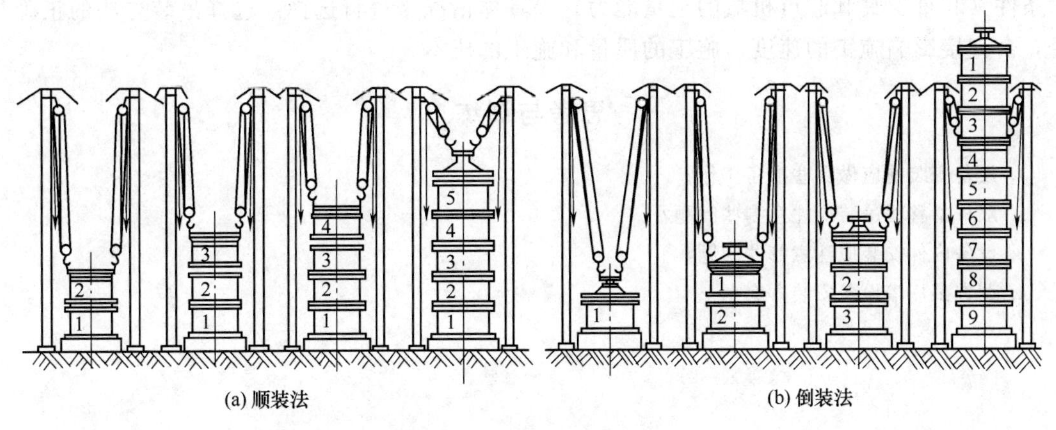

图 3-23　塔类设备分段吊装法

顶盖。

优点：适用于吊装总重量很大，但每一节的重量又不重的塔设备。所以只需起重量较小，其高度超过吊装塔的总高度的起重杆就行。

缺点：高空作业的工作量大，操作不够安全，质量难以保证。

(2) 倒装法　此法是从上向下一节一节地进行装配，其具体装配过程如图 3-23 (b) 所示。首先将第一塔节吊放在基础上，吊起顶盖放在第一节上进行组装或焊接，再将塔顶盖及第一节一起吊起，装配第二塔节，将第一、二塔节组装或焊接，再将顶盖及第一、二节吊起，装配第三塔节，依次将塔体装配完成。

优点：减少高空作业工作量，安全，质量易保证。

缺点：需要起重量较大的起重杆，但起重杆高度可低于塔总高。它适用于吊装总重量不太大，但高度较高的塔设备。

2. 单杆整体吊装法

塔设备的单杆整体吊装法分为滑移法、旋转法及扳倒法三种。和起重杆的安装方法基本相同，其安装工艺和双杆整体滑移法也基本相同，在此不再多叙。

3. 联合吊装法

利用起重杆和建筑构架上的起重滑轮组或链式起重机进行联合整体吊装是很常见的一种吊装方法，其吊装过程如图 3-24 所示。先用两根起重杆上的起重滑轮组或链式起重机将塔体吊到一定的高度，然后把挂在建筑构架上的两个起重滑轮组与塔体连接起来，拉紧这两个起重滑轮组或链式起重机，并随之放松两根起重杆上的起重滑轮组或链式起重机，这样塔体就被转动到建筑构架上来。这时可以将起重杆上的滑轮组或链式起重机放下，而完全用构架上的滑轮组或链式起重机把塔体逐渐放下来，坐落到构架上。

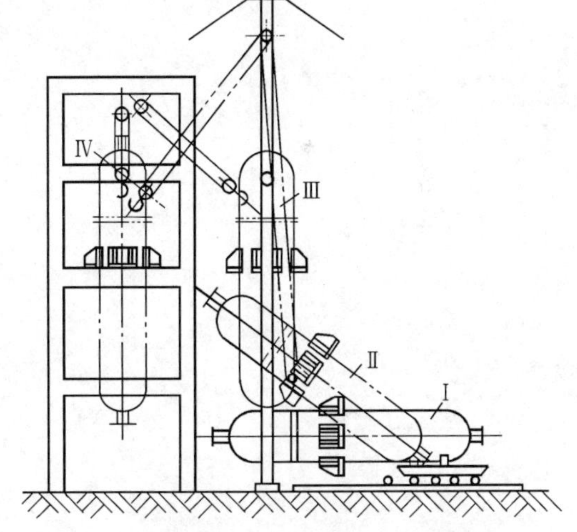

图 3-24　起重杆和建筑构架联合吊装塔体设备

综上所述，在选择塔设备的吊装方法时，必须根据设备的重量、高度和直径以及施工技术条件（起重工具和起重机械的起重能力）等具体情况来进行选择。选择吊装方法的正确与否，会直接影响施工的速度、施工的质量和施工的成本。

思考与训练

1. 设备安装前应做哪些准备工作？
2. 双杆滑移法吊装应注意哪些问题？
3. 设备内件安装应注意哪些问题？
4. 调查某厂塔设备安装方案。

模块四　化工管路的安装与修理

化工管路是化工生产装置中不可缺少的部分，其功用是按照工艺流程连接各设备和机器，构成完整的生产工艺系统，输送某种介质。在化工设备安装工程中，管路安装工作量比重较大且技术比较复杂。

项目一　化工管路的安装

化工管路是在当地环境温度下安装的，考虑天气、工况条件变化及管道输送距离不同，配管时除按技术要求对管路构件进行配置外，还要对应力、补偿、跨度等进行计算，以保证管路安装质量。

任务一　化工管路的计算

1. 热变形和热应力的计算

化工管路是在当地环境温度下安装的，而使用时管路的工作温度常与管路安装环境温度有差别，导致管路长度发生变化（热胀冷缩），其变化量为

$$\Delta L = \alpha L \Delta t$$

式中　ΔL—— 管路长度的变化量，m；

α—— 管路材料的线胀系数，1/ ℃；

L—— 管路的原来长度，m；

Δt—— 管路的温度变化量，即工作温度与安装温度之差，℃。

直管线的热变形方向为管道纵向中心线方向，平面管线、立体管线热变形方向是各自管路两端点连线方向。

若管路热变形自由进行，则管路中不产生热应力；若管路两端固定（如多支承长管路中某管段受其他部分约束），管路伸缩受到阻碍时，管路中会产生热应力。产生的热应力可由虎克定律求得

$$\sigma = E\varepsilon = E\Delta L/L = \alpha E\Delta t$$

式中　σ —— 热应力，MPa；

E —— 管路材料的弹性模量，MPa；

ε —— 管路的相对变形。

根据材料的强度条件，管子因温度变形产生的热应力不得超过材料的许用应力，即

$$\sigma = \alpha E\Delta t \leqslant [\sigma]$$

由上式可知，只要 $\Delta t \leqslant [\sigma]/(\alpha E)$，即使两端固定，热应力也不会破坏管路，否则管路有可能被破坏。故称最大的 Δt 为极限温度变化量，用［Δt］表示，用以确定管路两端能否固定。

例如，某碳钢管安装温度为 20℃，工作温度为 100℃，实际温差 Δt =80℃，100℃时碳钢材料的许用应力［σ］=112MPa，E=2.1×10^5 MPa，α =12×10^{-6}℃$^{-1}$），其极限温度变

化量 $[\Delta t]=112/(2.1\times105\times12\times10^{-6})\approx45$℃，$\Delta t>[\Delta t]$，理论上该管路两端不可刚性固定，管路上必须安装活动夹管、管托或补偿器以吸收管路变形。但实际工作中，很多碳钢管路工作温度与其安装温度达 60～80℃，仍未特设补偿装置，也能正常工作，主要是因管路挠度较大，自动地补偿了其温度变形的缘故。

当管路材料一定时，管路中热应力的大小取决于温差的大小，与管路的绝对长度、管径及壁厚无关，故即使安装很短的大直径厚壁管路也应考虑热应力的影响。

2. 管路的热补偿选择

为了保证管路的安全运行，对工作温度与安装温度差超过极限温度变化量的管路，都应考虑热变形的补偿问题。管路的补偿方式有两类。

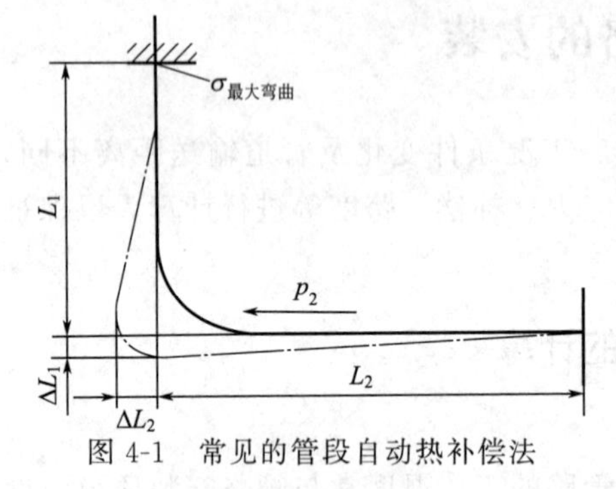

图 4-1 常见的管段自动热补偿法

(1) 自动补偿 自动补偿是利用管路本身自然弯曲管段的弹性变形来吸收热变形的补偿方式。常见的管段自动补偿如图 4-1 所示。

(2) 补偿器补偿 当管路的冷热变形量大，管路本身的自动补偿能力不够时，就必须在管路中设置补偿器来进行补偿。补偿器有以下几种。

① 回折管式补偿器。回折管式补偿器是将直管弯曲成一定几何形状而制成的，常见的有弓形和袋形，分别如图 4-2 和图 4-3 所示。

这种补偿器的补偿原理是利用刚度较小的回折管弹性变形量来吸收连接在其两端的直管冷热变形量。

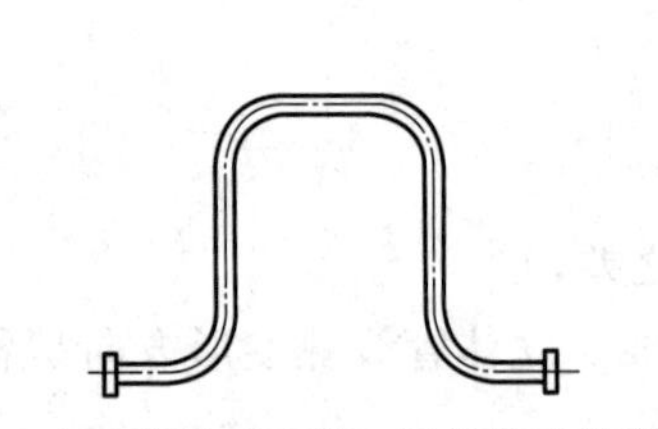

图 4-2 弓形（Π 形）回折管式补偿器

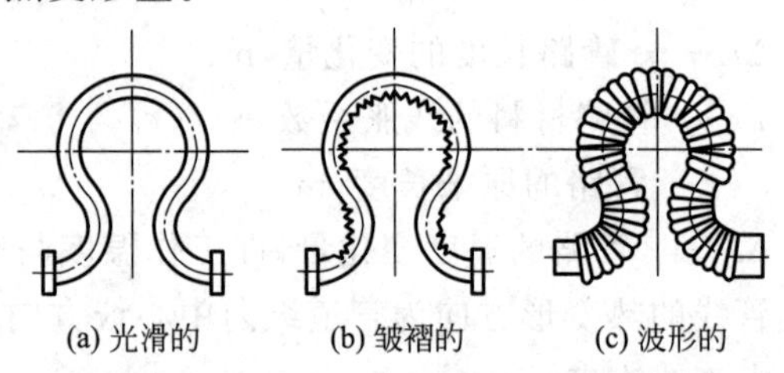

图 4-3 袋形（Ω 形）回折管式补偿器

回折管补偿器的缺点是：尺寸大，不能安装在狭窄的地方，对流体流动的阻力大，材料会发生疲劳破坏，变形时，两端的法兰和管路会受到如图 4-4 所示的弯曲。

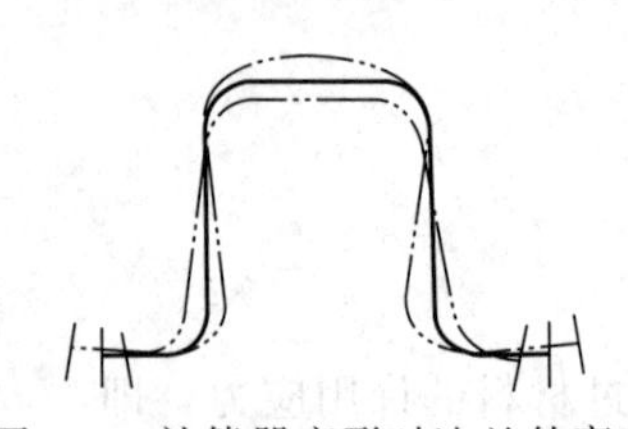

图 4-4 补偿器变形时法兰的弯曲

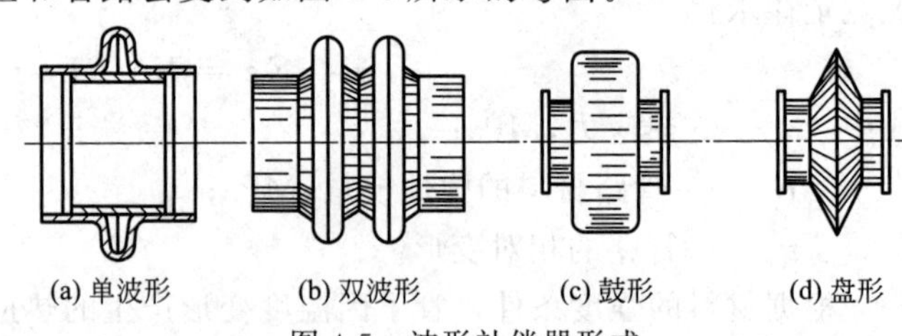

图 4-5 波形补偿器形式

② 波形补偿器。波形补偿器是利用金属薄壳挠性构件的弹性变形来吸收管道的热伸长量。根据其形状，可以分为波形、鼓形和盘形等几种，如图 4-5 所示，其中使用较多的是波形的。

③ 填料式补偿器。填料式补偿器又称套管式补偿器，按结构的不同，分为单向活动和双向活动两种，其结构分别如图 4-6 和图 4-7 所示。它们的补偿原理是相同的，都是靠插管

在套管内的自由伸缩来补偿管路的冷热变形量，在套管与插管间有密封填料，以阻止介质泄漏。

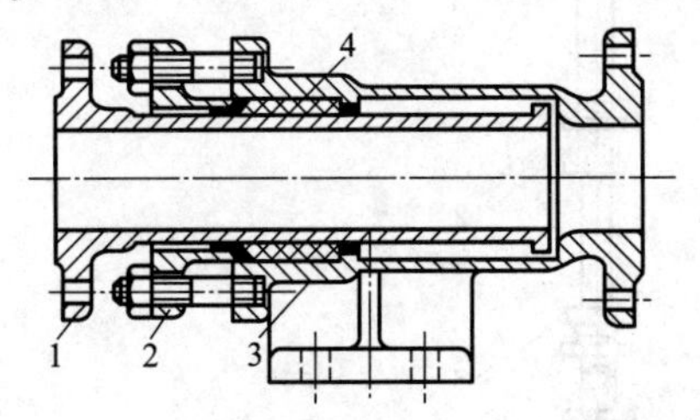

图 4-6　单向活动的填料式补偿器

1—插管；2—填料压盖；3—套管；4—填料

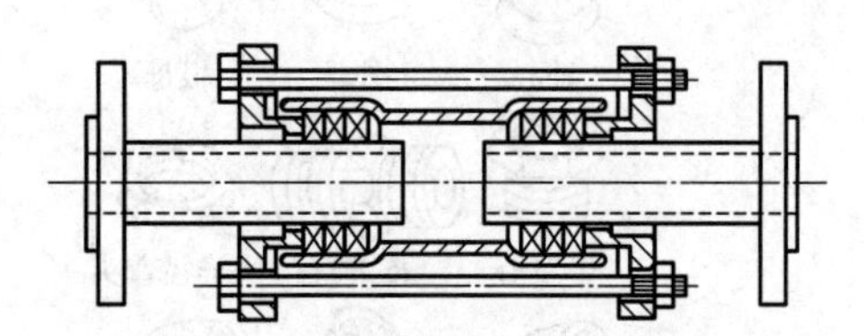

图 4-7　双向活动的填料式补偿器

④ 球形补偿器。球形补偿器的结构如图 4-8 所示，它是利用补偿器的活动球形部分角向弯转来吸收管道的热变形量，它允许管子在一定范围内相对转动，因而其两端直管可以不必严格地在一直线上，适用于有三向位移的管道。这种补偿器结构紧凑，占用的空间小。

3. 管路的跨度计算

化工管路主要采用架空敷设。管路的跨度是指在管路敷设方向上相邻两管架之间的距离，它的大小直接影响管架的数量及安装工作量。管路允许跨度的大小主要取决于它自身的强度及刚度。

为保证管路的强度安全，管路断面上的最大应力不得超过管材的许用应力，以此为原则来确定连续敷设直管路的允许跨度时，按下式进行计算

$$l=\sqrt{\frac{15[\sigma_w]W\phi}{q}}$$

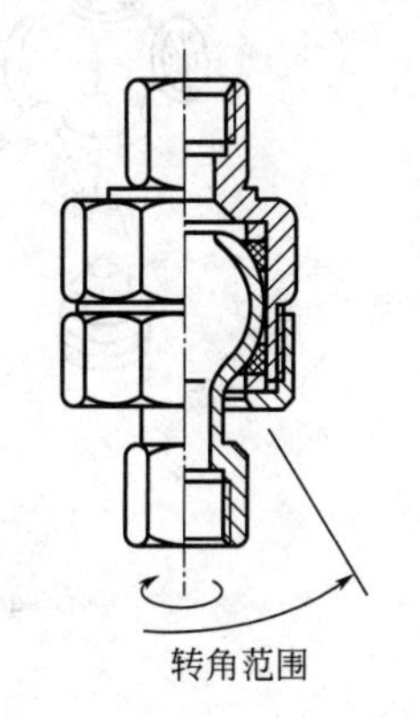

图 4-8　球形补偿器

式中　l—— 管路的允许跨度，m；

$[\sigma_w]$—— 许用外载综合应力，Pa；

W—— 管子抗弯截面系数，m^3；

ϕ—— 管路环向焊接接头系数；

q—— 管路上的均布载荷，N/m。

管路最大允许跨度可从《化工管路手册》中查出。

相关知识　化工管路的组成

化工管路一般是由管子、管件、阀门、管架组成，其中主要的是管子、管件和阀门。

1. 管子

管子是构成管路的主体部分，化工管路中使用的有金属管、非金属管、衬里管三类。金属管常用的有钢管、铸铁管、铜及铜合金管、铝及铝合金管，常用的非金属管有硬聚氯乙烯管、玻璃管、陶瓷管、玻璃钢管，衬里管是有耐腐蚀衬里的管子，一般是在碳钢管内加耐蚀衬里。常用的有衬橡胶管、衬玻璃管、搪瓷管等。

2. 管件

为了满足生产工艺和管路安装检修的需要，管路中除管子外，还有许多其他构件，如短管、弯头、三通、异径管、法兰、盲板、丝堵等，通常称这些构件为管路附件，简称管件，

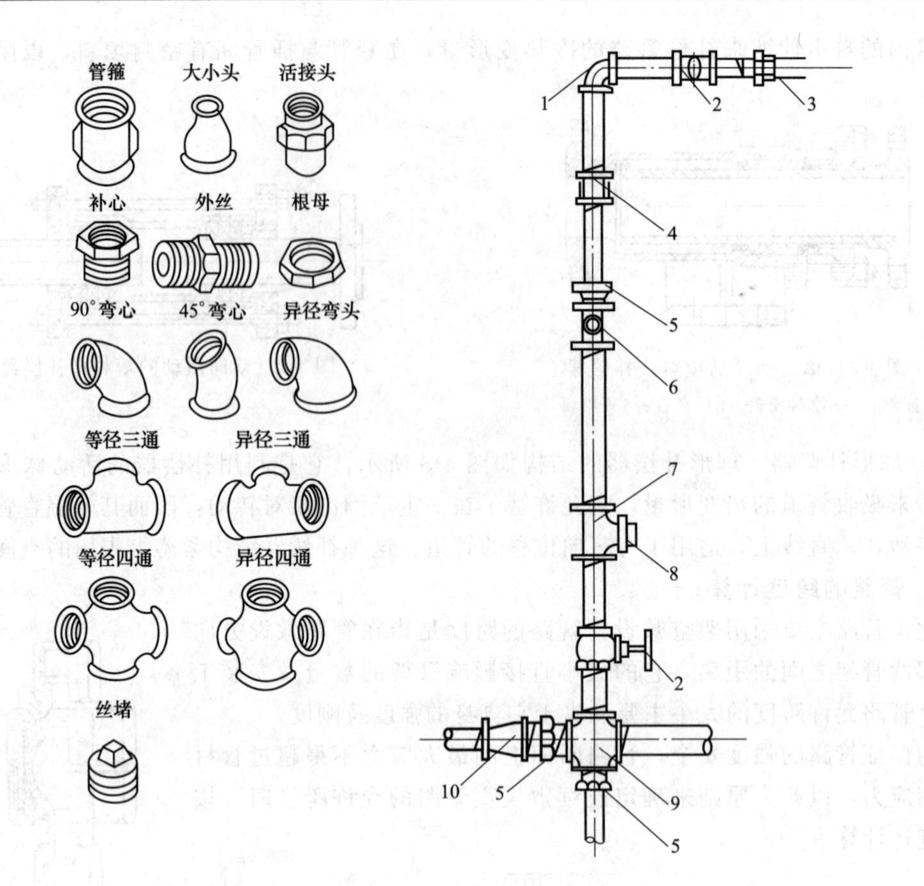

图 4-9 常用钢管管件及其在管路中的应用

1—90°弯头；2—截止阀；3—活接头；4—管箍；5—补心；6—异径三通；
7—等径三通；8—管堵；9—异径四通；10—异径管箍

其作用有连接管子、改变管路方向、接出支管、封闭管路等。常用钢管管件及其在管路中的应用如图 4-9 所示。有些管件如螺纹连接件、法兰等已标准化，需用时可查相应标准。

3. 阀门

管路中使用不同种类的阀门，可起到控制流体的压力、流向、流量，也可起到截断或沟通管路、引出支路、降压、汽水分流等作用。

(1) 闸阀　它是利用闸板与阀座的配合来控制启闭的阀门，闸板垂直于流体流向，通过闸板的升降改变它与阀座的相对位置，即可改变流体通道大小，当闸板与整个阀座紧密配合时，阻止流体通过，阀门处于关闭状态。为了保证阀门关闭严密，闸板与阀座配合面应进行研磨。通常在闸板和阀座上镶嵌或堆焊耐磨耐蚀金属材料制成的密封圈。

(2) 截止阀　由阀杆带动与之相连的阀瓣作升降运动，改变阀瓣与阀座的距离，达到控制阀门的启闭。为了保证阀门关闭严密，阀瓣与阀座均为金属材料制成时，密封面应进行研磨。

(3) 柱塞阀　也称活塞阀，作用与截止阀相同。与截止阀相比，柱塞阀有如下优点：密封件是金属与非金属相组合，密封比压小，容易达到密封要求；密封比压依靠密封件之间的过盈产生，并可以用阀盖螺栓调节密封比压的大小；密封面处不易积留介质中的杂物，能确保密封性能；密封件寿命长，检修方便，除必要时更换密封圈外，不像截止阀需对阀瓣、阀座密封面进行研磨。由于使用柱塞阀比使用截止阀有明显优越性，它将逐渐取代截止阀。

(4) 旋塞阀　它是利用一带孔的锥形塞子绕自身的中心线旋转来控制阀门的启闭，在管路中的主要作用是启闭、分配和改向。

(5) 球阀　是由带通孔的球体来控制启闭的阀门，球阀操作方便，启闭迅速，流体通过时阻力小，密封性好，适用于输送低温、黏度大、含悬浮颗粒介质的管路，不宜用于高温及需准确调整流量的管路。

(6) 蝶阀　是靠蝶板旋转来开启或关闭的阀门，除手动的外，还有电动、气动等驱动方式。蝶阀结构简单、启闭较迅速，流体通过时阻力小，维修方便，但不能用于精确调节流量和要求严密不漏的情况，也不宜用做放空阀。

(7) 隔膜阀　隔膜将阀瓣、阀杆、阀盖等与介质隔开，避免了它们被介质腐蚀，也使介质不可能沿阀杆泄漏，所以该种阀没有填料而密封可靠。隔膜的材料是橡胶或塑料，阀体内也常用橡胶、塑料或搪瓷等耐蚀材料做衬里。在运输和保管中，阀门应为关闭状态，但不可关闭过紧，以防止隔膜损坏。

(8) 止回阀　是利用阀瓣两侧压差自动启闭并控制流体单向流动的阀门，又称止逆阀或单向阀。止回阀结构简单，不用驱动装置，适用于只允许流体做定向流动的管路，不宜用于输送含固体颗粒或黏度大介质的管路。

(9) 节流阀　又称针形阀，其外形与截止阀外形相同，仅阀瓣形状不同。节流阀启闭时，流通面积变化缓慢，调节性能好；流体通过阀瓣和阀座间通道时速度大，易冲蚀密封面；因其密封性差，不宜做截断阀用，也不宜用于黏度大或含有颗粒介质的管路。

节流阀适用于需较准确调节流量或压力的氨、蒸汽、水、油类、硝酸类、醋酸类等介质的管路上。

(10) 安全阀　是一种由进口静压开启的自动泄压阀门，它依靠介质自身的压力排出一定数量的流体，以防止系统内的压力超过预定的安全值。当压力恢复正常后，阀门自行关闭，并阻止介质继续排出。生产中常用的是弹簧式安全阀。

安全阀用在操作过程中可能出现超压的系统或设备上，是泄放装置之一。

(11) 减压阀　是通过启闭件对流体介质进行节流，将进口压力降至某一个需要的出口压力，并能在进口压力及流量变动时，利用介质本身的能量保持出口压力基本不变的阀门。

(12) 疏水阀　又称阻汽排水阀、汽水阀、回水盒，用于蒸汽供热设备、蒸汽管路。它是能自动地排除凝结水，同时保持不泄漏新鲜蒸汽的一种自动控制装置。在必要时，也允许蒸汽按预定的流量通过。按其工作原理分为三类：偏座型自由浮球式疏水阀、热动力式疏水阀、波纹管式疏水阀。

阀门的选用可按《阀门产品样本》或《化工管路手册》进行。

任务二　化工管路的配管

1. 蒸汽管道系统

(1) 蒸汽管道系统的配置　蒸汽管路一般从车间外部架空引进，引进后经过或不经过减压，进行计量后分送至各使用设备。管路应根据热伸长量和具体位置选择好补偿形式和固定点。优先考虑自然补偿，然后考虑其他各种类型的补偿器。

从总管接出支管时，应选择总管热伸长位移量小的地方（如固定点附近），并应从总管的上面或侧面接出。靠近总管的支管直线段不要过长，或者在此直线段靠近总管处设固定点，防止支管膨胀使主管受到大的推力。

为保证安全，尽量不要将高压蒸汽直接引进低压蒸汽系统使用。应安装减压阀，并在低压系统上设置安全阀，以免低压系统超压产生危险。为了便于管路疏水，宜将流量测量装置（如测量孔板）装于垂直管路上。

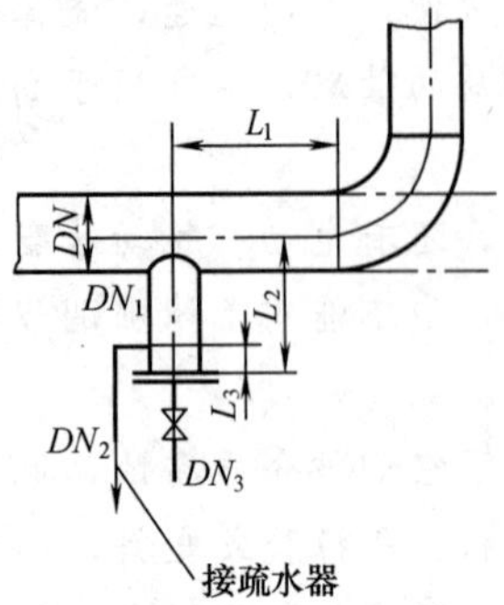

蒸汽管路要适当设置疏水点，中途疏水点采用三通接头，将冷凝水分离出去，如图 4-10 所示。末端也要设疏水点。疏水管一般应设置疏水器。过热蒸汽管路疏水可不设疏水器而设置双阀。

图 4-10 蒸汽管路中途疏水装置

蒸汽加热设备的冷凝水，应尽量回收。冷凝水排出时，均应经过疏水器，以免带出蒸汽，浪费热能。为保证冷凝水能畅通返回，回水管的管径不可太小。一般回水管的尺寸不小于疏水器的出口直径。

（2）蒸汽管道系统中的附件安装

① 蒸汽管道的疏水装置　蒸汽管道的疏水装置包括经常疏水和启动疏水两类。常用的疏水阀有浮桶式、钟形浮桶式、脉冲式和热动力式等结构形式。

a. 经常疏水。经常疏水是在运行中将蒸汽管道中产生的凝结水连续排出，采用疏水阀自动疏水。蒸汽管道的下列各点需设经常疏水装置。

a）饱和蒸汽管道和伴热蒸汽管道的最低点。

b）以蒸汽作热源的用热设备的凝结水出口管道上。

c）蒸汽不经常疏通的死端（如管段的低位点）及经常处于热备用状态的设备的进汽管段的最低点。

d）汽水分离器的下部。

b. 启动疏水。蒸汽管道在开始运行时，由于管子温度低，产生的凝结水较正常运行多得多，不能全部由疏水器来排除，需要设启动疏水装置，启动疏水装置由集水管和启动疏水排水阀组成。下列各点需要设置启动疏水装置。

a）启动时需要及时疏水、可能积水的低位点。

b）水平管段上的波形补偿器的波节下部。

c）水平管道上阀门、流量孔板的前面。

高空敷设的蒸汽管道，可将启动疏水管排水阀引至地面操作高度。

② 疏水器安装　疏水器安装形式如图 4-11 所示。

（3）蒸汽管道的减压装置

① 常用的减压阀　减压阀是自动将管道内介质压力减低到所需压力的阀件。减压阀的结构形式有薄膜式、活塞式和波纹管式等。其中活塞式减压阀工作稳定、可靠、减压范围大、性能优越、适用范围广，是最常用的减压阀。

② 减压装置的安装　常用减压装置的安装如图 4-12 所示。

（4）补偿器的安装　补偿器是用于补偿管道由于介质、环境温度变化，所引起的热胀冷缩变形，减少并释放管道受热膨胀时所引起的应力。

补偿器的种类及安装参阅任务三管路的连接与安装。

2. 水泵管道的配置

水泵管路分吸水管道及压水管道两部分。管道配置时应从进出水口开始分别向外伸展进

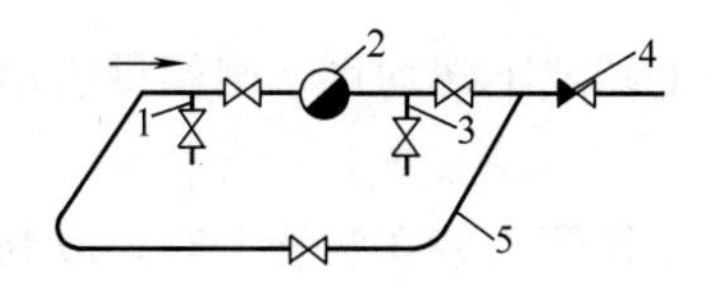

图 4-11 疏水器安装示意
1—冲洗阀；2—疏水器；3—检查管；
4—止回阀；5—旁通管

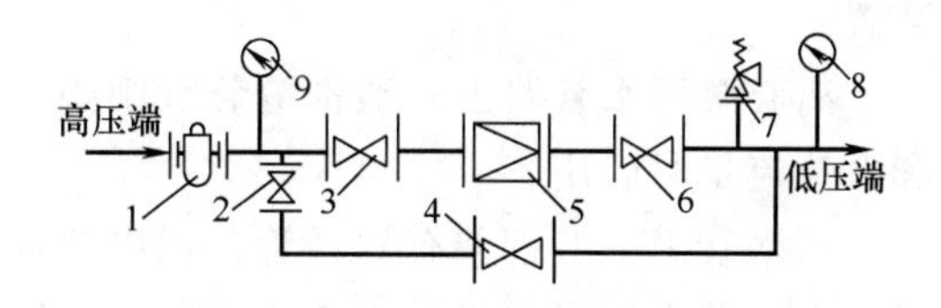

图 4-12 减压阀的安装简图
1—过滤器；2—旁路阀；3—高压进口减压阀；
4—旁路截止阀；5—减压阀；6—低压出口
减压阀；7—弹簧安全阀；8,9—压力表

行配管。

(1) 吸水管路及附件的配置 水泵吸水管的布置和安装质量，直接影响着水泵的效率。如果管道配置不当，管路漏气，水泵流量就会减少，甚至吸不上水。因此吸水管布置一定要合理，配件要少。

为了防止吸水管路漏气，水泵吸水管一般应采用钢管，焊接安装，即使偶尔漏气，也容易补修。但安装好后对钢管要作防腐处理。常用的方法是在其表面涂沥青防腐层。采用铸铁管作吸水管时，接口一定要严密。

为了使吸水管路中不积存空气，吸水管安装时从吸水面到泵应具有不小于 0.005 向上的坡度，这样安装的管路，即使在运行中有少量空气，从吸水口随水流进入吸水管内，也能及时排出。靠近泵吸入口处的吸水管，应保持 2～3 倍管径的直管段。

大型泵吸水管路上的闸阀应水平安装，或向下倾斜安装，避免在闸阀上部积存空气。当这样安装有困难时，可在闸阀上部设置排气阀，水泵灌水时，将排气阀打开，排除闸阀内的空气。

吸水管路中的变径管，应采用偏心异径管。安装时，使异径管上边成水平，以免在变径管处形成气囊。

为减小吸水口处的阻力损失，吸水管进水端常制成喇叭口形。若水中含有悬浮物或较大杂质时，喇叭口处需设置具有足够面积的过滤器，滤网的总过流面积不应小于吸水管面积的 2～3 倍，防止水中杂物进入泵中。

采用引水启动的水泵，吸水管末端应安装底阀。其作用是：停泵时阀门因本身重量而关闭，使吸水管中的水不会漏掉；水泵启动后，因吸水管内的真空状态而自动开启。

吸水管的重量不应加在水泵上，应设置支吊架承受管道重量，防止损坏水泵，同时也方便泵的维修。

吸水管路的直径不应小于泵入口直径，当泵位置高于吸水液面时，吸入管路的任何部分都不应高于泵入口。

(2) 压水管路及附件的配置 泵站内的压水管路经常处于高压下工作，要求具有比较高的强度。因此，水泵压水管一般采用钢管。除为了维修方便在部分位置采用法兰连接外，大多采用焊接连接，以防止漏水。为了减少压水管路上的水头损失，节约能源，泵站内的压水管路要求尽可能短些，弯头、附件等也应尽量减少。

为了防止突然停电，高压水倒灌引起水泵叶轮快速倒转而损坏水泵，在压水管上一般应设置止回阀。只有当压水管上的压力在 0.098MPa 以下时，才可以不设止回阀。高压水泵压水管上安装止回阀以后，为了避免因水锤而引起管道爆裂，还需在压水管上设置水锤消失装置。

离心泵压水管路上一般都应装设闸阀。闸阀设在止回阀上端或下端均可，闸阀供启动泵和调节流量时启用。

压水管上一般都装有异径管，用以减少管道阻力损失。异径管安装在竖管上时，应制作成正心，其中心线与竖管中心线在同一直线上；若安装在水平管上时，应制作成偏心式，管顶顶部保持水平。

泵房内压水管管径小于150mm时，一般架空敷设。其管底距地面高度应不小于1.8m，并不许架设在水泵、电动机及电气设备上方，以免管道漏水或结露时，影响电气设备的安全工作。架空管道的支架或支柱不得妨碍机组吊装和检修，也不应阻碍交通。压水管管径较大时，一般敷设在地面上或管沟内。当敷设在水泵房地面上时，管道横过泵房内交通要道处应设置跨越装置。

3. 压缩机的管道配置

(1) 压缩机吸气管道的配置　吸气管道是常压脉动气流管道，压缩机的噪声可以通过管道向外传播，为了减少噪声对厂房内的影响，吸气口宜装在室外，并使吸气口高出屋檐。吸气管道口应尽可能选在阴冷处。

为了减少因气流脉动引起的振动，管壁厚度不宜小于3mm，管道在穿墙处应置于防振套管内。吸气管长度不宜超过12m，应避开共振长度，吸气管道内气体流速不宜过高，一般采用6m/s左右。

吸气管道要安装高效过滤器，并应尽可能地靠近主机，如果同时安装吸入消声器，为避免脉动作用，应当把过滤器装在消声器之前。

管道直径要足够大，线路要紧凑，以减少管道中的凝液析出和压力损失。管道支承的设计要能承受足够的振动作用。

(2) 排气管道的配置　由压缩机排气口至冷却器的管道内气体温度高达140～160℃，应尽量缩短此段管道长度，减少热量散发在厂房内。要设置热补偿装置，能方便拆卸清洗此段管道内的积炭和油垢。当排气管道采取架空敷设时，要防止管道悬空摆动和管道支吊架妨碍吊车运行。排气管道直径一般由压缩机排气口直径确定。

(3) 压缩机至贮气罐管道的配置　容积式压缩机管道应装有安全阀。如压缩机和贮气罐之间装有隔断阀、减压阀或止回阀，则在切断管道的阀门与压缩机之间的管道上要装一个适当的安全阀。

为减少噪声，可安装消声器，但要尽可能不影响气体的流动，并要尽可能使其靠近压缩机。

管道的坡度应朝着贮气罐和后冷却器方向下斜，防止管道中的液体返回压缩机造成液击。排气管道要尽可能的短，如贮气罐应尽量靠近压缩机安装。

(4) 排污管道的配置　将压缩机中间冷却器、后冷却器、油水分离器和贮气罐的废油（水）引至废油收集器的排油（水）管道系统称为排污管道。连接各设备的排油（水）支管上需装截止阀门。

(5) 冷却水管道的配置　厂房内的冷却水管道，一般采用地沟敷设。在闭式循环冷却水系统中，各排水管上应装设水流观察器。各机组的总进出水管应装截止阀门。厂房内的给水和排水装置应能排尽存水。

压缩机本体的冷却水管道一般由制造厂配备成套供应，其管径一般要适用于进、排水温差 10℃的直流供水系统。

（6）管道安装的要求　管道转弯处，应采用平整、圆滑的冷弯弯管过渡，不得采用波纹弯管、焊接弯管或热煨弯管。管道连接一般采用焊接，管子的切割不得使用氧-乙炔焰，应采用手工或机械切割，切口应与管子轴线垂直，切口表面平整，不得有裂纹。

任务三　化工管路管架的安装

当与管路连接的工艺设备安装合格后，即可进行管架的安装，管架是用来支承架空管路的，它有钢结构和钢筋混凝土结构两类。管架形式分为支承式（支架）和悬吊式（吊架）两大类。

1. 支架的选择

用于室外和室内的支架结构有所不同，室外管路支架常采用独立结构且尺寸较大，室内管架常借助建筑物而设置且尺寸较小。管子与支架用管卡和管托来固定或保证滑移。

（1）室外支架　室外支架常见的有以下几种形式。独立式支架如图 4－13 所示，适用于管径较大而管路数量不多的情况，设计与施工均简单，应用较普遍。

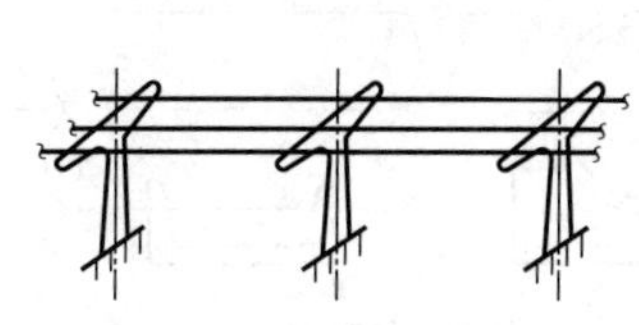
图 4-13　独立式支架

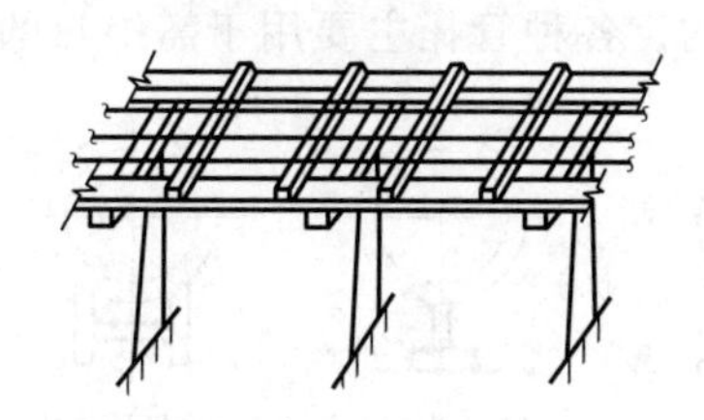
图 4-14　梁式支架

梁式支架如图 4-14 所示，可在纵向梁上按需要架设不同间距的横梁，作为管路敷设的支点或固定点，以满足不同管路对跨度大小的要求，当管路数量较多时也可将管架制成双层，一般用于跨度为 8～12m、管路推力不太大的情况。

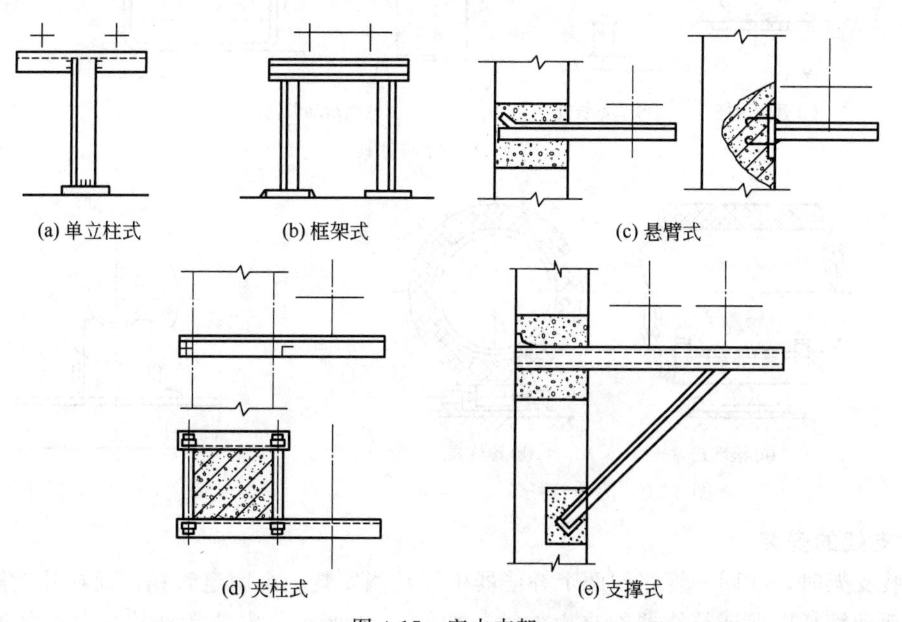

图 4-15　室内支架

（2）室内支架　室内支架主要有单立柱式、框架式、悬臂式、夹柱式、支撑式等，如图 4-15所示。它们是用型钢制成或型钢与墙、柱结合构成，适用于直径较小的管路，且不能有大的振动。

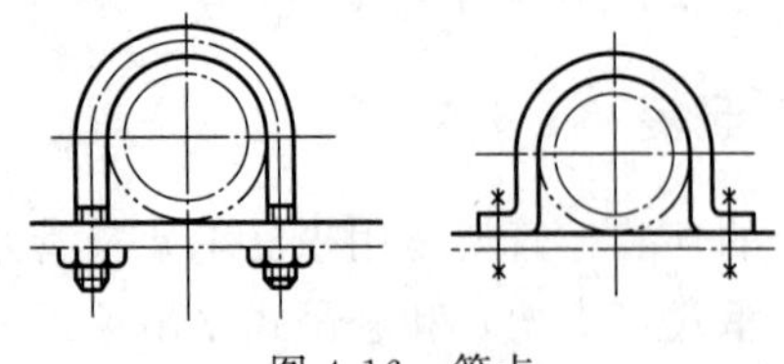

图 4-16　管卡

（3）管卡和管托　管卡主要有 U 形圆钢管卡和扁钢管卡两种，用螺母紧固，将管子夹持在管架上，如图 4-16 所示。固定管托的常用形式如图 4-17 所示，管托与管架一般是用焊接或螺栓连接的，管托与管子一般是用焊接连接的。固定管托保证管路在该点不发生轴向移动，从而保证各补偿器的热变形均匀。滑动管托的常见形式如图 4-18 所示，管子与管托常焊在一起，管托不与管架连接，它可随管路热变形而在管架上沿中心线移动，代替管子与管架的接触运动，避免管子在管路变形时被磨损。滚动管托如图 4-19 所示，它与滑动管托的作用相同，即允许管路沿中心线方向移动，但比滑动管托的摩擦阻力小。导向管托如图 4-20 所示，是在滑动管托的两侧管架上各焊一段角钢，每侧角钢与管托有 3～4mm 间隙，这种管托是为了使管子在支架上滑动时不偏离方向而设的。各种管托主要用于需绝热的管路。

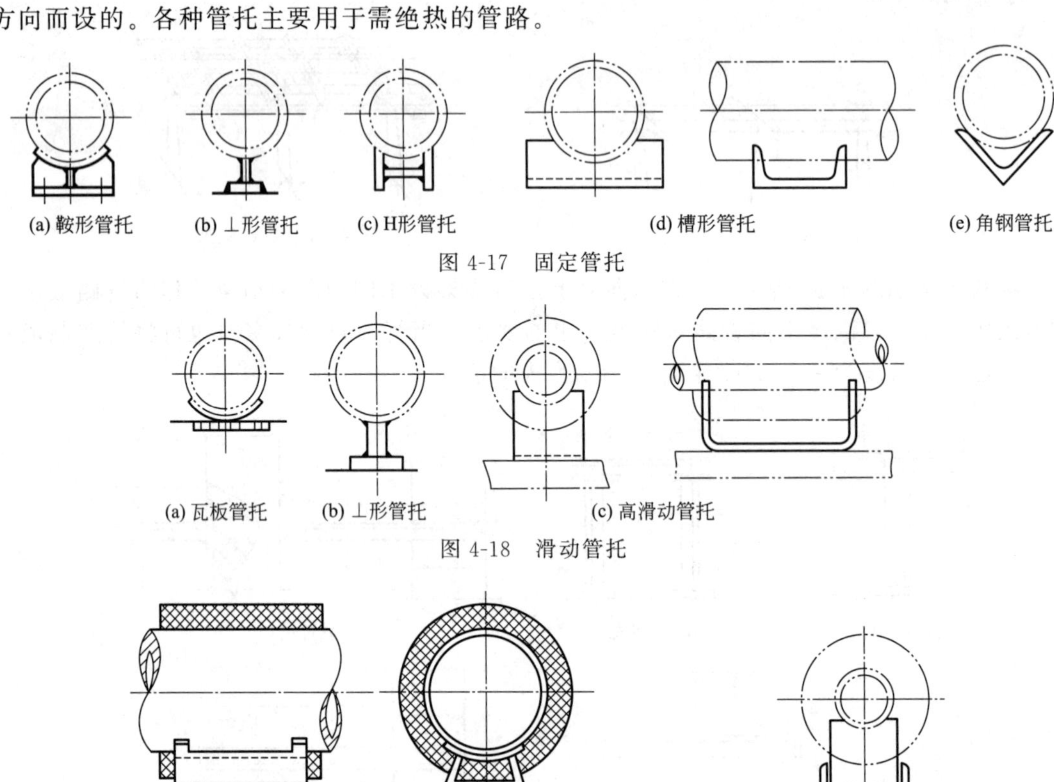

(a) 鞍形管托　(b) ⊥形管托　(c) H形管托　(d) 槽形管托　(e) 角钢管托

图 4-17　固定管托

(a) 瓦板管托　(b) ⊥形管托　(c) 高滑动管托

图 4-18　滑动管托

(a) 滚珠式　(b) 滚柱式

图 4-19　滚动管托

图 4-20　导向管托

2. 支架的安装

安装支架时，在同一管路的两个补偿器中间只能安装一个固定管托，而在补偿器两侧各装一个活动管托以保证补偿器能自由伸缩，如图 4-21 所示。安装活动管托时，其安装位置应从支架中心向位移反向偏移，偏移量为热位移量 ΔL 的一半。固定管托必须与支架牢固连接，而活动管托则不得有歪斜和卡涩现象，保温层不得妨碍热位移。

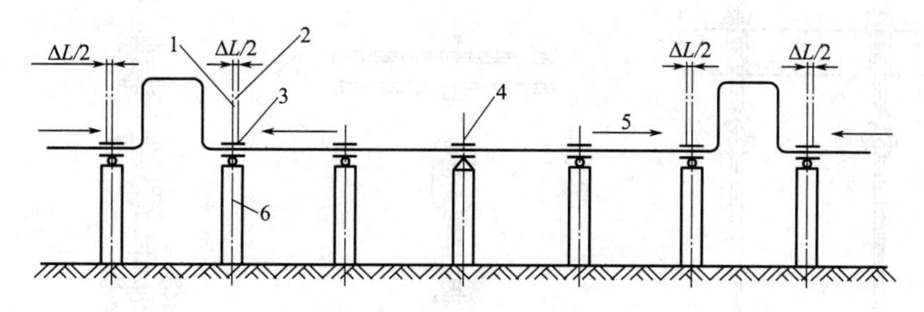

图 4-21　管路支架的安装方法

1—支架中心线；2—管托安装时的中心线；3—活动管托膨胀方向；
4—固定管托；5—膨胀方向；6—支架

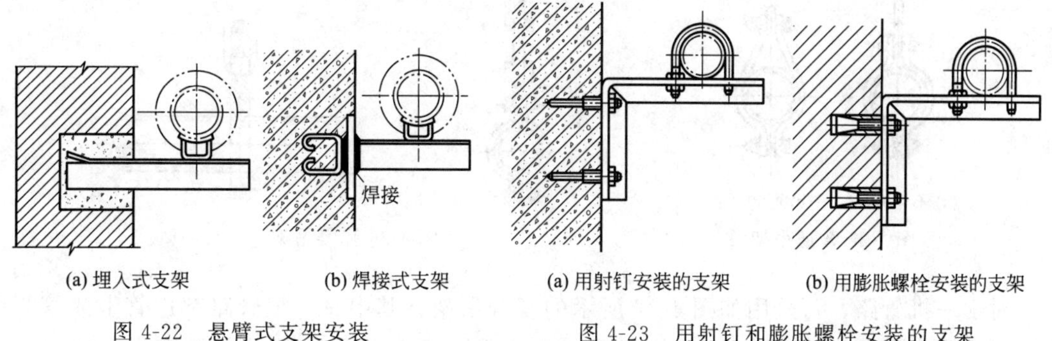

(a) 埋入式支架　　(b) 焊接式支架

图 4-22　悬臂式支架安装

(a) 用射钉安装的支架　　(b) 用膨胀螺栓安装的支架

图 4-23　用射钉和膨胀螺栓安装的支架

安装室内悬臂式支架时，当墙上已有预留孔的，支架埋入前先清除孔内杂物，用水浇湿孔壁，把支架一端插入孔内后，用适当的碎砖或小石块对支架进行固定，再用水泥砂浆填塞满整个孔洞，如图 4-22（a）所示；当土建施工时已在支架安装部位预先埋入钢板的，把黏附在预埋钢板上的砂浆去除后，将支架焊在钢板上，如图 4-22（b）所示。在无预留孔或预埋钢板的建筑物上安装支架，当允许打眼时，可用射钉枪将射钉射进建筑物，然后用螺母将支架紧固在建筑物上，如图 4-23（a）所示；也可以先在建筑物上钻出直径、深度分别与膨胀螺栓套管外径、长度相等的孔后，将套上套管的膨胀螺栓压入孔内，然后用螺母把支架紧固在建筑物上，如图 4-23（b）所示，紧固时螺栓尾部锥体将纵向部分开口的套管胀开，紧压在孔壁上而不被拔出。在不允许打眼的梁柱上安装支架时，可采用图 4-24 所示的夹柱式支架，即用螺栓将支架夹紧固定在立柱上。

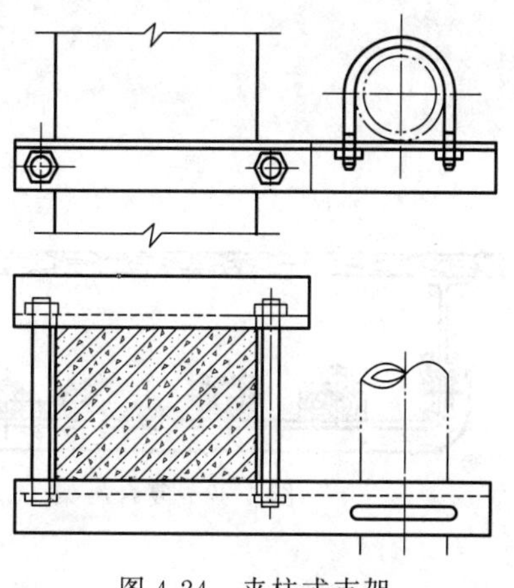

图 4-24　夹柱式支架

3. 吊架的选择

在楼板下敷设管路可用吊架安装。对单根管路，可以用图 4-25 所示的普通吊架，当管路有垂直位移时，应使用弹簧吊架，如图 4-26 所示。

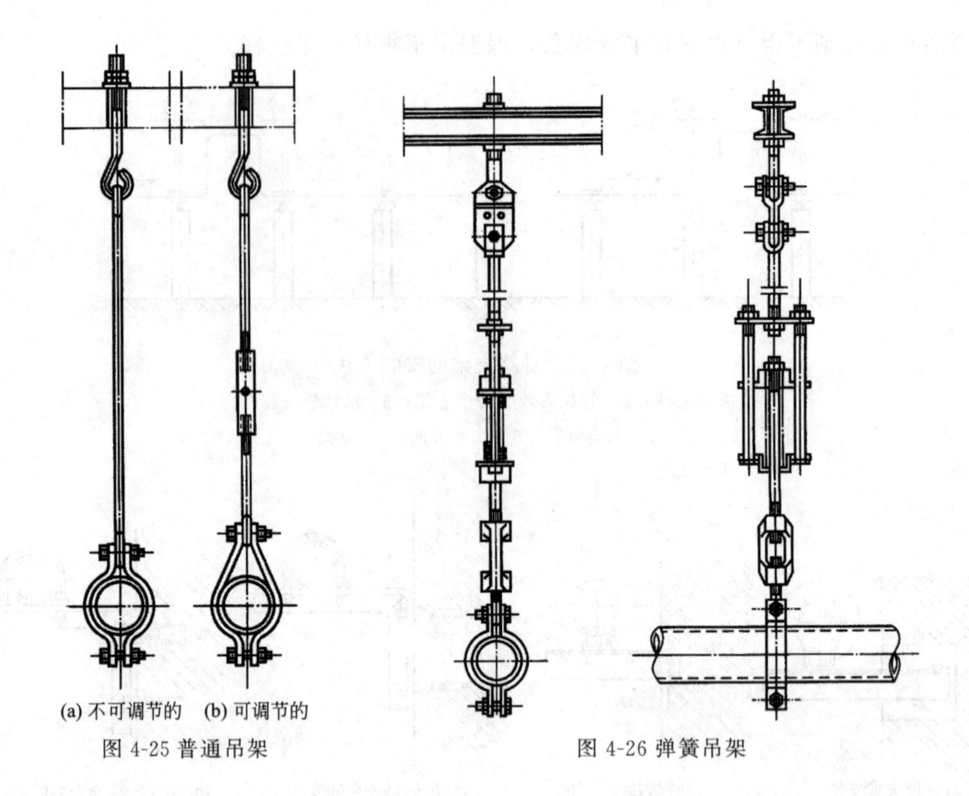

图 4-25 普通吊架

图 4-26 弹簧吊架

对于一批管路，可采用如图 4-27 所示的复合吊架，其中每一根管路都用管卡或管托固定在复合吊架上。机械强度较低的管路（如铅管）应安装在木槽或角铁槽内，如图 4-28 所示。

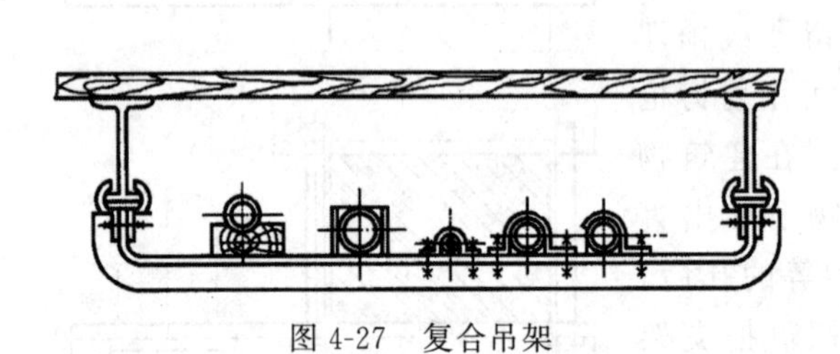

图 4-27 复合吊架

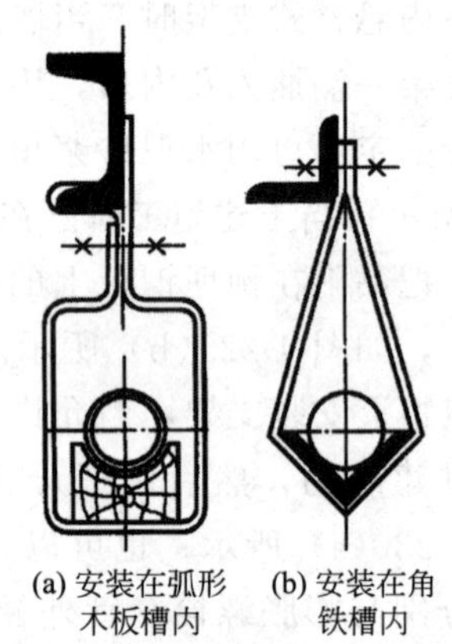

图 4-28 低强度管路的吊架安装法

4. 吊架的安装

安装无热位移的管路，吊架应铅垂安装。安装有热伸长管路时，吊架应向管路膨胀相反的方向倾斜安装，其倾斜量等于管路热伸长量 ΔL 的一半，如图 4-29 所示。这样能保证吊架在工作时受力不至过大。普通吊架的吊杆长度 $l \geqslant 60\Delta L$ ，弹簧吊架的吊杆长度 $l \geqslant 20\Delta L$ 。热伸长方向相反或伸长值不相等的管路，除设计有规定外，不得使用同一吊架。

任务四　化工管路的安装

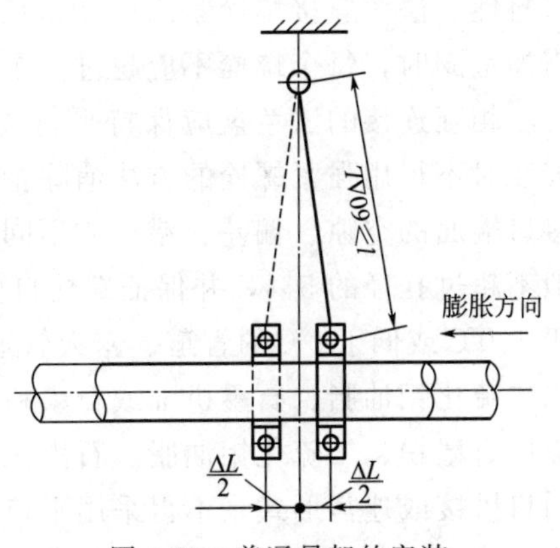

图 4-29　普通吊架的安装

1. 管路的连接

管路上管子与管子或管子与阀门、管件等之间的连接方法有：螺纹连接、法兰连接、承插连接、焊接连接和管接头连接等。

（1）螺纹连接　又称丝扣连接。螺纹连接装配前，应用聚四氟乙烯生料带、石棉线或油麻丝等沿螺纹旋向缠绕在外螺纹上，以保证旋合装配后连接处严密不漏。

图 4-30 所示为用内牙管连接管子。用内牙管连接，装拆管路时需逐管逐件进行，故较为不便，而采用长外牙管连接则可以不转动两端管子，方法如图 4-31 所示，先将锁紧螺母 3 和内牙管 2 全长都旋在外牙管螺纹较长的一端上，再用内牙管 5 把长外牙管 4 和需要连接的管子 6 连接好，最后将内牙管 2 反旋退出一定长度与管子 1 连接，连好后退回锁紧螺母 3 锁紧。若不采用长外牙管，也可在所需连接的某一管端加工出一段较长外螺纹，连接时先将内牙管全长旋在长螺纹上，两需连接管子端部对正后退出内牙管与另一管端相连，旋紧即可，安装时也不用转动被连接的管子。

用活管接连接也可不转动要相连的两管子而将它们连到一起，活管接又称“活接头”，由一个软垫圈、一个套合节和两个主节构成，如图 4-32 所示，使用时，先将套合节套在不带外螺纹的主节 5 上，再将两主节分别旋在两要连接的管子端部，在两主节间放好软垫圈 3，旋动套合节与带外螺纹的主节 2 相连，使两主节压紧软垫圈即可。

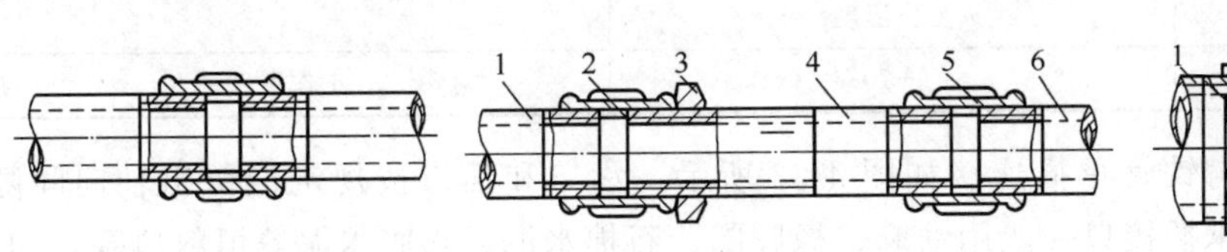

图 4-30　内牙管连接

图 4-31　长外牙管连接
1,6—管子端头；2,5—内牙管；3—锁紧螺母；4—长外牙管

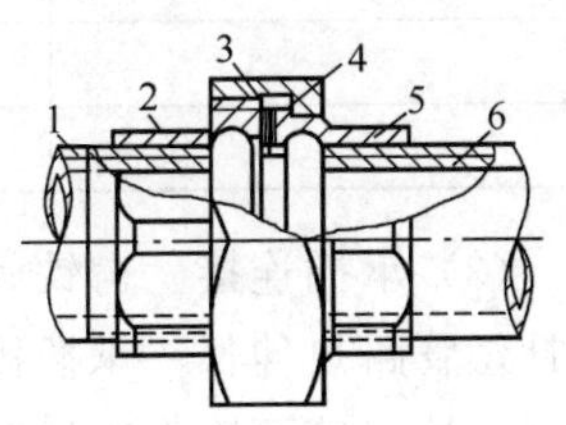

图 4-32　活管接连接
1,6—管子端头；2,5—主节；3—软垫圈；4—套合节

（2）法兰连接　法兰连接强度高，可用于各种压力和温度条件下的管路，拆卸方便，因此在化工管路中应用广泛。

安装前应对法兰等进行检查：法兰密封面及金属垫片表面应平整光洁，不得有毛刺及径向沟槽；非金属垫片无老化变质或分层现象，表面不应有折损、皱纹等缺陷，周边应整齐，垫片尺寸与法兰密封面尺寸相符，尺寸偏差不超过规定值；螺栓及螺母的螺纹应完整，无伤痕、毛刺等缺陷。

法兰连接时，将两法兰盘对正，把密封垫片准确放入密封面间（对凹凸式、榫槽式密封面垫片先放入凹面或凹槽内），在法兰螺栓孔内按同一方向穿入一种规格的螺栓，用扳手依对称顺序紧固螺栓，每螺栓分 2～3 次完成紧固，使螺栓及密封垫片受力均匀而有利于保证密封性。法兰连接螺栓紧固后外露长度不大于2倍螺距；螺栓应与法兰紧贴，不得有楔缝；需加垫圈时，每个螺栓不应超过一个。

相互连接的法兰盘应保持平行，其偏差不大于法兰外径的1.5/1000，且不大于2mm，安装时不得用强紧螺栓的方法消除歪斜。也不得用加热管子、加偏垫或多层垫等方法来消除接口端面的空隙、偏差、错口或不同心等缺陷。法兰连接应保持同轴，其螺栓孔中心偏差一般不超过孔径的5%，并保证螺栓自由穿入。对不锈钢、合金钢螺栓和螺母，或设计温度高于100℃或低于0℃的管道、露天管道、有大气腐蚀或有腐蚀介质管道的螺栓和螺母，应涂以二硫化钼油脂、石墨机油或石墨粉，以便检修时拆卸。垫片安装时一般可根据需要，分别涂以石墨粉、二硫化钼油脂、石墨机油等涂剂。用于大直径管道的垫片需要拼接时，应采用斜口搭接或迷宫形式，不得采用平口对接。使用软钢、铜、铝等金属垫片，安装前应进行退火处理。高温或低温管道的法兰螺栓，在试运行时应按规定进行热紧或冷紧，这是由于高温或低温管道的法兰螺栓，安装时是在常温下紧固的，当管道进入工作状态后，由于管道温度升高或降低而引起胀缩，为防止常温紧固的螺栓出现松弛现象，需对法兰螺栓再次紧固，称为热紧或冷紧；管道法兰螺栓热、冷紧温度见表4-1；热紧或冷紧在试运行期间保持工作温度24h后进行，低温管道，由于法兰螺栓表面凝结冰霜，应用甲醇将其熔化后再进行冷紧操作，冷紧一般应卸压；当设计压力小于6MPa时，热紧最大内压为0.3MPa，设计压力大于6MPa时，热紧最大内压为0.5MPa。

法兰的设置应便于检修，不得紧贴墙壁、楼板或管架上。

表4-1 法兰螺栓热、冷紧温度

管道工作温度/℃	一次热、冷紧温度/℃	二次热、冷紧温度/℃
250～350	工作温度	—
>350	350	工作温度
−70～−20	工作温度	—
<−70	−70	工作温度

（3）承插连接　铸铁管承插连接如图4-33所示，承口和插口按规定值留出轴向间隙，以补偿管路热伸长，承插接口一般用油麻、橡胶圈、石棉水泥或膨胀水泥等填料填塞，如遇急用、抢修等可用青铅填塞（接口）。填料填塞时用的主要工具是捻凿和手锤，捻凿由工具钢制成，如图4-34所示。

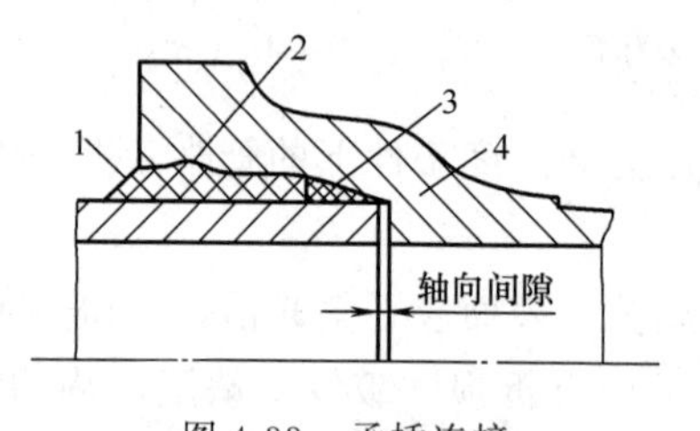

图4-33　承插连接

1—插口；2—水泥或铅；3—油麻绳；4—承口

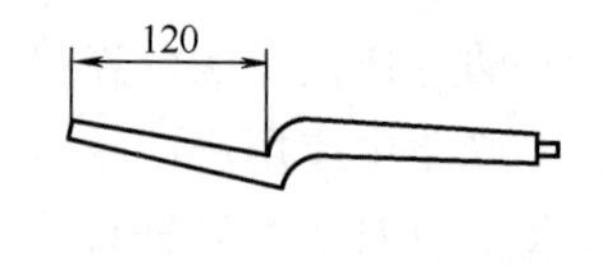

图4-34　捻凿

承插连接难于拆卸，不便维修，连接不很可靠，用于低压管路中的铸铁、陶瓷、玻璃等脆性材料管子的连接。

（4）焊接连接　焊接连接强度高，密封性好，可用于各种压力、温度下的管路。

管子及管件焊前应对坡口及其内外侧表面进行清理，坡口表面上不得有裂纹、夹层等缺陷；焊条、焊剂在使用前应按出厂说明书规定进行烘干，并在使用过程中保持干燥，焊条药皮应无脱落和显著裂纹，焊丝使用前应清除表面油污、锈蚀等。

管子组对时错边量应符合要求，可用定心夹持器组对，调完位置后点焊固定（点固焊缝长为5～30mm，间距为其长度的10倍左右），检查管子位置正确后再进行焊接。焊接时管内应防止穿堂风，应使焊接区不受恶劣天气影响。有应力腐蚀及壁厚超过一定值的管路焊后应进行热处理。

(5) 管接头连接　管接头连接方便、易于拆卸，多用于小直径铜管、铝管和不锈钢管的连接，如仪表管道和机器润滑管路的连接。

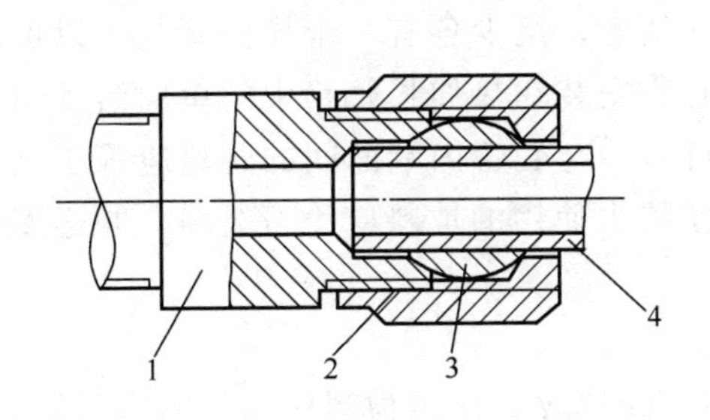

图 4-35　管接头

1—接头；2—螺纹套；3—球状珠；4—管子

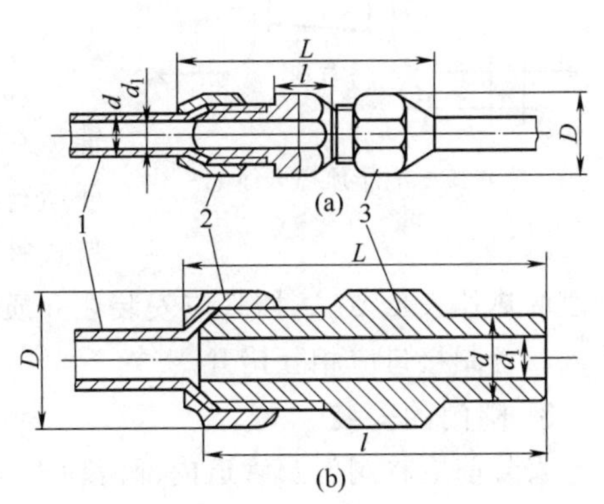

图 4-36　用于管口翻边的管接头

1—管子；2—螺纹套；3—接头

图 4-35 所示为一种形式的管接头，连接时先将管子穿入螺纹套和球状珠中，再把螺纹套旋紧在接头上，利用螺纹套与接头的锥面对球状珠挤压，使之产生径向弹性收缩变形而夹紧管子端部，使连接达到严密不漏。

图 4-36 所示为用于管口翻边的管接头，连接时先将螺纹套套在管子上，然后将管端翻边呈喇叭口状，再将接头旋入螺纹套，接头与螺纹套压紧管子喇叭口而达到严密不漏。

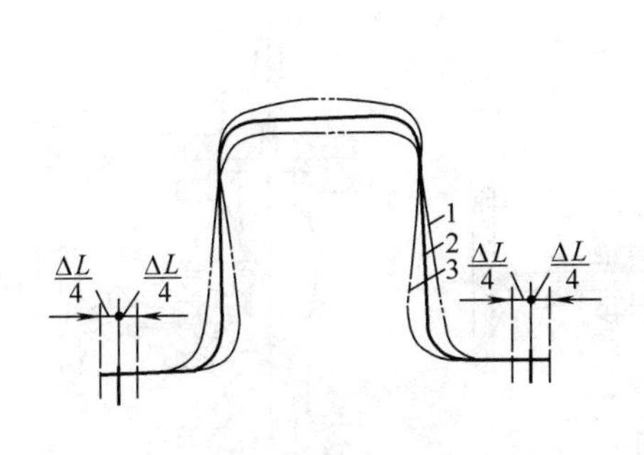

图 4-37　弓形回折管补偿器的三种状态

1—安装状态；2—自由状态；3—工作状态

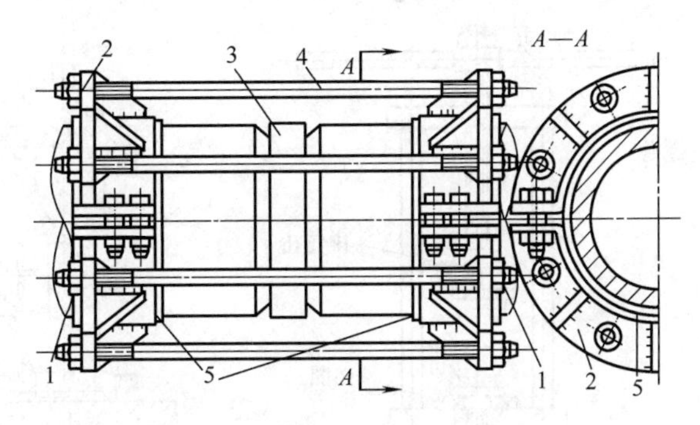

图 4-38　拉管器

1—管子；2—对开卡箍；3—垫环；4—双头螺栓；5—环形堆焊凸肩

2. 补偿器的安装

(1) 弓形回折管补偿器的安装　为了减小补偿器工作时的变形和应力，充分利用补偿器的补偿能力，安装时应按设计规定值对它冷拉（介质温度高于安装温度）或冷压（介质温度低于安装温度），如设计无规定，可按该管段热伸长量 ΔL 的一半作为冷拉（压）值，即每边拉（压）$\Delta L/4$，允许偏差＜±10mm，如图 4-37 所示。

冷拉（压）应在两固定支架间的管路安装完之后进行。冷拉方法有两种：一种是在两个待焊的管口装上拉管器，拧紧拉管器上的各螺栓，将补偿器拉开直到两管子接口对齐（接口间用垫环调整间隙），接口处点焊后拆去拉管器，如图 4-38 所示；另一种是用千斤顶将补偿器撑开，如图 4-39 所示。

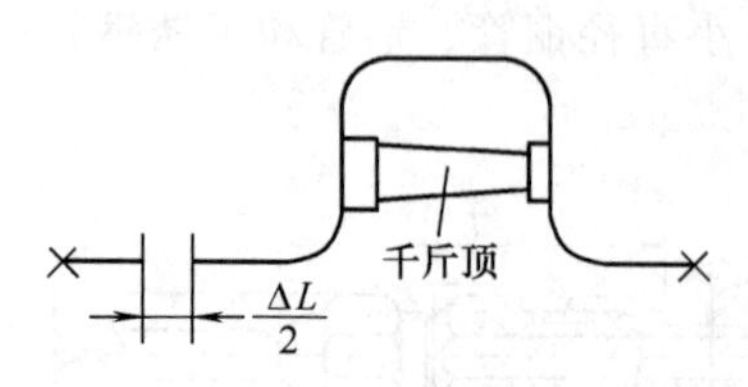

图 4-39　千斤顶撑开示意

（2）波形补偿器的安装　安装时按设计规定值进行冷拉（压）。波形补偿器内衬套筒有焊缝的一端在水平管路上应迎介质流向安装，在铅垂管路应置于上部。

（3）填料式补偿器的安装　安装时应使之与管道同轴，在靠近补偿器的两侧，至少各有一个导向管托，以保证运行时不偏离中心。安装在热伸长管路中的单向活动填料式补偿器，插管自由端与套管内端面间的距离应等于该管段的热伸长量 ΔL，插管应安装在介质流入端。补偿器中使用的填料应涂石墨粉，并逐圈装入，各圈接口应相互错开。

3. 阀门的安装

安装前应将阀门及管道内部清理干净，防止铁屑、砂粒或其他污物刮伤阀门的密封面，核对阀门型号、规格是否符合设计要求。阀门需经检验合格后方能安装。

（1）检查与试验　应检查阀体表面有无裂纹和砂眼，连接螺纹或法兰密封面有无损伤，阀杆是否歪斜、转动时有无卡涩现象等。

无论是新阀门还是修复后的旧阀门，使用前都应按规定的压力对阀门进行强度和严密性试验。阀门一般是用洁净的水在图 4-40 所示的试验台上进行试验。强度试验时先打开上部压盘上的排气孔，水经下部的进水管进入阀内，阀处开启状态，充满水后关闭排气孔，缓慢升压到规定压力，保持 5min，壳体、填料无渗漏为合格，如图 4-41（a）所示；严密性试验

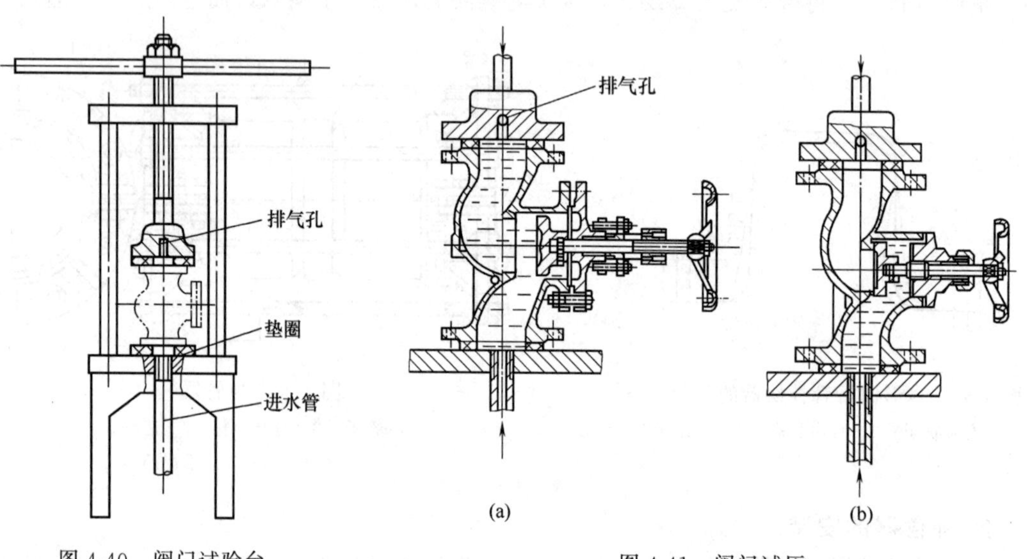

图 4-40　阀门试验台

图 4-41　阀门试压

时，关闭阀门，从阀门一侧缓慢加压到规定的严密性试验压力，从另一侧检查阀瓣与阀座部分有无渗漏，如图 4-41（b）所示，不漏为合格。但对闸阀应从两侧分别作严密性试验，渗漏量不超过规定的允许值为合格。试验合格的阀门，应及时排尽内部积水。密封面应涂防锈油（需脱脂的阀门除外），关闭阀门，封闭出入口。高压阀门应填写《高压阀门试验记录》。

安全阀在安装前，应按设计规定进行试调。每个安全阀启闭试验不应少于三次。工作介质为液体时，用水调试；工作介质为气体时，用空气或惰性气体调试。调试后进行铅封并填写《安全阀调整试验记录》。

（2）安装　对有方向性的阀门，如截止阀、节流阀、止回阀或减压阀等不得装反，应按阀门上介质流向标志的方向安装，否则会影响使用效果或达不到使用目的。在水平管路上安装阀门，阀杆一般应安装在上半周范围内，不宜朝下，以防介质泄漏伤害到操作者。

安装法兰连接的阀门，螺母一般应放在阀门一侧，要对称拧紧法兰螺栓，保证法兰面与管子中心线垂直；安装螺纹连接的阀门，先用扳手把住阀体上的六角体，然后转动管子与阀门连接，不得将填料挤入管内或阀内，为此，应从管子螺纹旋入端第二扣开始缠绕填料；焊接连接的阀门，焊缝底层宜采用氩弧焊施焊，以保证内部清洁，焊接时阀门不宜关闭，防止过热变形。

法兰或螺纹连接的阀门应在关闭状态下安装。明杆闸阀不宜安装在地下，以防阀杆生锈。安装和更换大型阀门时，起吊的索具不能系在手轮或阀杆上，应系在阀体或法兰上，以免损坏手轮或阀杆。

任务五　化工管道的防腐保温

1. 化工管道的防腐

在化工管道中使用的管材，一般大都采用金属材料。由于各种外界环境因素和通过介质的作用，都会引起金属的腐蚀。为了延长管道的使用寿命，确保化工生产安全运行，必须采取有效的防腐措施。

（1）管道的防腐措施选择　各种金属管道和金属构件的主要防腐措施，是在金属表面涂上不同的防腐材料（即防腐油漆），经过固化而形成油漆，牢固地结合在金属表面上。由于油漆把金属表面同外界严密隔绝，阻止金属与外界介质进行化学反应或电化学反应，从而防止了金属的腐蚀。

选用的防腐油漆应该具备下述性能：

① 在所接触的介质中保持稳定；

② 能够形成连续无孔的膜，与金属有牢固的结合力，不怕风吹雨淋日晒，不皱皮不老化；

③ 不透气、不透水，容易干燥凝固；

④ 有一定的强度和弹性；

⑤ 特殊情况下的其他要求。

除了采用防腐涂料措施外，也可采用在金属管表面镀锌、镀铬以及在金属管内加耐腐蚀衬里（如橡胶、塑料、铅、玻璃）等措施。

（2）管道防腐施工

① 管道表面清理　通常在金属管道和构件的表面都有金属氧化物、油脂、泥灰、浮锈等杂质，这些杂质影响防腐层同金属表面的结合，因此在刷油漆前必须去掉这些杂质。除采

用 7108 稳化型带锈底漆允许有 80μm 以下的锈层之外，一般都要求露出金属本色。表面清理分为除油、除锈和酸洗。

a. 除油。如果金属表面黏结较多的油污时，要用汽油或者浓度为 5%的热荷性钠（氢氧化钠）溶液洗刷干净，干燥后再除锈。

b. 除锈。管道除锈的方法很多，有人工除锈、机械除锈、喷砂除锈、酸洗除锈等。而采用新产品“锈转化剂”除锈不仅劳动强度低，操作简便，价格低廉，还能使锈层转化为一层致密的保护膜紧密附着在金属上，且用此方法除锈后进行防腐涂层施工，涂层与管道表面的附着力会有所增强。

② 涂漆　涂漆是对管道进行防腐的主要方法。涂漆质量的好坏将直接关系到防腐效果，为保证涂漆质量，必须掌握涂漆技术。涂漆一般采用刷漆、喷漆、浸漆、浇漆等方法。在化工管道工程中大多采用刷漆和喷漆方法。

人工刷漆时应分层进行，每层应往复涂刷，纵横交错，并保持涂层均匀，不得漏涂。涂刷要均匀，每层不应涂得太厚，以免起皱和附着不牢。

机械喷涂时，喷射的漆流应与喷漆面垂直，喷漆面为圆弧时，喷嘴与喷漆面的距离为 400mm。喷涂时，喷嘴的移动应均匀，速度宜保持在 10～18m/min，喷嘴使用的压缩空气压力为 0.196～0.392MPa。涂漆时环境温度不低于 5℃。

涂漆时要等前一层干燥后再涂下一层。有些管道在出厂时已按设计要求作了防腐处理，现场施工中在施工验收后要对连接部分进行补涂，补涂要求与原涂层相同。

涂漆的结构和层数按设计规定，如无设计要求时，可按无绝热层的明装管道要求，涂一至两遍防锈漆，两至三遍以上面漆；有绝热层的明装管道及暗装管道均应涂两遍防锈漆进行施工。埋设在地下的铸铁管出厂时未给管道涂防腐层者，施工前应在其表面涂刷两遍沥青漆。

2. 化工管路的保温

化工管路保温的目的是维持一定的高温，减少能量损失；维持一定的低温，减少吸热；维持一定的室温，改善劳动条件；提高经济效益。

保温材料应具有热导率小、容重轻、耐热、耐湿、对金属无腐蚀作用、不易燃烧、来源广泛、价格低廉等特点。常用的保温材料有玻璃棉、矿渣棉、石棉、膨胀珍珠岩、泡沫混凝土、软木砖、木屑、聚氨酯泡沫塑料、聚苯乙烯泡沫塑料等。

管路的保温施工，应在设备及管路的强度试验、气密性试验合格及防腐工程完工后进行。管路上的支架、吊架、仪表管座等附件，当设计无规定时，可不必保温；保冷管路的上述附件，必须进行保冷。除设计规定需按管束保温的管路外，其余管路均应单独进行保温。在施工前，对保温材料及其制品应核查其性能。

保温结构一般由防锈层、保温层、防潮层和保护层四层构成。

（1）防锈层　防锈层也称防锈底层，是管路金属表面的污垢、锈迹除去后，在需要保温的管路上刷的一至两遍底漆。

（2）保温层　保温层是保温结构的主要部分，有涂抹式、制品式、缠包式、填充式等。

① 涂抹式　将和好的胶泥状保温材料直接涂抹在管子上，常用胶泥材料有石棉硅藻土、石棉粉等。一般先在管外刷两遍防锈漆，再分层涂抹胶泥，第一层厚 5mm 左右，干燥后再涂第二层，从第二层起以后各层涂抹厚度为 10～15mm，前一层干燥后再涂下一层，直到设计要求的厚度为止。立管保温时，为防止保温层下坠，应先在管道上每隔 2～4m 焊一支承环，支承可由 2～4 块扁钢组成，宽度与保温层厚度相近。

保温层外用玻璃纤维布或加铁丝网后再涂抹石棉水泥作保护层，它的施工应在保温层干透后进行。涂抹式保温结构见图 4-42。

② 制品式　将保温材料（膨胀珍珠岩、硅藻土、泡沫混凝土、发泡塑料等）预制成砖块状或瓦块状，施工时用铁丝将其捆扎在管外。为保证管道保温效果，在进行捆绑作业前，应将预制件先干燥，以减少其含水量。块间接缝处用石棉硅藻土胶泥填实，最外层用玻璃丝布、铁皮或加铁丝网后涂抹石棉水泥作保护层。制品式保温结构见图 4-43。

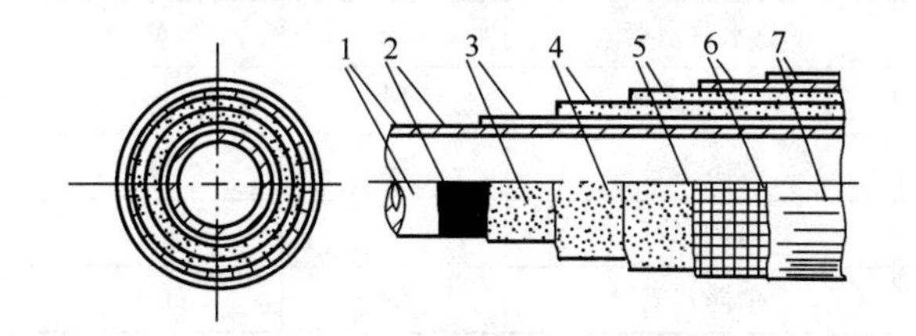

图 4-42　涂抹式保温结构

1—管子；2—红丹防蚀层；3—第一层胶泥；4—第二层胶泥；5—第三层胶泥；6,7—保护层

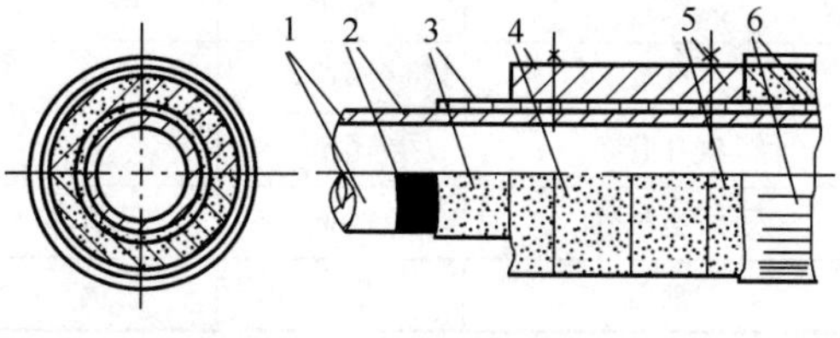

图 4-43　制品式保温结构

1—管子；2—红丹防蚀层；3—胶泥层；4—保温制品（管瓦）；5—铁丝或扁铁环；6—铁丝网

③ 缠包式　用矿渣棉毡、玻璃棉毡或石棉绳直接包卷缠绕在管外，用铁丝捆牢，厚度不够时可多包几层，各层间包紧，外层用玻璃丝布作保护层。图 4-44 所示为石棉绳缠包式保温结构。

④ 填充式　填充式是将矿渣棉、玻璃棉或泡沫混凝土等保温材料充填在管子周围特制的铁丝网套或铁皮壳内，对用铁丝网套的外面再涂抹石棉水泥保护层。此法保温效果好，但施工作业较麻烦，不能用于有振动部位的保温。图 4-45 为填充式保温结构。

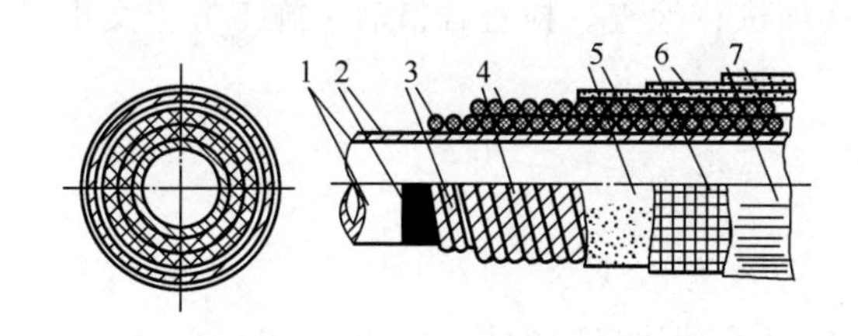

图 4-44　石棉绳缠包式保温结构

1—管子；2—红丹防蚀层；3—第一层石棉绳；4—第二层石棉绳；5—胶泥层；6—铁丝网；7—保护层

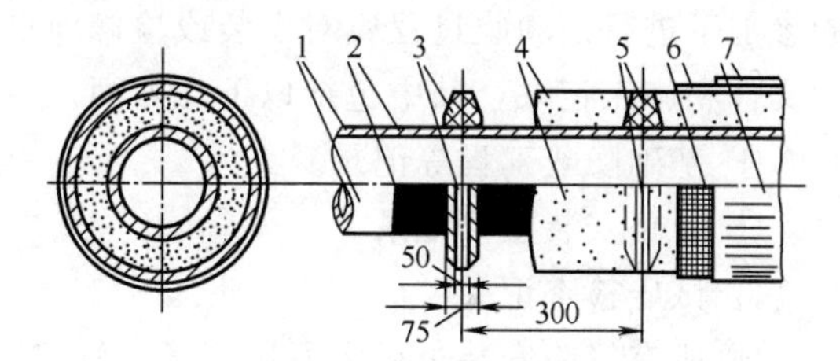

图 4-45　填充式保温结构

1—管子；2—红丹防蚀层；3—固定环；4—填充的保温材料；5—铁丝；6—铁丝网；7—保护层

（3）防潮层　防潮层主要用于保冷管路、埋地保温管路，应完整严密地包在干燥的保温层上。防潮层有两种：一种为石油沥青油毡内外各涂一层沥青玛蹄脂；另一种为玻璃布内外各涂一层沥青玛蹄脂。

（4）保护层　保护层是无防潮层的保温结构，保护层在保温层外；有防潮层的保温结构，保护层在防潮层外。保护层对保温层的保温效果及使用寿命有很大影响。

3. 管路的涂色

为了便于区别各种介质的管路，管路保护层外需涂以不同颜色。涂色方法一种是单色，一种是在底色上加色圈（每隔 2m 加一个色圈，其宽度为 50～100mm）或注字。

常用化工管路的涂色可参考表 4-2，管路涂色目前无统一标准，各厂可视具体情况进行调整或补充。

表 4-2 化工管路的涂色

管路类型	底色	色圈	管路类型	底色	色圈
过热蒸汽管	红	黄	碱液管	粉红	—
饱和蒸汽管	红	—	油类管	橙	—
废气管	红	绿	工业用水管	绿	—
氧气管	天蓝	—	生活饮水管	绿	—
氮气管	棕黑	—	热水供水管	绿	黄
氢气管	深蓝	白	热水回水管	绿	褐
氨气管	橘黄	—	凝结水管	绿	红
压缩空气管	浅蓝	黄	排水管	黑	—
酸液管	橘黄	褐	消防水管	绿	红蓝

任务六 化工管路安装工程验收

在管路安装、检修施工过程中，为保证工程质量，必须严格按照国家的相应规范和标准进行作业和验收。

施工技术要求主要有管道加工的技术要求，如管子切割、弯管制作、卷管加工、管子翻边、夹管加工、管道焊接等，管道组成件及管道支撑件的检验技术要求。

管路安装或检修完毕后，应按设计规定对管路系统进行吹扫和清洗、强度试验、严密性试验等，以检查管路系统及各连接部位的工程质量。对一些特殊化工介质管道还必须做好防静电接地措施。按有关规定办理交工验收手续，交工验收应在施工方和使用方有关人员的共同参加下进行。验收过程应对安装或检修项目逐项进行检查。检查合格后，施工方应交出技术文件和施工记录，其中包括以下几方面。

① 基础隐蔽工程等记录。

② 管路安装检修记录。

③ 试压检查记录。

④ 所有管路安装过程中所用管子、管路附件以及其他材料的技术资料和出厂合格证等。

使用方同意验收后，签字文件应由双方妥善保存。

思考与训练

1. 蒸汽管道系统的配置应注意什么问题？
2. 疏水器安装时具体要求有哪些？
3. 减压阀有什么作用？安装的具体要求是什么？
4. 压缩机吸气管道的配置有哪些注意事项？
5. 管路中的热应力是怎样产生的？它的大小与管径、管子壁厚及管路长度是否有关？
6. 弯曲的管路是否都可用做自动补偿？
7. 常用的管路补偿器有哪几种？
8. 管路用法兰连接时，怎样上紧连接螺栓才是正确的？
9. 焊接管路时是如何对正并焊接管口的？
10. 在管路相邻补偿器之间应如何安装管托？
11. 室内管路的悬臂式支架如何安装？

12. 有热膨胀的管路，吊架应如何安装？
13. 回折管式补偿器安装时为什么要冷拉或冷压？如何进行冷拉（压）？
14. 如何对阀门进行强度和严密性试验？
15. 为什么有的阀门安装要注意方向性？
16. 如何判定管路是否需要热补偿？
17. 腐蚀是什么原因造成的？有什么害处？应采取什么措施？
18. 涂刷防腐油漆前的表面清理工作包括哪些内容？目的是什么？
19. 涂漆时有什么要求？
20. 管路保温有哪几种结构形式？
21. 化工管路为什么要涂色？
22. 调查某车间工艺管路承载介质、管路材质，试分析管路的选材原则。
23. 调查某车间工艺管路管件和阀门的类型，并分析其作用。
24. 调查某车间主要化工管路的热补偿结构、保温结构、材料及保温效果。
25. 对学校锅炉房进行测定，制订其蒸汽管路的安装方案。

项目二　化工管路的维护与检修

化工管路是化工生产装置中不可缺少的部分，其功用是按照工艺流程连接各设备和机器，构成完整的生产工艺系统，输送某种介质。化工管路的主要故障为振动、泄漏、裂纹、保温层损坏等，其中阀门故障的检修工作量大、技术要求高。

任务一　化工管路常见故障及其处理分析

化工管路常见故障及其处理见表 4-3。

表 4-3　化工管路常见故障及其处理

故障类型	产生原因	消除方法
管路振动	①旋转零件的不平衡 ②联轴器不同心 ③零件的配合间隙过大 ④机座和基础间连接不牢 ⑤介质流向引起的突变 ⑥介质激振频率和管路固有频率相接近 ⑦介质的周期性波动	①对旋转件进行静、动平衡 ②进行联轴器找正 ③调整配合间隙 ④加固机座和基础的连接 ⑤采用大弯曲半径弯头 ⑥加固或增设支架,改变管路的固有频率 ⑦控制波动幅度,减少波动范围
管路泄漏	①密封垫破坏 ②介质压力过高 ③法兰螺栓松动 ④法兰密封面破坏 ⑤螺纹连接没有拧紧、螺纹部分破坏 ⑥阀门故障 ⑦螺纹连接的密封失效 ⑧铸铁管子上有气孔或夹渣 ⑨焊接焊缝处有气孔或夹渣 ⑩管路腐蚀	①更换密封垫,带压堵漏 ②使用耐高压的垫片 ③拧紧法兰螺栓 ④修理或更换法兰,带压堵漏 ⑤拧紧螺纹连接螺栓,修理管端螺纹 ⑥修理或更换阀门 ⑦更换连接处的密封件,带压堵漏 ⑧在泄漏处打上卡箍,带压堵漏 ⑨清理焊缝、补焊,带压堵漏 ⑩更换管路,带压堵漏

续表

故障类型	产生原因	消除方法
管路裂纹	①管路连接不同心,弯曲或扭转过大 ②冻裂 ③保温层破坏 ④振动剧烈 ⑤机械损伤	①校正 ②加设保温层 ③更换保温层 ④消除振动 ⑤避免碰撞

任务二 阀门的修理

1. 截止阀的修理

截止阀修理的一般程序如下。

① 熟悉阀门在管路中的工作情况，主要是介质的性质和工作压力等。

② 从管路上拆下前，应在阀体一端的法兰和管路相对应的法兰上做好标记，以便确定安装时的方向。

③ 拆卸并清洗零部件。

④ 检查零部件的破坏情况。

⑤ 对已破坏的零部件进行修理或更换。

⑥ 按照正确的方法和顺序进行装配。

⑦ 进行密封性能和强度试验。

⑧ 阀体刷防腐漆。

（1）截止阀的拆卸与清洗　截止阀的拆卸顺序是（以截止阀 J41H-40Q 为例）：手轮→填料压盖→阀盖→垫片→阀杆→阀盘→填料→套筒螺母。

截止阀拆卸后，应用煤油或其他清洗剂把零部件清洗干净，并按拆卸顺序摆放整齐。

拆卸中的注意事项如下。

① 拆卸过程中，尽量避免碰、摔、砸等破坏性操作，以防造成设备或人身事故。

② 填料一定要彻底清除。

③ 注意保护垫片，尽量不使其破坏。当垫片发生粘连破坏时，一定要把粘连在阀体或阀盖上的垫片清除干净，否则安装后容易造成泄漏。

④ 注意保护密封面。

（2）截止阀主要零部件的检查与修理　对截止阀的主要零部件拆卸清洗后应进行详细彻底的检查，然后根据破坏形式和破坏程度决定所采用的修理方法（表 4-4）。重要的阀门应把检修情况整理记录到相应的设备档案中。

表 4-4　截止阀主要零部件的常见破坏形式与修理方法

零件名称	常见破坏形式	修理方法
阀体	①裂纹、气孔、砂眼等 ②阀体法兰密封面出现沟纹(法兰连接) ③阀体连接螺纹破坏(螺纹连接)	①补焊、堵塞 ②轻微者锉削,严重者补焊后车削或镗削 ③更换
手轮	裂纹或断裂	补焊或更换
阀盖	①裂纹、气孔、砂眼等 ②和阀体结合的密封面破坏	①补焊、堵塞 ②轻微者锉削,严重者补焊后车削或镗削、更换

续表

零件名称	常见破坏形式	修理方法
阀杆	①弯曲 ②裂纹或断裂 ③螺纹破坏	①矫直 ②补焊或更换 ③更换
套筒螺母	螺纹破坏	更换
阀座阀盘	密封面破坏	有轻微沟槽时(<0.05mm)研磨；较大时车削或镗削后研磨；严重时先补焊再车削最后研磨

(3) 截止阀的修理　截止阀的泄漏可分为内漏和外漏两种情况。内漏主要是由密封圈根部故障或阀盘、阀座间的结合不紧密造成的。外漏是指填料处和阀体与阀盖结合处的泄漏。

① 阀座根部故障的修理。阀体或阀瓣上的密封圈常用的有两种固定方法，即压入法或螺纹连接法。修理时如不需更换新密封圈，最简单的方法是将聚四氟乙烯生料带放置于密封圈的底部，重新压入固定的密封圈或将其螺纹用聚四氟乙烯生料带充填，如图 4-46 所示。以螺纹连接来固定的密封圈，如密封圈破坏严重，但阀体上的螺纹还保持良好，可换一新圈；如阀体上的螺纹也已破坏时，可将旧螺纹车掉，另配制一新的密封圈，用电焊焊在阀体上，再在该圈上堆焊一层不锈钢和铜合金层，经车削和研磨后成为新的密封面，如图 4-47 所示。

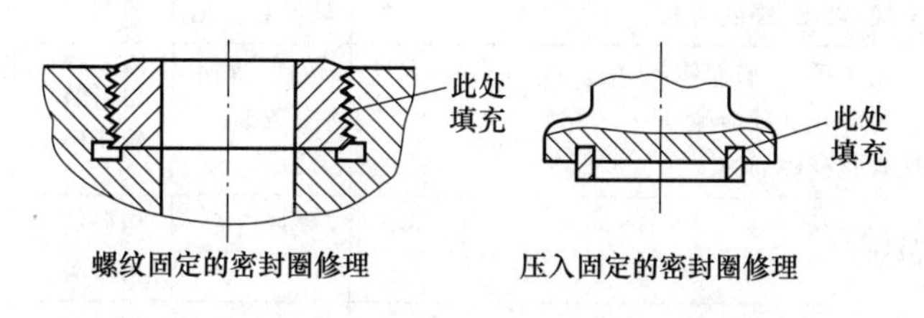

图 4-46　用聚四氟乙烯生料带充填密封圈根部的修理

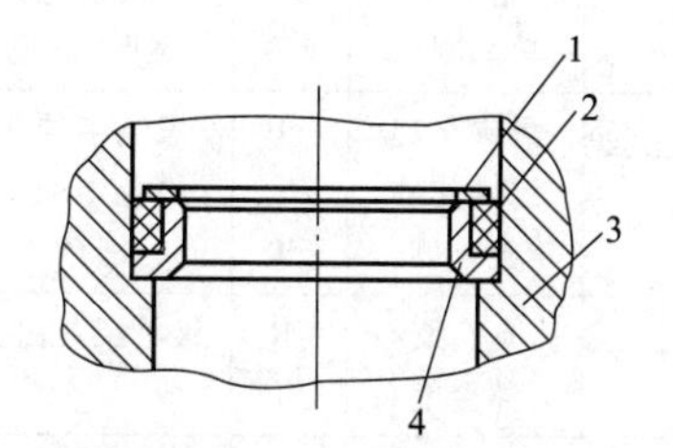

图 4-47　更换新密封圈的修理

1—堆焊密封圈层；2—将特殊圈焊在阀体焊料层；3—阀体；4—车削的特殊圈

② 密封面的修理。修理泄漏的密封面，比研磨更简捷省力的方法是在关闭件中间加非金属垫片（一般由聚四氟乙烯板制作），由于非金属具有耐腐蚀、密封性能好、对密封面的要求不高和维修方便的特点，在条件允许的情况下，是比较实用的，其修理方法如图 4-48 所示。

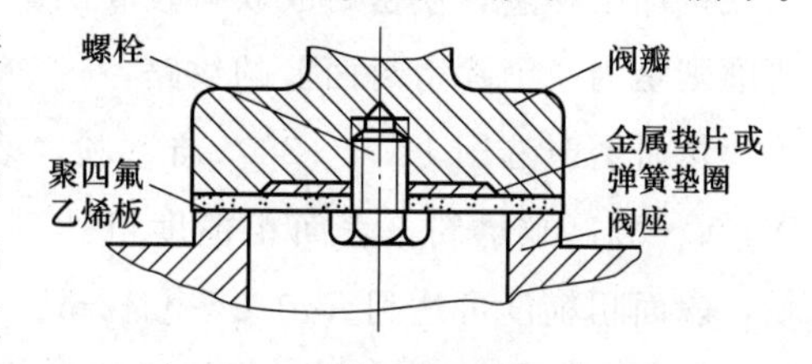

图 4-48　密封面的简捷修理方法

对于泄漏的密封面一般是采用研磨的方法进行修理。研磨过程中最常用的是用磨具和研磨剂对关闭件进行研磨修理。研磨的原理是研磨时加在研具上的研磨剂在受到工件和研具一定的压力后，部分磨料被嵌入研具内，当研具与工件作复杂的相对运动时，磨料就在工件和研具之间作滑动和滚动，产生切削和挤压，从而使被研磨表面磨去一层凸峰（非常薄的金属层），同时研磨液还起化学作用，使被研磨面很快形成一层氧化膜。在研磨过程中，凸峰处的氧化膜很快被磨掉，而凹谷处的氧化膜则受到保护，不能继续氧化，从而在切削和氧化的交替过程中，使工件表面获得正确的几何形状和较细的表面粗糙度，其研磨过程如下。

a. 研磨前的检查。关闭件的破坏程度不同采用的修理方法就不同。当关闭件密封面的缺陷（划痕、压伤、凹坑等）深度小于0.05mm时，可采用研磨的方法予以消除；当深度达0.05mm及以上时，应先采用精车的办法去掉破坏层，再进行研磨；当破坏情况严重时，则应先堆焊，再车削，最后再进行研磨。

检查时，若缺陷用肉眼分辨不清楚，可涂红丹后用校验平板检查，也可先将密封面擦干净，用铅笔在密封面上画同心圆或通过中心的辐射线，再把密封面放到校验平板上轻轻按住并旋转几圈，然后检查密封面，如所画的铅笔线全部被擦去，则密封面是平整的，否则不平整。

b. 研磨剂（俗称凡尔砂）。常用的磨料有碳化硅（SiC）、碳化硼（BC）、氧化铬（Cr_2O_3）、刚玉粉（Al_2O_3）、金刚石粉等多种。研磨剂是根据粒度（粗细）进行分级的，使用时，应根据被研磨件的材质和研磨的精度进行正确磨料粒度（磨料粒度的粗细）的选择。常用磨料的种类及使用范围见表4-5。

表4-5 常用磨料的种类及使用范围

系列	磨料名称	代号	颜色	强度和硬度	工件材料	应用范围
氧化铝系	棕刚玉 白刚玉 铬刚玉 单晶刚玉	GZ GB GG GD	棕褐色 白色 浅紫色 透明、五色	比碳化硅稍软，韧性高，能承受很大压力 切削性能优于棕刚玉而韧性稍低 韧性较高 多棱，硬度、强度均高	钢 合金钢 不锈钢 硬质合金钢	粗研磨 精研磨
碳化物系	黑碳化硅 绿碳化硅 碳化硼	TB TL TP	黑色半透明 绿色半透明 黑色	比刚玉硬、生脆而锋利 比黑碳化硅硬而脆 比碳化硅硬而脆	铸铁、青铜 黄铜 硬质合金	粗研磨 精研磨
金刚石系	人造金刚石 天然金刚石	JR JT	灰色至黄白色	最硬	硬质合金	粗研磨 精研磨
其他	氧化铁 氧化铬			比氧化铬软 较硬	钢、铁、铜	粗研磨 精研磨

磨料粒度（磨料的粗细）的选择是根据被研磨件的缺陷程度决定的。对于密封面的研磨一般可分为粗研磨、细研磨和精研磨三个工序。

粗研磨是为了消除密封面上因工作过程中或上一道工序所留下的擦伤、压伤、痕迹、蚀点或机加工痕迹，使密封面获得较高的平整度和一定的粗糙度等级，为细研磨打下基础。精研磨则是为了消除密封面上的纹路，进一步提高密封面的表面粗糙度等级。

粗研磨时选用120#～280#研磨粉，表面粗糙度可达到$Ra3.2\sim1.6\mu m$，细研磨时选用W40#～W7#研磨粉，表面粗糙度可达到$Ra0.8\sim0.4\mu m$，精研磨时选用比W7#细的研磨粉，表面粗糙度可达到$Ra0.2\sim0.1\mu m$。

c. 磨料的调涂。用润滑剂把磨料调和成糊状，对不同的研磨件要求使用不同种类的润滑剂，铸铁件宜选用煤油或汽油作润滑剂，低碳钢件则选用机油作润滑剂，而铜密封件可选用机油、乙醇或碳酸钠水溶液作润滑剂。均匀地涂在被研磨的密封面上进行研磨，调和得太稀或太稠都会影响研磨质量。

润滑剂的作用是：调和磨料，使磨料分布均匀；冷却作用，降低因摩擦而产生的热量；润滑作用，使研磨时滑动轻松，避免工件变形；化学作用，加速研磨过程，使表面粗糙度变细。

d. 研磨。研磨阀门时，阀座的研磨远比阀盘的研磨困难。阀座的研磨关键是做好磨具，磨具的材料要求比密封面软，但太软，磨料会因全部嵌入磨具内而失去作用，最好的磨具材料是灰铸铁，其次是软钢、铜或硬木等。

常用的磨具如图 4-49、图 4-50 所示。磨具的工作面应经常用校验平板检查其平整度。

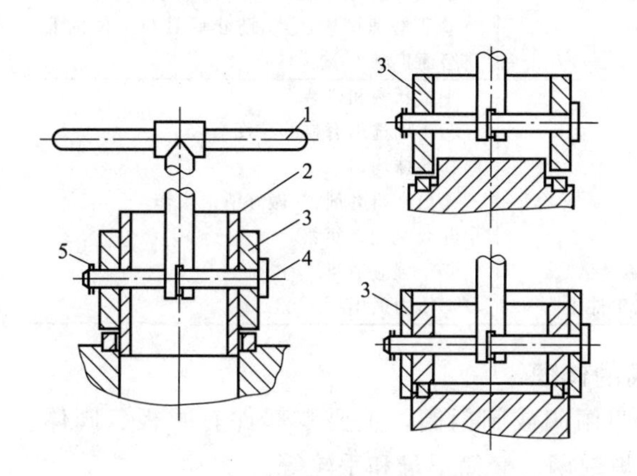

图 4-49　密封面磨具

1—手柄；2—导向装置；3—磨具；4—销；5—开口销

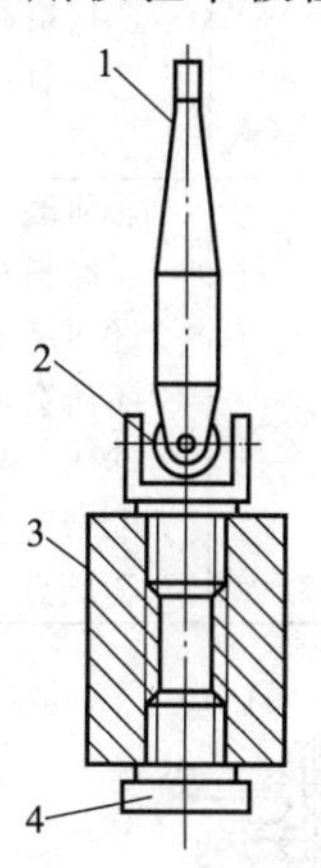

图 4-50　利用钻床或其他机械研磨时的磨具

1—钻柄；2—万向接头；3—磨具；4—导向装置

研磨前必须用煤油或汽油清洗磨具的工作面和被研磨件，清洗干净后，在密封面上均匀地涂上一层很薄的用润滑剂调和后的磨料，将磨具放在密封面上正反交替作 90°转动，转动 6～7 次后将磨具的原始位置转换 120°～180°，再继续研磨，这样重复操作 5～8 次，再用煤油或汽油清洗掉废磨料并重新涂上新磨料继续研磨，直到合格为止。

研磨时，一般是先用较高的压力、较低的转速进行粗研，然后用较低的压力、较高的转速进行精研，经过研磨后，应使被研磨表面细微的划道都成为同心圆，这样可以阻止介质的泄漏。

粗磨时，磨具压在密封面上的压力不应大于 1.5×10^5Pa。精研磨时，则不应大于 0.5×10^5Pa。研磨时，用力应均匀，应特别注意不要把密封面的边缘磨钝或磨成球面。两个需研磨的密封面如表面较为平整，可以放在一起进行相互研磨，否则应分别用磨具研磨。

在整个研磨过程中，必须注意清洁，不同粒度或不同号数的研磨剂不能相互掺和，且应严密封存以防杂质混入；不能在同一块平板或磨具上同时使用不同粒度或不同种类的研磨剂，阀盘和阀座之间一般不允许对研，应分别进行研磨。

被研磨后的密封面其粗糙度不应低于 $Ra0.4\mu m$。表面应无辐射状痕迹，呈现灰白色，可用涂色法检查其平面度。当然，最终的质量检查仍取决于密封性试验。

研磨时常见缺陷、产生原因及防止方法见表 4-6。

(4) 截止阀的装配　修理完毕后，应选择合适的填料和垫片，对截止阀进行装配。其顺序原则和拆卸顺序相反。组装时应特别细心，防止擦伤密封面和其他配合面。螺栓的螺纹部分应涂上机油调和的石墨粉，便于以后的拆卸。阀杆螺纹应涂上润滑油。拧紧阀体和阀盖间的螺栓前一定将阀盘提起（使阀门呈开启状态），以免破坏关闭件或其他零件。拧紧力应对称均匀。最后还应进行水压试验。

表 4-6 研磨时常见缺陷、产生原因及防止方法

常见缺陷	产生原因	防止方法
密封面凸形或不平整	①研磨剂涂得太多 ②挤出的研磨剂积聚在工件边缘 ③研具不平整 ④研具和导向机构配合不当 ⑤研磨时压力不均或没有变换方向 ⑥研具运动不平稳	①适当减少研磨剂 ②擦去后，再研磨 ③磨平研具 ④改变配合间隙 ⑤压力要均匀，并常变换角度 ⑥研磨速度应适当，防止研具与工件的非研磨面接触
密封面不光洁或拉毛	①研磨剂调和不当 ②磨料粗 ③研磨剂涂得不均匀 ④研磨剂混入杂质 ⑤研具与导向机构间隙太小 ⑥精磨时过湿或过干 ⑦压力过大，压碎的磨料嵌入工件中	①重新调和研磨剂 ②正确选用磨料的粒度 ③涂抹均匀 ④更换研磨剂，并做好清洁工作 ⑤调整配合间隙 ⑥干湿应适当 ⑦压力适当

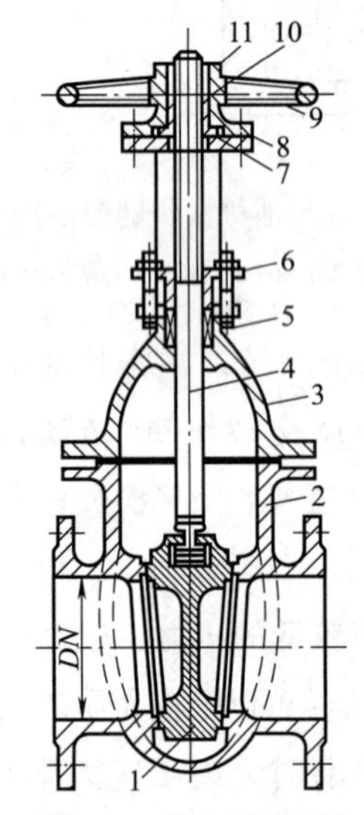

图 4-51 楔式闸板阀

1—楔式闸板；2—阀体；3—阀盖；4—阀杆；5—填料；6—填料压盖；7—套筒螺母；8—压紧环；9—手轮；10—键；11—压紧螺母

2. 闸板阀的修理

闸板阀又叫闸阀或闸门阀，主要零部件有闸板、阀体、阀杆、阀盖、填料函、套筒螺母和手轮等。

闸板阀的修理程序和截止阀基本相同。

（1）闸板阀的拆卸　以图 4-51 所示楔式闸板阀为例，拆卸程序如下：手轮→填料压盖→阀盖连接螺栓→阀体→阀盘及阀杆→填料→套筒螺母。拆卸后，用煤油或其他清洗剂把零部件清洗干净，并按拆卸顺序摆放整齐。

拆卸中应注意：填料一定要清除干净；注意保护垫片，当垫片发生粘连破坏时，则要把粘连在阀体或阀盖上的垫片清除干净；保护好密封面。

（2）主要零部件的检查与修理　闸板阀拆卸并清洗后，应进行详细彻底的检查，然后根据破坏形式和破坏程度决定所采用的修理方法。重要的阀门应把检修情况整理记录到相应的设备档案中。

闸板阀主要零部件常见破坏形式与修理方法见表 4-7。

（3）闸板阀密封件的研磨　密封件研磨是闸板阀修理工作的关键，应将闸板与阀座分别精心研磨，将闸板放在平台上研磨，如图 4-52 所示；阀座则利用铸铁制作的研磨工具进行研磨，如图 4-53 所示。

（4）闸板阀的装配　闸板阀的装配与截止阀基本相同。

3. 安全阀的修理

安全阀的修理程序和截止阀的修理基本相同。

（1）安全阀的拆卸　拆卸过程中的注意事项和截止阀、闸板阀基本相同。拆卸顺序如下（图 4-54 为弹簧封闭微启式安全阀）。

① 弹簧封闭微启式安全阀的拆卸：铅封→保护罩螺钉→安全护罩→垫片→锁紧螺母→套筒调压螺栓（卸去弹簧的预紧力）→阀体与阀盖连接螺栓→分开阀体和阀盖→阀盘→导向套→阀杆→弹簧和弹簧座→调节圈螺钉→调节圈。

表 4-7　闸板阀主要零部件常见破坏形式与修理方法

零件名称	常见破坏形式	修理方法
阀体	①裂纹、气孔、砂眼等 ②阀体法兰密封面出现沟纹(法兰连接) ③阀体连接螺纹破坏(螺纹连接)	①焊接或堵塞等方法 ②轻微者锉削,严重者补焊后车削或更换 ③更换
手轮	裂纹或断裂	补焊或更换
阀盖	①裂纹、气孔、砂眼等 ②和阀体端面连接的密封面破坏	①焊接或堵塞等方法 ②轻微者锉削,严重者补焊后车削或更换
阀杆	①弯曲 ②裂纹或断裂 ③螺纹破坏	①矫直 ②补焊或更换 ③更换
套筒螺母	螺纹破坏	更换
阀盘阀座	密封面破坏	有轻微沟槽(<0.05mm)时研磨,较大时车削或镗削后研磨,严重时先补焊再车削最后研磨

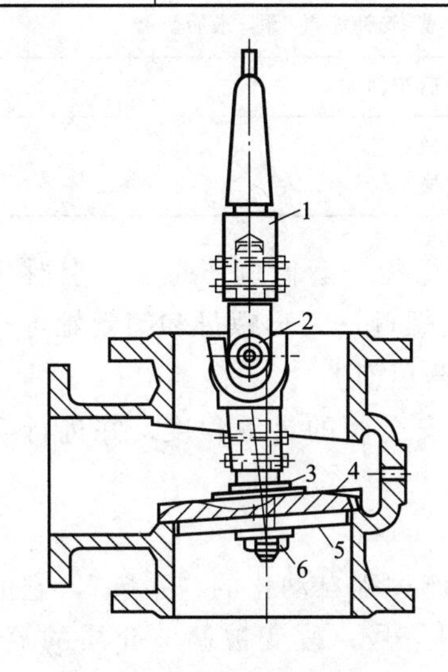

图 4-52　闸板阀阀板的研磨

1—莫氏锥柄；2—万向接头；3—连接模具用的轴；4—磨具；5—导向装置；6—螺母

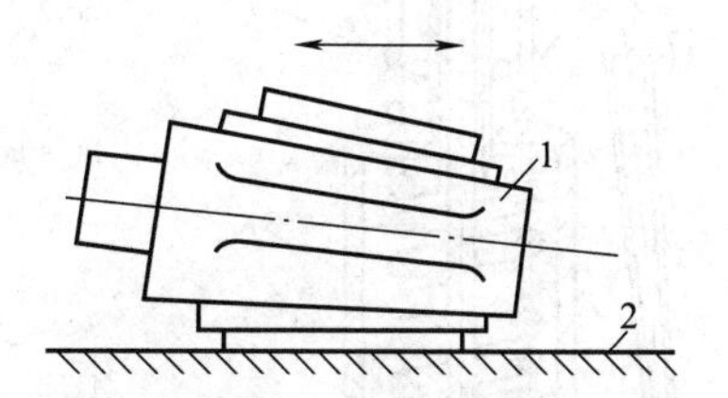

图 4-53　楔式闸板阀阀座的研磨

1—楔式单闸板；2—磨具

② 弹簧全启式安全阀的拆卸：铅封→销和轴→扳手和横杆→保护罩螺钉→安全护罩→提升螺母→锁紧螺母→套筒调压螺栓（卸去弹簧的预紧力）→阀体与阀盖连接螺栓→分开阀体和阀盖→导向套→反冲盘和阀盘→阀杆→弹簧和弹簧座→调节圈螺钉→调节圈。

（2）主要零部件的检查与修理　对安全阀的主要零部件拆卸清洗后应进行详细彻底的检查，重要的阀门应把检修情况整理记录到相应的设备档案中。安全阀主要零部件常见破坏形式与修理方法见表 4-8。

（3）安全阀的装配　安全阀的安装顺序如下（仍以弹簧封闭微启式安全阀和弹簧全启式安全阀为例）。

① 弹簧封闭微启式安全阀的装配：阀盘→导向套→垫片→阀杆→弹簧和弹簧座→阀盖→阀体和阀盖连接螺栓→套筒调压螺栓（启跳压力和密封压力试验后）→锁紧螺母→垫片→安全护罩→安全护罩螺钉。

② 弹簧全启式安全阀的装配：调节圈→反冲盘和阀盘→导向套→阀杆→弹簧和弹簧座

表 4-8 安全阀主要零部件常见破坏形式与修理方法

零件名称	常见破坏形式	修理方法
阀体	①裂纹、气孔、砂眼等 ②阀体法兰密封面出现沟纹(法兰连接) ③阀体连接螺纹破坏(螺纹连接)	①焊接或用堵塞等方法 ②轻微者锉削,严重者补焊后车削 ③更换
阀盖	①裂纹、气孔、砂眼等 ②和阀体端面连接的密封面破坏	①焊接或用堵塞等方法 ②轻微者锉削,严重者补焊后车削
阀托阀杆	①弯曲 ②裂纹或断裂 ③螺纹破坏	①矫直 ②补焊或更换 ③重新套制或焊接
套筒螺栓	螺纹破坏	更换
阀座阀盘	密封面破坏	①轻微:研磨 ②沟纹较深:车削或镗削后研磨 ③严重:先补焊再车削、最后研磨
弹簧座	磨损或腐蚀	补焊后车削
弹簧	①断裂 ②失去弹性	①更换 ②更换

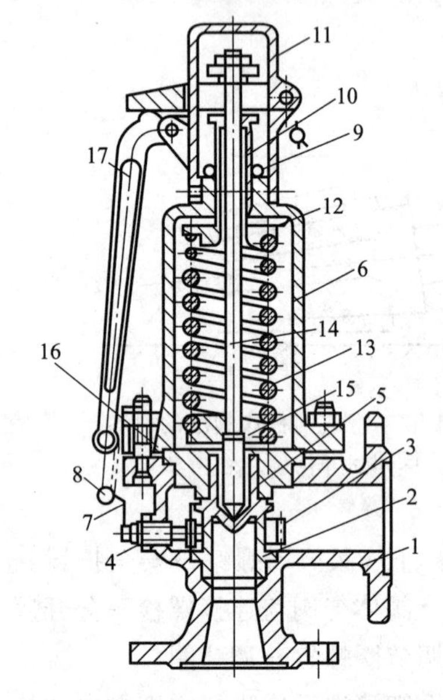

图 4-54 弹簧封闭微启式安全阀
1—阀体；2—阀座；3—调节齿轮；4—止动螺钉；5—阀盘；6—阀盖；7—铁丝；8—铅封；9—锁紧螺母；10—套筒调压螺栓；11—安全护罩；12,15—弹簧座；13—弹簧；14—阀杆；16—导向套；17—扳手

→阀盖→阀体和阀盖连接螺栓→套筒调压螺栓（启跳压力和密封压力试验后）→锁紧螺母→圆形螺母和锁紧螺母→安全护罩→扳手→横杆（蘑菇顶朝上）。

装配完毕后，要检查安全阀的灵敏程度，并进行安全阀性能试验和校验。

4. 调节阀的修理

调节阀被称为化工生产过程自动化的“手脚”，它的作用是接受调节器来的控制信号，改变被调节介质的流量，使生产过程按预定的要求正常进行，从而实现生产过程的自动化。

在生产现场，调节阀直接安装在工艺路线上。当高压、高温、深度冷冻、剧毒、易渗透、强腐蚀、高黏度、易结晶等特殊介质流经调节阀时，如检修不当，反而给生产过程自动化带来困难，以致在许多场合下，导致自动调节系统的调节质量下降、失灵，甚至造成事故。所以对调节阀的检修必须给予充分的认识。

调节阀可分为气动、电动、液动三大类。调节阀的调节特性有：线性流量特性，等百分比流量特性（对数流量特性），抛物线特性，快开特性等。

调节阀的检修，主要测试调整非线性偏差、正反行程变差等项技术指标。从调校的角度来看，诸如始终点偏差、全行程偏差与非线性偏差、正反行程变差、灵敏限等的影响因素。归纳起来主要是阀杆、阀芯可动部分在移动过程中受到下列妨碍：

① 填料压得过紧，增大阀杆的摩擦力；

② 阀杆与阀芯同轴度不好或使用过程中阀杆变形，造成阀杆阀芯移动时与填料及导向套摩擦；

③ 压缩弹簧的特性变化及刚度不合适等均可能影响上述几项指标。

此外，如填料密封性不好，有可能是填料压盖过松或填料本身老化造成的；泄漏量大，关不死，可能是阀芯阀座受到腐蚀所致或阀芯阀盖密封面损坏等。总之，在检修时，要在了解调节阀本身结构原理的基础上，根据具体情况进行分析，找出原因，调整或更换零部件，使其达到预定的技术指标。其具体方法参见相关资料。

思考与训练

1. 阀门填料函泄漏时应如何修理？
2. 阀门密封面损坏后应如何修理？
3. 调查某车间管道、阀门损坏的主要原因及修理方法。
4. 调查某车间化工管路的维护管理方法。

项目三　化工管路施工方案的编写

化工管路安装工程数量大、管道规格品种多、型号复杂、造价高，涉及面广，要与土建、设备、仪表、防腐等专业工种协调作业。管路的施工方案，以管路安装维修为对象，对管路施工中的主导工序、特殊管路的施工方法以及各工序间的配合进行具体的合理的安排。

任务一　施工方案编写分析

1. 施工方案编制依据分析

① 施工图，包括本工程的全套施工图纸及所需要的标准图。

② 土建施工进度计划、相互配合交叉施工的要求以及对本工程开、竣工时间的规定和工期要求。

③ 建设单位对本工程的规定和要求。

④ 有关国家规定、规范、规程及所在地区的相关规程、工期定额、预算定额和劳动定额。

⑤ 设备材料申请订货资料（含引进设备材料的到货日期）。

⑥ 有关技术革新成果及类似工程的经验资料等。

2. 工程概况分析

编制工程概况应包括管道工程概况、土建工程概况及施工条件等三部分。

① 管道工程概况编制。包括工程特点、工程数量（如材料的检查与验收、阀门的清洗试压、管路的制作安装、管道的焊接与检验、管路系统的强度与严密性试验、管路的防腐保温等)、工艺流程、安装要求等。

② 土建工程概况编制。与管道工程有关的土建工程，如建筑面积、建筑层数、工程结构形式以及建筑内外装修等情况。

③ 施工条件编制。包括各种工期要求、土建施工进度、现场水电气供应情况、设备材料到货日期等。

3. 施工方法分析

制订施工方案时应突出重点及施工方法的选择，重点在工程的主体施工过程。在施工过程中采用的新工艺、新技术或对工程施工质量影响较大的项目或工序，应详细说明施工方法及采取的技术措施，同时还应提出施工项目的质量标准及安全技术措施等，对于常规的施工方法则不需详述。

4. 施工进度分析

编制施工进度计划，是确定各施工过程的施工顺序、施工持续时间以及相互衔接和穿插配合关系，做到协调、均衡，连续施工。

确定各施工过程的顺序时，主要考虑施工工序的衔接。施工工程的原则是：先投产的、工程量大的、施工周期长的先安排施工；施工程序上先地下后地上、先高空后低空、先设备后配管电；施工顺序是先干管后支管、先大管后小管、先内管后外管。

5. 施工平面布置图绘制分析

设计施工平面布置图的依据是建筑总平面图、施工图、施工方法及施工进度计划等。施工平面图的布置，要充分利用已有的建筑物，减少临时设施的工程量，降低临时设施的费用。

6. 质量与安全保证措施

编制方案时，应根据工程实际情况制订保证质量与安全的可靠措施，使施工方案起到计划、指导、保证和监督施工质量的作用。

任务二　施工方案的编制

1. 施工方案编制依据编写

技术文件齐全，采用的规范、标准合理，合同要求明确具体，数据采集充分。

2. 工程概况编写

分管道工程概况、土建工程概况及施工条件三部分编写。

3. 施工方法编写

工序复杂的施工方法，可用施工程序图（又叫工序流线图）来说明施工中各工序前后的逻辑关系和组织关系。必要时在主要工序上注明其负责人员、质量标准、延续时间或交接要求等。对重要的施工方法，应附以施工根据的说明和设计计算资料。

4. 施工进度编写

施工进度计划编制的步骤一般是：确定工程项目（工序），安排施工顺序，计算工程量，确定劳动量和机械台班数量，确定工序的持续时间，绘制施工进度计划图表，优化施工进度计划。

施工进度计划的表达方式有多种，通常有异状日历进度表、网络图法、流水作业法、坐标曲线指示施工进度表等，必须根据工程的实际情况灵活选用。

对于一般的工厂大修理或摊多面广各工程之间相互制约关系不大的工程通常采用异状日历进度表法。

施工网络图也称施工工序流程图，能一目了然地揭示出施工过程中各个工序间相互制约和相互依赖的关系，表达了施工对象的四项基本内容：全部项目或工序的组成；项目或工序间的逻辑关系即符合工艺流程的先后衔接关系；项目和工序的持续时间；关键项目或关键工序。

5. 施工平面布置图绘制

设计施工平面布置图一般按下列步骤进行绘制：

① 根据施工方法要求，确定主要施工机械设备的位置；

② 规划待安装设备、材料、构件的堆放位置；

③ 规划运输线路；

④ 确定仓库和预制加工厂的位置；

⑤ 确定施工班组工具库房的位置；

⑥ 布置现场供水、排水及电力线路。

6. 质量与安全保证措施

编制方案时，应将各项措施贯彻到每一个具体的施工步骤和方法中去，从根本上保证施工质量与安全。

管路工程施工完毕，验收合格后必须交建设单位一份完整的管路交工技术资料，如表 4-9、表 4-10 所示。

表 4-9　中低压管路系统应交的资料

序号	项目	序号	项目
1	材料合格证、材质证明及管材复查记录	8	安全阀、防爆板调试试验记录
2	设计修改通知及材料代用记录	9	防腐绝热施工记录
3	补偿器预拉(预压)记录	10	隐蔽工程记录和封闭系统记录
4	管路系统强度试验、严密性试验、酸洗钝化、脱脂等试验记录	11	管路静电接地电阻测试记录
5	管路冲洗及封闭记录	12	其他有关文件和资料
6	重要管路焊接、热处理及焊缝探伤记录	13	经过修改或重新绘制的竣工图
7	合金钢管路系统光谱分析记录		

表 4-10　高压管路系统应交的资料

序号	项　目	序号	项　目
1	高压管子制造厂家的全部证明书,包括:供方名称或代号,需方名称和代号,合同号、钢号、炉罐号、批号和重量、品种名称和尺寸,化学成分,试验结果,标准编号等	7	Ⅰ、Ⅱ类焊缝的焊接工作记录,Ⅰ类焊缝位置单线图
		8	热处理记录及探伤报告单
2	高压管子管件验收检查记录及校验报告单	9	高压管路系统压力试验记录
3	高压管子加工(探伤、弯管、螺纹加工等)记录	10	高压管路系统吹洗检查记录
4	高压管件、紧固件及阀门制造厂家的全部证明材料及紧固件的校验报告	11	高压系统封闭及保护记录
		12	系统单线图
5	高压阀门试验报告	13	其他有关文件及资料
6	设计修改通知及材料代用记录	14	经修改或重新绘制的竣工图

交工时，将在施工过程中收集的合格证、材质证明等大小规格不一的交工资料张贴整理在与交工技术资料表格大小一致的白纸上，将施工中各种检查、试验填写在规定的表格上，再按照序号 1～33 的顺序将交工资料装订成册进行移交，如表 4-11 所示，以便存档和管理。

表 4-11　管路安装交工技术资料总表

序号	项　目		序号	项　目	
1	交工资料封面	表 H-101	18	热处理报告	表 H-118
2	交工文件总目录	表 H-102	19	超声波测厚报告	表 H-119
3	交工文件目录	表 H-103	20	光谱分析报告	表 H-120
4	开工报告	表 H-104	21	金相检验报告	表 H-121
5	中间交接证书	表 H-105	22	材料性能试验报告	表 H-122
6	联动试车合格证书	表 H-106	23	化学分析试验报告	表 H-123
7	工程交接证书	表 H-107	24	分析报告	表 H-124
8	工程备忘录	表 H-108	25	防腐蚀施工工序质量控制表	表 H-125
9	技术联络单	表 H-109	26	防腐层电火花检测报告	表 H-126
10	隐蔽工程记录	表 H-110	27	绝热施工工序质量控制表	表 H-127
11	基础沉降测量记录	表 H-111	28	地上管路安装工序质量控制表	表 H-301
12	焊工登记表	表 H-112	29	地下管路安装工序质量控制表	表 H-302
13	焊接记录	表 H-113	30	高压管件加工记录	表 H-303
14	焊缝射线探伤报告	表 H-114	31	阀门试压记录	表 H-304
15	超声波探伤报告	表 H-115	32	安全阀调试记录	表 H-305
16	渗透探伤报告	表 H-116	33	空白表	表 H-128
17	磁粉探伤报告	表 H-117			

其中表 H-101 至 H-128 为机械设备安装、电气类及自动化仪表类各专业所共用的资料格式。表 H-301～H-305 为管路类交工技术资料格式。

思考与训练

1. 制订化工管路的安装方案，关键是什么？
2. 对学校锅炉房进行测定，制订其蒸汽管路的施工方案。
3. 化工管路的安装施工方案的编制应注意哪些主要问题？
4. 化工管路的安装施工顺序一般应怎样确定？
5. 化工管路的安装施工方法一般应如何选择？
6. 化工管路的安装施工进度计划一般应如何进行编制？

专题讲座　化工机械维护检修新技术

化工机械维护检修技术日新月异，先进的方法和技术既能降低成本，提高效率，又能减少故障，节约能源，保证生产正常进行。

讲座一　化工机械维修新技术

近年来化工机械维修技术发展很快，对提高企业效益、保证人身安全和设备安全起到了重要作用，下面介绍两种化工机械维修新技术。

一、带压堵漏技术

带压堵漏系指在发现生产系统中的介质泄漏后，在无需停车和降低操作压力及温度的情况下所进行的密封操作，即不停车密封。

国外许多国家已普遍采用带压堵漏技术消除生产中的设备、管道、阀门、法兰、螺纹接头、管接头、铆合接头及焊缝等的泄漏，以保证生产系统连续运转。该项技术措施的主要内容包括：制定安全可靠的密封施工方案；设计合理的承压卡具；选择合适的密封剂，由经过训练的操作人员使用专用的堵漏工具、设备对生产中的各种泄漏点进行堵漏密封。该技术的特点是所需的施工人员较少（一般每个小组两三人），工具设备简单，施工灵活。

带压堵漏广泛用于化工、石油、核电站、食品、舰船、钢铁、造纸、原子能反应堆以及其他行业的生产系统中。采用多种密封剂以适应于蒸汽、水、酸类、碱类、盐类、氢、氮、甲烷、氨、甲胺、有机化合物等两百余种工艺介质的要求。适应系统压力范围最高可达34.5MPa，最低可用于真空；适应温度范围在－150～600℃之间。

1. 带压堵漏的机理

不停车带压堵漏技术是以流体介质在动态下建立密封结构理论为基本依据的。生产装置中的设备、管道、阀门等，在因某种原因造成泄漏时，可在泄漏部位装上夹具，在泄漏处周围建立一个密封腔，然后用高压注射枪把密封剂注入密封腔内，直到充满整个空间，并使腔

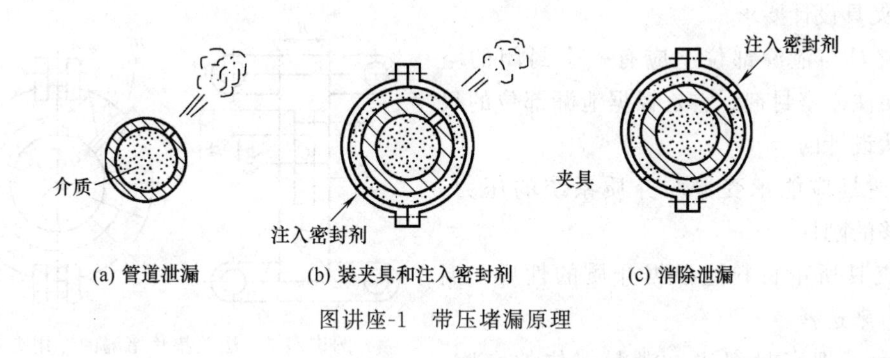

图讲座-1　带压堵漏原理

内密封剂的挤压力与泄漏介质压力相平衡，以堵塞泄漏孔腔和通道，挡住介质外泄。同时密封剂在介质温度作用下，迅速固化，而消除泄漏，在原泄漏的部位上建立起一个固定的、新的密封结构。其过程见图讲座-1。

2. 带压堵漏工具与密封剂

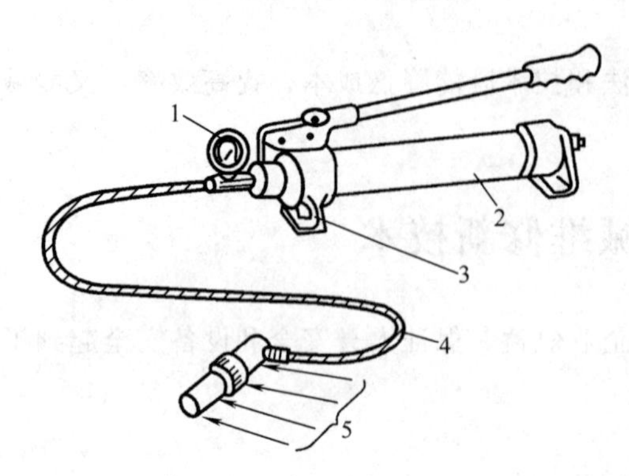

图讲座-2　注入密封剂的设备
1—压力表；2—液压泵；3—泄压阀；4—高压软管；5—注射枪

(1) 带压堵漏所用的设备　带压堵漏所用设备比较简单，不需要动火即可实施密封，可防止在易燃易爆区施工产生火花。所用主要设备如图讲座-2所示，它主要由液压泵、液压注射枪、手动注射枪、高压连接胶管等组成，另外所用工具还有各种风动钻、铲等，并配备各种安全防护用品。

(2) 密封剂　密封剂是实现带压有效堵漏的重要物质，它是由有机与无机材料配合适当的助剂，经专用设备加工而成，并能在一定的温度下，借助卡具而起到直接密封各种介质泄漏的作用。它的质量好坏，直接关系到带压堵漏的效果。所以密封剂是带压堵漏成功的关键。根据它们在受热条件下的这种特性，可将其分为热固化型和非固化型两大类。

① 热固化型密封剂。热固化型密封剂，是在一定的温度下经过一定的时间后，由于密封剂中固化剂的作用，致使密封剂具有一定的强度、弹性、耐热等性能的密封剂。有机材料＋无机材料＋助剂（橡胶类），如RGM-1、RGM-2、RGM-3、RGM-4、RGM-5。

② 非固化型密封剂。非固化型的密封剂，顾名思义，即不能固化的密封剂，因为该类密封剂中不含固化剂成分，而是靠自身的各种性能起密封作用。有机材料＋助剂（树脂类），如FGM-1、FGM-2和FGM-6。有机材料＋无机材料＋助剂（油脂类），如FGM-3、FGM-4和FGM-5。

密封剂主要根据介质的性质和温度选用。具体牌号参考有关资料。

3. 堵漏夹具设计

常用密封堵漏技术的实施必须要设计制造适合于不同泄漏部位的专用夹具。夹具是加在泄漏部位的一个密封腔，是包容密封剂防止外溢，使密封剂紧压在泄漏部位周围的压紧机构。

① 夹具设计要求

a. 夹具与泄漏部位上应有一个封闭的空间，以便注入密封剂。它是根据泄漏部位的尺寸和形状设计的。

b. 夹具应能承受泄漏介质系统的压力，并有足够的刚性。

c. 夹具所用材料应根据介质的性质、温度、压力来选择。

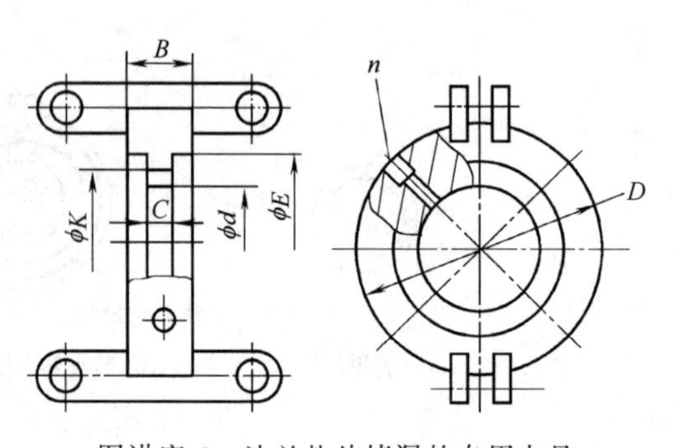

图讲座-3　法兰垫片堵漏的专用夹具

d. 为了把密封剂注入泄漏部位的空腔，

同时要考虑排气和卸压，最少应有两个注入孔。

e. 夹具要标准化、系列化，便于制造和选用。

② 专用夹具结构　夹具的结构因泄漏部位的不同而异，同一泄漏部位也可有不同的结构。现将常见的典型专用夹具介绍如下。

a. 法兰垫片堵漏专用夹具。如图讲座-3所示。设计时，首先根据法兰的 PN、DN 查出法兰的外径 ϕK，再参考表讲座-1设计出专用的夹圈的 D、ϕE、ϕd、B 等其他尺寸。C 值一般比法兰间隙小0.1～0.2mm。n 为孔数。

b. 直管段部位维修用套筒，如图讲座-4所示。直管泄漏常见于穿孔、裂纹和焊后焊缝缺陷所引起的泄漏。

表讲座-1　夹具主要尺寸系列　mm

DN	PN	ϕK	D	ϕE	ϕd	B	n
50	16	165	285	187	143	32	2
80	16	200	320	222	178	32	2
100	16	220	340	242	198	40	4
150	16	285	405	307	262	40	6
200	16	340	460	362	317	40	8
250	16	405	525	427	381	40	12
50	40	165				32	2
80	40	200				32	2
100	40	235	355	253	212	40	4
150	40	300	420	322	276	40	6
200	40	375	495	397	350	40	8
250	40	450	570	475	418	40	12

c. 弯头段维修用夹具如图讲座-5所示。弯头泄漏常见于最大曲率半径处的薄弱部位被冲蚀穿孔。

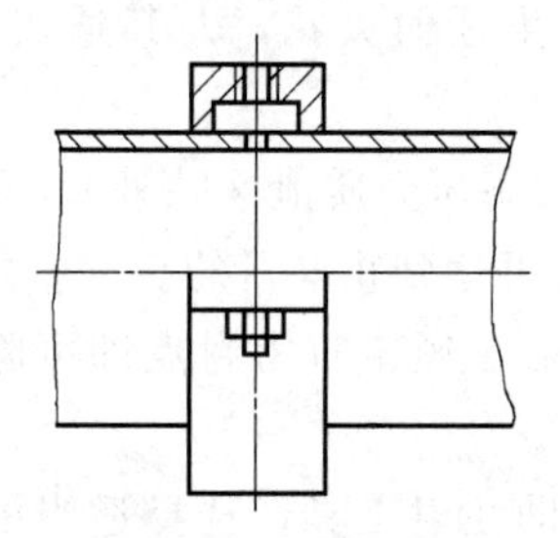

图讲座-4　直管特制夹具

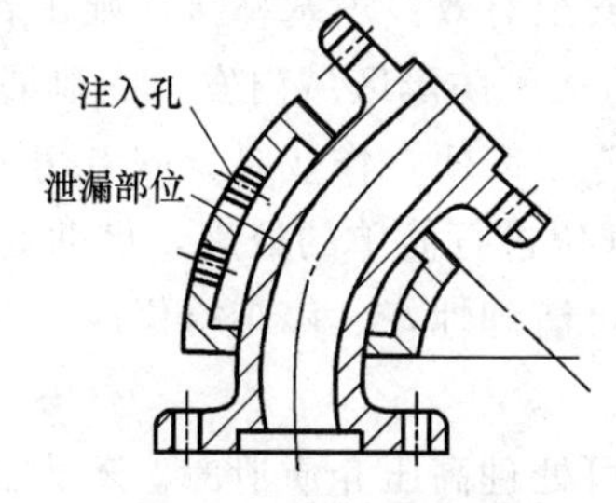

图讲座-5　弯管特制夹具

4. 操作技术与施工方法

根据泄漏部位和泄漏介质的情况，合理地选择适当的密封剂，严格按规程操作，熟练地掌握操作程序、操作方法、压力控制和安全注意事项等一整套操作技术，使整个密封过程安全、可靠，严防发生意外。以法兰泄漏为例，具体施工方法如下。

① 清理两法兰间的污物。若有锈皮，用机械法去除。

② 装夹具。带压在泄漏部位装夹具是比较困难的，要特别注意操作方法，既要保证安全，又要加快安装速度，以避开泄漏介质的喷射。安装夹具时，至少让夹具上的一个密封剂注入孔对着介质的泄漏孔，以便在注入密封剂操作时，排放泄漏介质和卸压，降低注射压

力，防止注入密封剂时出现气孔，影响密封效果。

③ 注入密封剂。把夹具紧固后，就可以装上注射枪、连接液压泵，进行注入密封剂操作。一般从泄漏区对面的孔开始逐渐向泄漏源注射，把泄漏介质排出。同时要注意控制注射压力，一旦不再泄漏便停止加压，避免密封剂进入到系统中去。

④ 拧上丝堵。

二、带压粘接技术

化工生产中除了种类繁多的各类化工装置，就是纵横交错的各色管道，设备、管道又通过无数的各类阀门、法兰、管件等连接起来。如此众多的连接要杜绝泄漏绝非易事。然而，我国石油化工人员在生产实践中，根据化工生产的特点，创造了密封胶粘接密封防漏的实用新技术——带压粘接技术。

带压粘接与带压堵漏一样，也是一种不停车密封技术。

带压粘接技术的基本原理是：采用相应的方法使泄漏处形成一个短暂的无泄漏介质影响的区域，利用胶黏剂适用性广、流动性好、固化速度快的特点，在泄漏处建立起一个由胶黏剂和各种密封材料构成的固体密封结构，并达到止住泄漏的目的。

带压粘接技术按操作方法的不同分为：填塞粘接法、顶压粘接法、紧固粘接法、磁力压固粘接法、引流粘接法、T形螺栓粘接法六种方法。各种方法各有其特点，可根据泄漏的具体情况选用。

1. 填塞粘接法

填塞堵漏是依靠人工的挤压力直接把密封胶塞入泄漏孔，待密封胶固化后撤去外力，泄漏即会停止。此法要求密封胶固化速度快，是带压粘接技术中最为简便的方法之一。其主要特点如下。

① 应用范围广。只要有适用于各种泄漏介质的专用胶黏剂或封闭剂，此种方法则不受泄漏介质物化因素的影响，应用领域十分广阔。

② 安全有效。填塞粘接法施工作业中，可以做到不产生任何火花，尤其适用于石油、化工等防火、防爆区域内发生的泄漏缺陷。

③ 施工简便。作业时无需专用工具及复杂的工艺过程（高压介质泄漏除外），只需对泄漏缺陷部位进行简单的处理，借助专用的胶黏剂的特性，就可达到止漏目的。

④ 可清理性好。停车检修时，若想拆除密封结构，只需手锤击打密封点即可除去密封结构。

⑤ 可处理高压介质泄漏。若为高压介质泄漏，则可借助注射工具，选择适当的胶黏剂便可实施。

填塞粘接法根据使用的胶黏剂的不同分为：热熔胶填塞粘接法、封闭剂填塞粘接法和注胶填塞粘接法。

下面以热熔胶为例说明填塞粘接法的施工工艺。

① 根据泄漏介质的性质及工况选择适当的胶种。

② 选择一根粗细、长短合适（依据泄漏孔的大小及位置决定）的木棒，在其一端加工成凹坑状，如图讲座-6（a）所示。

③ 在木棒的凹坑铺一张防粘纸，取适量热熔胶置于凹坑中，加热使热熔胶软化并趁热将其塞入漏孔中，因容器壁温度低，热熔胶很快固化（如果介质温度和热熔胶熔化温度相

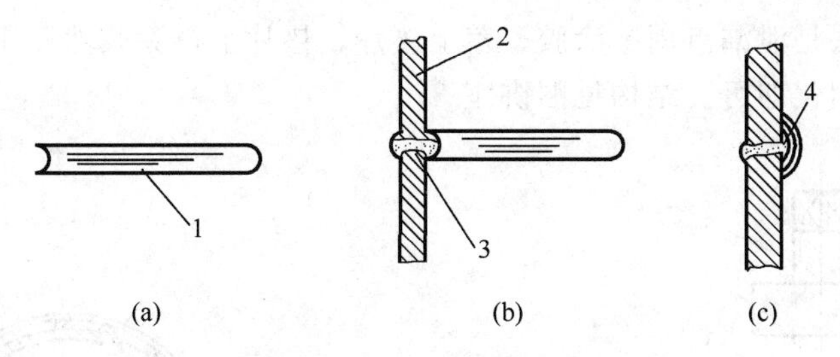

图讲座-6　填塞粘接法原理

1—木棒；2—容器壁；3—热熔胶；4—补强胶层

近，不能使用热熔胶堵漏），如图讲座-6（b）所示。

④ 撤走木棒，对泄漏点周围表面进行表面处理。用双组分环氧树脂胶，配合玻璃纤维布在大于漏点的范围内做成一个保护层，将堵漏的热熔胶保护起来，如图讲座-6（c）所示，环氧胶固化后，堵漏完成。

如果漏孔形状比较规则，也可以选择木塞涂胶的塞堵密封法，例如，选用单组分 RTV 硅橡胶堵漏，可以首先做一个粗细比泄漏孔略大的木塞，在它上边涂上一层 RTV 硅橡胶，用力挤入（或轻轻敲木棒击入）漏孔中，待胶固化后，木塞仍留在漏孔中，靠木塞的挤压力和胶的填隙密封能力就能有效地实现密封。

2. 顶压粘接法

顶压粘接法是借助大于泄漏介质的外力，止住泄漏，然后再利用胶黏剂的特性进行修补加固达到堵漏的目的。此法在带压粘接技术中是最实用的方法之一，适用于泄漏状况清晰、泄漏点几何尺寸较小的场合。

（1）顶压粘接法的基本原理　顶压粘接法是借助各种顶压工具，用大于介质压力的外力 P 挤压堵漏块（一般由铅、铝、铜等软金属制成）使之发生塑性形变并塞入泄漏点止漏，再用密封胶对漏点进行修补加固的一种堵漏方法，其工作原理见图讲座-7 所示。

图讲座-7　顶压粘接原理

1—泄漏件；2—顶压块

顶压粘接法操作中的核心是堵漏块、外力 P 及胶黏剂。

（2）顶压粘接法的特点

① 应用领域广阔，不受泄漏介质物化性能的限制。由原理图可以看出，胶黏剂不直接与介质接触，因此，在选择胶黏剂时只要满足温度及强度条件即可。

② 施工比较简单，速度快。

③ 经济实用。用顶压粘接法进行带压堵漏作业时，一般只花费几只铆钉（堵漏块）及一定数量的胶黏剂，比其他粘接方法经济得多。

④ 安全可靠。该技术采用顶压工具及胶黏剂进行施工，作业时不产生火花，可在防火防爆区安全作业。

顶压粘接法的缺点：在无法摸清泄漏点情况时，很难进行施工；泄漏量较大，人员难以靠近时，无法采用此法作业；泄漏点几何尺寸较大或较长时，采用此法作业比较困难。

如果泄漏点较大且形状不规则还须用此法堵漏，则可以用一块金属补片、垫片和密封胶进行顶压补漏。方法是泄漏点周围涂胶、盖上垫片，垫片上再涂胶然后用金属衬片盖上，用顶压螺杆压紧令其固化即可。结构见图讲座-8

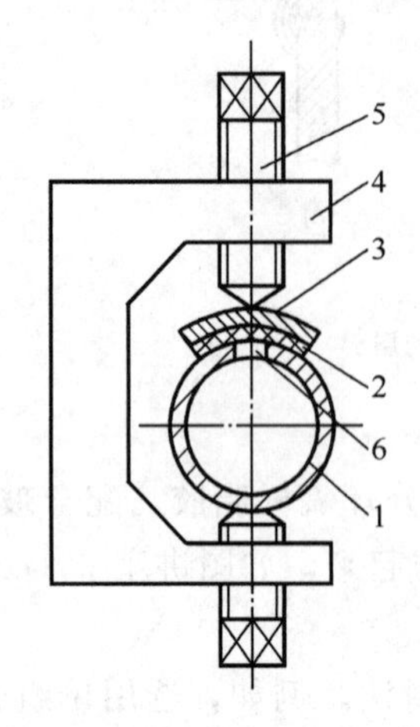

图讲座-8 弓形架螺杆顶压粘接密封

1—泄漏管道；2—胶液及垫片；3—外覆钢板；4—弓形架；5—螺杆；6—泄漏点

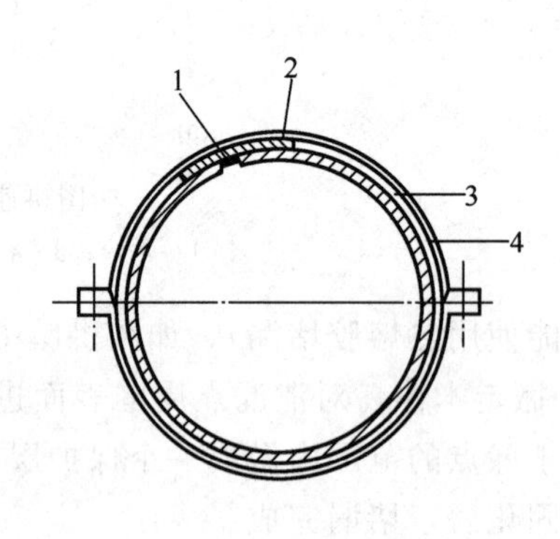

图讲座-9 紧固粘接示意

1—泄漏点；2—止漏垫片；3—泄漏管道；4—卡具

3. 紧固粘接法

紧固粘接法适用于设备几何形状简单、固定的场合，例如，圆形管道的堵漏密封。其原理是，制作一个特制卡具，借助于止漏垫片（如石棉橡胶垫片、橡胶板、铅板等）先把泄漏止住，再用密封胶在止漏垫片周围进行修补加固，紧固过程见图讲座-9。

工艺步骤如下。

① 用厚度 1.2～5mm 的钢板制作卡具，卡具内径略大于管道外径，卡具宽度大于漏点直径；根据管道直径不同选用 M8～M16 连接螺栓，数量 2～10（直径大的管道卡具可由 2 块以上组成）。

② 泄漏点周边进行表面处理。

③ 选材质、尺寸适宜的止漏垫片，并用快固胶将其粘接固定在卡具内侧某一点上。

④ 将此垫片对准泄漏点，拧紧紧固螺栓，将止漏垫片紧压在泄漏点处，从而使泄漏停止。

⑤ 选用粘接力较强的胶黏剂（例如环氧树脂）将泄漏点处的止漏垫片连同卡具一起都包埋起来，待胶固化后，堵漏即告完成。

此方法所用密封胶粘接力不要求太高，因为主要靠卡具的紧固力承担管道内介质压力，密封胶只要性能好就行了。

4. 磁力压固粘接法

所谓“磁力压固”就是对磁性材料（如钢铁设备）进行堵漏时，借助磁铁与磁性材料之间产生的巨大吸力，把涂有密封胶的非磁性材料牢牢压在漏点处，直至密封胶固化，泄漏停止。它的最大特点就是操作简单、经济实用。该方法的原理见图讲座-10。

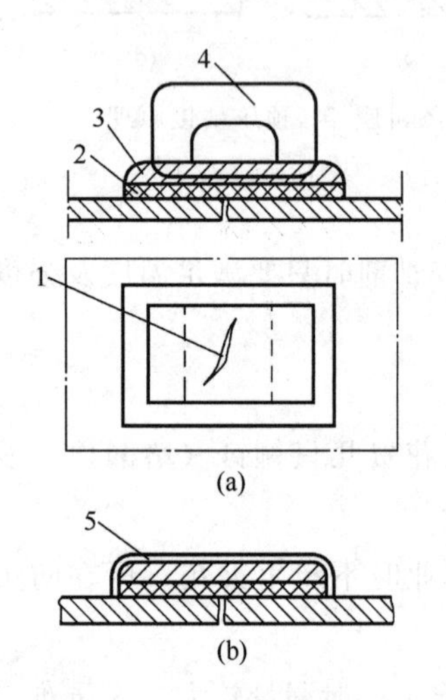

图讲座-10 磁力压固粘接

1—泄漏点；2—密封胶；3—非磁性垫片；4—磁铁；5—胶黏剂加固层

工艺步骤如下。

① 对漏点周围机械除锈，用丙酮擦洗干净，晾干。

② 根据漏点形状及尺寸准备适当大小的非磁性垫片（如不锈钢、铝、铜、塑料、橡胶片等），并进行适当表面处理。

③ 根据介质性质、温度、压力等工况条件选择适宜的密封胶，一般要求粘接强度较高，且有一定韧性。

④ 将密封胶涂在垫片的一个表面，漏点周围也涂一层胶，将垫片贴在漏点处，用磁铁压在垫片上，垫片靠磁力被压紧，使胶充分固化。

⑤ 待胶完全固化后，取下磁铁，用双组分环氧树脂胶黏剂和玻璃纤维布，在非磁性垫片上做一个保护层，其尺寸要盖过垫片，待环氧树脂胶保护层完全固化，堵漏即告完成。

5. 引流粘接法

前面介绍的几种带压粘接堵漏方法都是在借助外力的基础上得以实现的。而引流粘接的基本思路是通过降低介质对引流器的压力来实现的。

（1）引流粘接法的基本原理　泄漏点涂胶后，先将引流器粘于泄漏点上，使用引流器将泄漏介质通过引流器导出起到降压作用，从而保护胶层不被冲掉，待胶固化后，将引流器的引流孔堵死，泄漏即可停止。其原理见图讲座-11。这种方法常用于介质压力较高、泄漏部位凹凸不平的场合。

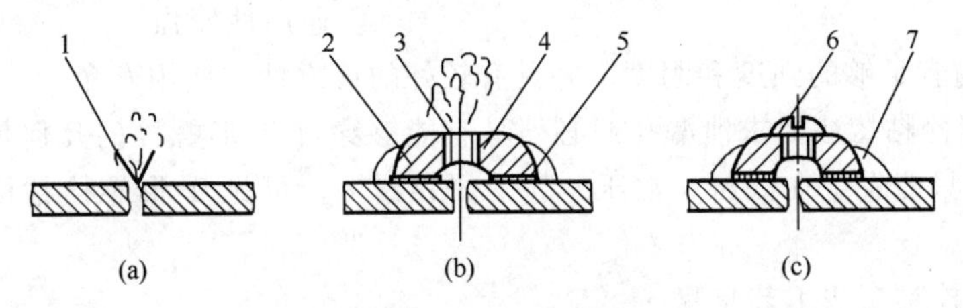

图讲座-11　引流粘接示意

1—泄漏点；2—引流器；3—引流螺孔；4—引流通道；
5—密封胶；6—螺钉；7—加固胶层

（2）引流粘接法的特点

① 实现带压粘接的过程比较容易。

② 经济实用。采用引流粘接法进行带压堵漏作业花费少，引流器的制作相对也比较容易。

③ 操作简单。除引流器、胶黏剂、清理表面工具外，不需其他工具、设备。

（3）引流粘接法操作工艺步骤

① 根据泄漏点形状外部的几何形状，设计制作引流器，材质可以是金属，也可以是非金属（如橡胶、塑料、木材等）；要求引流器应能与泄漏部位很好吻合。

② 根据介质性质和工况选择适当的密封胶，应选择固化速度快的密封胶。

③ 将调好的密封胶涂在泄漏点周围，立即将引流器贴合于泄漏点上，要求引流器对准泄漏点，使泄漏介质从引流孔中泄出。

④ 待密封胶完全固化后，视需要可用玻璃布加环氧树脂胶在引流器外边做一个加固保护层（若密封胶粘接强度足够高可不做保护层）。见图讲座-11（b）。

⑤ 待保护层固化后，将引流孔用螺丝堵死，堵漏即告完成。见图讲座-11（c）。

6. T形螺栓粘接法

（1）T形螺栓粘接法的基本原理　T形螺栓粘接法是将堵漏长垫板（活动横担）通过销子安装在螺栓的一端，垫板可以销子为轴自由转动，见图讲座-12（a），垫板的长度要大于漏孔的最大直径；将垫板装入漏孔时，转动垫板，使其长度方向和螺栓平行，放入后拉紧螺栓，垫板由纵向变为横向贴在漏孔上，用螺母固定螺栓后，垫板就被紧紧压在泄漏点处，可以承受很高的介质推压力，见图讲座-12（b）。密封胶只起密封作用，基本上不承担压力载荷。T形螺栓粘接法常用于漏洞较大的场合。

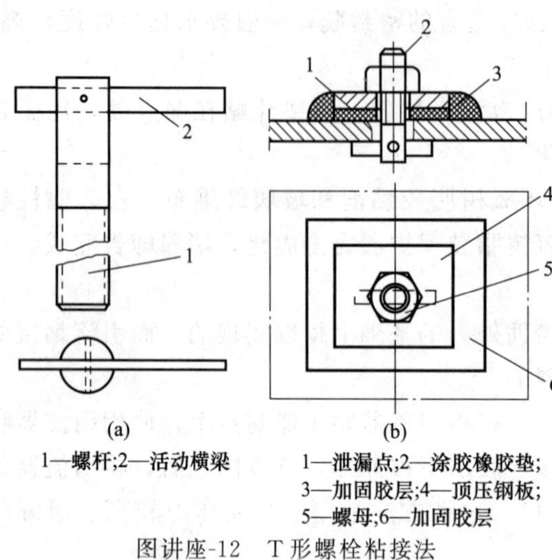

1—螺杆;2—活动横梁

1—泄漏点;2—涂胶橡胶垫;3—加固胶层;4—顶压钢板;5—螺母;6—加固胶层

图讲座-12　T形螺栓粘接法

（2）T型螺栓粘接法的特点

① 较易实现带压堵漏。只要设计制作合适的T形螺栓，就能达到带压堵漏作业的目的。

② 经济实用。T形螺栓结构简单，制作容易，费用低。

③ 操作简单，施工方便。

④ 通用性较强。

⑤ 密封结构有足够的强度和刚度，并具有较好的可靠性和使用寿命。

采用T形螺栓粘接法要求泄漏孔洞必须具有能够穿过T形螺栓的几何尺寸，而泄漏发展为孔洞，一般只能发生在低压、常压、静压的容器上，可见T形螺栓粘接法的应用场合是有限的。

（3）T形螺栓粘接法工艺步骤

① 根据泄漏孔的大小和介质压力的大小，制作T形螺栓，螺栓规格应大于M8；活动横担尺寸由漏孔大小决定。

② 制作一块尺寸大于漏孔尺寸的顶压钢板和橡胶密封垫，顶压钢板厚度一般应大于5mm以保证其刚度和强度。

③ 对泄漏点周围和橡胶垫片进行适当表面处理。

④ 将选定的密封胶涂在漏点周围及橡胶垫片上并把橡胶垫片和顶压钢板贴合在漏点处。

⑤ 把T形螺栓上的活动横担插入漏孔，拉紧螺栓将其变为横向，并使其贴紧容器内壁，拧紧螺母，使顶压钢板压紧。

⑥ 待密封胶固化后，视需要用双组分环氧树脂胶，在顶压钢板四周进行加固处理，见图讲座-13（b）。

讲座二　磁流体密封技术

磁流体密封系用磁流体作为密封介质，是一种独特的新型动密封。它是由外加磁场在磁极与导磁轴套之间形成强磁场，从而将磁流体牢牢地吸附住，形成类似“O”形环样的液体环，将间隙完全堵住，达到密封的要求。

磁流体目前在真空密封方面应用最为广泛，真空度达 $1\times10^{-6}\sim1\times10^{5}$ Pa，轴径可达

250mm。对于有压力介质，密封压力可达 6MPa，轴径范围 1.6～120mm，转速可达 1500r/min。

一、磁流体的组成

磁流体是一种对磁场敏感、可流动的液体磁性材料。它具有超顺磁特性，是由磁粉微粒（固相）、载体（液相）、分散剂（液相）三部分组成的超稳定性胶体。

二、磁流体密封的结构

图讲座-13 所示为具有 8 级密封环的磁流体密封结构。下面分别介绍各组成部分及其作用。

（1）磁流体　其作用前面已经介绍，它要根据密封介质和工作环境选定，对磁流体的要求是饱和磁化强度高、寿命长，并综合考虑其他性能如简单，易于制作，价格便宜等。

（2）外加磁场　外加磁场由永磁材料或电磁铁制成。外加磁场不但影响磁流体密封的磁路尺寸和外形尺寸，也影响其性能指标和使用效果。一般而言，外加磁场越强，密封能力越好。

（3）磁极　磁极起导磁场的作用。磁极靠近密封部位的一端，往往加工成如图讲座-14 所示的多个凹凸形槽（也可加工在导磁轴套上）。这些环槽起集中磁通、提高间隙磁场强度的作用。从而以较强的磁力吸附住磁流体。一个环槽为一级，磁极一般都做成多级形式。磁极的极数应根据外加磁场强度和密封间隙加以确定。

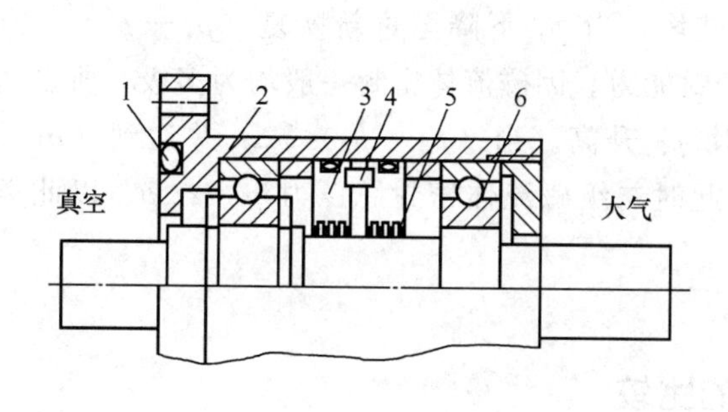

图讲座-13　磁流体密封结构示意

1—O 形密封圈；2—非导磁体；3—磁极；4—永久磁铁；5—磁性液体；6—轴承

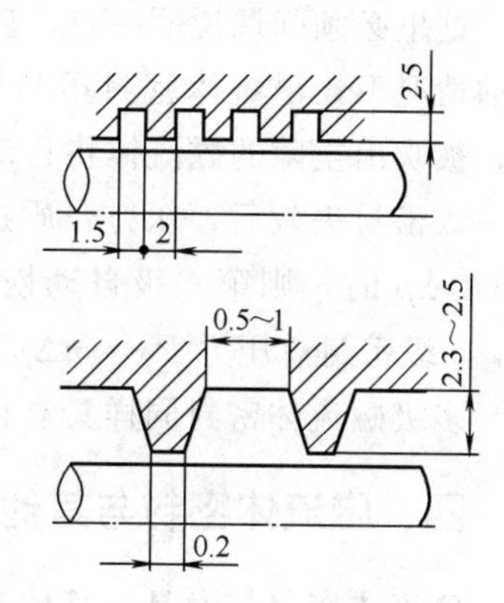

图讲座-14　磁极形状

（4）导磁轴套　导磁轴套和磁极的作用相同，导磁轴套和磁极、磁流体形成外加磁场的磁回路。导磁轴套所用的材料和对材料的性能要求与磁极基本相同。若机器的轴本身为导磁材料，则不需导磁轴套。

（5）非导磁外壳　其主要作用在于防止磁能损失。同时也起保护、固定与连接磁流体密封各部零件的作用。

（6）冷却槽　因温度升高对磁流体密封不利，故设置冷却槽，通过冷却将由于磁流体内部摩擦产生的摩擦热带走，尽可能降低密封部位的温度。

（7）O 形橡胶密封圈　其作用是防止冷却水流出。

（8）磁流体补加孔　当磁流体有损耗时，可不拆卸密封装置，而只需通过磁流体补加孔，补充加入磁流体。不间断机器运行，不中断密封的工作正是磁流体密封的一个突出优点。

三、磁流体密封原理

首先，在静止部件与运动部件间的间隙中形成外加强磁场，将磁流体吸聚在其间，形成类似“O”形环一样的液体环。依靠磁流体本身的表面张力和磁场力，阻止压力介质通过而起到密封作用。如图讲座-15所示。

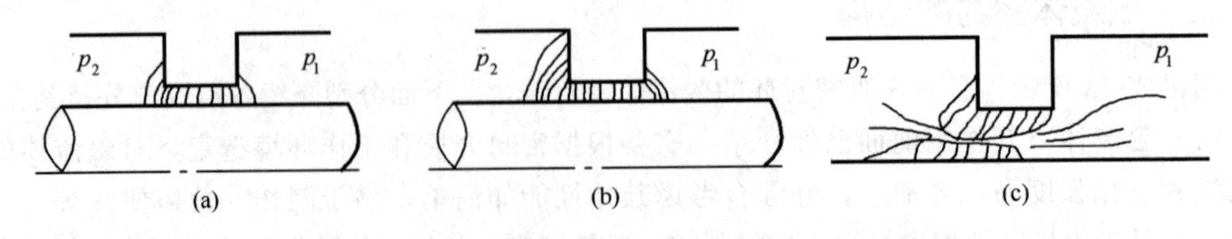

图讲座-15 磁流体密封原理

当密封部位两侧的压力 p_1 与 p_2 相等时，磁流体处于平衡状态；当 $p_2<p_1$、$(p_1-p_2)\leqslant\Delta p$（单级密封能力）时，磁流体偏于压力低的一侧，如图讲座-15（b）所示，密封能正常工作；当 $(p_1-p_2)>\Delta p$，磁流体液环即被吹出一些空隙，如图讲座-15（c）所示，并可听到压力介质被冲破时发出的“嗤”、“嗤”声。

这里必须强调说明一点，磁流体密封有一特殊功能即自愈合性能。在图讲座-15（c）所示的情况下，磁流体密封虽然失败，但并未破坏。当 p_1 下降至重新恢复 $(p_1-p_2)\leqslant\Delta p$ 时，被吹出空隙的磁流体将自动愈合并恢复密封能力。因磁流体密封一般均为多级，所以当第一级密封失效后，压力介质进入第二级，使 p_2 升高。当 $(p_3-p_2)\leqslant\Delta p$ 并达到 $(p_1-p_2)\leqslant\Delta p$ 时，则第一级自动恢复密封能力，此时二级磁流体密封总压力 $p=2\Delta p$。以此类推，n 级密封总压力 $P_N=n\Delta p$。

多级磁流体密封同样具有自愈合能力。

四、磁流体密封与其他动密封形式的比较

磁流体密封技术具有其他动密封技术无法比拟的优点。

① 可实现零泄漏，从而对于剧毒、易燃、易爆、放射性物质、特别是贵重物质及高纯度物质的密封，具有非常重要的意义。

② 无固体摩擦，仅有磁流体内部的液体摩擦，因此功率消耗低。

③ 无磨损，寿命长，维修简便。由于磁流体密封不存在磨损，所以密封的寿命主要取决于磁流体的消耗。而磁流体又可在正常运转的情况下通过补加孔加入，以弥补磁流体的损耗。所以一般情况下不需要维修。

④ 结构简单，制造容易。没有复杂的零件，没有精度要求高的接触面，加工精度要求不高，因而易于制造。

⑤ 特别适用于含固体颗粒的介质。这是因为磁流体具有很强的排他性，在强磁场作用下，磁流体能将任何杂质都排出磁流体外，从而避免固体颗粒的磨损造成密封提前失效的情况。

⑥ 可用于往复式运动的密封。通常只需将导磁轴套加长，使导磁轴套在作往复运动的整个行程中都不脱离外加磁场和磁极的范围，使磁流体在导磁轴套上相对滑动，并始终保持

着封闭式的密封状态。

⑦ 轴的对中性要求不高。

⑧ 能够适应高速旋转运动，特别是在柔性轴中使用。据一些资料介绍，磁流体密封用于小轴径已达 5000r/min 以上，一般情况下也达 1500r/min 左右。不过在高速场合下使用，要特别注意加强冷却措施，并要考虑离心力的影响。实验证明，当轴的线速度达 20m/s 时，离心力就不可忽略了。

⑨ 有自动愈合的能力。

附录一
起重机　钢丝绳　保养、维护、安装、检验和报废(GB/T 5972—2009)

2010-07-01 实施

目次

引言

起重机用钢丝绳应视为易损件，当检验表明其强度已降低到继续使用有危险时即应更换。

钢丝绳的工作寿命是随起重机的特性、工作条件和用途而变化的。凡要求钢丝绳寿命长的场合，均应采用较大的安全系数和弯曲比（D/d 卷筒或滑轮直径与钢丝绳直径之比）。但工作循环次数较少、设计要求轻巧和紧凑的场合，这些数值可以适当降低。

要想在各种情况下正确操作起重机，安全地搬运货物，就需要定期检查钢丝绳，以便在问题发生之前适时更换。

某些起重机的作业条件使钢丝绳极容易受到意外的损伤，因此在初选钢丝绳时就应考虑这一因素。

在此情况下对钢丝绳的检验必须特别仔细，一旦发现钢丝绳的损坏达到了危险程度便应立即更换。

在各种使用条件下，可直接采用有关断丝、磨损、腐蚀和变形等报废标准。本标准已考虑了这些因素，其意图是给从事起重机维护和检验的主管人员作指导。

制定本标准的目的是使起重机用钢丝绳在未报废前搬运货物时，始终有足够的安全裕度。不重视本标准的规定是危险的。

本标准包含了钢丝绳的保养和维护，包括安装固定的注意事项。这些增加的内容确保用户和主管人员有了可靠的涵盖起重机上使用的钢丝绳从新绳的接收直至报废的全过程所有方面的专一的指令性文件。

本标准的机构工作级别遵守 GB/T 20863.1 的规定。

起重机　钢丝绳　保养、维护、安装、检验和报废

1　范围

本标准对在起重机上使用的钢丝绳的保养、维护、安装和检验规定了详细的实施准则，而且列举了实用的报废标准，以促进安全使用起重机。

本标准适用于GB/T 6974.1—2008所定义的下列类型的起重机：

——缆索及门式缆索起重机；

——悬臂起重机（柱式、壁上或自行车式）；

——甲板起重机；

——桅杆及牵索式桅杆起重机；

——斜撑式桅杆起重机；

——浮式起重机；

——流动式起重机；

——桥式起重机；

——门式起重机或半门式起重机；

——门座起重机或半门座起重机；

——铁路起重机；

——塔式起重机。

本标准可以应用在无论用于手动、还是机械、电力或液力驱动的使用吊钩、抓斗、电磁铁、钢包的起重机、挖掘机或堆垛机。

本标准也可以应用在使用钢丝绳的起重葫芦和起重滑车。

2 术语和定义

下列术语和定义适用于本标准。

2.1 钢丝绳实际直径

在同一截面相互垂直的方向上测量钢丝绳直径，取得的两次测量的平均值，单位为毫米。

2.2 间隙

钢丝绳股的任意层中各钢丝之间或在同层中任意绳股之间的间隙。

2.3 卷筒上跃层部分钢丝绳

由于卷筒槽型或下层钢丝绳结构的影响，钢丝绳从一圈绕到另一圈时改变其常规路径的绳段。

2.4 同向捻

外层股中钢丝的捻向与外层绳股在钢丝绳中的捻向相同。

2.5 缠绕

钢丝绳绕卷筒一圈。

2.6 捻距

螺线形钢丝绳外部钢丝和外部绳股围绕绳芯旋转一整圈（或一个螺旋），沿钢丝绳轴向测得的距离。

2.7 钢丝绳公称直径

钢丝绳直径的标称值，单位为毫米。

2.8 交互捻

钢丝绳中绳股的捻向与其外层股中钢丝的捻向相反。

2.9 卷盘

缠绕钢丝绳的带凸缘的卷盘，用于钢丝绳的装船发运或贮存。

注：卷盘可以是木制或钢制的，取决于缠绕钢丝绳的质量。

2.10 钢丝绳芯

支撑外部绳股的钢丝绳的中心组件。

2.11 钢丝绳检验记录

检验后的钢丝绳的历史记录和现状记录。

2.12 单层股钢丝绳

由单层股绕一个芯螺旋捻制而成的多股钢丝绳。

2.13 平行捻密实钢丝绳

至少由两层平行捻股围绕一个芯螺旋捻制而成的多股钢丝绳。

2.14 阻旋转钢丝绳

承载时能减少扭矩和旋转程度的多股钢丝绳。

注1：阻旋转钢丝绳通常由两层或更多层股围绕一个芯螺旋捻制而成，外层股与相邻内层股捻向相反。

注2：由三支或四支股组成的钢丝绳也具有阻旋转的特性。

注3：阻旋转钢丝绳曾被称为反向捻钢丝绳、多层股钢丝绳和不旋转钢丝绳。

2.15 多股钢丝绳

通常由多个股围绕一个绳芯或一个中心螺旋捻制一层或多层的钢丝绳。

注：由三支或四支外层股组成的多股钢丝绳可能没有绳芯。

3 钢丝绳

3.1 安装前的状况

3.1.1 钢丝绳的置换

起重机上只应安装由起重机制造商指定的具有标准长度、直径、结构和破断拉力的钢丝绳，除非经起重机设计人员、钢丝绳制造商或有资格人员的准许，才能选择其他钢丝绳。

钢丝绳与卷筒、吊钩滑轮组或起重机结构的连接只应采用起重机制造商规定的钢丝绳端接装置或同样应经批准的供选方案。

3.1.2 钢丝绳长度

所用钢丝绳的长度应充分满足起重机的使用要求，并且在卷筒上的终端位置应至少保留两圈钢丝绳。根据使用情况，如需从较长的钢丝绳上截取一段时，应对两端断头进行处理；或在切断时，采用适当的方法来防止钢丝绳松散（见附图-1）。

3.1.3 起重机和钢丝绳制造商的使用说明书

应遵守在起重机手册和由钢丝绳制造商给出的使用说明书中的规定。

在起重机上重新安装钢丝绳之前，应检查卷筒和滑轮上的所有绳槽，确保其完全适合替换的钢丝绳（见第5章）。

3.1.4 卸货和储存

为了避免意外事故，钢丝绳应谨慎小心地卸货。卷盘或绳卷既不允许坠落，也不允许用金属吊钩或叉车的货叉插入钢丝绳。

钢丝绳应储存在凉爽、干燥的仓库内，且不应与地面接触。钢丝绳绝不允许储存在易受化学烟雾、蒸汽或其他腐蚀剂侵袭的场所。储藏的钢丝绳应定期检查，且如有必要，应对钢丝绳包扎。如果户外储藏不可避免，则钢丝绳应加以覆盖以免湿气导致锈蚀。

从起重机上卸下的待用的钢丝绳应进行彻底的清洁，在储存之前对每一根钢丝绳进行包扎。

长度超过 30m 的钢丝绳应在卷盘上储存。

3.2 安装

3.2.1 展开和安装

当钢丝绳从卷盘或绳卷展开时，应采取各种措施避免绳的扭转或降低钢丝绳扭转的程度。因为钢丝绳扭转可能会在绳内产生结环、扭结或弯曲的状况。为避免发生这种状况，对钢丝绳应采取保持张紧呈直线状态的措施（见附图-2）。

因旋转中的钢丝绳卷盘具有很大的惯性，故对此需要进行控制，使钢丝绳按顺序缓慢地释放出来。

绳卷中的钢丝绳应从一个卷盘中放出。作为一种选择，在较短长度的绳卷的外部绳端可能呈自由状态而剩余绳段则沿着地面向前滚动（见附图-3）。为搬运方便，内部绳端应首先被固定到邻近的外圈。

切勿由平放在地面的绳卷或卷盘释放钢丝绳（见附图-4）。

钢丝绳在释放过程中应尽可能保持清洁。钢丝绳截断时，应按制造厂商的说明书进行(见附图-1)。

为确保阻旋转钢丝绳的安装无旋紧或旋松现象，应对其给予特别关注，且任何切断是安全可靠和防止松散的。

注 1：如果绳股被弄乱，很可能在后来的使用期间发生钢丝绳的变形，而且可能降低其使用寿命。

注 2：钢丝绳安装期间旋紧或旋松现象可导致吊钩组的附加扭转。

钢丝绳在安装时不应随意乱放，亦即转动既不应使之绕进也不应使之绕出。在安装的时候，钢丝绳应总是同向弯曲，亦即从卷盘顶端到卷筒顶端，或从卷盘底部到卷筒底部处释放均应同向（见附图-2）。

终端固定应特别小心确保安全可靠且应符合起重机手册的规定。

如果在安装期间起重机的任何部分对钢丝绳产生摩擦，则接触部位应采取有效的保护措施。

3.2.2 使用前试运转

钢丝绳在起重机上投入使用之前，用户应确保与钢丝绳运行关联的所有装置运转正常。为使钢丝绳及其附件调整到适应实际使用状态，应对机构在低速和大约 10%左右的额定工作载荷（WLL）的状态下进行多次操作循环运转操作。

3.3 维护

对钢丝绳所进行的维护应与起重机、起重机的使用、环境以及所涉及的钢丝绳类型有关。除非起重机或钢丝绳制造商另有指示，否则钢丝绳在安装时应涂以润滑脂或润滑油。以后，钢丝绳应在必要的部位作清洗工作，而对在有规则的时间间隔内重复使用的钢丝绳，特别是绕过滑轮的长度范围内的钢丝绳在显示干燥或锈蚀迹象之前，均应使其保持良好的润滑状态。

钢丝绳的润滑油（脂）应与钢丝绳制造商使用的原始润滑油（脂）一致，且具有渗透力强的特性。如果钢丝绳润滑在起重机手册中不能确定，则用户应征询钢丝绳制造商的建议。

钢丝绳较短的使用寿命源于缺乏维护，尤其是起重机在有腐蚀性的环境中使用，以及由于与操作有关的各种原因，例如在禁止使用钢丝绳润滑剂的特定场合使用。针对这种情况，钢丝绳检验的周期应当缩短。

3.4 检验

3.4.1 周期

3.4.1.1 日常外观检验

每个工作日都应尽可能对任何钢丝绳的所有可见部位进行观察，目的是发现一般的损坏和变形。应特别注意钢丝绳在起重机上的连接部位，钢丝绳状态的任何可疑变化情况都应报告，并且由主管人员按照3.4.2的规定进行检查。

3.4.1.2 定期检验

定期检验应由主管人员按照3.4.2的规定进行，为了确定定期检验的周期，应考虑如下各点：

——国家对应用钢丝绳的法规要求；

——起重机的类型及使用地的工作环境；

——起重机的工作级别；

——前期的检验结果；

——钢丝绳已使用的时间。

流动式起重机和塔式起重机用钢丝绳至少应按主管人员的决定每月检查一次或更多次。

注：根据钢丝绳的使用情况，主管人员有权决定缩短检查的时间间隔。

3.4.1.3 专项检验

专项检验应按照3.4.2的规定进行。

在钢丝绳和/或其固定端的损坏而引发事故的情况下，或钢丝绳经拆装又重新安装投入使用前，均应对钢丝绳进行一次检查。

如起重机停止工作达2个月以上，在重新使用之前应对钢丝绳预先进行检查。

注：根据钢丝绳的使用情况，主管人员有权决定缩短检查的时间间隔。

3.4.1.4 在合成材料滑轮或带合成材料衬套的金属滑轮上使用的钢丝绳的检查

在纯合成材料或部分采用合成材料制成的或带有合成材料轮衬的金属滑轮上使用的钢丝绳，其外层发现有明显可见的断丝或磨损痕迹时，其内部可能早已产生了大量的断丝。在这些情况下，应根据以往的钢丝绳使用记录制定钢丝绳专项检验进度表，其中既要考虑使用中的常规检查结果，又要考虑从使用中撤下的钢丝绳的详细检验记录。

应特别注意已出现干燥或润滑剂变质的局部区域。

对专用起重设备用钢丝绳的报废标准，应以起重机制造商和钢丝绳制造商之间交换的资料为基础。

注：根据钢丝绳的使用情况，主管人员有权决定缩短检查时间间隔。

3.4.2 检验部分

3.4.2.1 通则

钢丝绳应作全长检查，还应特别注意下列各部位：

——运动绳和固定绳两者的始末端；

——通过滑轮组或绕过滑轮的绳段；

——在起重机重复作业情况下，当起重机在受载状况时的绕过滑轮的钢丝绳任何部位；

——位于平衡滑轮的钢丝绳段；

——由于外部因素（例如舱口栏板）可能引起磨损的钢丝绳任何部位；

——产生锈蚀和疲劳的钢丝绳内部；

——处于热环境的绳段。

检验的结果应记录在起重机检验的记录本中。

3.4.2.2　索具除外的绳端部位

应对从固定端引出的钢丝绳段作检查，这个部位是发生疲劳（断丝）和锈蚀的危险点。对固定装置本身也应作变形或磨损检验。

对于采用压制或锻造绳箍的绳端固定装置应进行类似的检查，并且检验绳箍材料是否有裂纹以及绳箍和钢丝绳之间可能的滑移。

可拆卸的装置（例如楔形接头、钢丝绳夹）应检验其内部绳段和绳端内的断丝情况，并且确保楔形接头、钢丝绳夹的坚固性，检查内容还包括绳端装置是否完全符合相关标准和操作规程的要求。

对手工编织的环状插扣式绳头应只使用在接头的尾部（目的是为了防止绳端突出的钢丝伤手）。而接头的其余部位应随时用肉眼检查其断丝的情况。

若断丝明显发生在绳端装置附近或绳端装置内，可将钢丝绳短再重新装到绳端固定装置上使用，然而，钢丝绳最终的长度应充分满足在卷筒上缠绕最少圈数的要求。

3.4.3　无损检测

借助电磁技术的无损检测可作为对外观检验的辅助检验，用以确定钢丝绳损坏的区域和程度。

拟采用电磁方法以 NDT（无损检测）作为对外观检验的辅助检验时，应在钢丝绳安装之后尽快地进行初始的电磁 NDT（无损检测）。

3.5　报废标准

3.5.1　总则

钢丝绳的安全使用由下列各项标准来判定（见 3.5.2～3.5.12）：

——钢丝的性质和数量；

——绳端断丝；

——断丝的局部聚集；

——断丝的增加率；

——绳股断裂；

——绳径减小，包括从绳芯损坏所致的情况；

——弹性降低；

——外部和内部磨损；

——外部和内部锈蚀；

——变形；

——由于受热或电弧的作用引起的损坏；

——永久伸长率。

所有的检验均应考虑上述各项因素，作为公认的特定标准。但钢丝绳的损坏通常是由多种因素造成的，主管人员应根据其累积效应判断原因并作出钢丝绳是否报废还是继续使用的决定。

在所有的情况下，检验人员应调查研究是否因起重机工作异常引起钢丝绳损坏；如果是，则应在安装新钢丝绳之前，推荐采取消除导致异常的措施。

单项损坏程度应作评定，并且以专项报废标准百分比表示。钢丝绳在任何的给定部位损坏的累积程度应将该部位记录的单项值相加确定。当在任何的部位累积值达到100%时，该钢丝绳应报废。

3.5.2　断丝的性质和数量

起重机的总体设计不允许钢丝绳有无限长的使用寿命。

对于6股和8股的钢丝绳，断丝通常发生在外表面。对于阻旋转钢丝绳，断丝大多发生在内部因而是“非可见的”的断丝。附表1和附表2是把3.5.3～3.5.12中各种因素进行考虑后的断丝控制标准。

附表1　钢制滑轮上使用的单层股钢丝绳和平行捻密实钢丝绳中达到或超过报废标准的可见断丝数

钢丝绳类别号 RCN	外层股中承载钢丝的总数[a] n	可见断丝的数量[b]					
		在钢制滑轮和/或单层缠绕在卷筒上工作的钢丝绳区段（钢丝断裂随机分布）				多层缠绕在卷筒上工作的钢丝绳区段[c]	
		工作级别 M1～M4 或未知级别[d]				所有工作级别	
		交互捻		同向捻		交互捻和同向捻	
		长度范围大于 $6d$[e]	长度范围大于 $30d$[e]	长度范围大于 $6d$[e]	长度范围大于 $30d$[e]	长度范围大于 $6d$[e]	长度范围大于 $30d$[e]
01	$n \leqslant 50$	2	4	1	2	4	8
02	$51 \leqslant n \leqslant 75$	3	6	2	3	6	12
03	$76 \leqslant n \leqslant 100$	4	8	2	4	8	16
04	$101 \leqslant n \leqslant 120$	5	10	2	5	10	20
05	$121 \leqslant n \leqslant 140$	6	11	3	6	12	22
06	$141 \leqslant n \leqslant 160$	6	13	3	6	12	26
07	$161 \leqslant n \leqslant 180$	7	14	4	7	14	28
08	$181 \leqslant n \leqslant 200$	8	16	4	8	16	32
09	$201 \leqslant n \leqslant 220$	9	18	4	9	18	36
10	$221 \leqslant n \leqslant 240$	10	19	5	10	20	38
11	$241 \leqslant n \leqslant 260$	10	21	5	10	20	42
12	$261 \leqslant n \leqslant 280$	11	22	6	11	22	44
13	$281 \leqslant n \leqslant 300$	12	24	6	12	24	48
	$n > 300$	$0.04n$	$0.08n$	$0.02n$	$0.04n$	$0.08n$	$0.16n$

注：1. 具有外层股且每股钢丝数≤19根的西鲁型（Seale）钢丝绳（例如6×19西鲁型），在表中被分列于两行，上面一行构成为正常放置的外层股承载钢丝的数目。

2. 在多层缠绕卷筒区段上述数值也可适用于在滑轮工作的钢丝绳的其他区段，该滑轮是用合成材料制成的或具有合成材料轮衬。但不适用于在专门用合成材料制成的或以由合成材料轮衬组合的单层卷绕的滑轮工作的钢丝绳。

a 本标准中的填充钢丝未被视为承载钢丝，因而不包含在 n 值中。

b 一根断丝会有两个断头（按一根钢丝计数）。

c 这些数值适用于在跃层区和由于缠入角影响重叠层之间产生干涉而损坏的区段（且并非仅在滑轮工作和不缠绕在卷筒上的钢丝绳的那些区段）。

d 可将以上所列断丝数的两倍数值用于已知其工作级别为M5～M8的机构。参见GB/T 24811．1—2009。

e d——钢丝绳公称直径。

谷部断丝可能指示钢丝绳内部的损坏，需要对该区段钢丝绳作更周密的检验。当在一个捻距内发现两处或多处的谷部断丝时，钢丝绳应考虑报废。

当制定阻旋转钢丝绳报废标准时，应考虑钢丝绳结构、使用长度和钢丝绳使用方式。有关钢丝绳的可见断丝数及其报废标准在附表 2 中给出。

应特别注意出现润滑油发干或变质现象的局部区域。

3.5.3　绳端断丝

绳端或其邻近的断丝，尽管数量很少但表明该处的应力很大，可能是绳端不正确的安装所致，应查明损坏的原因。为了继续使用，若剩余的长度足够，应将钢丝绳截短（截去绳端断丝部位）再造终端。否则，钢丝绳应报废。

3.5.4　断丝的局部聚集

如断丝紧靠在一起形成局部聚集，则钢丝绳应报废。如这种断丝聚集在小于 $6d$ 的绳长范围内，或者集中在任一支绳股里，那么，即使断丝数比附表 1 或附表 2 列出的最小值少，钢丝绳也应予报废。

附表 2　在阻旋转钢丝绳中达到或超过报废标准的可见断丝数

钢丝绳类别号 RCN	钢丝绳外层股数和在外层股中承载钢丝总数[a] n	可见断丝数量[b]			
		在钢制滑轮和/或单层缠绕在卷筒上工作的钢丝绳区段			多层缠绕在卷筒上工作的钢丝绳区段[c]
		长度范围大于 $6d$[d]	长度范围大于 $30d$[d]	长度范围大于 $6d$[d]	长度范围大于 $30d$[d]
21	4 股 $n \leqslant 100$	2	4	2	4
	3 股或 4 股 $n \geqslant 100$	2	4	4	8
	至少 11 个外层股				
23－1	$76 \leqslant n \leqslant 100$	2	4	4	8
23－2	$101 \leqslant n \leqslant 120$	2	4	5	10
23－3	$121 \leqslant n \leqslant 140$	2	4	6	11
24	$141 \leqslant n \leqslant 160$	3	6	6	13
25	$161 \leqslant n \leqslant 180$	4	7	7	14
26	$181 \leqslant n \leqslant 200$	4	8	8	16
27	$201 \leqslant n \leqslant 220$	4	9	9	18
28	$221 \leqslant n \leqslant 240$	5	10	10	19
29	$241 \leqslant n \leqslant 260$	5	10	10	21
30	$261 \leqslant n \leqslant 280$	6	11	11	22
31	$281 \leqslant n \leqslant 300$	6	12	12	24
	$n > 300$	6	12	12	24

注：1. 具有外层股的每股钢丝数≤19 根的西鲁型（Seale）钢丝绳（例如 18×19 西鲁型-WSC 型）在表中被放置在两行内，上面一行构成为正常放置的外层股承载钢丝的数目。

2. 在多层缠绕卷筒区段上述数值也可适用于在滑轮工作的钢丝绳的其他区段，该滑轮是用合成材料制成的或具有合成材料轮衬。它们不适用于在专门用合成材料制成的或以由合成材料内层组合的单层卷绕的滑轮工作的钢丝绳。

a 本标准中的填充钢丝未被视为承载钢丝，因而不包含在 n 值中。

b 一根断丝会有两个端头（计算时只算一根钢丝）。

c 这些数值适用于在跃层区和由于缠入角影响重叠层之间产生干涉而损坏的区段（且并非仅在滑轮工作和不缠绕在卷筒上的钢丝绳的那些区段）。

d d——钢丝绳名义直径。

3.5.5 断丝的增加率

在某些使用场合，疲劳是引起钢丝绳损坏的主要原因，钢丝绳在使用一个时期之后才会出现断丝，而且断丝数将会随着时间的推移逐渐增加。在这种情况下，为了确定断丝的增加率，建议定期仔细检验并且记录断丝数，以此为据可以用以推定钢丝绳未来报废的日期。

3.5.6 绳股断裂

如果整支绳股发生断裂，钢丝绳应立即报废。

3.5.7 绳径因绳芯损坏而减小

由于绳芯的损坏引起钢丝绳直径减小的主要原因如下：

——内部的磨损和钢丝压痕；

——钢丝绳中各绳股和钢丝之间的摩擦引起的内部磨损，特别是当其受弯曲时尤甚；

——纤维绳芯的损坏；

——阻旋转钢丝绳中内层股的断裂。

如果这些因素引起阻旋转钢丝绳实测直径比钢丝绳公称直径减少3%，或其他类型的钢丝绳减小10%，即使没有可见断丝，钢丝绳也应报废。

注：通常新的钢丝绳实际直径大于钢丝绳公称直径。

微小的损坏，特别当钢丝绳应力在各绳股中始终得以良好的平衡时，从通常的检验中不可能如此明显检出。然而，此种情况可能造成钢丝绳强度大大降低。因此，对任何细微的内部损坏均应采取内部检验程序查证。如果此种损坏被证实，钢丝绳应报废。

3.5.8 外部磨损

钢丝绳外层绳股的钢丝表面的磨损，是由于其在压力作用下与滑轮和卷筒的绳槽接触摩擦造成的。这种现象在吊运载荷加速或减速运动时，在钢丝绳与滑轮接触部位特别明显。而且表现为外部钢丝被磨成平面状。

润滑不足或不正确润滑以及灰尘和砂砾促使磨损加剧。

磨损使钢丝绳股的横截面积减少从而降低钢丝绳的强度。如果由于外部的磨损使钢丝绳实际直径比其公称直径减少7%或更多时，即使无可见断丝，钢丝绳也应报废。

3.5.9 弹性降低

在某些情况下，通常与工作环境有关，钢丝绳的实际弹性显著降低，继续使用是不安全的。

弹性降低较难发现，如果检验人员有任何怀疑，应征询钢丝绳专家的意见。然而，弹性降低通常还与下列各项有关：

——绳径的减小；

——钢丝绳捻距的伸长；

——由于各部分彼此压紧，引起钢丝之间和绳股之间缺乏空隙；

——在绳股之间或绳股内部，出现细微的褐色粉末；

——韧性降低。

虽未发现可见断丝，但钢丝绳手感会明显僵硬且直径减少，比单纯由于钢丝磨损使用减少要更严重，这种状态会导致钢丝绳在动载作用下突然断裂，是钢丝绳立即报废的充分理由。

3.5.10 外部和内部腐蚀

3.5.10.1 一般情况

腐蚀在海洋和工业污染的大气中特别容易发生。它不仅会由于钢丝绳金属断面减小导致钢丝绳的破断强度降低，而且严重破裂的不规则表面还会促进疲劳加速。严重的腐蚀能引起钢丝绳的弹性降低。

3.5.10.2 外部腐蚀

外部钢丝的锈蚀通常可用目测发现。

由于腐蚀侵袭及钢材损失而引起的钢丝松弛，是钢丝绳立即报废的充分理由。

3.5.10.3 内部腐蚀

这种情况比时常伴随它发生的外部腐蚀更难发现，但是下列现象可供识别：

——钢丝绳直径的变化：

钢丝绳在绕过滑轮的弯曲部位，通常会发生直径减小。但静止段的钢丝绳由于外层绳股锈蚀而引起绳径增加并非罕见。

——钢丝绳的外层绳股间的间隙减小，还经常伴随出现绳股之间或绳股内部的断丝。

如果有任何内部腐蚀的迹象，应按标准中的说明由主管人员对钢丝绳作内部检验。一经确认有严重的内部腐蚀，钢丝绳应立即报废。

3.5.11 变形

3.5.11.1 一般情况

钢丝绳失去它的正常形状而产生可见的畸形称为“变形”，这种变形会导致钢丝绳内部应力分布不均匀。

3.5.11.2 波浪形

波浪形是一种变形，它使钢丝绳无论在承载还是在卸载状态下，其纵向轴线呈螺旋线形状。这种变形不一定导致强度损失，但变形严重时，可能产生跳动造成钢丝绳传动不规则。长期工作之后，会引起磨损加剧和断丝。

在出现波浪形（见附图-5）的情况下，如果绕过滑轮或卷筒的钢丝绳在任何载荷下不弯曲的直线部分满足以下条件：

$$d_1 > 4d/3$$

或如果绕过滑轮或卷筒的钢丝绳的弯曲部分满足以下条件：

$$d_1 > 1.1d$$

则钢丝绳均应予以报废。

式中 d——为钢丝绳公称直径；

d_1——为钢丝绳变形后相应的包络直径。

3.5.11.3 笼状畸变

篮形或笼状畸变也称“灯笼形”，是由于绳芯和外层绳股的长度不同产生的结果。不同的机构均能产生这种畸变。

例如当钢丝绳以很大的偏角绕入滑轮或者卷筒时，它首先接触滑轮的轮缘或者卷筒绳槽尖，然后向下滚动落入绳槽的底部。这个特性导致对外层绳股的散开程度大于绳芯，因而使钢丝绳股和绳芯间产生长度差。

钢丝绳绕过“致密滑轮”即绳槽半径太小的滑轮时，钢丝绳被压缩使绳径减小，同时造成钢丝绳长度增加。如绳股的外层被压缩和拉长的长度大于钢丝绳绳芯被压缩和拉长的长度，这种情况就会再次形成钢丝绳股和绳芯间产生长度差。

在这两种情况下，滑轮和卷筒均能使松散的外层股移动，并使长度差集中在钢丝绳缠绕系统内某个位置上出现篮形或笼状畸变。

有笼状畸变的钢丝绳应立即报废。

3.5.11.4 绳芯或绳股挤出/扭曲

这一钢丝绳失衡现象表现为外层绳股之间的绳芯（对阻旋转钢丝绳而言则为钢丝绳中心）挤出（隆起），或钢丝绳外层股或绳股有绳芯挤出（隆起）的一种篮形或笼状畸变的特殊型式。

有绳芯或绳股挤出（隆起）或扭曲的钢丝绳应立即报废。

3.5.11.5 钢丝挤出

钢丝挤出是一些钢丝或钢丝束在钢丝绳背对滑轮槽的一侧拱起形成环状的变形。有钢丝挤出的钢丝绳应立即报废。

3.5.11.6 绳径局部增大

钢丝绳直径发生局部增大，并能波及相当长的一段钢丝绳，这种情况通常与绳芯的畸变有关(在特殊环境中，纤维芯由于受潮而膨胀)，结果使外层绳股受力不均衡，造成绳股错位。

如果这种情况使钢丝绳实际直径增加5%以上，钢丝绳应立即报废。

3.5.11.7 局部压扁

通过滑轮部分压扁的钢丝绳将会很快损坏，表现为断丝并可能损坏滑轮，如此情况的钢丝绳应立即报废。

位于固定索具中的钢丝绳压扁部位会加速腐蚀，如果继续使用，应按规定的缩短周期对其进行检查。

3.5.11.8 扭结

扭结是由于钢丝绳成环状在不允许绕其轴线转动的情况下被绷紧造成的一种变形。其结果是出现捻距不均而引起过度磨损，严重时钢丝绳将产生扭曲，以致仅存极小的强度。

有扭结的钢丝绳应立即报废。

3.5.11.9 弯折

弯折是由外界影响因素引起的钢丝绳的角度变形。

有严重弯折的钢丝绳类似钢丝绳的局部压扁，应按3.5.11.7的要求处理。

3.5.12 受热或电弧引起的损坏

钢丝绳因异常的热影响作用在外表出现可识别的颜色变化时，应立即报废。

4 钢丝绳的使用情况记录

检验人员准确记录的资料可用于预测在起重机上的特种钢丝绳的使用性能。这些资料在调整维护程序以及调控钢丝绳更换件的库存量方面都是有用的。如果采用这些预测，则不应因此而放松检验或延长本标准前述条款中规定的使用期限。

5 与钢丝绳有关的设备情况

缠绕钢丝绳的卷筒和滑轮应作定期检查，以确保这些部件的正常运转。

不灵活或被卡住的滑轮或导轮急剧且不均衡的磨损，导致配用钢丝绳的严重磨损。滑轮的无效补偿可能会引起钢丝绳缠绕时受力不均匀。

所有滑轮槽底半径应与钢丝绳公称直径相匹配（详见GB/T 24811.1—2009）。若槽底半径太大或太小，应重新加工绳槽或更换滑轮。

6 钢丝绳检验记录

对于每一次定期或专项检验，检验者应提供与检验有关的数据记录本。

7 钢丝绳的贮存和鉴别

应提供清洁、干燥和无污染的仓库储藏钢丝绳，以避免备用钢丝绳的损坏。

应根据钢丝绳的检验记录提供明确的鉴别方法。

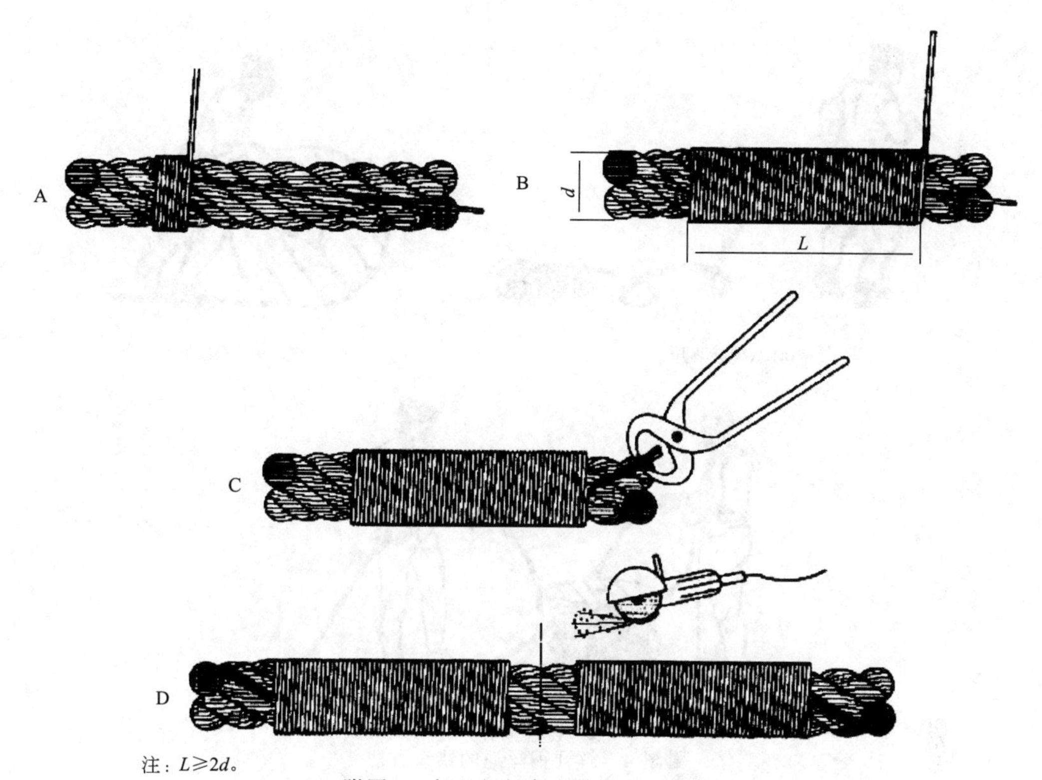

注：$L \geqslant 2d$。

附图-1 钢丝绳切断之前的施工准备

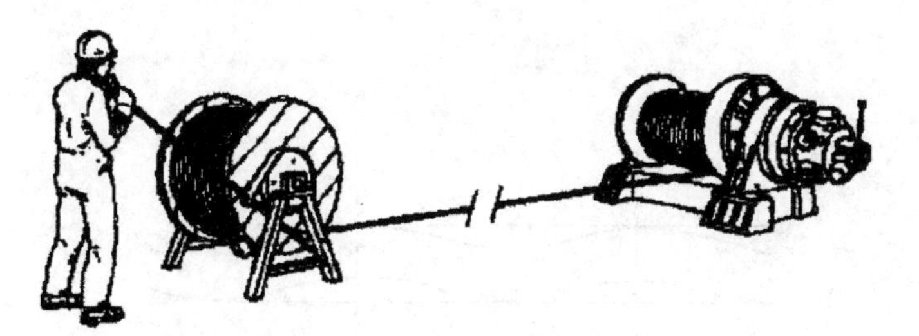

附图-2 带张紧装置的钢丝绳从卷盘底部缠绕到卷筒底部的示例

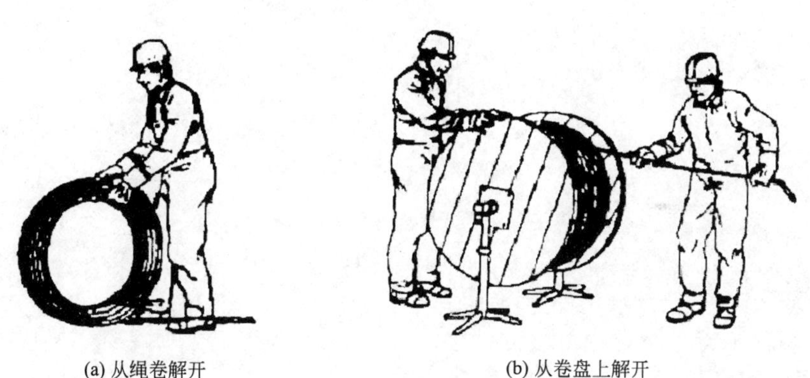

(a) 从绳卷解开

(b) 从卷盘上解开

附图-3 解开钢丝绳的正确方法

(a) 从绳卷解开

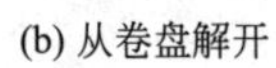

(b) 从卷盘解开

(c) 从卷盘解开

附图-4 解开钢丝绳的错误方法

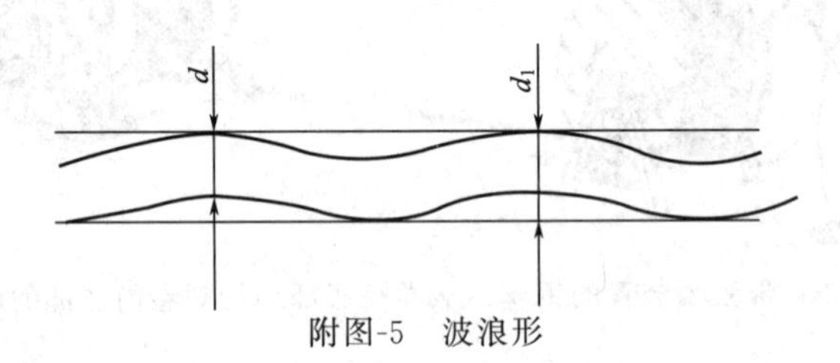

附图-5 波浪形

附录二　钢丝绳横截面示例及相应的种类编号（RCN）

结构：　6×7-FC　单层股钢丝绳 RCN. 01	结构：　6×19S-IWRC　单层股钢丝绳 RCN. 02
结构：　6×19M-WSC　单层股钢丝绳 RCN. 04	结构：　6×25F-IWRC　单层股钢丝绳 RCN. 04
结构：　6×25TS-IWRC　单层股钢丝绳 RCN. 04	结构：　6×36WS-IWRC　单层股钢丝绳 RCN. 09

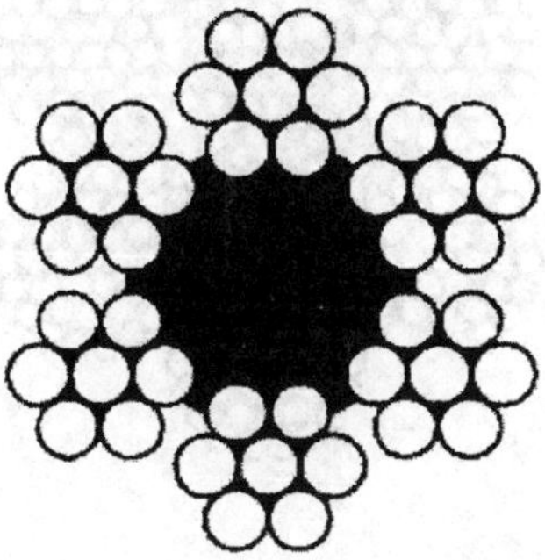

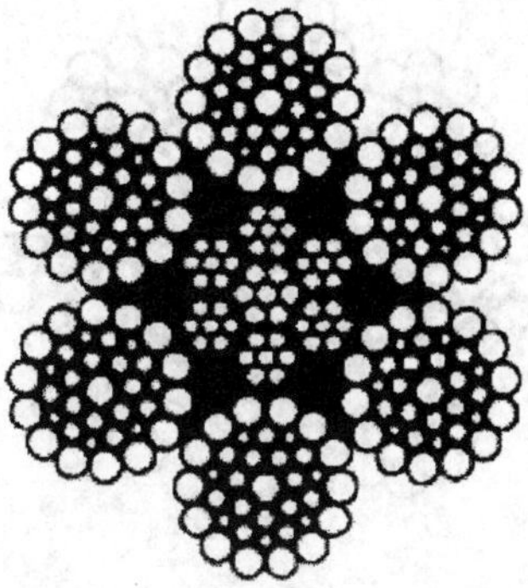

续表

结构：　6×41WS-IWRC　单层股钢丝绳	结构：　6×3M-IWRC　单层股钢丝绳
	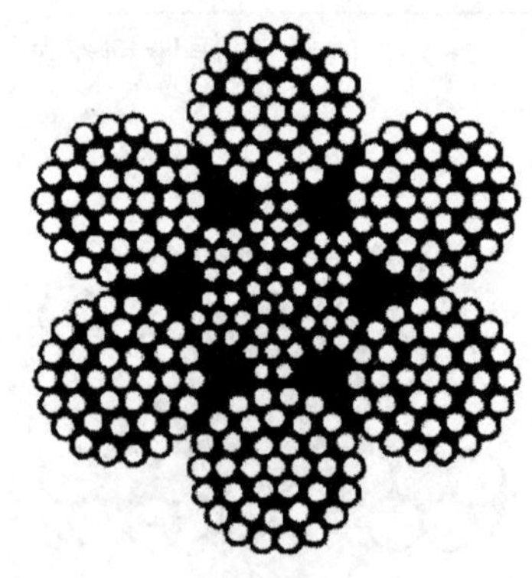 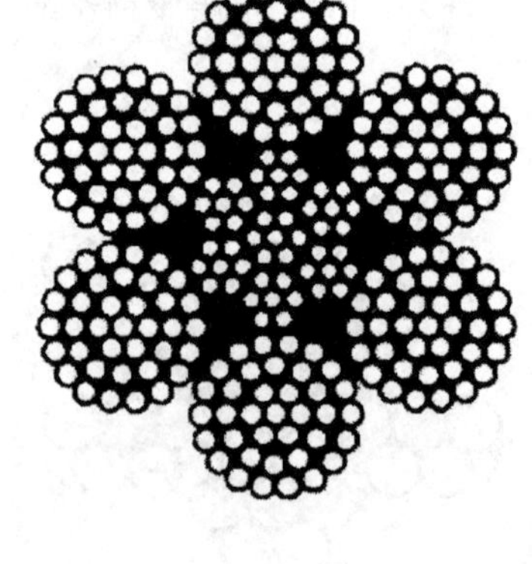
RCN. 11	RCN. 10
结构：　8×19S-IWRC　单层股钢丝绳	结构：　8×25F-IWRC　单层股钢丝绳

RCN. 04	 RCN. 06
结构：8×19S-PWRC 平行捻密实钢丝绳	结构：8×K26WS-IWRC 单层压实股钢丝绳
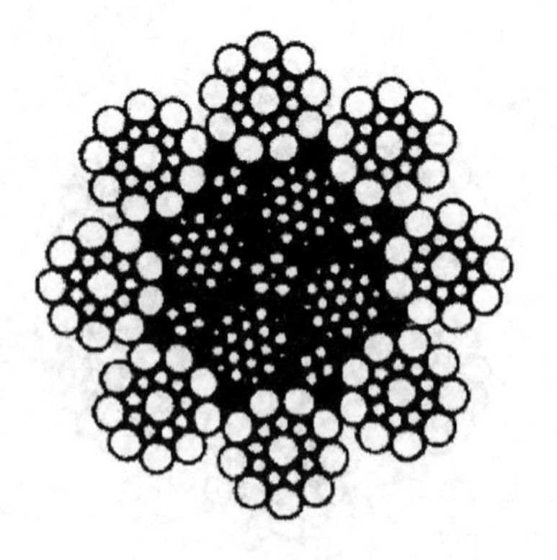	
RCN. 04	RCN. 09

续表

<table>
<tr><td></td><td>结构：　　4×K26WS
单层/阻旋转压实股钢丝绳
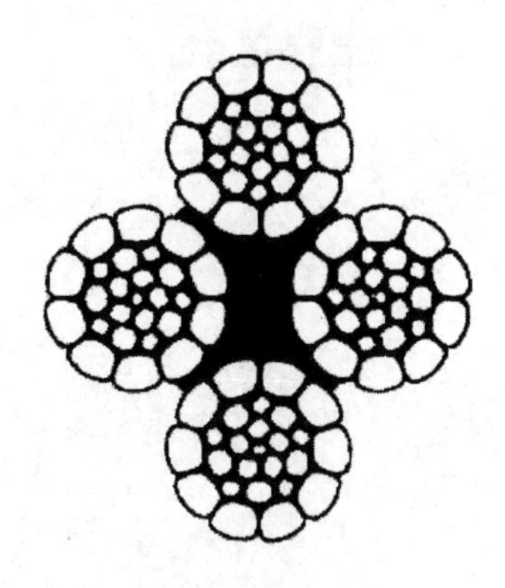
RCN. 22</td></tr>
<tr><td>结构：　　6×K26WS-IWRC
单层压实股钢丝绳
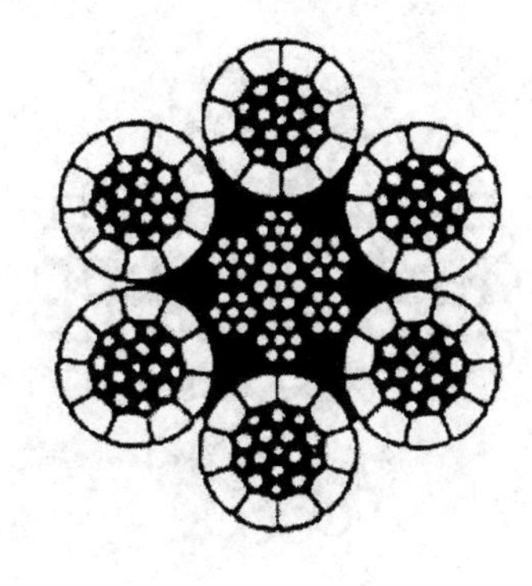
RCN. 06</td><td>结构：　　6×K36WS-IWRC
单层压实股钢丝绳 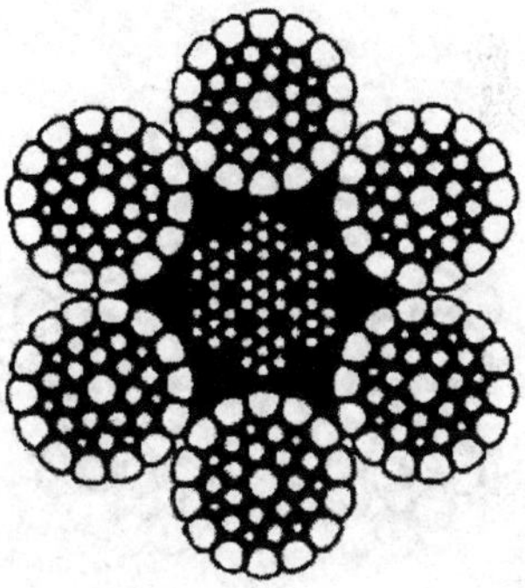
RCN. 09</td></tr>
<tr><td>结构：　　8×K26WS-PWRC
平行捻密实压实股钢丝绳

RCN. 09</td><td>结构：18×K19S-WSC 或 19×K19S
阻旋转压实股钢丝绳

RCN. 23</td></tr>
</table>

续表

	结构： 4×29F 单层股钢丝绳/阻旋转钢丝绳 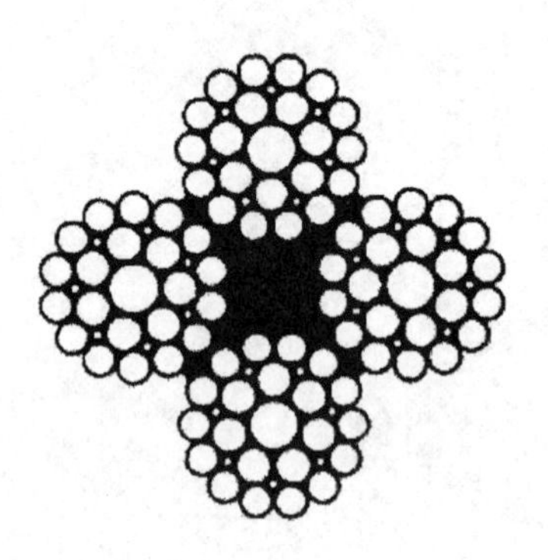 RCN. 21
结构： K3×40 单层压实(锻打)钢丝绳/阻旋转压实(锻打)钢丝绳 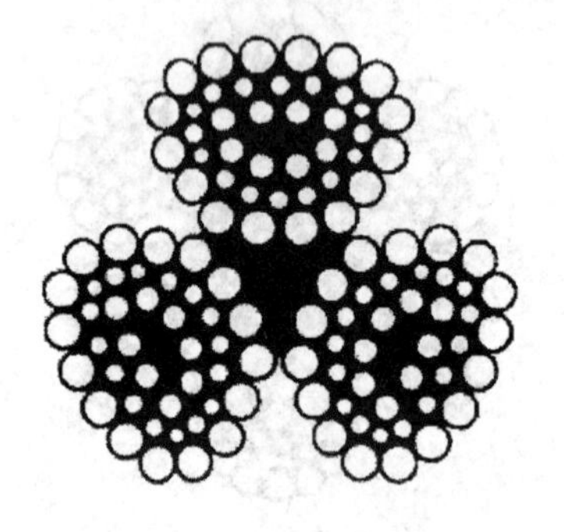 RCN. 22	结构： K4×40 单层压实(锻打)钢丝绳/阻旋转压实(锻打)钢丝绳 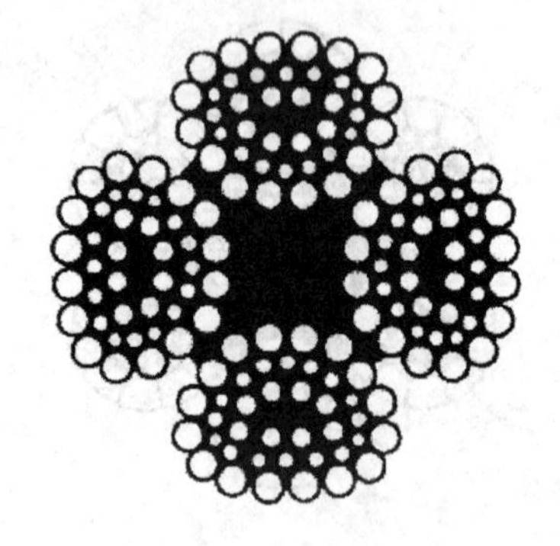 RCN. 22
结构： K3×48 单层压实(锻打)钢丝绳/阻旋转压实(锻打)钢丝绳 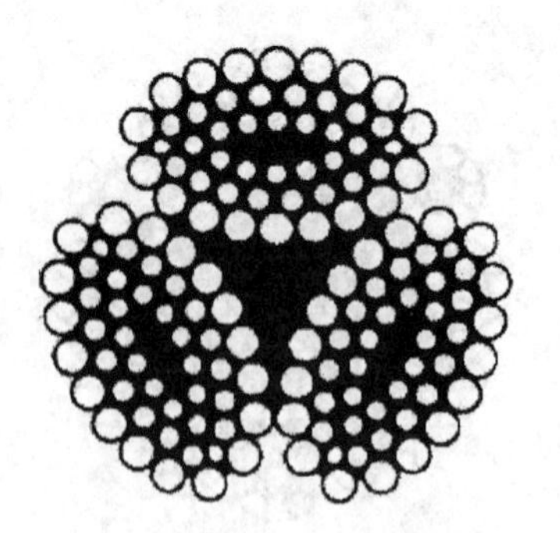 RCN. 22	结构： K4×48 单层压实(锻打)钢丝绳/阻旋转压实(锻打)钢丝绳 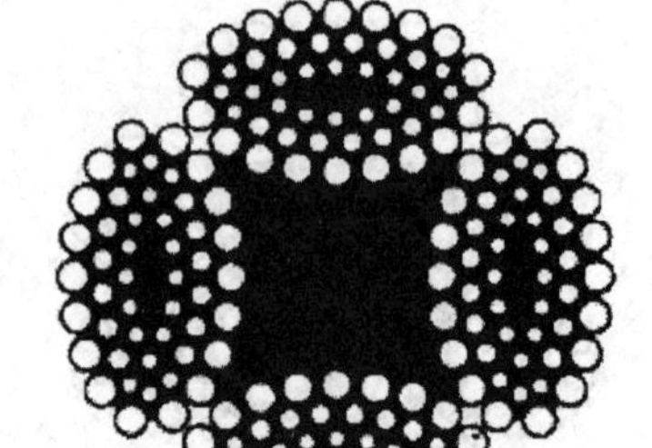 RCN. 22

续表

结构：17×7-FC 阻旋转钢丝绳 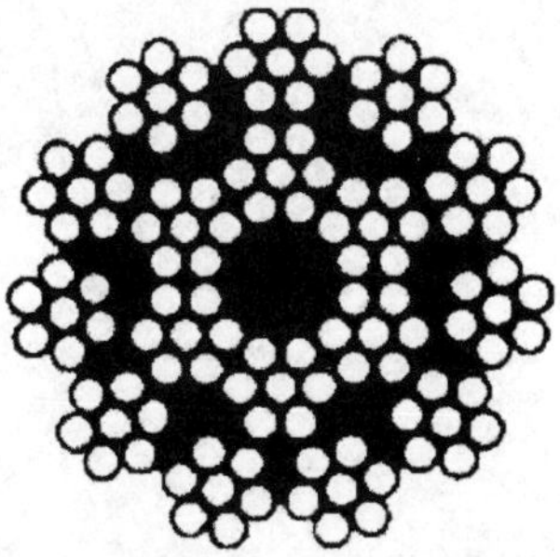 RCN. 23	结构：18×7-WSC 或 19×7 阻旋转钢丝绳  RCN. 23
结构：34（W）×7-WSC 或 35（W）×7 阻旋转钢丝绳 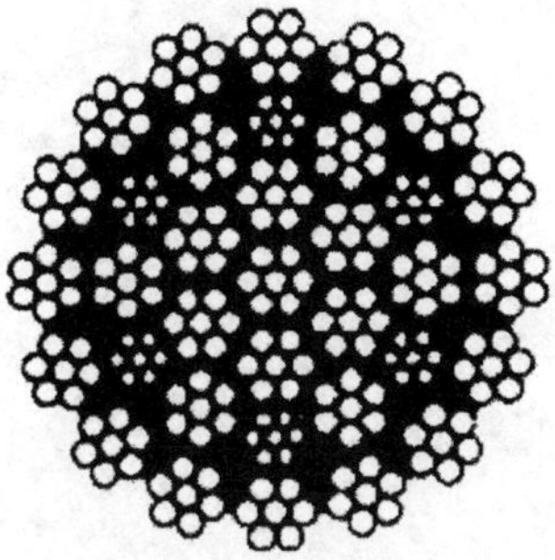 RCN. 23	结构：12×P6：3×Q24 阻旋转钢丝绳（典型） 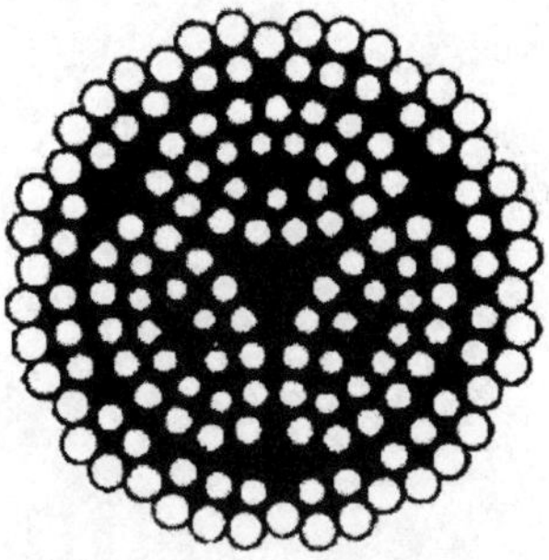 RCN. 23
结构：39（W）×7-WSC 阻旋转钢丝绳 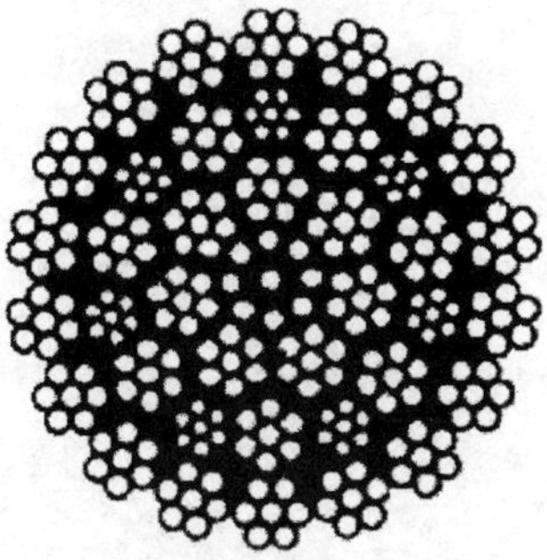 RCN. 23	结构：34（W）×K7-WSC 阻旋转压实股钢丝绳  RCN. 23

续表

结构：　39（W）×K7-KWSC 阻旋转压实股钢丝绳  RCN. 23	

参考文献

[1] 张麦秋主编．化工机械安装与修理．第2版．北京：化学工业出版社，2010.

[2] 傅伟主编．化工用泵检修与维护．北京：化学工业出版社，2010.

[3] 王灵果，解利芹主编．化工设备与维修．北京：化学工业出版社，2013.

[4] 范喜频，姜凤华主编．化工机器与维修．北京：化学工业出版社，2013.

[5]《机修手册》第三版编委会编．机修手册·第二卷修理技术基础．第3版．北京：机械工业出版社，1993.

[6] 徐灏主编．新编机械设计师手册．上、下册．北京：机械工业出版社，1995.

[7] 李文治编著．泵的结构与维修．重庆：科技出版社重庆分社，1988.

[8]《化工厂机械手册》编委会编．化工厂机械手册·通用零部件和化工机器的维护检修．北京：化学工业出版社，1989.

[9] 化学工业部化工工艺配管设计技术中心站编．化工管路手册．北京：化学工业出版社，1986.

[10] 贾桂芹主编．阀门．北京：化学工业出版社，1996.

[11] 胡国桢等主编．化工密封技术．北京：化学工业出版社，1995.

[12] HG 20238—2003 化工建设概算定额．北京：化学工业出版社，2003.

[13] HG 23011～23018－1999 化工企业厂区作业安全规程．

[14] 崔继哲编著．化工机器与设备检修技术．北京：化学工业出版社，2000.

[15] 化学工业部人事教育司，化学工业部教育培训中心编写．化工管路安装与维修．北京：化学工业出版社，1997.

[16] 化学工业部人事教育司，化学工业部教育培训中心编写．化工机器和设备安装．北京：化学工业出版社，2001.

[17] 化学工业部人事教育司，化学工业部教育培训中心编写．化工检修钳工工艺学．北京：化学工业出版社，2001.

[18] 胡忆沩，杨世儒主编．堵漏技术．北京：化学工业出版社，2003.

[19] 李健民，秦莉，帅中意编．粘接密封技术．北京：化学工业出版社，2003.

参考文献